高等职业技术教育材料工程技术专业规划教材
国家骨干高职院校建设项目成果

Preparation Technology and Operation of Raw Material

水泥生料制备工艺及操作

主　编　高建荣
副主编　李文宇　芋艳梅

武汉理工大学出版社
·武汉·

内 容 提 要

本书是国家骨干高职院校建设项目成果，由校企合作编写。项目任务主要围绕新型干法水泥生料制备工艺技术和中控操作展开，同时也涉及生料粉磨的设备构造、原理、参数、操作与维护等内容。全书包括 8 个项目，每个项目由项目描述、学习目标、项目任务书、项目考核点、项目引导、项目实训、项目拓展、项目评价等部分组成。每个任务包括任务描述、能力目标、知识目标、任务内容、知识测试题、能力训练题。项目任务来源于新型干法水泥生产过程的典型工作任务，项目内容由经过提炼、加工、序化出的有教育价值的知识点和技能点组成，书中大量的任务训练题和实训项目是企业技术骨干和教材编写人员遵照实际工作要求和关注培养人的迁移发展能力而精心编写的，同时为学习者考试、考证提供了训练资料。本书将重要实训项目融入相关的项目任务中，构建了基于工作过程和职业工作领域、以工作项目任务为框架的课程内容体系。

本书可作为高等职业院校材料工程技术及相关专业的教材、建材行业特有工种职业技能培训教材、本科无机非金属材料专业的参考教材，也可作为水泥企业职工岗位技术培训教材。

图书在版编目(CIP)数据

水泥生料制备工艺及操作/高建荣主编 . —武汉:武汉理工大学出版社,2015.7
ISBN 978-7-5629-4629-8

Ⅰ.①水…　Ⅱ.①高…　Ⅲ.①水泥-生产工艺　②水泥-制备　Ⅳ.①TQ172.6

中国版本图书馆 CIP 数据核字(2015)第 137211 号

项目负责人:田道全　刘海燕	责任编辑:田道全　万三宝
责 任 校 对:万三宝	装帧设计:兴和设计

出 版 发 行:武汉理工大学出版社
社　　　　址:武汉市洪山区珞狮路 122 号
邮　　　　编:430070
网　　　　址:http://www.techbook.com.cn
印　刷　者:京山德兴印刷有限公司
经　销　者:各地新华书店
开　　　　本:880×1230　1/16
印　　　　张:22.25
字　　　　数:642 千字
版　　　　次:2015 年 7 月第 1 版
印　　　　次:2015 年 7 月第 1 次印刷
印　　　　数:1—1000 册
定　　　　价:45.00 元

前　　言

在国家骨干高等职业院校的建设过程中,课程建设是其中的一个核心任务,高职课程建设的指导思想是构建基于工作过程和职业领域、以工作任务为框架的课程内容体系。本教材根据国家骨干高职院校建设对人才培养的要求,以新型干法水泥生产过程中的生料制备工艺为中心,以中控操作为重点,以工作过程为主线,根据国家职业标准中"生料制备工"、"水泥中央控制室操作员(生料磨操)"岗位的知识、能力和素质要求,同时重点结合当前 5000 t/d 及以上规模水泥生产线生料制备岗位的知识、技能、职业素质等任职要求和优秀员工需具备的发展潜能选取教材内容,设计教学项目,编撰任务书、验收点、训练题、实训项目等内容。教材参考职业资格标准、新型干法水泥生产工艺员职责、工作任务和要求、参照生料磨中控作业指导书等,将相关知识点、技能点优化整合、序化排列,突出重点、分散难点,充分体现了工学结合的职教理念和以人为本的教育思想。

教材内容包括 8 个项目,每个项目由项目描述、学习目标、项目任务书、项目考核点、项目引导、项目实训、项目拓展、项目评价等部分组成;每个任务包括任务描述、能力目标、知识目标、任务内容、知识测试题、能力训练题。整部教材着力体现课程服务岗位、突出能力训练、关注迁移发展的高职教育特点。教材打破了传统的工艺、设备、操作"分家"的模式,打破了以知识传授为主要特征的传统学科模式,力求每个项目、任务目的明确,内容充实,实施有据,考核规范,融知识和技能于一体。教材在编排上图文并茂,尽量采用立体图,力求逼真展现生料制备各个环节,打破章节框架结构,以工作过程设计项目,体现了项目引领、任务驱动的项目化教学。

本书由山西职业技术学院高建荣担任主编,山西职业技术学院李文宇、芋艳梅担任副主编。高建荣设计了全书的框架结构,提炼了项目任务,选取了教材内容。李文宇参与编写了部分项目和能力训练题;芋艳梅参与编写了部分项目和知识测试题。山西职业技术学院赵海晋教授、唐山学院彭宝利教授、山西中兴水泥有限责任公司总工韩铁宝高级工程师审阅了书稿。潞城市卓越水泥有限公司王奎、智海企业集团水泥公司杨天雷、威顿水泥集团有限责任公司张旭等人提供了企业资料,并参与了书中部分内容的编写。绵阳职业技术学院左明扬,重庆电子工程职业技术学院赵晓东,宁夏建设职业技术学院黄建荣,昆明冶金高等专科学校韩长菊、张育才、杨晓杰等人提供了宝贵资料,并参与了书中部分内容的编写。

在本书编写的过程中,得到了山西职业技术学院许多同事的鼎力相助,在此一并表示感谢! 另外,书中参考了大量书籍、论文和网上资料。在此,向所有相关内容的提供者表示衷心的感谢!

由于编者水平有限,编写时间仓促,书中若有不妥之处,敬请广大读者批评指正,在此深表谢意!

高建荣

2015 年 5 月 1 日

目　　录

学习与就业

在课程导入的学习过程中,你将会了解本门课程的学习与将来就业的关系,了解本专业的定位与本课程的定位,了解本课程的主要学习内容以及通过学习你能达到的目标,了解本专业的就业岗位以及岗位对我们的能力、知识和素质的要求,了解通过本课程的学习可以考取的国家职业资格证书,了解在本课程的学习过程中可以参考的资源。

1. 课程定位

专业定位:材料工程技术专业培养面向建材行业,具有良好的思想道德、身体素质、职业素养以及过硬的专业知识和职业技能,能从事新型干法水泥生产一线中央控制操作、生产质量控制与检测、生产运行技术、组织与管理等工作,具有可持续发展能力和创新能力,能适应建材产业现代化、信息化、智能化发展需要的高级技术技能型人才。

课程定位:《水泥生料制备工艺及操作》是材料工程技术专业(水泥方向)必修的核心专业课程,本课程以新型干法水泥生料制备工艺过程为主线,培养学生掌握生料制备生产工艺控制、设备操作与维护、故障诊断与排除、中控运行操作等相关知识和操作技能,将职业岗位对应的工作要求与《国家职业标准》中"水泥生料制备工"对专业知识和操作技能的要求相结合,突出培养职业岗位需要的工艺及操作应用与实践能力,为后续课程的学习奠定基础,同时培养学生具有良好的职业素养和实干精神,为学生职业生涯的可持续发展培养迁徙与创新能力。

2. 课程目标

2.1 总体目标

本课程以生料粉磨工艺技术为中心,以生料磨中控操作技能为重点,以生料制备流程为主线,培养学生掌握水泥生料制备岗位所必需的理论知识(工艺知识、参数、技术指标,设备原理、结构、参数、性能,工艺平衡计算)和操作技能(原料分析选择,配料方案设计,生料粉磨操作与控制,简单故障判断及处理,出磨、入窑生料质量控制与检验),使学生具有水泥生料制备方面的工艺知识和操作技能,达到生料工艺员和生料磨中控操作员的任职要求,为学生考取水泥制造工、水泥中央控制室操作员职业资格证书和发展各专门化方向的职业能力打下坚实基础。课程的终极目标是培养学生良好的思想品德、职业素养、应用实践能力、迁徙发展创新能力。

2.2 能力目标

(1)能读懂新型干法水泥生产工艺流程图,能正确绘制生料制备工艺流程图;

(2)能合理选择与控制水泥原材料;

(3)能对水泥生料进行配料方案的设计(调整)和配料计算;

(4)能操作运行原料破碎、预均化、生料粉磨、生料均化、生料运输等设备,能读懂生产过程安全操作规程(作业指导书);

（5）能在中控室（仿真）操作生料磨开、停、正常运行，能根据生产中常见故障的现象，分析产生的原因并能正确排除故障，实现生料粉磨系统精细化操作；

（6）能根据生产情况调整、确定生料制备过程的工艺控制指标。

2.3　知识目标

（1）掌握水泥的定义、分类、发展概况和新型干法水泥生产工艺流程、技术特点等相关知识；

（2）掌握生料制备系统设备的构造原理、工作过程和操作维护要点；

（3）掌握生产硅酸盐水泥所用原料的组成、性能和质量要求；

（4）掌握硅酸盐水泥生料配料方案设计理论、配料计算方法；

（5）掌握中控室生料制备系统的操作过程、控制原理和控制流程图，熟悉各控制参数与生产实际的内在关系；

（6）掌握生料制备系统中控室正常运行知识、故障排除知识和实现精细化操作的相关理论知识。

2.4　素质目标

（1）具有诚信品质、敬业精神、责任意识、遵纪守法意识；

（2）具有分工协作、互相支持的团队精神；

（3）具有科学严谨、认真负责的职业素养和求真务实的工作作风；

（4）具有安全、节约、环保的思想意识；

（5）养成客观公正、实事求是的职业习惯；

（6）养成爱岗敬业、忠于职守的工作作风。

3. 参考资料

3.1　参考书籍

《水泥新型干法生产精细操作与管理》（谢克平 著）

《新型干法水泥实用技术全书》（于兴敏 主编）

《水泥新型干法中控室操作手册》（谢克平 著）

《水泥生料制备与水泥制成》（彭宝利 主编）

《水泥工业粉磨技术》（王仲春 主编）

3.2　专业期刊

（1）中文期刊

《建材技术与应用》、《水泥》、《水泥工程》、《水泥技术》、《新世纪水泥导报》、《中国水泥》、《混凝土与水泥制品》、《四川水泥》、《硅酸盐学报》、《硅酸盐通报》、《建筑材料学报》等。

（2）外文期刊

《Acta Materialia》：《材料学报》，英国，ISSN 1359-6454，1953 年创刊，全年 20 期，Elsevier Science 出版社出版。

《Annales de Chimie Science des Matériaux》：《化学纪事：材料科学》，法国，ISSN 0151-9107，1789 年创刊，全年 8 期，Elsevier Science 出版社出版。

《Cement and Concrete Composites》：《水泥与混凝土复合材料》，英国，ISSN 0958-9465，1980 年创刊，全年 6 期，Elsevier Science 出版社出版。

《Cement and Concrete Research》：《水泥与混凝土研究》，英国，ISSN 0008-8846，1971 年创刊，全年 12 期，Elsevier Science 出版社出版，SCI、EI 收录期刊。

《Construction and Building Materials》：《建筑与建筑材料》，英国，ISSN 0950-0618，1987 年创刊，全年 8 期，Elsevier Science 出版社出版，SCI、EI 收录期刊。

其他。

3.3　专业网站

中国水泥网：http://www.ccement.com

数字水泥：http://www.dcement.com

水泥工艺网：http://www.sngyw.com

水泥人：http://www.cementren.com

水泥商讯网：http://www.c-m.com.cn

其他。

4. 岗位分析

表1　本专业服务的岗位分析

岗位分析	初次就业	二次晋升	未来发展
岗位工作	材料的化验检验	材料化验检验的组织	材料化验检验的创新
	生产（岗位）设备操作	生产（岗位）设备管理	生产（岗位）设备技改
	工艺（质量）统计、落实	工艺（质量）调整、优化	新产品开发，新工艺、新技术方案设计与落实
	中央控制一般操作	中央控制精细操作	中央控制创新操作
岗位名称	化验员（分析、物检、质控）	分析、物检、控制组长	化验室主任
	岗位工	班（组）长	生产部长（车间主任）
	工艺（质量）员（生料、熟料、水泥）	工艺（质量）主管	工艺（质量）部长
	中控操作员（生料磨、煤磨、回转窑、水泥磨）	中央控制操作班长	中控室主任

表2　本课程服务岗位的能力、知识、素质需求

主要岗位	能力需求	知识需求	素质需求
生料磨中控操作员	① 能与现场巡检员密切配合操作生料磨运行，粉磨出符合工艺指标要求的合格生料； ② 能提前发现系统可能出现的故障，及时处理，稳定生料磨的正常生产； ③ 能实现精细化操作，节能降耗，追求最高效益	① 掌握生料制备工段的生产工艺流程； ② 掌握生料制备工段生产设备的构造、工作原理和操作步骤； ③ 掌握中控岗位职责； ④ 掌握生料制备自动控制系统设备、工作过程； ⑤ 掌握生料磨中控操作规程、作业指导书； ⑥ 掌握优化参数、实现效益最大化的知识理论	① 遵守公司规章制度，服从工作安排； ② 遵守安全操作规程，遵守中控作业命令； ③ 及时与工艺员、化验员、现场巡检员沟通、汇报，了解工艺、设备参数，准确掌握生产情况； ④ 实事求是地记录产量、质量等过程和结果数据，不虚报、不篡改数据；具有良好的职业素养和坚韧、诚信的品德； ⑤ 精细操作提高生产效益，实现企业效益最大化、维护企业整体利益

续表 2

主要岗位	能力需求	知识需求	素质需求
生料制备工艺（质量）员	① 能合理选择生产硅酸盐水泥所用的石灰质原料、黏土质原料、校正原料和燃料； ② 能进行硅酸盐水泥生料配方设计，满足煅烧水泥熟料对其组成的要求	① 掌握通用硅酸盐水泥的国家标准； ② 掌握生产硅酸盐水泥所用石灰质原料、黏土质原料、校正原料和燃料的组成、性能和配制硅酸盐水泥生料对原料、燃料的质量要求； ③ 掌握原料的加工工艺； ④ 掌握硅酸盐水泥熟料的组成、水泥生料的配方设计原理	① 遵守公司规章制度、服从工作安排； ② 深入车间各个岗位，准确了解生产实情，及时发现生产问题，提出解决办法； ③ 坚持实地考察、坚持用数据说话，不主观武断下结论、不违章指挥作业； ④ 实事求是地记录分析生产报表，不篡改数据，公正客观，具有尊重实际、尊重客观的职业道德； ⑤ 永不满足现有业绩，做到只有更好、没有最好，具有精益求精、积极进取的精神； ⑥ 不断设计开发新的技术方案，具有大胆假设、小心求证的科学探索精神
生料制备岗位工	① 能对硅酸盐水泥原料进行加工（破碎），达到磨制水泥生料对粒度的要求； ② 能对硅酸盐水泥原料进行预均化，达到配料对原料成分均匀程度的要求； ③ 能进行水泥生料粉磨系统操作、巡检维护，配合中央控制制出符合质量要求的水泥生料； ④ 能进行水泥生料均化系统操作，达到煅烧水泥熟料对入窑生料均匀性的要求	① 掌握水泥生料制备系统设备的构造、工作过程及性能，熟知原料的加工工艺； ② 掌握水泥生料制备系统设备的操作规程和相关的安全及环保知识	① 遵守公司规章制度，服从工作安排； ② 遵守安全操作规程，遵守岗位作业命令； ③ 具有忍受寂寞、噪声、粉尘、高温等环境的耐力； ④ 具有强烈的爱护设备的责任心； ⑤ 具有吃苦耐劳的优秀品格； ⑥ 勤于思考，动手动脑使生产效益最大化

5. 职业资格

表 3　本专业对应的资格证

类别	资格证名称	考核等级	备注
职业资格	建材物理检验工	高级工、技师、高级技师	高级工（可以在校考取）；技师、高级技师（未来考取）
	建材化学分析工		
	建材质量控制工（本课程对应）		
	水泥中央控制室操作员（本课程对应）		
	生料制备工（本课程对应）		
	熟料煅烧工		
	水泥制成工		
	水泥生产巡检工（本课程对应）		

本课程对应的资格证参考资源：

(1)水泥生产制造工国家职业标准；

(2)水泥生料制备工(初级、中级、高级、技师、高级技师)工作要求；

(3)水泥中央控制室操作工知识、技能要求；

(4)水泥生料制备工国家职业标准与技能操作规范达标手册；

(5)水泥企业质量管理规程。

项目1 新型干法水泥生产工艺的认知

> ## 项目描述
>
> 本项目的主要任务是读懂新型干法水泥生产工艺流程图,掌握通用硅酸盐水泥的技术指标,理解新型干法的含义,阐述新型干法水泥生产工艺过程与设备。通过学习与训练,了解水泥的基本概念和水泥工业的发展概况;能根据新型干法水泥生产流程实物模型、动画、生产录像等学习资源,绘制新型干法水泥生产工艺流程图,明白主要设备的布置,初步认知新型干法水泥生产工艺。

学 习 目 标

能力目标:能绘制新型干法水泥生产工艺流程图,会标出物料、气流走向,会判断不同流程的工艺性能;知道设备的作用,会布置主要设备的位置。

知识目标:掌握水泥的相关概念,了解新型干法水泥生产技术,掌握水泥生产的主要过程和工序。

素质目标:严谨认真的学习态度——绘制的工艺流程图要符合工程图纸规范要求,流程图没有增加也没有遗漏工艺过程,箭头指示正确,虚线、实线标注清楚,设备布置正确。

项目任务书

项目名称:新型干法水泥生产工艺流程的认知

组织单位:"水泥生料制备及操作"课程组

承担单位:××班××组

项目负责人:×××

项目成员:×××

起止时间:××年 ××月××日 至 ××年××月××日

项目目的:了解新型干法水泥生产工艺过程、主机设备、主要工段,掌握工艺流程图的识读方法,能够根据现场参观或观看虚拟工厂的生产过程绘制工艺流程图。

项目任务:①能够根据给出的新型干法流程图,准确解释每个工段的生产过程,认识图符所代表的含义;②通过观看新型干法水泥生产录像和参观虚拟工厂,能解说水泥生产的主要过程,会用框图画出新型干法水泥生产的主要过程。

项目要求:①能够准确解读流程图;②能够找出流程图中的错误;③能够用计算机绘制流程图;④绘制的工艺流程图符合工程图纸规范要求,流程图没有增加也没有遗漏工艺过程,箭头指示正确,虚线、实线标注清楚,设备布置正确;⑤项目完成后,以小组为单位进行流程图识读、提问抢答、流程图绘制比赛。

项目考核点

本项目的验收考核主要考核学员相关专业理论、专业技能的掌握情况和基本素质的养成情况。具体考核要点如下：

1. 专业理论

(1)新型干法水泥生产技术的主要理论知识；

(2)水泥的定义等基本概念；

(3)水泥的国家标准条文含义；

(4)工程图的相关知识。

2. 专业技能

(1)绘制水泥生产工艺流程图；

(2)准确读懂流程图；

(3)读懂水泥国家标准。

3. 基本素质

(1)纪律观念(学习、工作的参与率)；

(2)敬业精神(学习、工作是否认真)；

(3)文献检索能力(收集相关资料的质量)；

(4)组织协调能力(项目组分工合理、成员配合协调、学习工作井然有序)；

(5)应用文书写能力(项目计划、报告撰写的质量)；

(6)语言表达能力(答辩的质量)。

项目引导

1. 水泥的产生和形成

(1)什么是水泥

水泥是一种人造胶凝材料,其发展史要追溯到人类史前期。人类为了生存,要在地面上居住,于是学会了用胶凝材料进行砌筑,最早用黏土这种天然的胶凝材料,和水后有塑性,干硬后有一定强度,有时在黏土浆中拌以稻草,可以提高强度,起到加强筋的作用。但是黏土的强度很低,遇水解体,不能抵抗雨水的侵蚀,后来人们把黏土进行高温煅烧制成砖瓦,解决了强度低的问题,但是砌砖要用砂浆,人类在发明火之后继而发明了用石灰石和石膏做砌筑砂浆。

石灰虽也是一种胶凝材料,但石灰遇水硬化后强度逐渐消失,不能在水中硬化。1756 年,英国人 J. Smenton 发现掺有黏土的石灰石经过煅烧后获得的石灰具有水硬性,因而发现了黏土的重要作用,他制成的石灰称为"水硬石灰"。之后,人们开始使用天然的含土石灰石(泥灰石)来烧制水硬石灰。而且泥石灰无须在烧制后进行粉磨,经过消解即可使用。后来人们又发现把不能消解的石灰硬块进行粉磨,可获得水硬性更好、强度更高的产品,这种胶凝材料可称为"天然水泥","天然水泥"与水硬石灰的主要区别在于煅烧温度,"天然水泥"要求的煅烧温度较水硬石灰的高。"天然水泥"由于石灰石和黏土成分含量的不固定,性能也不稳定,欧洲的"罗马水泥"、美国的"罗森达尔水泥"都是这种"天然水泥"。

使用胶凝材料最古老的建筑物是采用石膏与石灰石混合物砌筑的埃及金字塔,由此推算,至少在5000年前。

水泥,广义上是指一切能够硬化的无机胶凝材料;狭义上是指具有水硬性的无机胶凝材料,既可在水中硬化又可在空气中硬化。

(2)罗马水泥的发明

1756年,英国人Eddystone与土木专家John Smeaton发现含有一定量黏土的石灰石,经过煅烧可以得到优质的水硬性石灰。

1882年,英国人James Frost把黏土与白垩混合煅烧,然后把烧块(熟料)粉碎成水硬性物质,称之为罗马水泥,罗马水泥从此就诞生了,并在之后盛行了约30年。

(3)波特兰水泥的发明

1824年,英国泥瓦匠Joseph Aspdin(1779—1855)获得了"人造石的改良制造法"专利,因为他制造的这种水泥的硬度及颜色与英国波特兰岛产的石灰石类似,所以命名为波特兰水泥。经过20多年后这种水泥才被人们认可,Aspdin制造法由英国转让给德国,1856年正式设立工厂生产,从此在欧洲普及了水泥制造,"天然水泥"类的水泥从市场消失,进入了波特兰水泥时代,1871年美国亚利桑那州(Arizona)建立了水泥厂,1875年(明治八年)日本也建造了水泥厂,我国于1889年建立了第一个水泥厂。

(4)水泥的定义

根据我国《水泥的命名、定义和术语》(GB/T 4131—1997)的规定,关于水泥和波特兰水泥的定义如下:

水泥(Cement):加水拌和成塑性胶体,能胶结砂、石等适当材料并能在空气和水中硬化的粉状水硬性胶凝材料。

波特兰水泥(Portland Cement):由硅酸盐水泥熟料、0～5%石灰石或粒状高炉矿渣、适量石膏磨细制成的水硬性胶凝材料。

水泥的外文名称为:Cement(英)、Zement(德)、Ciment(法)等;硅酸盐水泥,即波特兰水泥的英文名称为:Portland Cement。

我国一般把波特兰水泥称为硅酸盐水泥,简称水泥。

2. 水泥的应用和分类

2.1　水泥的应用

水泥不是人们需要的最终产品,不能直接服务于人类,它要通过混凝土或其他水泥制品的形式才能被人们应用。水泥在混凝土和水泥制品中所占的比例不高,但它能把石子和砂子胶凝在一起,起到胶结作用,形成人造石,能在空气中和水中硬化,长期保持很高的强度,由于具有这种特殊的性能,使得它成为国民经济中极其重要的建筑材料。

(1)浇筑混凝土

水泥一般通过浇筑混凝土的形式用于工程中,浇筑混凝土是指直接浇筑到建筑结构中的混凝土,施工要求浇筑混凝土的质量均匀、无孔洞并具有持续性,还要充分养护。混凝土的配比是影响其施工性、强度和耐久性的关键因素,此外配料、搅拌、运输、浇筑等操作也有重要影响。

硬化混凝土的强度和耐久性是混凝土的重要指标,混凝土的强度取决于水泥的化学成分、细度和水灰比,如果水泥的矿物成分中 C_3S 含量高,混凝土的强度增长就快,而 C_2S 对后期强度有很大的作用。在水泥细度方面,$3～30~\mu m$ 的水泥颗粒对 28d 强度有影响,大于 $60~\mu m$ 的颗粒几乎对强度没有作用,而小于 $3~\mu m$ 的颗粒只对 1d 的强度有影响。

浇筑混凝土通常采用水泥、水、砂和石子四种材料按质量配制,而水灰比指的是"水/水泥"的质量比,在实际操作中,通过规定水灰比来保证密实的混凝土在规定龄期的强度。

耐久性是混凝土的一项综合技术性能,如抗冻性、抗腐蚀性、长期使用性能等。由于使用环境和使用条件不同,为提高混凝土耐久性所采取的措施也不同。混凝土的密实度大,大气和水分不易进入混凝土内部,抗冻性与抗腐蚀性都会提高,在一定工艺条件下水灰比是主要影响因素。混凝土是耐久性特别好的材料,一般情况下不涂保护层也可以几十年不维修。

(2)水泥制品

水泥制品(又称水泥混凝土制品)是以水泥、砂、石和水按一定比例拌和而成的混合料经过成型和养护而成的产品,它具有可专业化生产定型产品的特性。

水泥制品的种类很多,有配筋和不配筋的,还有预应力和无预应力的,例如:建筑构件、管道、电杆、铁路轨枕、建筑砌块和装饰塑品等数百个品种。

2.2　水泥的分类

从国际上看,波特兰水泥为水泥的主要产品,一般占总产量的 90%～95%,而特种水泥的产量在 5%～10%。从能源、资源消耗和环境保护的角度出发,发达国家都在致力于研究和开发具有特殊功能及特殊性能的水泥,故特种水泥的比例还在增加。各个国家对本国的水泥产品都有自己的工业标准,如日本标准(JIS)中有波特兰水泥、早强水泥、高炉水泥和低热水泥等,欧洲标准(EN197)中有 CEMⅠ、CEMⅡ和 CEMⅢ等。

我国将水泥分为两大部分,即通用硅酸盐水泥和特种水泥。通用硅酸盐水泥分为 6 种,都有国家标准;特种水泥依据使用性能分类,也有国家标准。

(1)波特兰水泥

在低钙水泥系统方面,早期出现的有矿渣硅酸盐水泥(高炉矿渣掺加量为 20%～70%)、火山灰硅酸盐水泥(火山灰质混合材 20%～50%)、粉煤灰硅酸盐水泥(粉煤灰 20%～40%),以后又出现了复合硅酸盐水泥,即掺入两种以上混合材的水泥。为了满足高性能混凝土的要求,人们又采用掺加大量超细矿渣(比表面积 600～800 m²/kg)和高质量粉煤灰等混合材技术,C_2S 及 C_4AF 含量高的熟料以及活化方法也正在研究,以使开发出新品种水泥。此外,高贝利特水泥($w_{C_2S}>50\%$、$w_{C_3S}\leqslant30\%$)的性能也在进一步研究中。

(2)非硅酸盐水泥

非硅酸盐水泥体系的特种水泥有:硫铝酸盐水泥、氟铝酸盐水泥、铝酸盐水泥和阿利尼特水泥等,其中硫铝酸盐水泥的原料为低品位矾土、石灰石和石膏,由于石灰石的配合比低,所以烧成温度低,CO_2 排放量也少。氟铝酸盐水泥可用于抢修、堵漏等特殊工程;铝酸盐水泥主要应用在耐火材料方面;阿利特尼水泥虽然是一种节能型水泥,但由于其对设备和钢筋有腐蚀,所以开发前景受到影响。

(3)新型水泥基材料

目前已出现和正在研究开发的品种:无宏观缺陷胶凝材料(Macro Detect Free Cement)、含均匀分布超细颗粒的致密材料体系(Densified System Containing Homogenously Arranged Utafin Partices)、活性粉末混凝土(Reactive Powder Concrete)、化学结合陶瓷材料(Chemically Bonded Ceranie)等。

人们期望在这一领域的新材料,能在隔声、保温、核废料储存、遮挡核辐射以及特殊要求的应用方面做出贡献。

3. 新型干法水泥生产技术的发展趋势

进入 21 世纪后,水泥生产规模大型化已被市场效益所验证,形成了投资热点,各水泥企业通过对水泥生产工艺技术以及成套设备不断地进行优化和改进,从而使生产线的可靠性和先进性得到了根本性的改变。现在,水泥生产控制系统发展到了第四代,它将在水泥厂的机电设备控制方面发挥不可忽视的作用,第四代体系的结构主要分为四层:现场仪表层,控制装置单元层,工厂车间层和企业管理层。一般系统只有除企业管理层之外的三层功能,而企业管理层则通过提供开放的数据库接口,来连接第三方的管理软件平台。第四代系统包含了过程控制、逻辑控制和批处理控制,从而实现混合控制,这是因为在水泥行业里既有部分的连续调节控制,还有部分的逻辑联锁控制。

随着计算机、通信网络等信息技术的飞速发展,水泥工业的自动控制系统正向着智能化、数字化和网络化方向迈进,传统的集散控制系统和计算机分层控制系统也开始向智能终端与网络结合的现场总线控制系统 FCS(Fieldbus Control System)方向发展。未来的水泥工业,控制系统不仅要对水泥机电设备进行监控,还要对水泥生产过程状态的信息、各种能源消耗成本信息与各种设备的状态诊断和检修信息进行监控。只有充分吸收新技术、新理念,才能使水泥行业不断提高产品质量、降低生产成本。

任务 1　水泥的基本认知

任务描述　阐述水泥的发明过程、水泥的定义、水泥的分类,查阅当今水泥工业发展概况的相关信息资料。

能力目标　能区分胶凝材料的类型;能阐述水泥的发明过程,能阐述水泥的定义等相关概念、水泥的类型;会查找水泥方面的信息。

知识目标　掌握胶凝材料的定义、水泥的定义、水泥的发明过程;了解当今水泥工业的发展概况。

1.1　水泥的基本概念

1.1.1　胶凝材料的定义和分类

胶凝材料(Cementious Material),又称胶结料,是在物理、化学作用下,能从浆体变成坚固的石状体,并能胶结其他物料制成具有一定机械强度的复合固体的物质。

胶凝材料分为有机胶凝材料和无机胶凝材料两大类。有机胶凝材料是指以天然或人工合成高分子化合物为基本组成的一类胶凝材料,最常用的有沥青、树脂、橡胶等;无机胶凝材料按其凝结硬化的条件不同分为气硬性胶凝材料和水硬性胶凝材料两大类。

(1)气硬性胶凝材料:只能在空气中凝结硬化并保持和发展其强度的胶凝材料。一般只适用于地上或干燥环境中,不宜用于潮湿环境及水中。常用的气硬性胶凝材料主要有石膏、石灰、水玻璃等。

(2)水硬性胶凝材料:不仅能在空气中凝结硬化,而且能在水中硬化并保持和发展其强度的胶凝材料。可用于地上、干燥环境、潮湿环境及水中,如水泥。

1.1.2　水泥的定义和分类

(1)水泥的发明

19 世纪初期(1810—1825 年),人们已经开始用人工配合的石灰石和黏土为原料,再经煅烧、磨细以制造水硬性胶凝材料。1824 年,英国人阿斯普丁(J. Aspdin)将石灰石和黏土配合烧制成块,再经磨细制成水硬性胶凝材料,加水拌和后能硬化制成人工石块,且具有较高的强度,因为这种胶凝材料的外观颜色与当时建筑工程上常用的英国波特兰岛上出产的岩石的颜色相似,故称为波特兰水泥(我国称为硅酸盐水泥)。英国人阿斯普丁(J. Aspdin)于 1824 年 10 月首先取得了该项产品的专利权。例如,1825—1843 年修建的泰晤士河隧道工程就大量使用了波特兰水泥。这个阶段可称为硅酸盐水泥时期,也可称为水泥的发明期。

（2）水泥的相关概念

水泥（Cement）：磨细成粉末状，加入一定量水后成为塑性浆体，既能在水中硬化，又能在空气中硬化，能将砂、石等颗粒或纤维材料牢固地胶结在一起，具有一定强度的水硬性无机胶凝材料。

硅酸盐水泥（Portland Cement）：凡由硅酸盐水泥熟料、0～5％石灰石或粒化高炉矿渣、适量石膏磨细制成的水硬性胶凝材料，也即国外通称的波特兰水泥。

硅酸盐水泥分两种类型，不掺加混合材料的称为Ⅰ型硅酸盐水泥，用代号 P·Ⅰ 表示；在硅酸盐水泥粉磨时掺入不超过水泥质量 5％的石灰石或粒化高炉渣混合材料的称为Ⅱ型硅酸盐水泥，用代号 P·Ⅱ 表示。其中 P 为波特兰"Portland"的英文首字母。

硅酸盐水泥熟料（Portland Cement Clinker）：即国际上的波特兰水泥熟料，简称水泥熟料，是一种由主要含 CaO、SiO_2、Al_2O_3、Fe_2O_3 的原料按适当比例配合磨成细粉（生料）烧至部分熔融，所得以硅酸钙为主要成分的水硬性胶凝物质。

混合材料（Mixed Material）：是指在粉磨水泥时，与熟料、石膏一起加入磨内用以改善水泥性能、调节水泥标号、提高水泥产量的矿物质材料，如粒化高炉矿渣、石灰石等。

石膏（Gypsum）：是用作调节水泥凝结时间的组分，称为缓凝剂。加入适量石膏可以延缓水泥的凝结时间，使建筑施工中的搅拌、运输、振捣、砌筑等工序得以顺利进行；同时加入适量的石膏也可以提高水泥的强度。可供使用的主要是天然石膏，也可以用工业副产石膏。

（3）水泥的分类

水泥按用途及性能分为：通用水泥、专用水泥和特性水泥。通用水泥，即一般土木建筑工程通常采用的水泥，主要是指《通用硅酸盐水泥》（GB 175—2007）规定的六大类水泥，即硅酸盐水泥、普通硅酸盐水泥、矿渣硅酸盐水泥、火山灰质硅酸盐水泥、粉煤灰硅酸盐水泥和复合硅酸盐水泥。专用水泥，即专门用途的水泥，如 G 级油井水泥、道路硅酸盐水泥。特性水泥，某种性能比较突出的水泥，如：快硬硅酸盐水泥、低热矿渣硅酸盐水泥、膨胀硫铝酸盐水泥、磷铝酸盐水泥和磷酸盐水泥。

水泥按其主要水硬性物质的名称分为：硅酸盐水泥（国外通称的波特兰水泥）、铝酸盐水泥、硫铝酸盐水泥、铁铝酸盐水泥、氟铝酸盐水泥、磷酸盐水泥、少熟料或无熟料水泥。

水泥按主要技术特性分为：

快硬性（水硬性）：分为快硬水泥和特快硬水泥两类；

水化热：分为中热水泥和低热水泥两类；

抗硫酸盐性：分为中抗硫酸盐侵蚀水泥和高抗硫酸盐侵蚀水泥两类；

膨胀性：分为膨胀水泥和自应力水泥两类；

耐高温性：铝酸盐水泥的耐高温性以水泥中氧化铝的含量分级。

总之，水泥按不同类别分别以水泥的主要水硬性矿物、混合材料、用途和主要特性进行命名，并力求简明准确。

1.2　水泥工业的发展概况

1.2.1　世界水泥工业的发展概况

当今，世界水泥工业发展的主流是新型干法水泥生产工艺。其特征如下：

（1）水泥生产线生产能力的大型化

世界水泥生产线建设规模在 20 世纪 70 年代为日产 1000～3000 t，在 80 年代为日产 3000～5000 t，在 90 年代日产达到 4000～10000 t。目前，日产能力达 5000 t、7000 t、9000 t、10000 t 等规模的生产线超过 100 条，正在兴建的世界最大生产线为日产 12000 t。随着水泥生产线生产能力的大型化，形成了年产数百万吨乃至千万吨的水泥厂，特大型水泥集团公司的年生产能力可达到千万吨甚至亿吨以上。

（2）水泥工业生产的生态化

从 20 世纪 70 年代开始，欧洲一些水泥公司就已经进行了废弃物质替代自然资源的研究，随着科学技术的发展和人们环保意识的增强，可持续发展的问题越来越得到重视。从 20 世纪 90 年代中叶开始，出现了 Eco-Cement（生态水泥），欧洲和日本对生态水泥进行了大量的研究。目前，世界上已有 100 多家水泥厂使用了可燃废弃物。例如，瑞士 HOLCIM 水泥公司使用可燃废弃物替代燃料已达 80% 以上；法国 LAFARGE 水泥公司的替代率达到 50% 以上；美国大部分水泥厂利用可燃废弃物煅烧水泥；日本有一半的水泥厂处理各种废弃物；欧洲的水泥公司每年要焚烧处理 100 多万吨有害废弃物。世界上水泥企业的替代率一般为 10%～20%。

为实现可持续发展，与生态环境和谐共存，世界水泥工业的发展动态如下：

① 最大限度地减少粉尘、NO_x、SO_2、重金属等对环境的污染；

② 实现高效余热回收，最大限度地减少水泥电耗；

③ 不断提高燃料的替代率，最大限度地降低水泥热耗；

④ 努力提高窑系统的运转率，提高劳动生产率；

⑤ 开发生产生态水泥，减少自然资源的使用量；

⑥ 利用计算机网络系统，实现高智能型的生产自动控制和管理现代化。

（3）水泥生产管理的信息化

在水泥生产管理过程中，运用信息技术，创新各种工艺过程的专家系统和数字神经网络系统，实现远程诊断和操作，保证水泥生产稳定和质量优良，进行科学管理和商务活动，是近几年来世界水泥工业在信息化、自动化、网络化、智能化领域中所进行的主要工作。水泥企业生产管理信息化的主要内容如下：

① 水泥生产过程的自动化、智能化，例如计算机集散控制系统 DCS、计算机集成制造系统 CIMS、计算机辅助制造系统 CAM；

② 生产管理决策的科学化、网络化和信息化，例如管理信息化系统 MIS、办公自动化 OA、企业资源计划 ERP、人才需求计划 HRP 等；

③ 企业商务活动电子化、网络化、信息化，例如客户关系管理系统 CRM、电子商务 EC、电子支付系统 EPS、电子订货 EOS 等。

1.2.2 中国水泥工业的发展概况

截至 2013 年，全国水泥生产企业有 3492 家，水泥总生产能力为 30.7 亿吨，其中新型干法水泥生产线 1637 条，新型干法熟料生产能力为 16.8 亿吨。2013 年全球产能最大的 20 家水泥企业，除 6 家跨国公司，中国有 9 家企业上榜。表 1.1 列出了中国水泥 2000—2013 年的年产量及增长率。

表 1.1　中国水泥 2000—2013 年的年产量及增长率

年份	水泥产量（亿吨）	增长率（%）
2000	5.97	4.19
2001	6.61	10.72
2002	7.25	9.68
2003	8.62	18.90
2004	9.70	12.53
2005	10.69	10.21
2006	12.37	15.72

年份	水泥产量(亿吨)	增长率(%)
2007	13.61	10.02
2008	13.88	1.98
2009	16.46	18.59
2010	18.68	13.49
2011	20.60	10.28
2012	21.84	6.02
2013	24.10	10.35

自 1985 年起,我国水泥产量连续 28 年位居世界第一,2013 年我国水泥总产量占世界总产量近 60%;到 2013 年我国新型干法水泥生产线的比例已经超过 92%;为了保持水泥企业能稳定、快速、健康发展,我国水泥工业发展的主要途径如下:

(1)大力发展新型干法水泥生产工艺

国家建材工业"十二五"规划要求,大力发展新型干法水泥生产工艺,加速淘汰落后生产工艺,加快大公司和大企业集团的发展。目前,新型干法水泥的发展速度和生产能力基本完成建材工业"十二五"规划。

由国家支持的日产 10000 t 熟料开发项目已经完成,其主要经济指标达到了世界先进水平,对于增强我国水泥工业技术装备水平在国际市场的竞争力,促进我国水泥工业的结构调整,推动我国水泥工业的环保化、生态化、持续化发展具有十分重要的意义和深远的影响。

日产 10000 t 熟料项目开发的许多先进生产工艺技术和设备都可以用于日产 5000 t 熟料及以下规模的生产线中,可以推动我国整体新型干法水泥生产工艺的技术进步。日产 10000 t 熟料项目的实施基本上都在东部沿海和长江中下游地区,这些地区资源丰富、交通方便,对于发展大型水泥企业集团极为有利。

(2)充分开发利用水泥窑焚烧垃圾技术

在水泥生产过程中,利用水泥回转窑焚烧各种废弃物来替代部分天然燃料,采用各种再生资源作为水泥原料以减少石灰石用量,利用各种细掺合料替代部分熟料磨制水泥,研究开发生态水泥工艺技术与设备等已成为国际水泥工业研究的热点,也是我国水泥工业的发展方向。

在水泥窑垃圾焚烧技术的研究开发方面,我国还处在初级阶段,与发达国家相比差距较大。但是,我国水泥工业已进入节能型、环保型和资源型的发展轨道,大型新型干法水泥生产线的开发是向着环境共存型水泥的方向发展。目前,我国水泥工业已采用的主要环保和清洁生产技术如下:

① 水泥厂中低温余热发电技术;

② 高温高浓度大型袋收尘器和电收尘器技术;

③ 使用低品位石灰石(CaO 含量小于 45%)和使用页岩、砂岩、铝矾土、粉煤灰、煤矸石等替代黏土的配料技术;

④ 无烟煤和低挥发分煤在新型干法水泥烧成系统中的应用技术;

⑤ 使用细掺合物(如矿渣、钢渣、粉煤灰等)生产环境共存型水泥的技术。

(3)研究开发与生产高性能水泥

随着经济和社会的发展,超高层建筑物、大深度地下建筑物、跨海大桥、海上机场等大型建筑物越来越多,对水泥和混凝土的性能提出了更高的要求,这使得研究开发高性能水泥成为市场所需;采用少量高性能水泥可以达到大量低质水泥的使用效果,可以减少生产水泥的资源与能源消耗,减轻环境负荷,这使得研究开发高性能水泥成为效益所需。

高性能水泥研究开发的主要内容是水泥熟料矿物体系与水泥颗粒形状、颗粒级配等问题。高性能水泥与普通水泥相比,水泥生产能耗可以降低 20％以上,CO_2 排放量可以减少 20％以上,强度可以达到 100 MPa 以上,综合性能可以提高 30％～50％,因此,水泥用量可以减少 20％～30％。研究开发高性能水泥有利于我国环境保护和水泥工业的可持续发展。

(4)发展绿色水泥工业

进入 21 世纪以后,发展绿色工业成为人类在创造物质文明时所希望实现的目标。当水泥企业不对人类社会和环境造成负面影响而又做出贡献时,水泥工业就成了绿色工业。目前,我国还存在几千家工艺技术落后、资源浪费严重、能源消耗过度和污染大的小型水泥企业,这使水泥工业实现绿色化的目标遇到了严重的挑战。我国水泥工业要实现可持续性,必须向绿色水泥工业的道路发展。其主要途径如下:

① 大力发展大型新型干法水泥生产技术和设备,加快我国水泥工业结构调整的步伐;

② 坚决淘汰落后的水泥生产工艺技术和设备,关闭严重浪费资源、过度消耗能源和严重污染环境的小型水泥企业;

③ 从国家"十二五"规划开始,使我国水泥企业进入节能型、环保型和资源型的运行轨道;

④ 坚持发展绿色水泥工业,水泥生产要进入生态化阶段,并积极参与国际交流、合作和竞争。

1.3 水泥工业的环境保护和可持续发展

(1)水泥工业的环境污染和治理

水泥工业在国民经济中占有非常重要的位置,发展速度较快,但同时对环境的影响越来越大。其影响如下:在水泥生产过程中,原料的开采和破碎、生料的粉磨和均化、熟料的破碎和输送、水泥的粉磨和包装都要产生大量的粉尘和噪声,这些粉尘大多数属于活性 SiO_2 含量大于 10％的矿物性粉尘,若长期接触会对人体有一定影响,还会使土壤板结、植物枯萎。而熟料在煅烧过程中,要采用煤、天然气、重油等燃料,这些燃料在燃烧过程中要释放大量的烟气和废热,这些烟气中含有 CO_2、SO_2、CO 等有害物质,会对动植物造成危害和对建筑物、文物古迹造成侵蚀。

随着经济和社会的发展,水泥工业越来越兴旺,但在发展水泥工业的同时,必须加强对环境的保护。目前,我国的大中型水泥企业对环境保护比较重视,采用新型干法水泥生产工艺,加强粉尘治理和余热利用,对环境保护起到了较好的效果。但是,一些小型水泥企业和一些老旧企业在环境保护方面还存在不少问题,如工艺落后、设备陈旧、资金困难、人才缺乏、劳动力素质不高和对环境保护的认识不够等,对环境保护造成不利影响。

(2)水泥工业的可持续发展

水泥工业可持续发展的理念是:依靠科技进步,合理利用资源,大力节省能源;在水泥的生产和使用过程中尽量减少或杜绝废气、废渣、废水和有害有毒物质的排放,维护生态平衡;大力发展绿色环保水泥;大量消纳本行业和其他工业难以处理的废弃物和城市垃圾;满足经济和社会发展对水泥的需求,并保持满足后代需求的潜力;支持我国经济和社会的可持续发展。

水泥工业可持续发展的内容是:①节约资源。提高能源、资源利用率,少用或不用天然资源,鼓励使用再生资源,提高低品质原(燃)材料在水泥工业中的可利用性,鼓励企业使用大量工业和农业废渣、废料及生活废弃物等作为原料生产建材产品。②节约土地。坚决贯彻少用或不用毁地取土做原料的可持续发展政策,保护土地资源。③节约能源。大量利用工业废料、生活废弃物作燃料,节约生产能耗,降低建筑物的使用能耗。④节约水源。节约生产用水,将废水回收处理再利用。

水泥工业可持续发展就是要建立良性的水泥循环系统,要尽可能地减少对原料、能源的使用,尽可能地减少废水、废料的排放,也即尽可能提高废物利用的比例,尽可能考虑再循环利用水泥及混凝土产品,尽量实现水泥系统的内循环。如果水泥系统内循环能够真正实现,那么水泥工业的可持续发展也就可以实现了。

◈ 知 识 测 试 题

一、填空题

1.按用途和性能,水泥可分为 _____ 、_____ 、_____ 。

2.世界水泥工业发展的总体趋势是向_____生产工艺技术发展。

3.我国第一个水泥厂是_____,它于_____年建立,_____年投产。

4.水泥生产过程中对环境产生影响的因素有_____ 、_____ 、_____ 。

5.水泥厂产生的烟气中有害成分主要有_____ 、_____ 、_____等。

二、选择题

1.油井水泥属于(　　)

A.通用水泥　　　　　　　　B.专用水泥　　　　　　　　C.特性水泥

2.(　　)年,英国人阿斯普丁首先取得了硅酸盐水泥的专利权。

A.1824　　　　　　　　　　B.1825　　　　　　　　　　C.1826

3.目前我国水泥品种已达到(　　)。

A.80 多个　　　　　　　　　B.70 多个　　　　　　　　　C.100 多个

4.我国水泥总产量居世界(　　)。

A.第一　　　　　　　　　　B.第二　　　　　　　　　　C.第三

三、简答题

1.胶凝材料的类型及其主要区别是什么?举例说明石膏、石灰、沥青、水泥、水玻璃分别属于哪种胶凝材料?

2.水泥的类型有哪些?举例说明每种类型水泥的用途。

3.何为绿色水泥?何为高性能水泥?

4.2014 年中国水泥的总产量是多少?世界水泥的总产量是多少?

5.水泥工业的生态化指什么?

◈ 能 力 训 练 题

1.查阅资料,撰写关于水泥工业发展概况的综述报告。

2.查阅资料,获取关于水泥发明的过程及其专利主要内容。

任务 2　通用硅酸盐水泥技术指标的解读

任务描述　准确解读《通用硅酸盐水泥》国家标准各条文的含义。

能力目标　能阐述《通用硅酸盐水泥》国家标准各技术指标的含义。

知识目标　掌握通用硅酸盐水泥生产技术指标。

2.1　通用硅酸盐水泥的品种

通用硅酸盐水泥是指以硅酸盐水泥熟料和适量的石膏及规定的混合材料制成的水硬性胶凝材料。通用硅酸盐水泥按混合材料的品种和掺量分为硅酸盐水泥、普通硅酸盐水泥、矿渣硅酸盐水泥、火山灰质硅酸盐水泥、粉煤灰硅酸盐水泥和复合硅酸盐水泥。各品种的定义和代号见表1.2。

表 1.2　通用硅酸盐水泥代号、定义

水泥品种	代号	定义
硅酸盐水泥	P·I P·II	凡由硅酸盐水泥熟料、0～5%石灰石或粒化高炉矿渣、适量石膏磨细制成的水硬性胶凝材料称为硅酸盐水泥(即国外通称的波特兰水泥)。硅酸盐水泥分为两种类型:不掺加混合材料的称为I型硅酸盐水泥,代号P·I;在硅酸盐水泥熟料粉磨时掺加不超过水泥质量5%的石灰石或粒化高炉矿渣混合材料的称为II型硅酸盐水泥,代号P·II
普通硅酸盐水泥	P·O	凡由硅酸盐水泥熟料、6%～20%的混合材料、适量石膏磨细制成的水硬性胶凝材料称为普通硅酸盐水泥(简称普通水泥)。活性混合材料掺加量为大于5%且不超过20%,其中允许用不超过水泥质量8%的非活性混合材料或不超过水泥质量5%的窑灰代替。掺非活性混合材料时,最大掺量不超过水泥质量的10%
矿渣 硅酸盐水泥	P·S·A P·S·B	凡由硅酸盐水泥熟料和粒化高炉矿渣、适量石膏磨细制成的水硬性胶凝材料称为矿渣硅酸盐水泥(简称矿渣水泥),代号P·S。水泥中粒化高炉矿渣掺加量按质量百分比计应大于20%,但不超过70%,并分为A型和B型,A型矿渣掺量大于20%,但不超过50%,代号P·S·A;B型矿渣掺量大于50%,但不超过70%,代号P·S·B。允许用石灰石、窑灰、粉煤灰和火山灰质混合材料中的任何一种材料代替矿渣,代替数量不得超过水泥质量的8%,替代后水泥中粒化高炉矿渣不得少于20%
火山灰质 硅酸盐水泥	P·P	凡由硅酸盐水泥熟料和火山灰质混合材料、适量石膏磨细制成的水硬性胶凝材料称为火山灰质硅酸盐水泥(简称火山灰水泥),代号P·P。水泥中火山灰质混合材料掺加量按质量百分比计应大于20%,但不超过40%
粉煤灰 硅酸盐水泥	P·F	凡由硅酸盐水泥熟料和粉煤灰、适量石膏磨细制成的水硬性胶凝材料称为粉煤灰硅酸盐水泥(简称粉煤灰水泥),代号P·F。水泥中粉煤灰掺加量按质量百分比计为20%～40%
复合 硅酸盐水泥	P·C	凡由硅酸盐水泥熟料、两种或两种以上规定的混合材料、适量石膏磨细制成的水硬性胶凝材料,称为复合硅酸盐水泥(简称复合水泥),代号P·C。水泥中混合材料总掺加量按质量百分比计应大于20%,但不超过50%。水泥中允许用不超过8%的窑灰代替部分混合材料;掺矿渣时混合材料的掺量不得与矿渣硅酸盐水泥重复

2.2　通用硅酸盐水泥的组成

通用硅酸盐水泥的组成材料为:硅酸盐水泥熟料、混合材料和石膏。

(1)硅酸盐水泥熟料

硅酸盐水泥熟料,即国际上通称的波特兰水泥熟料,简称水泥熟料,是一种由主要含 CaO、SiO$_2$、Al$_2$O$_3$、Fe$_2$O$_3$ 的原料按适当比例配合磨成细粉(生料)烧至部分熔融,所得以硅酸钙为主要成分的烧结物。

水泥熟料是各种硅酸盐水泥的主要组分材料,其质量的好坏直接影响到水泥产品的性能与质量优劣,在硅酸盐水泥生产中熟料属于半成品。

(2)混合材料

混合材料是指在粉磨水泥时与熟料、石膏一起加入磨内用以提高水泥产量、降低水泥生产成本、增加水泥品种、改善水泥性能的矿物质材料,如粒化高炉矿渣、石灰石、粉煤灰、火山灰质混合材料等。混合材料分为活性混合材料和非活性混合材料两类,其种类、性能及常用品种见表1.3。

表 1.3　混合材料的种类、性能及常用品种

混合材料种类	性能	常用品种
活性混合材料	具有潜在水硬性或火山灰性，或兼具有火山灰性和水硬性的矿物质材料	粒化高炉矿渣、粉煤灰、火山灰质混合材料等
非活性混合材料	不具有潜在水硬性或活性指标不能达到规定要求的混合材料	慢冷矿渣、磨细石英砂、石灰石粉等

（3）石膏

石膏是用作调节水泥凝结时间的组分，是缓凝剂。适量石膏可以延缓水泥的凝结时间，使建筑施工中的搅拌、运输、振捣、砌筑等工序得以顺利进行；同时适量的石膏也可以提高水泥的强度。可供使用的主要是天然石膏，也可以用工业副产石膏。

① 天然石膏

石膏：以二水硫酸钙（$CaSO_4 \cdot 2H_2O$）为主要成分的天然矿石。$CaSO_4 \cdot 2H_2O$ 的质量分数应为二级及以上，即 $w_{CaSO_4 \cdot 2H_2O} \geqslant 75\%$。

硬石膏：以无水硫酸钙（$CaSO_4$）为主要成分的天然矿石，采用天然石膏应符合《石膏与硬石膏》（GB/T 5483—2008）国家标准规定的技术要求。$w_{CaSO_4}/(w_{CaSO_4} + w_{CaSO_4 \cdot 2H_2O}) \geqslant 75\%$。

② 工业副产石膏

工业生产中以硅酸钙为主要成分的副产品，称为工业副产石膏。采用工业副产石膏时，应经过试验证明对水泥性能无害。

2.3　通用硅酸盐水泥的主要技术要求

技术要求即品质指标，是衡量水泥品质及保证水泥质量的重要依据。水泥质量可以通过化学指标和物理指标加以控制和评定。化学指标主要是控制水泥中有害物质的化学成分不超过一定限量，若超过了最大允许限量，即意味着对水泥性能和质量可能产生有害或潜在有害的影响。水泥的物理指标主要是保证水泥具有一定的物理力学性能，满足水泥的使用要求，保证工程质量。

2.3.1　通用硅酸盐水泥的化学指标

根据标准《通用硅酸盐水泥》（GB 175—2007）的规定，通用硅酸盐水泥的技术指标主要有不溶物、烧失量、细度、凝结时间、安定性、氧化镁、三氧化硫、碱、氯离子及强度指标共 10 项。通用硅酸盐水泥各品种的化学指标应符合表 1.4 规定。

表 1.4　通用硅酸盐水泥化学指标

品种	代号	不溶物（质量分数）	烧失量（质量分数）	三氧化硫（质量分数）	氧化镁（质量分数）	Cl^-（质量分数）
硅酸盐水泥	P · I	≤0.75	≤3.0	≤3.5	≤5.0[a]	≤0.06[c]
	P · II	≤1.50	≤3.5			
普通硅酸盐水泥	P · O	—	≤5.0			
矿渣硅酸盐水泥	P · S · A	—	—	≤4.0	≤6.0[b]	
	P · S · B	—	—		—	
火山灰质硅酸盐水泥	P · P	—	—	≤3.5	≤6.0[b]	
粉煤灰硅酸盐水泥	P · F	—	—			
复合硅酸盐水泥	P · C	—	—			

注：a 如果水泥压蒸试验合格，则水泥中氧化镁的含量（质量分数）允许放宽至 6.0%。

　　b 如果水泥中氧化镁的含量（质量分数）大于 6.0% 时，需进行水泥压蒸安定性试验并合格。

　　c 当有更低需求时，该指标由买卖双方确定。

（1）不溶物

不溶物是指水泥经酸和碱处理，不能被溶解的残留物。其主要成分是结晶 SiO_2，其次是 R_2O_3（R指铁和铝），属于水泥中的非活性组分。

（2）烧失量

水泥烧失量是指水泥在 $950\sim1000$ ℃高温下燃烧失去的质量百分数。水泥中不溶物和烧失量指标主要是为了控制水泥制造过程中熟料煅烧质量以及限制某些组分材料的掺量。

（3）氧化镁（MgO）

水泥中氧化镁含量过高时，其缓慢的水化和体积膨胀效应可使水泥硬化体结构破坏。但总结国内水泥生产实践经验，并经大量科研和调查证明，水泥中 MgO 含量不超过 5.0％时可保证水泥混凝土工程的质量，故国家标准中规定水泥中 MgO 的含量不得超过 5.0％。如果水泥中 MgO 含量超过 5.0％，可能出现游离 MgO 含量过高和方镁石（结晶 MgO）晶体颗粒过大，造成后期膨胀的潜在危害性，且游离 MgO 比游离 CaO 更难水化，沸煮法不能检定。因此，必须采用压蒸安定性试验进行检验。

（4）三氧化硫（SO_3）

水泥中的 SO_3 主要是生产水泥时为调节凝结时间加入石膏而带入的，此外，水泥中掺入窑灰、采用石膏矿化剂、使用高硫燃煤都会把 SO_3 带入熟料中。通过对不同 SO_3 含量的各种水泥的物理性能试验表明，硅酸盐水泥中 SO_3 含量超过 3.5％后，强度下降，膨胀率上升，硬化后水泥的体积膨胀，甚至造成结构破坏，因此，国家标准规定水泥中 SO_3 含量不得超过 3.5％。

（5）碱

国家标准规定水泥中碱含量按钠碱当量（$w_{Na_2O}+0.658w_{K_2O}$）计算值来表示，水泥混凝土中的碱骨料（或称碱集料）反应与混凝土中拌合物的总碱含量、骨料的活性程度及混凝土的使用环境有关，为防止碱骨料反应，不同的混凝土配比和不同的使用环境对水泥中碱含量的要求也有所不同，因此，标准中将碱含量定为任选要求。当用户要求提供低碱水泥时，以钠碱当量计的碱含量应不大于0.60％；当用户对碱含量不作要求时，可以协商制订指标。

（6）氯离子（Cl^-）

水泥在没有氯离子或含量极低的情况下，由于水泥混凝土的碱性很强，pH 值较高，保护着钢筋表面钝化膜，使锈蚀难以深入，氯离子在钢筋混凝土中的有害作用在于它能够破坏钢筋钝化膜，加速锈蚀反应，因此，国家标准规定水泥中氯离子含量为任选要求。当用户要求提供低氯水泥时，氯离子含量应不大于 0.06％；当用户对氯离子含量不作要求时，可以协商制订指标。

2.3.2　通用硅酸盐水泥的物理指标

（1）细度

水泥一般由几微米到几十微米的大小不同的颗粒组成，它的粗细程度称为水泥的细度。水泥细度直接影响水泥的凝结硬化速度、强度、需水性、析水性、干缩性、水化热等一系列物理性能。

水泥细度的表示通常采用筛余百分数和比表面积两种方法。

水泥在一定孔径筛子上的筛余量占水泥总质量的百分数称为筛余百分数。筛余百分数愈小，水泥愈细；反之，则水泥愈粗。《通用硅酸盐水泥》（GB 175—2007）规定，矿渣硅酸盐水泥、火山灰质硅酸盐水泥、粉煤灰硅酸盐水泥和复合硅酸盐水泥的细度以筛余表示，80 μm 方孔筛筛余不大于 10％或 45 μm 方孔筛筛余不大于 30％。具体测量方法按《水泥细度检验方法　筛析法》（GB/T 1345—2005）进行。

单位质量水泥颗粒所具有的表面积之和称为水泥的比表面积，单位为 m^2/kg。水泥愈细，其比表面积愈大。《通用硅酸盐水泥》（GB 175—2007）规定，硅酸盐水泥和普通硅酸盐水泥的细度以比表面积表示，不小于 300 m^2/kg。具体测量方法按《水泥比表面积测定方法　勃氏法》（GB/T 8074—2008）进行。

从水泥生产来说，水泥的粉磨细度直接影响水泥的能耗、质量、产量和成本，故实际生产中必须权衡利弊做出适当的控制。水泥细度的调节通过粉磨工艺过程的控制来实现。

（2）凝结时间

水泥凝结时间是水泥从拌水开始到失去流动性，即从可塑状态发展到固体状态所需的时间，分为初凝时间和终凝时间两种。初凝时间是指水泥加水拌和到标准稠度净浆开始失去塑性的时间。终凝时间是指水泥加水拌和到标准稠度净浆完全失去塑性的时间。为保证水泥使用时砂浆或混凝土有充分时间进行搅拌、运输和砌筑，必须要求水泥有一定的初凝时间；当施工完毕又希望混凝土能较快硬化、脱模，又要求水泥有不太长的终凝时间。

国家标准规定：硅酸盐水泥和普通硅酸盐水泥的初凝时间不小于 45 min，终凝时间不大于 390 min；普通硅酸盐水泥、矿渣硅酸盐水泥、火山灰质硅酸盐水泥、粉煤灰硅酸盐水泥和复合硅酸盐水泥的初凝时间不小于 45 min，终凝时间不大于 600 min。

凝结时间的调节可以通过加入适量的石膏来实现，并使其达到标准要求。

（3）安定性

水泥的体积安定性是指水泥浆硬化后体积变化是否均匀的性质。如果水泥硬化时产生膨胀裂缝或翘曲等不均匀的体积变化，即为安定性不良。

安定性直接反映了水泥质量的好坏，是国家标准规定的水泥品质指标中的一项重要指标。水泥安定性合格是保证砂浆和混凝土工程质量的必要条件；水泥安定性不合格，将使砂浆、混凝土工程等产生变形，出现弯曲、裂纹甚至崩溃，造成严重的工程事故。

引起水泥安定性不良的原因主要有三种：水泥熟料中的游离氧化钙、方镁石（$f\text{-}MgO$）及生产水泥时石膏掺量过多。

水泥体积安定性测定方法按《水泥标准稠度用水量、凝结时间、安定性检验方法》（GB/T 1346—2011）进行，有雷氏法和试饼法两种。雷氏法（标准法）是通过测定沸煮后雷氏夹中两个试针的相对位移，即水泥标准稠度净浆体积膨胀程度，来评定水泥浆硬化后的体积安定性。试饼法（代用法）是观测沸煮后水泥标准稠度净浆试饼外形变化，评定水泥浆硬化后的体积安定性。体积安定性测定中，雷氏法和试饼法发生争议时，以雷氏法为准。

国家标准规定，体积安定性用沸煮法检验必须合格。

P·Ⅰ、P·Ⅱ、P·O 型水泥中 MgO 含量不得超过 5%，若 MgO 含量超过 5%，则按《水泥压蒸安定性试验方法》（GB/T 750—1992）检验必须合格；P·S·A、P·P、P·F、P·C 型水泥中的 MgO 含量不大于6.0%，若水泥中 MgO 含量大于 6.0%时，应进行水泥压蒸试验并合格；P·S·B 型水泥不作要求。

SO_3 含量按《水泥化学分析方法》（GB/T 176—2008）进行试验，P·S·A 型和 P·S·B 型水泥中SO_3 含量不得超过 4.0%；其他水泥品种不得超过 3.5%。

体积安定性不合格的水泥严禁用于工程中。

（4）强度与强度等级

水泥强度是评定其质量的重要指标，又是设计混凝土配合比的重要依据。我国水泥强度检验采用《水泥胶砂强度检验方法（ISO 法）》（GB/T 17671—1999），其中规定，水泥和标准砂按 1∶3.0、水灰比 0.5（质量比），用标准制作方法制成 40 mm×40 mm×160 mm 的标准试件，在标准养护条件（温度为 20 ℃±1 ℃、相对湿度 90%以上带模养护；1d 以后拆模，放入 20 ℃±1 ℃的水中养护）下，测定其达到规定龄期（3 d、28 d）的抗折强度和抗压强度，即为水泥的胶砂强度。水泥强度等级按规定龄期的抗压强度和抗折强度来划分。其中 R 型为早强型，主要是 3d 强度较同强度等级的水泥高。不同品种、不同强度等级的通用硅酸盐水泥，其各龄期的强度应不低于表 1.5 所示数值。

凡符合某一标号的水泥必须同时满足表 1.5 所规定的各龄期抗压、抗折强度的相应指标。若其中任一龄期抗压或抗折强度指标达不到所要求标号的规定，则以其中最低的某一个强度指标计算该水泥的强度等级。

表 1.5 各品种水泥各龄期的强度规定

品种	强度等级	抗压强度(MPa)		抗折强度(MPa)	
		3 d	28 d	3 d	28 d
硅酸盐水泥	42.5	17.0	42.5	3.5	6.5
	42.5R	22.0		4.0	
	52.5	23.0	52.5	4.0	7.0
	52.5R	27.0		5.0	
	62.5	28.0	62.5	5.0	8.0
	62.5R	32.0		5.5	
普通硅酸盐水泥	42.5	17.0	42.5	3.5	6.5
	42.5R	22.0		4.0	
	52.5	23.0	52.5	4.0	7.0
	52.5R	27.0		5.0	
矿渣硅酸盐水泥 火山灰质硅酸盐水泥 粉煤灰硅酸盐水泥 复合硅酸盐水泥	32.5	10.0	32.5	2.5	5.5
	32.5R	15.0		3.5	
	42.5	15.0	42.5	3.5	6.5
	42.5R	19.0		4.0	
	52.5	21.0	52.5	4.0	7.0
	52.5R	23.0		4.5	

2.3.3 水泥的质量评价

（1）合格品

检验结果全符合国家标准规定的化学指标、凝结时间、安定性和强度的水泥，为合格品。

（2）不合格品

检验结果不符合国家标准规定的化学指标、凝结时间、安定性和强度中任何一项技术要求的水泥，为不合格品。水泥包装标志中水泥品种、生产者名称和出厂编号不全的也属于不合格品。

◇ 知识测试题

一、填空题

1.国家标准规定：凡是由_____、_____的石灰石或粒化高炉矿渣、适量石膏磨细制成的_____，称为硅酸盐水泥。

2.为了确保水泥熟料的安定性，应控制 $f\text{-}CaO$ 的含量，一般回转窑熟料控制在_____以下。

3.水泥细度的表示方法有_____和_____。

4.通用硅酸盐水泥的组成材料有_____、_____、_____。

二、选择题

1.用沸煮法检验水泥体积安定性，只能检查出（　　）的影响。

A. $f\text{-}CaO$ B. $f\text{-}MgO$ C.石膏   D. SO_3

2.下列材料中不属于活性混合材料的是（　　）。

A. 粒化高炉矿渣　　　　　B. 火山灰　　　　　　　　C. 块状高炉矿渣　　　　　　D. 粉煤灰

3. 国家标准规定矿渣硅酸盐水泥的初凝时间不得早于(　　　)。

A. 45 min　　　　　　　　B. 55 min　　　　　　　　C. 60 min

4. 硅酸盐水泥中 MgO 的含量不得超过(　　　)。

A. 6.0%　　　　　　　　B. 5.5%　　　　　　　　C. 5.0%

三、判断题

1. 水泥在水中浸泡不能硬化。(　　　)

2. 水泥中掺的混合材料越少,其早期强度越高。(　　　)

3. 强度等级的划分根据是 28 d 抗压强度值。(　　　)

4. 水泥筛余百分数越大,细度越细。(　　　)

5. 凝结时间是便于工程施工的一个指标。(　　　)

6. 石膏是缓凝剂,石膏的掺量越多,水泥的凝结时间越长。(　　　)

7. 国家标准规定,硅酸盐水泥的初凝时间不迟于 45 min。(　　　)

8. 气硬性胶凝材料只能在空气中凝结硬化,水硬性胶凝材料只能在水中硬化。(　　　)

9. MgO 在水泥硬化后才反应发生体积膨胀,造成建筑物破坏,在水泥原料中完全是有害无益的。(　　　)

10. 初凝时间不合格的水泥为不合格品。(　　　)

11. 强度等级为 32.5 的水泥,表示其 28 d 抗折强度的最小值为 32.5 MPa。(　　　)

12. 安定性不合格的水泥不能用于工程。(　　　)

13. 检验游离氧化钙对水泥安定性的影响用沸煮法。(　　　)

◈ **能力训练题**

1. 查找 2 份关于水泥的国家标准,下载全文并精致排版后打印出来。(建议:GB 175—2007,GB 21372—2008)

2. 能解读通用硅酸盐水泥技术指标的含义。

任务3　新型干法水泥生产工艺流程图的识读

任务描述　绘制新型干法水泥生产工艺流程图。

能力目标　能解读新型干法水泥生产工艺流程;能根据新型干法水泥生产流程实物模型、动画、生产录像等,绘制工艺流程图;能够根据生产规模,对生产设备进行初步选型计算。

知识目标　掌握新型干法水泥生产过程、特点、工序;掌握新型干法水泥生产主要设备的名称和工作过程。

3.1　新型干法水泥生产技术

新型干法水泥生产技术,是指以悬浮预热和预分解技术为核心,并采用计算机及其网络化信息技术进行水泥工业生产的综合技术。其内容主要有:原料矿山石灰石破碎、原料粉磨、原(燃)料预均化、生料预均化、新型节能粉磨、高效预热器和分解炉、新型算式冷却机、高耐热耐磨及隔热材料、计算机及网络化信息技术等。使用以上技术进行水泥生产的优点是高效、优质、节能、节约资源、符合环保和可持续发展的要求。其特点是：生产大型化，完全自动化，能实现废弃物的再利用，是发展循环经济的切入点。

3.2 新型干法水泥生产工艺流程

新型干法水泥生产工艺主要包括生料制备、熟料煅烧、水泥制成及出厂三个阶段。

生料制备：石灰石原料、黏土质原料与少量校正原料经破碎后，按一定比例配合、磨细并调配为成分合适、质地均匀的生料。

熟料煅烧：生料在水泥窑内煅烧至部分熔融，得到以硅酸钙为主要成分的硅酸盐水泥熟料。

水泥制成及出厂：熟料加适量石膏、混合材料共同磨细成粉状的水泥，并包装或散装出厂。

生料制备的主要工序是生料粉磨，水泥制成及出厂的主要工序是水泥的粉磨。因此，亦可将水泥的生产过程即生料制备、熟料煅烧、水泥制成及出厂这三个阶段概括为"两磨一烧"。实际上，水泥的生产过程还有许多工序环节，所谓"两磨一烧"，不过是将水泥生产中的主要工序高度浓缩而已。采用不同的生产方法、不同的装备技术，水泥生产的具体过程也有差异。图1.1所示是某企业5000 t/d水泥熟料新型干法水泥生产工艺流程，表1.6是主要设备表。

表1.6 主要设备、设施明细

序号	设备/设施名称	规格型号	数量	电机功率	能力
1	单段锤式破碎机	PCF2022	1	800 kW	800 t/h
2	预均化堆场	ϕ80 m(轨径)	1	—	37100 t
3	生料立磨	ATOX50	1	3800 kW	430 t/h(干基)
4	生料均化库	ϕ22.5×57(m)	1	—	20000 t
5	分解炉	ϕ7.5×32(m)	1	17~23 t/h(煤粉)	5000~5700 t/d(熟料)
6	回转窑	ϕ4.8×74(m)	1	5~16 t/h(煤粉)	5000~5700 t/d(熟料)
7	煤立磨	MPF2116	1	560 kW	40~45 t/h(原煤)
8	箅冷机	NC39325	1	总功率:2300 kW	5000~5500 t/d(熟料)
9	熟料库	ϕ45×19+ϕ10×34(m)	1	—	50000 t
10	1#、2#打散机	SF500/100(mm)	2	2×75 kW	140~200 t/h
11	1#、2#辊压机	ϕ1200×450(mm)	2	2×220 kW	120~170 t/h
12	1#、2#水泥磨	ϕ3.2×13(m)	2	2×1600 kW	55~75 t/h
13	水泥库(1#~8#)	ϕ12×24(m)	8	—	3200 t
14	1#、2#水泥包装机	八嘴回转式	2	2×42.25 kW	80~120 t/h

（1）生料制备

生料粉磨的目的是使生料的细度适于将其烧成熟料。具体工作过程为：将配合好的原料（石灰石、页岩、粉砂岩等黏土质原料、铁质原料等按照一定的比例配合），经过磨细，制备出合格的生料粉，入均化库储存，再供水泥窑煅烧熟料之用。从水泥生产的整个流程上看，是指入窑前对原料的一系列加工过程，即：原料的破碎（板式喂料机、破碎机）→原料的预均化（矩形或圆形预均化堆场）→原料入磨前配料（喂料机计量）→原料粉磨（烘干兼粉磨的球磨机或立磨）→分级（选粉机）→合格生料→均化库（储存、均化），然后进入下一道工序——熟料煅烧。各道工序用输送设备连接起来，除尘器承担着粉尘处理、净化环境的任务。

（2）熟料煅烧

燃料：熟料煅烧所用的燃料主要是烟煤，由汽车运输进厂存储于原煤预均化堆棚中，经均化后由

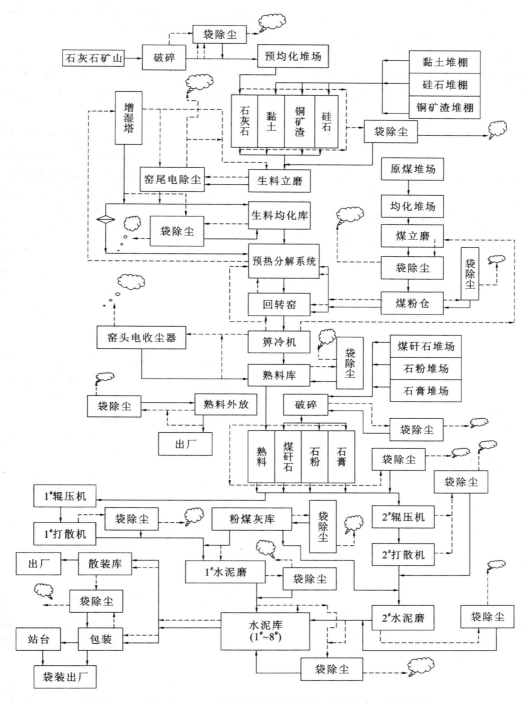

图 1.1　某企业 5000 t/d 水泥熟料新型干法水泥生产工艺流程图

皮带运输机送至原煤仓缓存，然后经电子皮带秤计量后进入立式辊磨系统进行煤粉制备，成品煤粉储存于窑头、分解炉煤粉仓中备用；烘干介质采用窑头箅冷机的废气。成品煤粉分别经各自的菲斯特计量秤计量后由气力输送设备送至回转窑和分解炉作燃料。

　　水泥熟料是使合格的水泥生料在预分解系统、回转窑系统进行加热煅烧（温度需达到一定的要求，约 1450 ℃），经过一系列复杂的物理化学反应后，变成高温熟料，再对高温熟料进行冷却后形成的产品。

　　生料进入带喷旋管道式分解炉的五级旋风预热系统，经悬浮预热后进入分解炉，由煤粉制备系统来的煤粉喷入分解炉内燃烧提供热量，生料中的碳酸盐受热分解，一般分解率可达 90%～95%，然后从回转窑窑尾入窑,通过窑头喷煤管喷入的煤粉在窑内燃烧,随着回转窑的转动,生料向窑头移动,在烧成带经 1450 ℃煅烧形成熟料,烧成熟料经算冷机冷却后,送至熟料库存储。

（3）水泥粉磨

水泥粉磨是水泥制造的最后一道主要工序。其主要功能是将水泥熟料、缓凝剂（即石膏）及性能调节材料（即各种混合材）等粉磨到一定的细度,形成一定的颗粒级配以满足水泥混凝土浆体的施工、凝结、硬化等指标要求。

从配料站来的各种材料（如熟料、石膏、矿渣、矸石、石粉等）经电子皮带秤计量后进入辊压机中挤压、粉碎,再经斗式提升机送入打散机,经打散、分选后,符合一定粒度要求的物料进入磨机,与粉煤灰库来的粉煤灰一起在开流高细高产水泥磨中进行粉磨,出磨水泥经提升机、空气输送斜槽送入水泥库储存（依不同水泥品种进入不同的成品库）;由水泥库底卸出的水泥经斜槽、提升机、中间小仓进入包装机,包装好的水泥经皮带运输机送至成品库或直接装车出厂。散装水泥依品种不同分别进入各自小仓,然后密封输送至水泥散装车,散装车辆经地磅计量后出厂。

图 1.2 所示是带低温余热发电的新型干法水泥生产工艺流程。

3.3 新型干法水泥生产工艺的特点

（1）产品质量高

生料制备全过程广泛采用现代均化技术。矿山开采、原料预均化、原料配料及粉磨、生料空气搅拌均化四个关键环节互相衔接,紧密配合,形成生料制备全过程的均化控制保证体系,即"均化链",从而满足了悬浮预热、预分解窑新技术以及大型化对生料质量提出的严格要求,产品质量可以与湿法水泥生产工艺媲美,使干法生产的熟料质量得到了保证。

（2）生产能耗低

采用高效多功能挤压粉磨、新型粉体输送装置,大大节约了粉磨和输送能耗;悬浮预热及预分解技术改变了传统回转窑内物料堆积态的预热和分解方法,熟料煅烧所需要的能耗下降。总体来说:熟料热耗低,烧成热耗可降到 2900 kJ/kg 以下,水泥单位电耗降低到了 85～90 kW·h/t 以下。

（3）生产效率高

悬浮预热、预分解窑技术从根本上改变了物料预热、分解过程的传热状态,传热、传质迅速,大幅度提高了热效率和生产效率。操作基本自动化,单位容积产量达 110～270 kg/m³,劳动生产率可高达 1000～4000 t/(年·人)。

（4）环境负荷低

由于"均化链"技术的采用,可以有效地利用在传统开采方式下必须丢弃的石灰石资源;悬浮预热、预分解技术及新型多通道燃烧器的应用,有利于低品质燃料及再生燃料的利用,同时可降低系统废气的排放量、排放温度和还原窑气中产生的 NO_x 含量,减少了对环境的污染,为"清洁生产"和广泛利用废渣、废料、再生燃料及降解有害危险废弃物创造了有利条件。

（5）装备大型化

装备大型化、单机生产能力大,使水泥工业向集约化方向发展。水泥熟料烧成系统单机生产能力最高可达 12000 t/d,从而有可能建成年产数百万吨规模的大型水泥厂,进一步提高水泥生产效率。

（6）生产控制自动化

利用各种检测仪表、控制装置、计算机及执行机构等对生产过程进行自动测量、检验、计算、控制、监测,以保证生产的"均衡稳定"与设备的安全运行,使生产过程经常处于最优状态,达到优质、高效、低耗的目的。

（7）管理科学化

应用 IT 技术进行有效管理,信息获取、分析、处理的方法科学化、现代化。

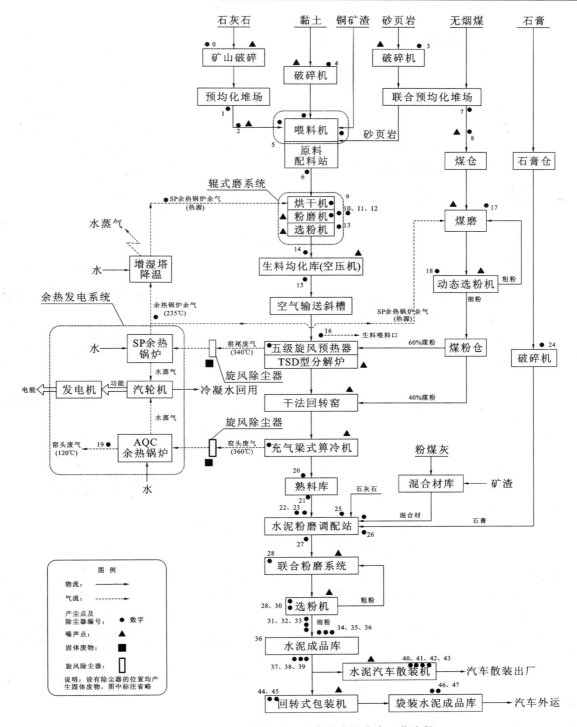

图 1.2 带低温余热发电的新型干法水泥生产工艺流程

（8）投资大

因技术含量高，资源、地质、交通运输等条件要求较高，耐火材料的消耗亦较大，故整体投资大。5000 t/d 生产线的投资在 8 亿元人民币左右。

3.4 新型干法水泥生产工序

以 5000 t/d 生产线为例，新型干法水泥生产主要包括以下几大工序：

（1）原料、燃料、材料的选择及入厂；

（2）原料、燃料、材料的加工处理与预均化；

（3）原材料的配合；

（4）生料粉磨；

（5）生料的调配、均化与储存；

（6）熟料煅烧；

（7）熟料、石膏、混合材料的储存与准备；

（8）熟料、石膏、混合材料的配合及粉磨（即水泥粉磨）；

（9）水泥储存、包装及发运。

◇ 知识测试题

一、填空题

1.新型干法水泥生产工艺就是以_____和_____技术为核心，使水泥生产具有高效、优质、节能、清洁生产的现代化水泥生产方法。

2.新型干法水泥生产工艺可简述为_____。水泥生产过程的三个主要阶段为：_____、_____、_____。

3.水泥粉磨的主机设备有_____、_____、_____、_____。

4.预分解窑的关键技术装备有_____、_____、_____、_____、_____。这些设备承担着水泥熟料煅烧过程_____、_____、_____、_____。

二、选择题

1.新型干法水泥厂的规模通常用（　　）来表示。

A.年产水泥量　　　　B.日产熟料量　　　　C.年产熟料量　　　　D.日产水泥量

2.预分解窑内分（　　　　）

A.三个带　　　　　　B.四个带　　　　　　C.五个带

3.粉磨水泥熟料时加石膏，主要是（　　　　）。

A.调节凝结时间　　　B.使水泥安定性合格　C.提高水泥的强度

4.在新型干法水泥生产中，生料磨最常采用（　　　）以便节能。

A.球磨机　　　　　　B.立式磨　　　　　　C.挤压联合粉磨

5.预分解窑与其他类型的水泥窑在结构上的区别主要是增加了一个（　　　）承担分解碳酸盐的任务。

A.旋风筒　　　　　　B.换热管道　　　　　　C.分解炉　　　　　　D.冷却机

三、判断题

1.校正原料就是补充生料配料中某些成分不足的原料。（　　　）

2.我国水泥生产中石灰石原料使用最为广泛的是石灰石。（　　　）

3.在回转窑内物料与高温气流按逆流原理传热。（　　　）

4.预热器内气体与物料的传热主要是在旋风筒内进行的。（　　　）

四、简答题

1.新型干法水泥生产工艺的特点有哪些？

2.试简述新型干法水泥生产主要工序的名称。

◇ 能 力 训 练 题

1.用计算机绘图软件绘制新型干法水泥生产企业鸟瞰图,标出物料、气流走向,标出主要设备的名称。

2.查阅资料选择一个方向,撰写综述报告:

(1)国外新型干法水泥生产技术现状及发展趋势;

(2)我国新型干法水泥生产技术现状及发展趋势。

3.查阅资料,绘制某水泥生产企业的生产流程方框图,并说明各工序的主要设备及功能。

项目实训

实训项目1　绘制新型干法水泥生产工艺流程图

任务描述:通过本实训项目的训练,会让你深刻了解水泥生产的全过程。

实训内容:(1)用计算机绘图软件绘制工艺流程图;

　　　　　(2)初步选择、编制配套的生产设备表。

实训项目2　绘制新型干法水泥生产总平面布置图

任务描述:通过本实训项目的训练,会让你深刻了解水泥生产设备的位置关系、全厂布局关系。

实训内容:(1)用计算机绘图软件绘制新型干法水泥生产全厂总平面图;

　　　　　(2)打印图纸,展览、评比。

项目拓展

拓展项目1　制作新型干法水泥生产线实物模型(沙盘)

任务描述:小组(或全班)同学团结协作做出 5000 t/d(或 10000 t/d)新型干法水泥生产线实物模型,如果能安装不同色彩的指示灯,能让该运转的设备运转起来会更好。

拓展项目2　组织"关于当代水泥工业技术概况"为主题的展示汇报比赛

任务描述:全班甚至全专业同学划分为若干小组,认真准备资料,制作汇报材料,进行展示汇报比赛。

项目评价

项目1新型干法水泥生产工艺的认知	评价内容	评价分值
任务1　水泥的基本认知	能正确描述水泥的基本概念,能撰写出水泥工业发展概况综述报告	20
任务2　通用硅酸盐水泥技术指标的解读	能正确理解《通用硅酸盐水泥》国家标准的各条文含义,能查阅有关水泥的国家标准并能看懂标准	30
任务3　新型干法水泥生产工艺流程图的识读	能阐述新型干法水泥生产工艺流程,能正确绘制出流程图	20
实训1　绘制新型干法水泥生产工艺流程图	能正确绘制流程图,图中物料流、气流走向正确,没有遗漏,没有错误,干净、美观;能解释生产过程	15
实训2　绘制新型干法水泥生产总平面布置图	能正确绘制全厂总平面图,布置合理,美观	15
项目拓展	师生共同评价	20(附加)

项目2　原料的选择与质量控制

项目描述

　　本项目的主要任务是新型干法水泥生产用原料的选择与质量控制。通过学习与训练，掌握石灰质、黏土质、校正原料的种类、化学成分、选择依据及质量控制要求，能够合理选择各类原料，优化选择工业废渣，并能提出所选原料的质量控制指标，初步具有水泥原料选择与质量控制的知识和技能。

学习目标

　　能力目标：能合理选择生料制备所需的各种原材料；能对原料提出质量控制指标。
　　知识目标：掌握石灰质、黏土质、校正原料的种类、化学成分、选择依据、质量控制要求。
　　素质目标：选择原（燃）料，做到就地取材、优劣搭配、尽量使用工业废渣，注重成本、环保、资源节约、企业效益。

项目任务书

　　项目名称：原料的选择与控制
　　组织单位："水泥生料制备及操作"课程组
　　承担单位：××班××组
　　项目组负责人：×××
　　项目组成员：×××
　　起止时间：××年××月××日　　至　　××年××月××日
　　项目目的：了解生产硅酸盐水泥所用原料的种类和性能，识别生产硅酸盐水泥所用原料，掌握硅酸盐水泥原料的选择方法，能合理选择硅酸盐水泥原料，明白水泥原料的质量控制指标，能针对具体要求提出控制指标。
　　项目任务：①能够根据给出的生产条件，合理选择石灰质原料、黏土质原料、校正原（燃）料；②能够根据原（燃）料的品质和生产工艺，编写质量控制指标表，提出质量控制方案；③能够根据工业废渣的具体化学成分，优化选择、充分利用废弃物搭配生产水泥。
　　项目要求：①所选原（燃）料成分稳定、质量合格、易于开采、运输方便、经济；②所选原（燃）料符合当地政府对资源利用、环境保护的要求；③对选择的原（燃）料应进行必要的性能检测和成分分析，确保质量合格;④编制的质量控制表和提出的方案具有一定的针对性;⑤项目完成后以小组为单位撰写一份《水泥原(燃)料的选择与质量控制项目报告书》提交"水泥生料制备及操作"课程组,并准备答辩验收。

项目考核点

　　本项目的验收考核主要考核学员相关专业理论、专业技能的掌握情况和基本素质的养成情况。具体考核要点如下。
　　1. 专业理论
　　(1)石灰质原料、黏土质原料、校正原(燃)料的种类、性能、品质等相关理论知识;
　　(2)水泥生产对石灰质原料、黏土质原料、校正原(燃)料的质量控制的理论知识。
　　2. 专业技能
　　(1)石灰质原料、黏土质原料、校正原(燃)料的认识、分析、判断和选择;
　　(2)新型干法水泥生产的原(燃)料质量控制指标方案的编写。
　　3. 基本素质
　　(1)纪律观念(学习、工作的参与率);
　　(2)敬业精神(学习、工作是否认真);
　　(3)文献检索能力(收集相关资料的质量);
　　(4)组织协调能力(项目组分工合理、成员配合协调、学习工作井然有序);
　　(5)应用文书写能力(项目计划、报告撰写的质量);
　　(6)语言表达能力(答辩的质量)。

项目引导

1. 水泥原料的选择依据

　　众所周知,水泥工业对原料自然资源的依赖性很大,原料的优劣是决定水泥产品质量好坏的重要因素。预分解窑系统对原(燃)料中的有害成分(碱、Cl^-、SO_3 等)很敏感,因此,在新型干法水泥生产线筹建初期,除需获得原料矿山的地质勘探报告并查明储量外,对其中有害成分的含量也应有所了解。使用工业废渣时,还需调查废渣中有无放射性物质和微量元素情况。在水泥生产线的建设过程中,必须重视对原(燃)料的研究,根据其质量和物理性能情况,来选择或设计相应的预热预分解和粉磨生产系统;工厂投产后,也要经常对进厂原料进行检验,掌握其质量情况,制备出优质的水泥熟料和满足用户要求的水泥产品。

　　硅酸盐水泥熟料的基本化学成分是钙、硅、铁、铝的氧化物,主要原料是石灰质原料和黏土质原料(或硅铝质原料)。石灰质原料主要提供氧化钙成分,黏土质原料主要提供氧化硅、氧化铝成分。当黏土质原料中的氧化硅含量偏低时,需补充硅质原料。生料配料中常掺加少量铁质原料,以补足所需的氧化铁成分。我国回转窑、分解炉普遍采用煤粉作为燃料,所以配料中需考虑煤灰掺入量和成分。制成水泥时,除水泥熟料外,还需掺入缓凝剂,有的还掺加混合材、外加剂等。从环保和利用资源的角度出发,水泥生产用的原(燃)料结构,已从传统型向品位化、岩矿化、废渣化和当地化方向发展,尽可能降低对自然资源和能源的消耗,把水泥工业建设成"环境材料型"产业,走可持续发展之路。国家鼓励企业开展资源综合利用,水泥企业在原料中掺有不少于30%的煤矸石、石煤、粉煤灰、烧煤锅炉的炉底渣(不包括高炉矿渣)及其他工业废渣,实行增值税即征即退的优惠政策。

生产不同体系水泥熟料的主要原料及水泥组分简介见表2.1、表2.2。

表 2.1　生产不同体系水泥熟料的主要原料

水泥熟料种类	主要原料
硅酸盐水泥熟料	石灰质原料、硅铝质原料、校正原料
铝酸盐水泥熟料	石灰质原料、铝质原料(铝矾土)
硫铝酸盐水泥熟料	石灰质原料、铝质原料(铝矾土)、硫质原料(石膏)
铁铝酸盐水泥熟料	石灰质原料、铝质原料(铁矾土)、硫质原料(石膏)
氟铝酸盐水泥熟料	石灰质原料、铝质原料(铝矾土)、萤石(有的还加石膏)
抗硫铝酸盐水泥熟料	石灰质原料、铁质原料、高硅质原料
防辐射水泥熟料	钡或锶的碳酸盐(或硫酸盐)、硅铝质原料
道路水泥熟料	石灰质原料、硅铝质原料、铁质原料或少量的矿化剂
白水泥熟料	石灰质原料、硅铝质原料(高岭土)、少量的矿化剂和增白剂
生态水泥熟料	固体废弃物(如城市垃圾焚烧灰、下水道污泥或工业废渣等)、石灰石、黏土
土聚水泥熟料	高岭土(活化后)、碱性激发剂、促硬剂
彩色水泥熟料	直接煅烧法:石灰质原料、硅铝质原料、金属氧化物着色原料、校正原料、矿化剂

表 2.2　生产不同体系水泥的主要组分

水泥品种	主要组分
无熟料水泥	工业废渣(矿渣、钢渣)等、激发剂、石膏
少熟料水泥	工业废渣(煤矸石、粉煤灰等)、少量水泥熟料、石膏、激发剂
通用水泥	水泥熟料、石膏、混合材(生产P·Ⅰ型不加)
膨胀水泥	硅酸盐水泥熟料或铝酸盐水泥熟料、石膏
低热微膨胀水泥	粒化高炉矿渣或沸腾炉渣、适量硅酸盐水泥熟料和石膏
砌筑水泥	活性混合材(如矿渣)、适量硅酸盐水泥熟料和石膏
碱-胶凝材料	工业废渣、尾矿、黏土类物质和碱激发剂
彩色水泥	混合着色法:白水泥、白石膏、颜料及少量的外加剂

2. 新型干法水泥生产的质量控制

水泥生产是连续性很强的过程,每一道工序都会对水泥的质量产生影响,并且在生产过程中原材料的成分及生产情况也是经常变动的,因此必须经常地、系统地、科学地对各生产工序按照工艺要求一环扣一环地进行质量控制,合理选择质量控制点,采用正确的质量控制方法,把质量控制工作贯穿于生产的全过程,预防缺陷产品的产生,生产出满足用户要求的、具有市场竞争力的优质水泥产品。

　　对从矿山到水泥成品出厂过程中的某些影响质量的主要环节加以控制的点,称为质量控制点。质量控制点的确定,要做到能及时、准确地反映生产中真实的质量状况,并能够体现"事先控制,把关堵口"的原则。如果是为了检查某工序的工艺规程是否符合要求,质量控制点应确定在某工序的终止点或设备的出口处,即工艺流程转换衔接、并能及时、准确地反映产品状况和质量的关键部位。如物料的粉磨细度、出窑熟料的容积密度、产量和质量等。如果是为了提供某工序过程的操作依据,则应在物料进入设备前取样。如入磨物料的粒度、入窑生料 $CaCO_3$ 滴定值及 Fe_2O_3 含量等。由于水泥生产有其共同的特性,因此,各工厂的质量控制点也大体上相同。但是,由于各个工厂的工艺流程有繁有简,因此,各个工厂的质量控制点又有所不同。确定控制点时,可根据工艺流程平面图的生产流程顺序,在图上标出所需要设置的控制点,然后根据每一个控制点确定其控制项目。合理的生产工序质量控制表,一般应包括控制点、控制项目、取样地点、取样次数、取样方法、控制指标、合格率等。新型干法水泥生产流程质量控制图见图 2.1,质量控制表见表 2.3。

　　原材料的质量合格是制备成分合适、均匀稳定的生料的必要条件,燃料的质量直接关系到熟料煅烧质量的好坏。因此,加强对矿山开采、进厂原(燃)料的质量控制和管理工作具有十分重要的意义。只有制备出优质的生料,才能煅烧出优质的熟料,生产出好的水泥。水泥厂应做到石灰石质原料定区开采、黏土质原料定点采掘、校正原料和燃煤定点供应,并使进厂原(燃)料分批堆放、分批检验、合理搭配使用。

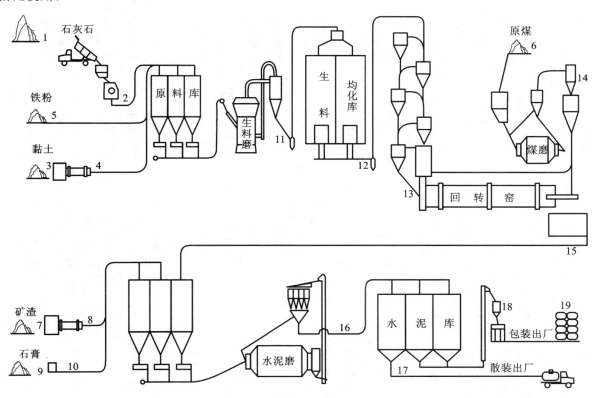

图 2.1　新型干法水泥生产流程质量控制图

表 2.3　新型干法水泥生产流程质量控制表

物料名称	序号	取样地点	检测次数	取样方法	检测项目	技术指标	合格率	备注
石灰石	1	矿山或堆场	每批一次	平均样	全分析	$w_{CaO}\geq49\%$，$w_{MgO}<3.0\%$	100%	储存量大于15 d
	2	破碎机出口	每日一次	瞬时样	粒度	粒度小于25 mm	90%	
黏土	3	黏土堆场	每批一次	平均样	全分析，水分	符合配料要求，水分小于15%	100%	储存量大于10 d
	4	烘干机出口	每日一次	瞬时样	水分	水分小于1.5%	90%	
铁粉	5	铁粉堆场	每批一次	平均样	全分析	$w_{Fe_2O_3}>45\%$	90%	储存量大于10 d
煤	6	煤堆场	每批一次	平均样	工业分析 煤灰全分析 水分	$A_{ad}<25\%$；$V_{ad}<10\%$；$Q_{net,ad}>22000$ kJ/kg；水分小于10%		储存量大于20 d
矿渣	7	矿渣堆场	每批一次	平均样	全分析	质量系数不小于1.2		储存量大于20 d
	8	烘干机出口	1小时一次	瞬时样	水分	水分不小于1.5%	90%	
石膏	9	石膏堆场	每批一次	平均样	全分析	$w_{SO_3}>30\%$		储存量大于20 d
	10	破碎机出口	每日一次	瞬时样	粒度	粒度小于30mm	90%	
出磨生料	11	选粉机出口	1小时一次	瞬时样	细度	目标值±2.0%(0.080 mm筛)	90%	储存量大于7 d
			1小时一次	瞬时样	全分析(X荧光分析仪)	三个率值，四个化学成分	70%	
入旋风筒生料	12	均化库底	1小时一次	瞬时样	细度	目标值±2.0%(0.080 mm筛)	90%	
			1小时一次	瞬时样	全分析(X荧光分析仪)	三个率值，四个化学成分	80%	
入窑生料	13	旋风筒出口	4小时一次	瞬时样	分解率	分解率大于90%	90%	
煤粉	14	入煤粉仓前	4小时一次	瞬时样	细度，水分	目标值±2.0%(0.080mm筛)；水分小于1.0%	70%	4 h用量
			1小时一次	平均样	容积密度	容积密度大于1300 g/L	90%	
			2小时一次	平均样	f-CaO	$w_{f\text{-}CaO}<1.0\%$	100%	
熟料	15	冷却机出口	每天合并一个综合样		全套物检 全分析	强度大于58 MPa，安定性一次合格率 三个率值	100%	储存量大于5 d

物料名称		取样地点	检测次数	取样方法	检测项目	技术指标	合格率	备注
出磨水泥	16	选粉机出口	1 小时一次	瞬时样	细度	目标值±1.0%(0.080 mm 筛)	90%	
			1 小时一次	瞬时样	比表面积	目标值±10 m²/kg	90%	
			每班一次	平均样	矿渣掺量	目标值±2.0%	80%	
			2 小时一次	瞬时样	SO₃	目标值±0.3%	70%	
			每日一次	平均样	全套物检	达到国家标准	100%	
散装水泥	17	散装库出口	每编号一次	连续取样	全套物检、烧失量、f-CaO、SO₃、MgO	达到国标符合要求	100%	
包装水泥	18	包装机下	每班一次	连续 20 包	袋重	20 包大于 1000 kg,单包不少于 50 kg	100%	包装标志齐全
			每班一次	平均样	全套物检	达到国标	100%	
成品水泥	19	成品库	每编号一次	取 20 包	均匀性试验袋重	变异系数 $C_v \leqslant 3.0\%$ 20 包大于 1000 kg,单包不少于 50 kg	100%	编号吨位符合规定

任务 1　石灰质原料的选择与质量控制

任务描述　选择新型干法水泥生产使用的石灰质原料(天然矿物、工业废渣),提出石灰质原料的质量控制指标。

能力目标　能够合理选择天然的石灰质原料,能够优化选择工业废渣类石灰质原料,能够提出所选石灰质原料的质量控制指标。

知识目标　掌握水泥生产所用各种石灰质原料的种类、化学成分、选择依据、质量控制要求。

凡是以碳酸钙、氧化钙、氢氧化钙为主要成分的原料均称为石灰质原料。

石灰质原料分天然和工业废渣两大类,其主要成分为 CaO、$Ca(OH)_2$ 或 $CaCO_3$。据预测,我国石灰岩资源储量达 3 万亿~4 万亿吨,目前已探明可用于水泥生产的石灰石矿储量约为 450 亿吨,可开采利用的约为 250 亿吨。按目前年水泥产量水平和吨水泥耗石灰石量计,现已查明的石灰石储量用不了 40 年。还需指出的是,我国石灰石资源开采利用率低,一般为 80%~90%,个别企业使用民采石灰石,则利用率更低,仅达 30%~40%,对资源造成了极大浪费。石灰石资源是水泥工业之本,矿产资源不可再生,企业既要为社会提供水泥,又要为持续发展考虑,所以水泥生产在原料方面应考虑:一要尽可能多地利用工业废渣和低品位岩石、尾矿,以减轻天然石灰石资源的压力;二要加大对石灰石矿山的勘探力度,增加可采矿量和布点,便于规划;三要加强管理,避免乱开采所造成的浪费;四要采用先进的开采技术,提高开采利用率。

1.1　石灰质原料

石灰质原料主要包括天然石灰质原料和含钙工业废渣。

1.1.1　天然石灰质原料

常用的天然石灰质原料有石灰岩、泥灰岩、白垩和贝壳等,我国大部分水泥厂使用石灰岩和泥灰岩,它们均属于不可再生资源。

(1)石灰岩

石灰岩是由碳酸钙所组成的化学与生物化学沉积岩,纯石灰石在理论上含有 56% 的 CaO 和 44% 的 CO_2,白色,性脆。但实际上,自然界中的石灰石常因杂质的含量不同而呈青灰、灰白、灰黑、淡黄及红褐色等不同颜色,其化学成分主要为 CaO、MgO 和 CO_2,按钙、镁、铝成分含量划分的石灰岩种类见表 2.4。

表 2.4　按成分划分石灰岩种类

种类 含量(%) 成分	石灰岩	含云 石灰岩	白云 石灰岩	含泥 石灰岩	泥灰岩	含泥含云 石灰岩	含云泥 石灰岩	含泥云 石灰岩
CaO	53.4~56.6	49.6~53.3	43.2~49.6	49.6~53.4	43.2~49.6	43.2~49.6	43.2~49.6	43.2~49.6
MgO	0~2.17	2.17~5.43	5.43~10.83	—	—	2.17~5.43	2.17~5.43	5.43~10.85
Al_2O_3	—	—	—	3.05~9.88	9.88~19.75	3.95~9.88	9.88~19.75	3.95~9.88

石灰岩的主要矿物为方解石($CaCO_3$),并常含有白云石($CaCO_3 \cdot MgCO_3$)、石英(结晶 SiO_2)、燧石(又称玻璃质石英、火石,主要成分为 SiO_2,属结晶 SiO_2)、黏土质及铁质等杂质,由于所含杂质的不同,按矿物组成又可分为白云质石灰岩、硅质石灰岩、黏土质石灰岩等。石灰岩是一种具有微晶或潜

晶结构的致密岩石,其矿床的结构多为层状、块状及条带状,其结构致密,性脆,莫氏硬度为 3~4(普氏硬度为 8~10),密度为 2.6~2.8 g/cm³,耐压强度随结构和孔隙率而异,单向抗压强度在 30~170 MPa,一般为 80~140 MPa,石灰石的含水率一般不大于 1.0%,水分含量随气候而异,但夹杂有较多黏土杂质的石灰石的水分含量往往较高。用"盐酸法"可鉴别石灰石和白云石,即用 5% 盐酸滴在岩石上,能迅速剧烈反应产生气泡的是石灰石,无气泡的是白云石(用 10% 盐酸时,白云石有少量气泡)。

硬度是指矿物抵抗外力机械作用(如压入、刻划、研磨等)的能力。1821 年,莫氏(德语:Friedrich Mohs)把矿物质的硬度相对分为 10 个等级组,其中每一等级组的矿物被后一等级组的矿物刻划时,将得到一条不会被手指轻轻擦去的划痕,莫氏硬度从 1~10,等级越大者硬度越大。莫氏硬度等级是:1 滑石;2 石膏;3 方解石;4 萤石;5 磷灰石;6 正长石;7 石英;8 黄玉;9 刚玉;10 金刚石。

方解石晶体的大小对生料易烧性的影响:$CaCO_3$ 晶体愈小,分解出的 CaO 颗粒也愈小,分散度愈大,在等量熔体条件下,CaO 颗粒与熔体的接触面愈大,故 CaO 熔解及参与烧成反应的数量愈多,则生料的易烧性愈好;反之,$CaCO_3$ 晶体愈大,分解温度愈高。

石英、燧石(以石英为主要矿物)对生料易磨性、易烧性的影响:化学成分均为 SiO_2,呈稳定的结晶状态;石英、燧石的莫氏硬度为 7,质地坚硬,难磨。煅烧时 SiO_2 与原料中的 CaO 等发生反应生成矿物,首先必须破坏它原来的结构使它活化,但破坏结晶 SiO_2 的结构需要的能量较大,故石英、燧石含量愈高,生料愈难烧。

(2)泥灰岩

泥灰岩是一种由石灰岩向黏土过渡的岩石,是由碳酸钙和黏土物质同时沉积的沉积岩,常以夹层或厚层出现,呈白色疏松土状,性软,易采掘和粉碎。矿物主要由方解石和黏土矿物组成,泥灰岩分为高钙泥灰岩($w_{CaO} \geq 45\%$)和低钙泥灰岩($w_{CaO} < 45\%$)。泥灰岩的颜色取决于黏土物质,从青灰色、黄土色到灰黑色,颜色多样。其硬度低于石灰岩,黏土矿物含量愈高,硬度愈低。耐压强度小于100 MPa,含水率随黏土含量和气候而变化。矿物粒径小,易磨性较石灰岩好,我国泥灰岩主要分布在河南新乡一带。

有些地方产的泥灰岩的成分接近制造水泥的原料,其 CaO 含量在 43.5%~45%,可直接用来烧制水泥熟料,这种泥灰岩称为天然水泥岩,但这种水泥岩的矿床很少。泥灰岩是一种极好的水泥原料,因它含有的石灰岩和黏土混合均匀,易于煅烧,有利于提高窑的产量、降低燃料消耗。

(3)低品位石灰质原料

所谓低品位原料,指那些化学成分、杂质含量与物理性能等不符合一般水泥生产要求的原料。对 $w_{CaO} < 48\%$ 或含有较多杂质的低品位石灰质原料而言,除白云石灰岩不适宜作生产硅酸盐水泥熟料的原料外,其他大多是含有黏土质矿物的泥灰岩,虽然其 CaO 含量较低,但是只要具备一定的条件仍然可以用于生产水泥。

泥质灰岩、微泥质灰岩、泥灰岩的组分中均含有 CaO、SiO_2、Al_2O_3 和一部分 Fe_2O_3,其 CaO 含量一般在 35%~44%。它们与 CaO 含量较高($w_{CaO} \geq 48\%$)的石灰石搭配使用,不难配制出符合水泥熟料矿物组成所要求的理想生料,而且这些低品位石灰质原料的质地松软,易于开采,便于破碎,易磨易烧。但缺点是矿石成分波动大,含水率较高,由于有土掺入而容易堵塞破碎机和运输设备。

近几年我国部分企业利用低品位石灰石生产硅酸盐水泥熟料取得了较好的经济效益和社会效益。如广西钦州地区铁山水泥厂利用 CaO 含量为 38%~42%、SiO_2 含量为 16%~18% 的低品位石灰石生产 42.5 级及以上的硅酸盐水泥;湖北松木坪水泥厂利用 CaO 为 42%~46% 的低品位石灰石也生产出了 42.5 级及以上的硅酸盐水泥;浙江临安青山水泥厂用 CaO 含量为 40%~44% 的石灰石和煤两组分配料,熟料能耗在 3344 kJ/kg 以下,产量大,强度也高。有资料报道,采用 CaO 含量为28%~30%、硅率 $SM = 4.4$~5.4、铝率 $IM = 2.1$~2.2 的硅质泥灰岩作黏土质原料和取代部分石灰质原料可以生产普通硅酸盐水泥。

（4）质量要求与评价

评价石灰石的质量主要是看碳酸钙含量和燧石、石英含量。燧石和石英难磨，且对煅烧质量也有影响，故要限制其在石灰石中的含量。石灰石含钙量愈高，则分解所需的温度就愈高。而低品位石灰石含钙量较低，分解所需的温度较低，具有易烧、易磨、节能的特点；但由于含杂质、成分波动大、碱含量较高，会影响预热器窑的正常生产。因此，管理人员应从均化、配料方案选择和操作参数以及进厂原料质量控制等方面进行调整，使低品位石灰石能在预分解窑中使用。

1.1.2　含钙工业废渣

主要成分为氧化钙、碳酸钙或氢氧化钙的工业废渣，均可作为石灰质原料生产硅酸盐水泥熟料。

电石渣是化工厂乙炔发生车间消解石灰后排出的含水率为 85%～90% 的废渣。其主要成分是 $Ca(OH)_2$，可替代部分石灰质原料。电石渣由 80% 以上的粒度为 10～50 μm 的颗粒组成。利用电石渣可以生产水泥熟料，且效果较好。

镁渣是镁及镁合金行业生产过程中排放的固体废弃物，每生产 1t 金属镁约排放 9 t 镁渣，这些镁渣未经处理直接倾倒在荒地用于填埋山洼，是我国目前大部分企业采用的处理方法。但是，金属镁渣中的细粉含量很高，直径小于 100 μm 的颗粒超过 60%，容易悬浮在大气中，造成粉尘污染。镁渣具有很强的吸湿性，容易使土壤板结、盐碱化，既占用了大量土地，又污染环境。从化学组成上看，镁渣中含有 40%～50% 的 CaO、20%～30% 的 SiO_2、2%～5% 的 Al_2O_3 以及少量的 Fe_2O_3，这些成分都是水泥生产所必需的。因此，利用镁渣作为水泥生产原料，将其变害为宝，具有良好的经济效益和社会效益前景。

此外，碳酸法制糖厂的糖滤泥、氯碱法制碱厂的碱渣及造纸厂的白泥，其主要成分都是 $CaCO_3$，均可用作石灰质原料，但应注意其中杂质的影响。小氮肥厂石灰碳化煤球、煤球灰渣、金矿尾砂、增钙渣等可代替部分黏土配料。

1.2　石灰质原料的选择

1.2.1　石灰质原料的质量要求

生产中使用最广泛的石灰质原料是石灰石，其主要成分是 $CaCO_3$，纯石灰石的 CaO 最高含量为 56%，其品位由 CaO 含量确定。有害成分为 MgO、R_2O（Na_2O、K_2O）和游离 SiO_2。

水泥生产用石灰质原料矿石的化学成分一般要求见表 2.5。（引自：《冶金、化工石灰岩及白云岩、水泥原料矿产地质勘查规范》（DZ/T 0213—2002））。

表 2.5　石灰质原料矿石的化学成分要求

类别	化学成分（质量分数）				
	CaO	MgO	K_2O+Na_2O	SO_3	f-SiO_2
Ⅰ级品	≥48.00%	≤3.00%	≤1.60%	≤1.00%	≤6.00%（石英质）或≤4.00%（燧石质）
Ⅱ级品	≤45.00%	≤3.50%	≤0.80%	≤1.00%	≤6.00%（石英质）或≤4.00%（燧石质）

现代新型干法水泥生产用石灰质原料矿石的化学成分据《水泥工厂设计规范》（GB 50295—2008），其质量要求见表 2.6。

表 2.6　新型干法水泥生产用石灰质原料的质量要求

成分	CaO	MgO	f-SiO_2	SO_3	K_2O+Na_2O	Cl^-
含量（质量分数）	≥48.00%	≤3.00%	≤8.00%（石英质）或≤4.00%（燧石质）	≤0.50%	≤0.60%	≤0.03%

新型干法水泥生产过程中,采用了石灰石预均化、生料均化等措施,使 CaO 含量在 42％ 左右、MgO 含量在 3％～5％ 的低品位石灰石也能满足生产要求,延长了矿山服务年限,有效利用了资源。

低品位石灰石具有易烧、易磨、共熔温度低、晶格有缺陷和碳酸钙分解温度低等优点,但低品位石灰石成分波动大、R_2O 等有害成分含量高,对配料、煅烧有一定影响。

1.2.2 石灰质原料的选择

根据配料要求,石灰石中的 CaO 含量不能低于 48％。但是,为了矿山的开发和原料的综合利用,低品位的石灰石也应利用起来,这样,就需要和一级品搭配使用,但搭配以后石灰石中的 CaO 含量仍需大于 48％。

如果 MgO 含量太高,会影响水泥的安定性,而石灰石中的白云石($CaCO_3 \cdot MgCO_3$)是 MgO 的主要来源。为使熟料中的 MgO 含量小于 5.0％,石灰石中的 MgO 含量应小于 3.0％。

如果碱含量过高,会影响熟料的煅烧和熟料的质量。

石灰石中夹杂呈结核状或透镜状的燧石(结晶 SiO_2)称为燧石结核,它以石英为主要矿物,这种物质难磨、难烧,会影响窑、磨的产量及熟料的质量。

重结晶的大理石与方解石结构致密,结晶粗大、完整,虽化学成分较纯,$CaCO_3$ 含量较高,但不易磨细与燃烧。

石灰质原料的选择原则:①搭配使用;②限制 MgO 含量(白云石是 MgO 的主要来源,含有白云石的石灰石在新敲开的断面上可以看到粉粒状的闪光);③限制燧石含量(燧石含量高的石灰岩,表面常有褐色的凸出或呈结核状的夹杂物);④对于新型干法水泥生产工艺,还应限制 R_2O、SO_3、Cl^- 等微量组分的含量。

1.2.3 常见石灰质原料的化学成分

石灰质原料在水泥生产中的作用主要是提供 CaO,其次还提供 SiO_2、Al_2O_3、Fe_2O_3,并同时带入少量杂质,如 MgO、SO_3、R_2O 等。

我国部分水泥厂所用石灰石、泥灰岩的化学成分见表 2.7。

表 2.7 石灰质原料的化学成分(质量分数,％)

原料名称	产地	烧失量	SiO_2	Al_2O_3	Fe_2O_3	CaO	MgO	合计
石灰石	浙江	43.40	0.57	0.09	0.19	55.45	0.33	99.99
	广西	43.41	0.12	0.21	0.04	55.39	0.59	99.41
	湖北	41.08	3.94	0.99	0.35	51.58	0.98	98.92
	辽宁	41.84	3.04	1.02	0.64	49.61	3.19	99.34
泥灰岩	贵州	40.24	4.86	2.08	0.80	50.69	0.91	99.58

1.2.4 石灰质原料性能测试方法

石灰质原料的性能指标很多,我们主要研究对易烧性影响较大的相关性能。随着现代化测试技术的进步,已经可以对石灰质原料的化学成分、矿物组成、微观结构进行定量研究,从而揭示原料性能对易烧性影响的作用机理。

(1)石灰质原料中各种元素(或氧化物)含量可用化学分析方法定量确定。

(2)石灰质原料的分解温度用差热分析方法可确定其中碳酸盐的分解温度。

(3)石灰质原料的主要矿物组成可用 X 射线衍射方法进行物相定性分析。

(4)石灰质原料的微观结构可采用透射电子显微镜来研究方解石的晶粒形态、晶粒大小以及晶体中杂质组分的存在形式;用电子探针可研究测试杂质组分的形态、含量、颗粒大小、分布均匀程度等。

1.3　石灰石的质量控制

石灰石在生料中的用量约占 80%，其质量好坏直接关系到生料质量的优劣，所以石灰石的质量控制是关键。石灰石的质量控制包括石灰石矿山的质量勘查和质量管理、外购石灰石质量控制及进厂石灰石质量控制。

1.3.1　石灰石矿山的质量勘查和质量管理

（1）石灰石矿山须经过详细地质勘查，应编制矿山开采网，在矿山开采的掌握面上，根据实际开采的使用情况，定期按照一定的间距，纵向、横向布置测定点，测定石灰石的主要化学成分。如果矿山成分稳定均匀，可 1～2 年测定一次，测定点的间距也可适当放大；如果矿山构造复杂，成分波动大，应每半年甚至一季度测定一次。通过全面制定矿山网，工厂可以全面掌握石灰石矿山的质量变化规律，预测开采和进厂石灰石的质量情况，能更主动、充分地利用矿山资源。

（2）实行有计划、选择性开采。根据所掌握的矿山分布规律，编制出季度、年度开采计划，按计划开采。根据就地取材、物尽其用的原则，对质量波动很大、品位低的石灰石矿床也应考虑其充分利用，从而有利于延长矿山使用年限、降低生产成本、提高经济效益。

（3）做好矿山的剥离和开采准备工作。在矿山开采中，要坚决实行"采剥并举，剥离先行"的原则。石灰石矿山一般都有表层土和夹层杂质，要严格控制其掺入石灰石的数量，以免影响配料成分的准确及运输、破碎、粉磨等工序的正常进行。因此，对新建矿山或新采区，应提前做好剥离和开采准备工作。

（4）做好不同质量石灰石的搭配。应及时掌握石灰石矿各开采区的质量情况，爆破前在钻孔中取样，爆破后在爆破石灰石堆上取样、检验，从而便于与矿山车间共同研究确定适当的搭配比例和调整采矿计划。取样也可以在矿车上进行，即每车取几点，多个车合成一个样品。

（5）外购石灰石原料的质量控制。外购石灰石的企业在签订供货合同时，化验室应先了解该矿山的质量情况，同时按不同的外观特征取样检验，制成不同品位的矿石标本。同时，化验室应根据配料要求，制订出质量指标及验收规则，以保证进厂石灰石的质量。

1.3.2　进厂石灰石的质量控制

进厂石灰石的质量控制可分两种情况：

（1）外购大块石灰石时，石灰石进厂后要按指定地点分批分堆存放，检验后搭配使用，最好进行预均化。

（2）有矿山的企业，石灰石在矿山破碎后进厂或进厂后直接进破碎机破碎并储存在碎石堆场，进行预均化。

进厂石灰石的质量要求如下：$w_{CaO} \geqslant 48\%$；$w_{MgO} \leqslant 3.0\%$；$w_{f\text{-}SiO_2} \leqslant 4.0\%$；碱当量 $w_{Na_2O} + 0.658w_{K_2O} \leqslant 0.6\% \sim 1.0\%$；$w_{SO_3} \leqslant 1.0\%$。

为了保证生产的连续性，石灰石应有一定的储存量。一般有矿山的厂应有至少 5 d 的储量，无矿山的厂要保证 10 d 以上的储量。

◇ 知识测试题

一、填空题

1. 常用的天然石灰质原料有 _____、_____、_____ 和 _____ 等。我国北方常用 _____。

2. 石灰质原料在水泥生产中的作用主要是提供 _____，其次还提供 _____，并同时带入少许杂质 _____ 等。

3.泥灰岩按含钙量分为_____和_____。

4.低品位原料是指_____。

5.石灰石的质量控制包括_____、_____和_____。

二、选择题

1.现代新型干法水泥生产用石灰质原料矿石要求 MgO 含量不得超过(　　)。

A.3%　　　　　　　　B.4%　　　　　　　　C.5%

2.石灰质原料用(　　)可确定其中碳酸盐的分解温度。

A.化学分析方法　　　　　　　　　　B.差热分析方法

C.透射电子显微镜　　　　　　　　　D.X 射线衍射

3.应及时掌握石灰石矿各开采区的质量情况,目的是(　　)。

A.只用高钙区　　　B.低钙区不做处理　　　C.高钙区与低钙区合理搭配

4.常用的石灰质原料有(　　)

A.石灰石　　　　　B.泥灰岩　　　　　C.白垩　　　　　　D.大理石

5.外购石灰石的企业,(　　)应根据配料要求,制订出质量指标及验收规则。

A.化验室　　　　　B.中控室　　　　　C.材料调度员

三、判断题

1.用于水泥生产的石灰石 CaO 含量越高越好。　　　　　　　　　　　　　　(　　)

2.石灰质原料的主要矿物组成可用 X 射线衍射方法进行物相定性分析。　　　(　　)

3.泥灰岩是由碳酸钙和黏土物质同时沉积所形成的均匀混合的沉积岩。　　　(　　)

4.选用白云石作原料时,只需要考虑 CaO 的含量。　　　　　　　　　　　　(　　)

5.我国水泥工业生产中应用最普遍的是石灰岩(俗称石灰石)。　　　　　　　(　　)

四、简答题

1.常用的天然石灰质原料有哪些?各有何特点?

2.生产硅酸盐水泥熟料对石灰质原料的质量有哪些要求?

3.水泥工艺员在选择石灰质原料时,要考虑哪些问题?

4.为什么要限制石灰质原料中的 MgO 含量小于 3.0%?

5.评价石灰石质量的指标有哪些?各指标对工艺有何影响?

6.现代水泥企业常用哪些工业废渣代替石灰质原料?为什么?

◇ 能力训练题

1.下表是某水泥企业石灰石的选择及搭配表:

来料单位	数量(t)	SiO₂(%)	Al₂O₃(%)	Fe₂O₃(%)	CaO(%)	MgO(%)	含泥量(%)	搭配比例(%)
矿业 1	32862.80	9.17	2.3	0.85	46.04	1.26	19.9	71.2
矿业 2	11485.38	7.12	0.98	0.35	48.97	0.46	18.4	24.9
矿业 3	1784.08	3.75	1.11	0.47	50.71	1.38	17.2	3.9
堆场	46132.26					1.07	18.5	100

(1)根据搭配比例,计算填完表格。

(2)分析化学成分数据,判断不同来料单位石灰质原料、搭配后的石灰质原料的品位。

(3)通过哪个工段可实现石灰质原料的搭配?画出工艺流程图。

（4）假设来料单位运输工具不同，请设计不同的取样方法。

任务2　黏土质原料的选择与质量控制

任务描述　选择新型干法水泥生产使用的黏土质原料（天然矿物、工业废渣），提出黏土质原料的质量控制指标。

能力目标　能够合理选择天然的黏土质原料，能够优化选择工业废渣类黏土质原料，能够提出所选黏土质原料的质量控制指标。

知识目标　掌握水泥生产所用各种黏土质原料的种类、化学成分、选择依据、质量控制要求。

黏土质原料的主要成分为 SiO_2，其次为 Al_2O_3，是生产硅酸盐水泥熟料的第二大原料，一般每生产 1.0 t 熟料需 0.3～0.4 t 黏土质原料。黏土质原料可分为天然黏土质原料和工业废渣。衡量黏土质原料质量的依据主要有黏土的化学成分（硅酸率、铝氧率、氯离子）、含砂量、碱含量及热稳定性等工艺性能。近年来，为提高硅酸率值，多采用砂岩配料。故本任务重点对硅质原料加以介绍。

2.1　黏土质原料

水泥生产所用黏土质原料主要包括天然黏土质原料、含铝硅质工业废渣和尾矿。

2.1.1　天然黏土质原料

天然黏土质原料是由沉积物经过压固、脱水、胶结及结晶作用而成的岩石或风化物。如黄土、黏土、页岩、泥质岩、硅石、粉砂岩及河泥等，其中黏土（包括黄土等）、页岩、粉砂岩用得最多。黏土质原料的质量受母岩影响，矿物组成比较复杂，大致包括黏土矿物和碎屑及伴生矿物两部分。黏土矿物主要有 3 种类型：高岭石类、蒙脱石类、水云母类。黏土矿物的共同特点是晶体一般都很细小，由于沉积环境和形成条件不同，其化学成分中 SiO_2、Al_2O_3、碱含量变化大。按硅酸率和铝氧率大小，硅铝质原料分类见表 2.8。黏土的抗压强度最低，易开采；粉砂岩、页岩的抗压强度中等，开采较困难；砂岩的抗压强度最高，开采困难。对于硅酸率，黏土、页岩类较低，粉砂岩中等，砂岩最高。

我国水泥工业采用的天然黏土质原料有黏土、黄土、页岩、泥岩、粉砂岩及河泥等，其中使用最多的是黏土和黄土。随着国民经济的发展以及水泥厂大型化的趋势，为保护耕地、林地，不占农田，近年来多采用页岩、粉砂岩等黏土质原料。

表 2.8　硅铝质原料分类

名称	成因	<0.005 mm(%)	SM	IM	R_2O(%)	主要的黏土矿物
黄土	风积	20～30	3.0～4.0	2.3～2.8	3.5～4.5	伊利石、水云母
黄土类亚黏土	冲积	30～40	3.5～4.0	2.3～2.8	3.5～4.5	伊利石、水云母
黏土	冲积	40～55	2.7～3.1	2.6～2.8	3.0～5.0	蒙脱石、水云母
红（黄）壤	冲积	40～60	2.5～3.3	2.0～3.0	<3.5	高岭石
页岩	冲积		2.1～3.1	2.4～3.0	2.0～4.0	蒙脱石、水云母
粉砂岩	冲积		2.5～3.0	2.4～3.0	2.0～4.0	石英、长石

（1）黄土类

黄土主要分布在华北和西北地区，由花岗岩、玄武岩等经风化分解后，再经搬运、沉积而成。"原生"以风积成因为主，"次生"以冲积成因为主，其黏土矿物以伊利石为主，其次为蒙脱石、石英、长石、方解石、石膏等。微粒(又称黏粒)含量少,可塑性差。此外,由于常年干旱,风化淋溶作用较浅,碱含量高。

黄土的化学成分以 SiO_2、Al_2O_3 为主,其次还有 Fe_2O_3、MgO、CaO 和碱金属氧化物 R_2O,其中 R_2O 含量高达 $3.5\%\sim4.5\%$,而硅率为 $3.0\sim4.0$,铝率为 $2.3\sim2.8$。黄土矿物组成较复杂,其中黏土矿物以伊利石为主,蒙脱石次之,非黏土矿物有石英、长石和少量白云母、方解石、石膏等。黄土中含有细粒状、斑点状、薄膜状和结核状的碳酸钙,一般黄土中 CaO 含量达 $5\%\sim10\%$,碱主要由白云母、长石带入。

黄土以黄褐色为主,密度为 $2.6\sim2.7$ g/cm^3,含水率随地区降雨量而异,华北、西北地区的黄土水分含量一般在 10% 左右。黄土中粗粒级砂(5 mm)颗粒一般占 $20\%\sim25\%$、黏粒级(<0.005 mm)一般占 $20\%\sim40\%$。

(2)黏土类

黏土类矿物是由钾长石、钠长石或云母等矿物经风化及化学转化,再经搬运、沉积而成的,是多种微细的呈疏松或胶状密实的含水铝硅酸盐矿物的混合体。黏土是具有可塑性、细粒状的岩石,主要矿物为石英和黏土矿物。因分布地区不同,矿物组成也有差异,如西北、华北地区的红土(主要矿物为伊利石与高岭石)、东北地区的黑土与棕壤(主要矿物为蒙脱石和水云母)和南方地区的红壤和黄壤(主要是高岭石,其次是伊利石)。

纯黏土的组成近似于高岭石($Al_2O_3 \cdot 2SiO_2 \cdot 2H_2O$),但水泥生产采用的黏土由于它们的形成和产地的差别,常含有各种不同的矿物,因此不能用一个固定的化学式来表示。根据主导矿物不同,可将黏土分成高岭石类、蒙脱石类($Al_2O_3 \cdot 4SiO_2 \cdot nH_2O$)、水云母类等,它们的某些工艺性能如表 2.9 所列。

表 2.9　不同黏土矿物的工艺性能

黏土类型	主导矿物	黏粒含量	可塑性	热稳定性	结构水脱水温度(℃)	矿物分解达最高活性温度(℃)
高岭石类	$Al_2O_3 \cdot 2SiO_2 \cdot 2H_2O$	很高	好	良好	480~600	600~800
蒙脱石类	$Al_2O_3 \cdot 4SiO_2 \cdot nH_2O$	高	很好	优良	550~750	500~700
水云母类	水云母、伊利石等	低	差	差	550~650	400~700

黏土广泛分布于我国的华北、西北、东北、南方地区。黏土中常常含有石英砂、方解石、黄铁矿(FeS_2)、碳酸镁、碱及有机物质等杂质,因所含杂质不同,颜色不一,多呈红色、黑色、棕色与黄色等。其化学成分差别较大,但主要是含 SiO_2、Al_2O_3,以及少量 Fe_2O_3、CaO 和 MgO、R_2O、SO_3 等。

使用黏土、黄土要占用大量农田,生产、设计中要尽量考虑岩矿化和利用废渣;黏土质原料中一般均含有碱,它是由云母、长石等经风化、伴生、夹杂而带入的,若风化程度高、淋溶作用好,则碱含量低。用窑外分解窑生产硅酸盐水泥时,要求黏土中碱含量小于 4.0%。

(3)页岩类

页岩是黏土受地壳压力胶结而成的黏土岩,一般形成于海相或陆相沉积,或海相与陆相交互沉积。层理分明,颜色不定,其成分与黏土相似,均以硅、铝为主,硅酸率较低。它的主导矿物是石英、长石类、云母、方解石及其他岩石碎屑,根据所含胶结物不同分硅质、铝质、碳质、砂质和钙质页岩等,结构致密,易磨性差。

页岩的主要成分是 SiO_2、Al_2O_3,还有少量的 Fe_2O_3、R_2O 等,化学成分类似于黏土,可作为黏土使用,但其硅酸率较低,一般为 $2.1\sim3.1$,通常配料时需要掺加硅质校正原料。若采用细粒砂质页岩或砂岩、页岩互相重叠间层的矿床,可以不再另掺硅质校正原料,但应注意生料中粗砂粒含量和硅酸率的均匀性。

页岩颜色不定,一般呈灰黄、灰绿、黑色及紫红等,结构致密坚实,层理发育,通常呈页状或薄片状,抗压强度为 10~60 MPa,碱含量为 2%~4%。

（4）砂岩类（IM>3.0）

砂岩（作为硅质原料）由海相或陆相沉积而成,是以 SiO₂ 为主要成分的矿石。

①硅质矿石的种类和矿物组成

硅质矿石按种类分为石英砂（又称硅砂）和石英石（硅石）；按砂石类别分为岩类（石英岩、硅质岩、脉石英、石英砂岩）和砂类（石英砂、泥质石英砂）。

石英砂是指符合工业标准的天然生成的石英砂以及由石英石粉碎加工的各种粒度的矿砂（人造硅砂）,其矿物含量变化大,主要矿物成分为粉砂状石英（含量为 50%~60%）、黏土矿物（含量为 35%~45%）和少量云母、重矿物,易磨性较砂岩好。

石英石是指符合工业标准的天然生成的石英砂岩、石英岩和脉石英,其中岩类、固结的碎屑岩和石英的碎屑占 95% 以上。主要矿物为石英、长石、方解石、云母及碎屑。

硅质砂石都是以石英为主要矿物,其化学成分为 SiO₂,结晶型,莫氏硬度为 7,是一种坚硬、较难粉碎的硅酸盐矿物,化学性质稳定,耐高温,不溶于酸（氢氟酸除外）,微溶于 KOH 溶液。

②硅质矿石的性能

随着煅烧、粉磨技术和设备的不断优化,水泥厂采用砂岩类硅质原料替代或部分替代黏土质原料日益增多,为进一步了解砂岩结构对矿石工艺性能（破碎性、磨蚀性、易磨性）的影响,天津水泥设计研究院倪祥平等人对石英砂岩试样进行了研究,其结论是:"决定砂岩工艺性能的内在因素是石英颗粒大小、含量（主要影响砂岩的磨蚀性和易磨性）和胶结状态（主要决定砂岩的破碎性和磨蚀性）；石英颗粒较大、含量较高的砂岩易磨性较差,磨蚀性较大；砂岩的破碎性与 SiO₂ 含量没有关系。砂粒细小的砂岩破碎性较差,磨蚀性大；燃烧可以使砂岩的易磨性得到不同程度的改善,而破碎性和磨蚀性的改善程度则取决于其晶体结构。除石英晶体过小（隐晶）、结构疏松或泥质含量较高的砂岩,通过燃烧改善的效果不明显外,其他砂岩通过燃烧其破碎性都能得到明显改善。"

（5）河泥、湖泥类

河泥、湖泥由于河流的搬运作用和泥沙淤积,成分稳定,颗粒级配均匀,且不占农田。因水分含量高,我国上海水泥厂湿法生产线用黄浦江泥沙作为硅铝质原料。

2.1.2　含铝硅质工业废渣和尾矿

（1）煤矸石、石煤

煤矸石是煤矿生产时产生的废渣,它在采煤和选矿过程中被分离出来,一般属泥质岩,也夹杂一些砂岩,黑色,烧后呈粉红色。随着煤层地质年代、成矿情况、开采方法不同,煤矸石的组成也不相同。其主要化学成分为 SiO₂、Al₂O₃,另含有少量的 Fe₂O₃、CaO 等,并含 4180~9360 kJ/kg 的热值。有关化学成分详见表 2.10。

表 2.10　煤矸石、石煤的主要化学成分（质量分数,%）

名称	SiO₂	Al₂O₃	Fe₂O₃	CaO	MgO
南栗赵家屯煤矸石	48.60	42.00	3.81	2.42	0.33
山东湖田矿煤矸石	60.28	28.37	4.94	0.92	1.26
邯郸峰峰煤矸石	58.88	22.37	5.20	6.27	2.07
浙江常山石煤	64.66	10.82	8.68	1.71	4.05
常山高硅石煤	81.41	6.72	5.56	2.22	—

石煤多为古生代和晚古生代菌藻类低等植物所形成的低碳煤,它的组成性质及生成等与煤无本质差别,都是可燃沉积岩。不同的是含碳量比一般煤少,挥发分低,发热量低,灰分含量高,同时伴生较多的金属元素。

煤矸石、石煤在水泥工业上的应用,其主要的难点是化学成分波动大。目前的利用途径有三个:一是替代黏土配料;二是经煅烧处理后作为混合材;三是作沸腾燃烧室燃料,其渣作为水泥混合材。

（2）粉煤灰及炉渣

粉煤灰是火力发电厂煤粉燃烧后所得的粉状灰烬,除了可以作为水泥混合材生产普通水泥和粉煤灰水泥外,还可以替代部分乃至全部黏土参与水泥配料。炉渣是煤在工业锅炉燃烧后排出的灰渣,也可替代黏土参与配料。

粉煤灰和炉渣的化学成分因煤的产地不同而不同,且 SiO_2 和 Al_2O_3 的相对含量波动大。一般来说是 Al_2O_3 含量偏高。大部分水泥厂都是用作校正黏土中"硅高铝低"而添加的,同时也是废料的综合利用。

粉煤灰和炉渣替代部分乃至全部黏土配料时,应注意下列问题:

①加强均化。减少 SiO_2、Al_2O_3 的成分波动和残碳热值对窑热工制度和熟料质量的影响。

②解决配料精确问题。这是因为其粒径细小,锁料、喂料都很困难的缘故。

③注意带入的可燃物对煅烧的影响。尤其是高碳粉煤灰、高碳炉渣所带入的可燃物,其燃点较高,上火慢,使立窑底火拉深,熟料冷却慢,易出现还原料及粉化料。

④粉煤灰和炉渣的可塑性比较差,立窑生产时保证成球质量仍是一项技术关键。

（3）玄武岩

玄武岩是一种分布较广的火成岩,其颜色因异质矿物的含量而异,并由灰到黑,风化后的玄武岩表面呈红褐色。密度一般在 $2.5 \sim 3.1 \mathrm{~g/cm^3}$,性硬且脆,通常具有较固定的化学组成和较低的熔融温度。除 Fe_2O_3、R_2O 含量偏高外,其化学成分类似于一般黏土。

玄武岩的助熔氧化物含量较多,可作水泥生料的铝硅酸盐组分,以强化熟料的煅烧过程。此时制得的熟料含有大量的铁铝酸钙,使水泥煅烧及水泥有一系列的特点。例如:煅烧时间短,煅烧温度可降低 $70 \sim 100 ℃$,节约燃料约 10%,窑的台时产量可提高 $10\% \sim 12\%$;水泥抗硫酸盐侵蚀性好,水化放热量低,抗折强度较高。

玄武岩的可塑性和易磨性都较差,因此生产中要强化粉磨过程,同时使入磨粒度减小,并使其成为片状（瓜子片的粒度）,以抵消由于易磨性差带来的影响。

（4）珍珠岩

珍珠岩是一种主要以玻璃态存在的火成非晶类物质,属富含 SiO_2 的酸性岩石,亦是一种天然玻璃,其化学成分因产地不同而有差异,但一般 $w_{SiO_2}+w_{Al_2O_3}>80\%$。可用作黏土质原料进行配料。

（5）赤泥

赤泥是烧结法从矾土中提取氧化铝时所排出的赤色废渣,其化学成分与水泥熟料的化学成分比较,Al_2O_3 和 Fe_2O_3 含量高,CaO 含量低,所以赤泥与石灰质原料搭配使用便可配制成生料。赤泥中 Na_2O 含量较高,对熟料煅烧和质量有一定影响,故应采取必要措施。自氧化铝厂排出的赤泥浆含有大量的游离水,同时还有化合水等,可作为湿法生产的黏土质原料,但其成分还随矾土化学成分的不同而不同,且波动大,生产中应及时调整配料并保证生料的均化。

（6）尾矿

尾矿是指由选矿场排出的尾矿浆,经自然脱水后所形成的固体废料,也包括与矿石一道开采出的废石。在水泥行业中,主要利用尾矿中的硅、铝、铁、钙化学组分以及尾矿中含有的金属元素和硫化物、氟化物等具有矿化剂作用的成分。

硅酸盐型尾矿,按尾矿中主要矿物组成的情况,用次要成分命名的有:

①镁铁型:无石英、碱含量低,如橄榄石;

②钙铝型:石英含量较少、碱含量较高,如辉石;

③长英岩型:含石英、碱含量较高,如石英;

④碱性型:无石英、碱含量高,如长石;

⑤高铝型:碱含量较高,如叶蜡石;

⑥高钙型:碱含量较高,如硅灰石;

⑦硅质岩型:硅含量高、碱含量低,如石英岩、石英砂等。

化学成分以 SiO_2 为主的金属尾矿,均可作为硅质替代原料。一般高钙型和钙铝型尾矿,适合用于制造硅酸盐水泥熟料的原料;高铝型尾矿,适合生产铝酸盐水泥熟料;硅质岩型尾矿和磷酸盐型尾矿,可作为配料组分和校正原料;镁铁型、长英岩型和碱性型尾矿,不适合用于生产水泥。

2.2　黏土质原料的品质要求及选择

2.2.1　黏土质原料的品质要求

衡量黏土质量的主要指标是黏土的化学成分(硅率 SM、铝率 IM)、含砂量和含碱量等。对黏土质原料的一般质量要求可见表 2.11。

表 2.11　黏土质原料的质量要求

品位	SM	IM	MgO	R_2O	SO_3	塑性指数
一等品	2.7～3.5	1.5～3.5	<3.0	<4.0	<2.0	>12
二等品	2.0～2.7 或 3.5～4.0	不限	<3.0	<4.0	<2.0	>12

2.2.2　选择黏土质原料时应注意的问题

为了便于配料又不掺硅质校正原料,要求黏土质原料最好硅率 $SM=2.7$～3.1,铝率 $IM=1.5$～3.0,此时黏土质原料中 SiO_2 含量为 55%～72%。如果硅率过高($SM>3.5$),则可能是含粗砂粒(>0.1 mm)过多的砂质土;如果硅率过低($SM<2.3$～2.5),则是以高岭石为主导矿物的黏土,配料时除非石灰质原料含有较高的 SiO_2,否则要添加难磨难烧的硅质校正原料。所选黏土质原料应尽量不含碎石、卵石,粗砂含量小于 5.0%,这是因为粗砂为结晶状态的游离 SiO_2,结晶 SiO_2 含量高的黏土对粉磨不利,未磨细的结晶 SiO_2 会严重恶化生料的易烧性。每增 1% 的结晶 SiO_2,在 1400 ℃煅烧时熟料中的游离 CaO 将提高近 0.5%。

当黏土质原料 $SM=2.0$～2.7 时,一般需掺用硅质原料来提高含硅量;当 $SM=3.5$～4.0 时,一般需与一级品或含硅量低的二级品黏土质原料搭配使用,或掺加铝质校正原料。

2.2.3　黏土质原料的性能测试方法

黏土质原料的矿物颗粒比较细小,大部分颗粒为 0.1～$1\mu m$,研究测试相对比较困难,一般用化学分析方法测定其化学组成,用 X 射线衍射和透射电镜观察其矿物组成和矿物形态,用差热分析方法确定黏土矿物的脱水温度。对黏土质原料中的粗粒石英含量、晶粒大小和形态要予以足够的重视,因为当石英含量为 70.5%、粒径超过 0.5 mm 时,会显著影响生料的易烧性。

2.3　黏土质原料的质量控制

黏土质原料在生料中占 15%～20%,质量波动较大,因此其质量控制也非常重要。

(1)黏土质原料进厂前的质量控制

由于黏土质原料经过地质变化迁移,成分稳定性相对较差,因此,对黏土质原料矿床应分层取样,定期编制矿山网,按不同品位分区、分层开采。若地表植物和杂质多,应先剥去表土、除去杂物再进行开采。有黏土质原料矿的工厂,最好在黏土质原料进厂前先搭配开采和装运。无黏土质原料矿的工厂,进厂后的黏土质原料应分堆存放,先化验后使用。存放时应平铺直取,提高预均化效果。

（2）进厂黏土质原料的质量要求

进厂的黏土质原料必须按时取样,每批做一次全分析,主要控制其硅率 SM 和铝率 IM,SM 和 IM 最好在以下范围:一等品 $SM=2.7\sim3.5$,$IM=1.5\sim3.5$;二等品 $SM=2.0\sim2.7$ 或 $SM=3.5\sim4.0$,IM 不限。

黏土质原料的质量要求:$w_{MgO}\leqslant3\%$、$w_{SO_3}\leqslant2\%$、碱含量不大于 4%,石英砂含量为 0.2 mm 方孔筛筛余不大于 5%,0.08 mm 方孔筛筛余不大于 10%。

为了保证生产的连续性和有利于质量控制,黏土的储量应保证在可使用 10 d 以上。

◇ 知 识 测 试 题

一、填空题

1.黏土质原料的主要成分为 _____,其次为 _____,是生产硅酸盐水泥熟料的第二大原料。

2.衡量黏土质量的主要指标是黏土的 _____、_____ 和 _____ 等。

3.我国水泥工业常常采用的天然黏土质原料有 _____、_____、_____、_____、_____ 及 _____ 等。

4.现代水泥企业常用 _____ 和 _____ 替代部分乃至全部黏土配料。

5.黏土质原料的化学组成一般用 _____ 方法测定,用 _____ 方法观察其矿物组成和矿物形态,用 _____ 方法确定黏土矿物的脱水温度。

二、选择题

1.黏土质原料提供的 SiO_2、Al_2O_3、Fe_2O_3 属于（　　）。

A.酸性氧化物　　　　　　B.碱性氧化物

2.当黏土的硅率 $SM=3.5\sim4.0$ 时,应当（　　）来保证配料要求。

A.需掺用硅质原料来提高含硅量　　　　　　B.掺加铝质校正原料

C.需与一级品或含硅量低的二级品黏土质原料搭配使用

3.根据主导矿物不同,可将黏土分成（　　）。

A.高岭石类　　　　　　B.蒙脱石类（$Al_2O_3 \cdot 4SiO_2 \cdot nH_2O$）　　　　　　C.水云母类

4.粉砂岩的硅率一般大于 3.0,铝率在 $2.4\sim3.0$ 之间,碱含量为 $2\%\sim4\%$,可作为水泥生产用的（　　）原料。

A.硅铝质　　　　　　B.硅质　　　　　　C.铝质

5.黄土是（　　）。

A.没有层理的黏土与微粒矿物的天然混合物　　　　　　B.黏土经长期胶结而成的黏土岩

C.多种微细的呈疏松或胶状密实的含水铝硅酸盐矿物的混合体

三、判断题

1.如果黏土的硅率过低,则可能是含粗砂粒（> 0.1 mm）过多的砂质土。　　　　　　（　　）

2.当黏土质原料 $SM=2.0\sim2.7$ 时,一般需掺用硅质原料来提高硅含量。　　　　　　（　　）

3.结晶 SiO_2 含量高的黏土对粉磨不利,未磨细的结晶 SiO_2 会严重恶化生料的易烧性。　（　　）

4.回转窑生产时,要求黏土的可塑性达标。　　　　　　（　　）

5.对黏土质原料中的粗粒石英,当石英含量为 70.5%、粒径超过 0.5 mm 时,就会显著影响生料的易烧性。　　　　　　（　　）

四、简答题

1. 生产硅酸盐水泥熟料时,黏土质原料的作用是什么?
2. 衡量黏土质原料质量的主要指标有哪些?
3. 选择黏土质原料时应注意的问题有哪些?
4. 我国天然黏土质原料有哪些种类?
5. 生产硅酸盐水泥熟料对黏土质原料的质量有何要求?
6. 举例说明哪些工业废渣可替代黏土质原料,其对工艺有何影响?

◆ 能力训练题

下表是山西某水泥企业黏土质原料化学成分:

序号	烧失量	SiO_2	Al_2O_3	Fe_2O_3	CaO	MgO	$n(SM)$	$p(IM)$
1	5.50	70.26	15.70	4.04	0.67	0.45		
2	4.83	76.42	12.53	2.74	0.74	0.62		
3	2.82	81.36	9.12	1.19	0.45	0.46		
4	2.00	87.25	7.18	1.21	0.30	0.28		

1. 查阅资料,利用公式,计算黏土质原料的 n、p 值。
2. 根据黏土质原料化学成分资料,试分析其种类及品质。
3. 黏土质原料的 n 太高(>3.5),对生产有何影响? 生产中应如何搭配?
4. 查阅资料,结合某一水泥企业,分析生产高强熟料对黏土质原料的技术要求。

任务 3　校正原料的选择与质量控制

任务描述　选择新型干法水泥生产选用的校正原料(天然矿物、工业废渣),提出校正原料的质量控制指标。

能力目标　能够合理选择天然的校正原料,能够优化选择工业废渣类校正原料,能够提出所选校正原料的质量控制指标。

知识目标　掌握水泥生产所用各种校正原料的种类、化学成分、选择依据、质量控制要求。

当石灰质原料和黏土质原料配合所得生料成分不能符合配料方案的要求时,必须根据所缺少的组分掺加相应的原料,这种以补充某些成分不足为主的原料称为校正原料。

3.1　铁质校正原料的选择

当生料中的氧化铁含量不足时,应掺加氧化铁含量大于 4% 的铁质校正原料,常用的有低品位铁矿石、炼铁厂尾矿及硫酸厂工业废渣硫铁渣等。

硫铁矿渣(即铁粉)的主要成分为 Fe_2O_3(含量大于 50%),红褐色粉末,含水率较大,对贮存、卸料均有一定影响。

目前有的厂用铅矿渣或铜矿渣代替铁粉,不仅可用作校正原料,而且其中所含氧化亚铁(FeO)能降低烧成温度和液相黏度,还可起矿化剂作用。表 2.12 为各种铁质校正原料的化学成分。

表 2.12　铁质校正原料的化学成分(质量分数,%)

种类	烧失量	SiO$_2$	Al$_2$O$_3$	Fe$_2$O$_3$	CaO	MgO	FeO	CuO	总计
低品位铁矿石		46.09	10.37	42.70	0.73	0.14			100.03
硫铁矿渣	3.18	26.45	4.45	60.30	2.34	2.22			98.94
铜矿渣		38.40	4.69	10.29	8.45	5.27	30.90		98.00
铅矿渣	3.10	30.56	6.94	12.93	24.20	0.60	27.30	0.13	105.76

3.2　硅质校正原料的选择

当生料中 SiO$_2$ 含量不足时,须掺加硅质校正原料。常用的有硅藻土、硅藻石,以及含 SiO$_2$ 较多的河砂、砂岩、粉砂岩等。但应注意,砂岩中的矿物主要是石英,其次是长石,结晶 SiO$_2$ 对粉磨和煅烧都有不利影响,所以要尽可能少采用。河沙的石英结晶更为完整粗大,只有在无砂岩等矿源时才采用。最好采用风化砂岩或粉砂岩,其 SiO$_2$ 含量不太低,但易于粉磨,对煅烧影响小。表 2.13 为几种硅质校正原料的化学成分。

常用:硅藻土、硅藻石、含 SiO$_2$ 多的河砂、砂岩、粉砂岩等。其中砂岩、河砂中结晶 SiO$_2$ 多,难磨难烧,尽量不用,风化砂岩易于粉磨,对煅烧影响小。

表 2.13　硅质校正原料的化学成分(质量分数,%)

种类	烧失量	SiO$_2$	Al$_2$O$_3$	Fe$_2$O$_3$	CaO	MgO	总计
砂岩(1)	8.46	62.92	12.74	5.22	4.34	1.35	95.03
砂岩(2)	3.79	78.75	9.67	4.34	0.47	0.44	77.48
河沙	0.53	89.68	6.22	1.34	1.18	0.75	99.72
粉砂岩	5.63	67.28	12.33	5.14	2.80	2.33	95.51

3.3　铝质校正原料的选择

铝质原料为 Al$_2$O$_3$ 含量高的矿石(主要是铝矾土,又称铝土矿)或工业废渣(如粉煤灰、煤矸石等)。按 Fe$_2$O$_3$ 含量又可分为铝矾土和铁矾土(Fe$_2$O$_3$ 含量小于 5% 的称为铝矾土,大于 5% 的称为铁矾土)。在水泥行业中铝矾土是生产铝酸盐、硫铝酸盐、氟铝酸盐水泥熟料的主要原料;铁矾土则是生产铁铝酸盐水泥熟料的原料。

铝矾土是主要化学成分为 Al$_2$O$_3$、Fe$_2$O$_3$、SiO$_2$、TiO$_2$,少量的 CaO、MgO、硫化物,微量的镓、锗、磷、铬等元素的化合物。SiO$_2$ 在铝土矿中主要以高岭石、伊利石、叶蜡石等硅酸盐矿物形式存在,有的还含石英、蛋白石以及其他黏土矿物。铝土矿中的主要矿物为一水硬铝石(Al$_2$O$_3$·H$_2$O)、一水软铝石(Al$_2$O$_3$·H$_2$O)、三水硬铝石(Al$_2$O$_3$·3H$_2$O),同时混杂有高岭石、赤铁矿、水云母和石英等。

我国铝矾土资源丰富,其主要特点是:矿石类型以一水硬铝石为主,主要产地集中(河南、山东、山西、广西一带);矿物种类多,组成复杂;与国外相比,具有高铝、高硅、低铁的特点。铝矾土主要用于冶炼金属铝,剩下的用于生产耐火材料、化学制品、研磨材料和铝酸盐水泥。

铝土矿质量的好坏用铝硅比来衡量。铝土矿按铝硅比分为七个等级,其中Ⅰ级、Ⅱ级可用于生产铝酸盐水泥熟料,其成分:Ⅰ级,$w_{Al_2O_3}/w_{SiO_2} \geq 12$,$w_{Al_2O_3} \geq 73\%$;Ⅱ级,$w_{Al_2O_3}/w_{SiO_2} \geq 9$,$w_{Al_2O_3} \geq 71\%$。也可按铝硅比划分矾土质量等级,见表 2.14。

表 2.14　矾土质量等级的划分

矾土等级	特等	一等	二等甲	二等乙	三等
$w_{Al_2O_3}$	>76%	68%~76%	60%~68%	52%~60%	42%~52%
$w_{Al_2O_3}/w_{SiO_2}$	>20	5.5~20	2.8~5.5	1.8~2.8	1.0~1.8

　　铝矾土矿的特点:一是硬度高,比石灰石难磨;二是化学成分波动大,同一矿区、同一矿层甚至同一开采面的成分各异。因此,利用铝矾土作为原料在生产上必须均化。

　　当生料中 Al_2O_3 含量不足时,须掺加铝质校正原料,常用的铝质校正原料有炉渣、煤矸石、铝矾土等。表 2.15 为几种铝质校正原料的化学成分。

表 2.15　一些铝质校正原料的化学成分(质量分数,%)

原料名称	烧失量	SiO_2	Al_2O_3	Fe_2O_3	CaO	MgO	总计
铝矾土	22.11	39.78	35.36	0.93	1.60		99.78
煤渣灰	9.54	52.40	27.64	5.08	2.34	1.56	98.56
煤渣		55.68	29.32	7.54	5.02	0.93	98.49

3.4　校正原料的质量控制

　　对校正原料的一般质量要求见表 2.16。

表 2.16　校正原料的质量指标

校正原料	硅率(SM)	SiO_2(%)	R_2O(%)
硅质	>4.0	70~90	<4.0
铝质	$w_{Al_2O_3}$>30%		
铁质	$w_{Fe_2O_3}$>40%		

3.5　校正原料的常用品种及质量要求

　　校正原料的常用品种及质量要求见表 2.17。

表 2.17　校正原料常用品种及质量要求

校正原料	常用品种	质量要求	储存量(d)
铁质校正原料	低品位的铁矿石、炼铁厂尾矿及硫酸厂工业废渣——硫铁矿渣(俗称铁粉)、铅矿渣、铜矿渣(还兼作矿化剂)	$w_{Fe_2O_3}\geq40\%$	≥20
硅质校正原料	硅藻土、硅藻石、含 SiO_2 多的河沙、砂岩、粉砂岩	$n>4.0$; $w_{SiO_2}=70\%$ ~90%; $w_{R_2O}<4.0\%$	≥10
铝质校正原料	炉渣、煤矸石、铝矾土	$w_{Al_2O_3}>30\%$	≥10

◇ 知 识 测 试 题

一、填空题

1. 校正原料是指＿＿＿＿＿＿＿＿＿＿＿＿＿＿＿＿＿＿＿＿＿＿＿＿＿＿＿。

2. 常用的铁质校正原料有＿＿＿＿＿＿、＿＿＿＿＿＿及＿＿＿＿＿＿等。

3. 常用的铝质校正原料有＿＿＿＿＿＿、＿＿＿＿＿＿及＿＿＿＿＿＿等。

4. 含 SiO_2 较多的硅质校正原料有＿＿＿＿＿＿、＿＿＿＿＿＿及＿＿＿＿＿＿等。

5. 要求铁质校正原料中的 Fe_2O_3 含量＿＿＿＿＿＿。

二、选择题

1. 下面常用的校正原料对应不正确的是（　　　）。

A. 钙质校正原料——贝壳　　　　　　　　　　B. 硅质校正原料——砂岩

C. 铝质校正原料——煤矸石　　　　　　　　　D. 铁质校正原料——硫铁矿渣

2. 北方水泥企业常用的硅质校正原料为（　　　）。

A. 硅藻土　　　　　　　B. 硅藻石　　　　　　　C. 风化砂岩

3. 硅质校正原料的 SiO_2 含量要求在（　　　）。

A. 60％以上　　　　　　B. 70％～90％　　　　　C. 80％以上

4. 铅矿渣和铜矿渣可用作（　　　）。

A. 铁质校正原料　　　　B. 硅质校正原料　　　　C. 铝质校正原料

5. 既可用作铝质校正原料又可作为劣质燃料的原料为（　　　）。

A. 煤矸石　　　　　　　B. 炉渣　　　　　　　　C. 铝矾土

三、判断题

1. 一般要求铝质校正原料中的 Al_2O_3 含量不低于30％。　　　　　　　　　　（　　　）

2. 只要硅质校正原料中的 SiO_2 含量达到70％～90％，对其他组分可不作要求。　（　　　）

3. 铝矾土的主要成分为 Al_2O_3。　　　　　　　　　　　　　　　　　　　　（　　　）

4. FeO 能降低烧成温度和液相黏度，可对熟料煅烧起到矿化剂的作用。　　　　（　　　）

5. 砂岩和风化砂岩的矿物组成近似，都可作为硅质原料的最佳选择。　　　　　（　　　）

四、简答题

1. 何为铁质校正原料？其天然矿物有哪些？工业废渣有哪些？有何质量要求？

2. 何为硅质校正原料？其天然矿物有哪些？工业废渣有哪些？有何质量要求？

3. 何为铝质校正原料？其天然矿物有哪些？工业废渣有哪些？有何质量要求？

4. 生产硅酸盐水泥熟料一般用哪几类原料？试列举每类原料中最常用的1～2个品种。

◇ 能 力 训 练 题

1. 下表是新型干法水泥企业校正原料的化学成分（以质量分数计），试分析其种类及品质。

序号	烧失量	SiO_2	Al_2O_3	Fe_2O_3	CaO	MgO	种类
1	8.81	29.71	21.58	25.36	4.50	1.30	
2	7.23	26.70	19.79	32.50	5.28	1.46	
3	3.00	13.56	6.93	22.30	41.60	7.67	
4	1.29	13.72	7.83	22.92	38.11	10.92	

2. 查阅资料，撰写有关工业废渣在水泥生产中作为原料的综述报告。

项目实训

实训项目 1　水泥原料的辨别

任务描述:通过本实训项目的训练,会让你认识各种天然类的和工业废渣类的石灰质原料、黏土质原料、校正原料和各类原煤,能初步辨别其品质优劣。

实训内容:(1)观看粉体实训中心原料仓库中各种原(燃)料,辨别其类型、品种;(2)学会从外观和借助一定仪器分析手段区分原(燃)料的质量优劣。

实训项目 2　水泥原料的检测

任务描述:通过本实训项目的训练,会让你学会使用 X 射线衍射仪和扫描电镜。

实训内容:(1)X 射线衍射仪的操作规程和结果分析;(2)扫描电镜的操作规程和照片分析。

项目拓展

拓展项目 1　水泥生产各种原(燃)料展示比赛

任务描述:同学们通过采集天然矿物原料、收集工业废渣原料,或者去水泥企业收集各种原(燃)料,进行小组展示比赛。

拓展项目 2　原料成分分析比赛

任务描述:制定比赛规则,小组之间、班级之间进行原料成分分析比赛。

项目评价

项目 2　原料的选择与质量控制	评价内容	评价分值
任务 1　石灰质原料的选择与质量控制	能合理选择石灰质原料,进行品位评价,提出质量控制指标	20
任务 2　黏土质原料的选择与质量控制	能合理选择黏土质原料,进行品位评价,提出质量控制指标	20
任务 3　校正原料的选择与质量控制	能合理选择校正原料,进行品位评价,提出质量控制指标	20
实训 1　水泥原料的辨别	能正确认识各类水泥原料,初步鉴别品位高低	20
实训 2　水泥原料的检测	能正确检测各类水泥原料,撰写检测报告	20
项目拓展	师生共同评价	20(附加)

项目3 原料的破碎操作

项目描述

  本项目主要任务是针对新型干法水泥生产原料的破碎作业。通过学习与训练,掌握破碎的基本工艺,破碎设备的工作原理、主要构造、工作参数及操作与维护注意事项;能描述石灰石破碎过程,能初步编写(或修改)破碎系统作业指导书,能操作实验室破碎机破碎出符合要求的物料;初步具有水泥原料破碎作业的知识和技能。

学习目标

  能力目标:能根据生产规模对石灰石破碎机进行模拟选型;能初步编写(或修改)破碎系统作业指导书;能操作实验室破碎机破碎出符合要求的原(燃)料。

  知识目标:掌握破碎设备的结构、工作原理、性能参数、操作与维护要领;掌握破碎系统作业指导过程;掌握破碎设备选型计算方法。

  素质目标:遵守规章的安全意识——能够严格遵守设备操作规程和作业指导书要求,遵守各项规章制度,保护自我、保护他人和保护设备。

项目任务书

  项目名称:原料的破碎操作

  组织单位:"水泥生料制备及操作"课程组

  承担单位:××班××组

  项目组负责人:×××

  项目组成员:×××

  起止时间:××年 ××月××日 至 ××年××月××日

  项目目的:学习破碎设备的结构、工作原理、性能参数、操作与维护要领;学习破碎系统作业指导过程;学习破碎设备选型计算方法。学会操作实验室破碎机破碎出符合要求的原(燃)料;学会根据生产规模对石灰石破碎机进行模拟选型;学会初步编写(或修改)破碎系统作业指导书。

  项目任务:①利用实验室破碎设备破碎水泥原料,达到符合要求的粒度,并对物料进行套筛分析评价;②对新型干法水泥生产线的石灰石破碎系统进行模拟选型;③编写(或修改)破碎系统的操作规程或者作业指导书。

  项目要求:①破碎的石灰石粒度满足入磨粒度的要求,粒度评价全面完整;②绘制的破碎系统工艺流程正确、完整,设备选型合理;③编写的操作规程符合实际生产要求;④能正确操作各种设备,保证人身、设备安全;⑤项目组负责人先拟定《原料的破碎操作项目计划书》,经项目组成员讨论通过后实施;⑥项目完成后以小组为单位撰写《原料的破碎操作项目报告书》一份提交给"水泥生料制备及操作"课程组,并准备答辩验收。

项目考核点

本项目的验收考核主要考核学员相关专业理论、专业技能的掌握情况和基本素质的养成情况。具体考核要点如下。

1. 专业理论

(1)物料破碎的基本概念、粒度评价方法;

(2)锤式破碎机的工作原理、构造、类型、性能及主要参数;

(3)反击式破碎机的工作原理、构造、类型、性能及主要参数;

(4)板式输送机的工作原理、结构、类型、技术性能与应用;

(5)带式输送机的工作原理、结构、类型、技术性能与应用;

(6)袋式除尘器的过滤原理、类型、构造、滤袋种类、清灰方式以及影响袋式除尘器除尘效率的因素;

(7)破碎系统的工艺流程、破碎系统设备选型。

2. 专业技能

(1)锤式破碎机的识别、选型、操作与维护;

(2)反击式破碎机的识别、选型、操作与维护;

(3)板式输送机的识别、选型、操作与维护;

(4)带式输送机的识别、选型、操作与维护;

(5)袋式除尘器的识别、选型、操作与维护;

(6)破碎系统的作业指导书的编写(或修改);

(7)破碎物料的粒度评价。

3. 基本素质

(1)纪律观念(学习、工作的参与率);

(2)敬业精神(学习、工作是否认真);

(3)文献检索能力(收集相关资料的质量);

(4)组织协调能力(项目组分工合理、成员配合协调、学习工作井然有序);

(5)应用文书写能力(项目计划、报告撰写的质量);

(6)语言表达能力(答辩的质量)。

项目引导

水泥生产用的原料以及燃料大多要经过一定的处理之后才能便于运输、计量以及粉磨等。在粉磨之前对原料、燃料的处理过程称为原料的加工与准备,它主要包括物料的矿山开采、物料加工(破碎、烘干)、原料的预均化、物料输送及物料储存等工序。

1. 矿山开采

1.1　矿山开采工艺流程

矿山是水泥企业进行正常生产和发展的物质基础。主要原料(石灰石和黏土)资源靠近工厂,一般自行开采。按照长期建设规划,地质勘查单位要提前进行找矿或初步勘探,在此基础上提出推荐矿点,进一步勘探矿点。

水泥厂在进行原料开采之前,首先必须进行详细的勘探工作,包括有用矿储量、矿层的分布情况、有用矿化学成分的波动情况及矿石的物理性质(例如自然休止角、硬度、吸收性、透水性、耐压强度等,对松散的黏土质原料还应加做颗粒分析试验),开采条件及矿区地质环境等。其次做必要的原料工业性试验:根据原(燃)料的特殊程度,进行相应的原料加工试验,以解决特殊问题;根据试验或经验,向工艺员提供部分设计参数;负责具体的配料方案设计,以便工艺人员编制物料平衡表;与矿山专业人员配合,提出矿山质量搭配要求。

矿山开采必须执行《水泥原料矿山管理规程》。矿山生产过程中,企业应根据矿体特点和生产需要,在地质勘探基础上进行生产地质勘探工作,提高矿床的控制程度,为编制采掘计划提供可靠的地质依据;制定矿石进厂质量指标时,在满足水泥原料配料要求的基础上,对不同品级的矿石实行均化开采,经济合理地充分利用矿产资源;为了均衡、持续地开采矿石,必须有计划地进行采矿准备工作,认真贯彻"采剥并举、剥离先行"的原则,必须保持一定的开拓矿量(24 个月矿石产量)、准备矿量(12 个月矿石产量)和可采矿量(6 个月矿石产量)。

矿山开采工艺流程:采矿工作面潜孔钻机钻孔→中深孔爆破→液压挖掘机开采/轮式装载机装载→矿用自卸汽车运输到破碎站破碎→皮带输送→工厂预均化堆场。

1.2　矿山开采先进技术

水泥厂的原料均采用露天开采。露天开采又分为机械开采和水力开采,我国主要采用机械开采。国内外露天采矿技术发展的总趋势是开采规模大型化、生产连续化、装备现代化。智能化矿山的研究与开发,是露天矿科技进步的发展方向,采矿技术正向液压化、联动化、自动化发展。

(1)水泥原料矿山开采规模大型化

开采大型矿山,可以采用大型设备,提高劳动生产率,降低矿石开采成本。随着 5000～10000 t/d 预分解窑熟料生产线的投产,涌现出一批年产 100 万～500 万吨级矿石的大型矿山,而年产 50 万～100 万吨矿石已属中型矿山。目前,矿石年产量大于 500 万吨级的超大型矿山已开始显现。

(2)选用大型、高效、耐用的采矿工艺设备

水泥矿山设备在大型化基础上,向节能型、自动化、标准化方向发展。黑色和有色金属矿山为提高开采强度,提高设备利用效率,一般采用连续工作制。

① 钻孔设备

中、高风压潜孔钻机和全液压露天钻机将是水泥矿山未来的主力钻机。送风管道长、能耗大、效率低的固定式低风压(0.5～0.7MPa)空压机正逐步被淘汰,钻速低、排渣难、仅适应中硬以下岩石穿孔的切削回转钻机和穿凿坚硬、极坚硬的牙轮钻机也将逐步淡出水泥矿山开采市场。

② 装载设备

液压挖掘机在水泥矿山进一步得到推广使用,并将在铲装设备中占据主导位置。与机械挖掘机比较,液压挖掘机自重轻,三维自由度赋予液压挖掘机机动灵活的特点,可在陡坡上挖掘,便于分别开采。水泥矿山装载设备,宜选用 4～8 m³ 的液压挖掘机和 30～60 t 的矿用汽车。

(3)走生态环境协调发展的绿色矿业道路

矿山开采应走矿产资源开发利用和地质生态环境协调发展的绿色矿业道路,建立低生态危害的

采矿工艺系统,做到无废、少废甚至零排放。

国外一些矿山注重自然景观的保有度,在矿山开采中坚持低能耗、短流程、高效率、无废、少污的原则,保持矿区周围景观的和谐。我国嘉新京阳水泥有限公司对石灰石矿山开采裸露地带,填覆客土,因地制宜种植原生植物,引进耐干旱、耐贫瘠的百喜草和当地水土保持功效好的野生蚂蚁草,达到了草木并举、立体绿化的效果。

(4)矿山生产不断融入新科技

优化矿山生产,提高采矿工艺环节中高科技的比重,诸如应用自动控制技术、电子信息技术、网络技术,从整体上提高设备的技术效能,提高生产过程的综合自动化水平,提高生产信息化程度,实现控制智能化、生产过程连续化和自动化、管理信息化和系统化。

智能数字矿山,是信息技术在矿山开采中应用的集中表现。以计算机及网络技术为手段,把矿山三维空间和有属性数据实现数字化存储、传输、表达和加工,建立全方位生产管理系统,随着"数字化矿山"的发展,矿山开采开始进入智能化控制时代。

(5)开拓方式、采矿工艺多样化

开采顺序由单一的纵向布置向横向布置方式发展,施行强化开采,提高工作线推进速度,为矿石均化搭配创造条件。采用组合台阶、分期开采、陡帮开采,以便均衡生产剥采比。

(6)汽车-带式半连续运输系统是近年来发展的高效运输技术

该系统充分发挥汽车运输适应性强、机动灵活、短途运输经济的优势,有利于强化开采,同时显现带式运输机运力大、爬坡能力强、运营成本低的长处,汽车、胶带两种运输优势互补。首钢水厂铁矿在1998—2003 年间汽车-带式半连续运输系统的运输成本为 0.65 元/(t·km),仅为单一汽车运输成本1.35 元/(t·km)的 48%。

部分水泥矿山正在或即将进入露天凹陷开采,采用半移动式破碎机的"汽车-半移动破碎机-胶带运输机"的半连续开采工艺是一种行之有效的采矿工艺系统。

(7)矿山辅助作业机械化

目前,矿山辅助作业不配套、机械化程度低,是矿山生产的薄弱环节。随着开采规模的扩大,为保证主机正常作业,提高设备效率,必须提高矿山辅助作业水平。在清理工作平台、矿体内夹石分采分运、铲装工作面的准备、运输道路的维护、边坡整理、大块矿石二次破碎、炮孔装药和炮孔填塞工作中,配备必要的前端式装载机、推土机、平道机、压路机、洒水车、装载车、炮孔填塞机等辅助矿山机械,可从整体上提高矿山装备效能。

(8)铣刨机采矿是一种有发展前途的采矿方法

应用铣刨机(又称机械犁)采矿,代替传统的穿孔爆破采矿方法,有以下优点:①无爆破地震、空气冲击波、飞石等危害;②扩大开采境界,不受爆破安全境界的限制;③连续作业,不受爆破干扰;④要求作业场地相对小;⑤可根据矿层和矿石不同品级,分采分运,可有效剔除有害夹层,可选别回采;⑥采矿成本可降低 20%～50%;⑦不需粗碎,可调整开采粒度,有利于带式输送机长距离运输。

应用铣刨机采矿,集采、装、碎为一体,有效简化了生产流程,作业工作平台、采场道路平整,减少轮胎消耗,刨铣矿石粒径可控制在 30～80 mm,还可根据需要生产粒径小于 30 mm 的矿石,为振动放矿、竖井溜矿石、缓冲矿仓磨损创造条件。

铣刨采矿法,可从根本上保证矿山边坡的安全,从而增大边坡安全角度,增加可采矿量,减少边坡工程量和维护量。

在南斯拉夫 Serbia 石灰石矿上,应用德国维特根(Wirtgen)表采机 SM-2600 型,切削(铣刨)、破碎、装料一次完成,矿石平均单轴抗压强度为 25 MPa,产量为 600 t/h,约 90%粒径小于 16 mm,最大粒径为 150 mm。法国、美国、印度、巴西、墨西哥应用表采机开采石灰石均取得了一定效果。维特根表采机在切削矿石的同时将矿石破碎。可据粒径要求,选用不同切削刀具及切削转子,平整稳定作业

（1）压碎

压碎是将物料置于两破碎表面之间并施加压力，使被破碎的物料达到它的压碎强度极限而被破坏，见图 3.1(a)。

（2）击碎

击碎是使物料在瞬间受到外来的冲击力作用而破碎。可用多种不同的方式来完成，例如，在钢板表面上的物料，受到外来冲击物的打击；高速回转的零件（如板锤）冲击物料块；高速运动的物料冲击到固定的钢板上；物料之间的互相冲击等［图 3.1(b)］。这种冲击破碎方法，破碎效率高，破碎比大，能量消耗较少。

（3）磨碎

物料在两个相对滑动的表面或各种形状的研磨体（又称介质）之间，受一定的压力和剪切力的作用，待物料的剪切力达到它的剪切强度极限时，物料即被磨碎［图 3.1(c)］。磨碎的效率较低，能量消耗较大。

（4）劈碎

用两个带尖齿的工作面挤压物料，被破碎的物料内部便产生拉应力，当该拉应力达到它的拉伸强度极限时，物料即被劈碎［图 3.1(d)］。这是利用物料的抗拉强度极限远远低于抗压强度极限。

（5）折断

物料在破碎工作面之间如同受集中载荷的两支点或多支点的梁，当物料内的弯曲应力达到它的弯曲强度时即被折断［图 3.1(e)］。

目前采用的破碎机和磨碎机，一般都由上述两种或两种以上的方法联合起来进行粉碎。例如挤压和折断、冲击和磨碎等。粉碎方法的选择主要取决于物料的物理机械性质，被破碎物料的尺寸和所要求的破碎比。对于硬物料，采用挤压、劈碎和折断方法破碎较合适；对黏性物料宜采用挤压和磨碎；对脆性和软性物料宜采用劈碎和击碎；粉磨时大都是击碎和磨碎。冲击破碎法应用范围较广，可用于破碎和粉磨。

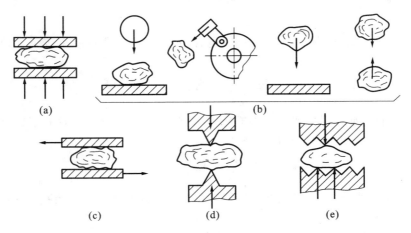

图 3.1　破碎及磨碎的方法
(a)压碎；(b)击碎；(c)磨碎；(d)劈碎；(e)折断

1.1.3　粉碎流程

对于粉碎作业，有两种不同的流程：一种是开流式粉碎流程，又称开路粉碎；另一种是圈流式粉碎流程，又称闭路粉碎。粉碎流程如图 3.2 所示。在开路粉碎中，物料只通过粉碎机一次即达到要求的粒度，全部作为产品卸出，见图 3.2(a)。在闭路粉碎中，物料经粉碎机粉碎后，需要通过分级设备将其中符合要求的细粒物料分选出作为产品，而把其中粗粒部分重新送回粉碎机与后来加入的物料一起再进行粉碎，见图 3.2(b)、(c)。显然，开流式粉碎流程是比较简单的，但要使只经过一次粉碎后的物料粒度完全达到要求,其中必然有一部分物料发生"过度粉碎",这种情况对粉磨作业来说尤为显著。圈流式粉碎流程没有这个缺点,但是物料经过的路线较复杂,需使用较多的附属设备,同时操作控制上也比较麻烦和困难。

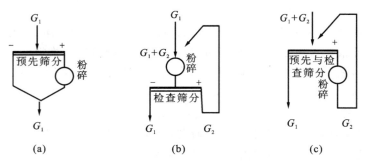

图 3. 2　粉碎流程

1. 2　破碎物料粒径表示方法

在水泥生产过程中,无论是原料、燃料、生料、熟料、水泥等,都是由大小不同的块状、粒状或粉状颗粒组成。为了表示它们的外形尺寸大小,经常使用"粒度"或"细度"这两个名词。这两个名词没有明显区别,只是人们习惯对块状和粒状物料称为"粒度",而对粉状物料称为"细度"。具体表示方法常见的有四种:平均粒径法、筛析法、比表面积法、颗粒组成法。

1. 2. 1　平均粒径法

表示物料颗粒大小的平均尺寸称为平均粒径。

在生产中,对一块石头、一粒熟料等,称为单颗粒物料,如果是一堆碎石、一袋水泥等,则称其为颗粒群物料。利用各种仪器、量具进行多方位的测试,再将测量结果进行处理,就可以得到各种表达形式的平均粒径,如:算术平均粒径、几何平均粒径、调和平均粒径等。水泥厂最常用的是算术平均粒径。

利用量具,对单颗粒物料进行三维方向(长、宽、高)的测量,将测量结果按下式处理,则得到该物料的算术平均粒径 d_m。

$$d_m = \frac{长+宽+高}{3} = \frac{L+B+H}{3}$$

如果是微小的颗粒,如熟料中的矿物组成(A 矿颗粒、B 矿颗粒等),只能在显微镜下测量,得到的只是两个方向的尺寸(长、宽),它的平均粒径则是:

$$d_m = \frac{长+宽}{2} = \frac{L+B}{2}$$

对一些粒度适中的物料,也可以用两个筛子筛析测量。这两个筛子的筛孔大小应尽量接近,同时物料能通过上面的筛孔,却无法通过下面的筛孔。该物料的平均粒径则是:

$$d_m = \frac{上筛孔尺寸+下筛孔尺寸}{2} = \frac{b_1+b_2}{2}$$

测量一堆物料(颗粒群)时,如碎石、煤块、矿渣、粉体等,常用一套筛子进行筛析。首先对物料缩分取样,应注意试样的代表性。试样必须能够全部通过套筛中最大孔径的筛,套筛按孔径上大下小依次排列,套筛中相邻的筛孔尺寸之差应小于 1.4 倍,最下面的筛底筛孔尺寸为 0。物料试样在套筛中一起过筛,筛析完毕,对每一个筛子筛面上的物料进行称重,结果处理如下。

筛孔尺寸:$b_1, b_2, b_3, \cdots, b_m, 0$;

筛面物料的平均粒径:$d_1, d_2, d_3, \cdots, d_m$,其中:

$$d_1 = \frac{b_1+b_2}{2}, d_2 = \frac{b_2+b_3}{2}, \cdots, d_m = \frac{b_m}{2}$$

筛面物料的质量：$m_1, m_2, \cdots, m_n$；

颗粒平均粒径：$d_m = \dfrac{m_1 d_1 + m_2 d_2 + \cdots + m_n d_n}{m_1 + m_2 + \cdots + m_n}$。

【例 3.1】　某水泥厂买进铁矿石作铁质原料，要求进厂矿石的平均粒径小于 20 mm，经取样筛析，结果如表 3.2 所示，问：该原料粒度是否合格？

表 3.2　取样筛析结果

筛孔尺寸(mm)	30	25	20	15	12	8	5	3	0
筛面物料重量(g)	0	10	12	8	8	5	4	2	1

【解】　① 求各筛平均粒径(mm)：

	d_1	d_2	d_3	d_4	d_5	d_6	d_7	d_8
	27.5	22.5	17.5	13.5	10.0	6.5	4.0	1.5

② 筛面物料重量(g)：

	10	12	8	8	5	4	2	1

③ 铁矿石平均粒径：

$$d_m = \frac{27.5\times10+22.5\times12+17.5\times8+13.5\times8+10\times5+6.5\times4+4\times2+1.5\times1}{10+12+8+8+5+4+2+1} = 17.57 (\text{mm})$$

④ 结论：进厂铁矿石粒度合格。

1.2.2　筛析法

水泥生产中粉、粒状物料较多，用筛网控制物料的粒度大小或细度指标十分方便。这种用某一尺寸孔径的筛网分析物料颗粒大小的方法称为筛析法。

（1）筛余和筛下

物料经过筛析后，留在筛面上的物料称为筛余（又称筛上），通过筛孔的物料称为筛下。在生产实践中，一般取 50 g 有代表性的试样进行检验、控制。可以用水筛，也可以用干筛。

（2）当量直径和筛余百分数

用筛析法的测试结果表达物料颗粒大小的方式有两种，即当量直径和筛余百分数。若某一堆物料（颗粒群）中有 80% 的物料能通过某一孔径的筛网，则可以用该筛网的筛孔尺寸作为当量直径来代表这堆物料的平均粒径，标记为 d_{80}，如入磨物料粒度 $d_{80}=20$ mm。

在水泥生产过程中，对于粉状物料常用筛余百分数作为控制指标。它是指某一粉状物料在经过取样、筛析后，筛余量占物料筛析总量的百分数，以此代表这些粉状物料颗粒的大小。筛孔尺寸写在 R 的右下角，如生料细度等于 10%，它的含义是用 0.08 mm 方孔筛对生料筛析后，其筛余是 10%。筛余百分数越大，表示物料越粗；反之物料越细。

（3）筛孔尺寸的表示方法

国内外水泥行业中的筛网孔径大小的表示方法有四种：筛号、筛孔数、网目和筛孔尺寸。

① 筛号是指每厘米长度筛网上的筛孔数。有多少个孔，就称为多少号筛。

② 筛孔数是指每平方厘米筛网面积上的筛孔数。有多少个孔，就称为多少孔筛。

③ 网目是指每英寸长度筛网上的筛孔数。有多少个孔，就称为多少目筛。

④ 筛孔尺寸是指筛网的孔径尺寸大小。正方形孔，以边长表示；圆形孔，以直径表示。

由于各国规定的筛网编制材料的粗细不一样，因而筛孔的真实尺寸不完全一样，使用、换算时应仔细查阅有关资料。我国的国家标准在 20 世纪已经将水泥行业使用的筛网孔径大小统一用筛孔尺寸(mm)表示。筛网孔径的表示方法列于表 3.3。

表 3.3　常用筛网孔径的表示方法

筛　　号	筛孔数	网　目	筛孔尺寸
70 号	4900 孔	170 目	0.08 mm
100 号	10000 孔	250 目	0.06 mm

1.2.3　比表面积法

单位质量物料的总表面积称为比表面积,计量单位是 m^2/kg,主要用于成品水泥的细度检验。国家标准规定用透气仪(勃氏法)进行测定,主要是根据一定量的空气通过具有一定空隙率和固定厚度的水泥层时,所受阻力不同而引起流速的变化来测定水泥的比表面积。如国家标准要求硅酸盐水泥的比表面积要大于 $300m^2/kg$。比表面积越大,表示颗粒群(物料)越细;反之,表示颗粒群越粗。

筛析法由于设备简单、操作容易而被水泥行业广泛使用,但它只能表示大于 0.08 mm 的颗粒所占的百分数,而小于 0.08 mm 的颗粒的组成情况反映不出来,这些细颗粒恰恰是影响水泥质量的主要组分。同一质量的水泥越细,颗粒数量越多,比表面积也越大。所以,比表面积可以在一定程度上反映细颗粒含量的多少,比筛析法能更好地控制生产过程和出厂水泥的质量。

1.2.4　颗粒组成法

对颗粒群(物料)用连续、分区间的尺寸范围表示各种尺寸的颗粒的百分含量的方法称为颗粒组成法(其结果又称颗粒级配或颗粒分布),常用沉降天平或激光颗粒分析仪进行测定。在水泥生产中,目前还没有国家标准规范这项测试设备和技术,只是科研部门、高等院校或有条件的水泥企业根据自己的需要进行取样测试、对比分析等应用研究,相互之间还不具备结果对比或单位换算的条件。粉碎后的物料是一群由不同尺寸的颗粒组成的混合物。随着科学研究和生产控制技术的发展,人们发现不同尺寸范围的颗粒含量的多少,对物料的物理化学性质有着重要的影响,如水泥的水化活性、早期强度、后期强度等。

粉碎后的物料,其颗粒大小的分布一般具有一定的规律性,在水泥行业常用列表法、数学方程式和坐标图线三种形式进行表达。某厂 32.5 级普通硅酸盐水泥产品的颗粒组成如表 3.4 所示。

表 3.4　某厂 32.5 级普通硅酸盐水泥的颗粒组成

粒径范围(μm)	0~5	5~10	10~20	20~30	30~50	50~80	>80
颗粒组成(%)	9.98	11.56	21.51	11.46	19.98	21.50	4.01

粒体颗粒组成的数学模型常用"罗辛-拉姆勒-本尼特(Rosin-Rammler-Bennet)公式"表示,简称为 RRB 方程式。

$$R(x) = 100 \times \exp\left[\left(-\frac{x}{\overline{X}}\right)\right]^n \tag{3.4}$$

式中　$R(x)$——粉碎产品中的某一孔径 $x(\mu m)$ 的筛余百分数,%;

$\overline{X}$——特征粒径,μm,筛余百分数为 36.8% 时的颗粒粒径,对一种粉体 $\overline{X}$ 为常数;

n——均匀性系数,对一种粉体 n 为常数。

对 RRB 方程式取两次自然对数,得到它的重对数表达式:

$$\ln\left[\ln\frac{100}{R(x)}\right] = n\ln x - n\ln\overline{X} \tag{3.5}$$

式中只有 R、x 两个变量,成为一次线性方程式,在 $\ln\left[\ln\dfrac{100}{R(x)}\right] \sim n\ln x$ 的坐标系中是一条直线,称为 RRB 图,n 是该直线的斜率。n 值越大,直线越陡,物料颗粒组成越窄,粒度分布越均匀;反之,n 值越小,颗粒组成越宽,粒度分布越不均匀。$\overline{X}$ 值越大,表示粉体颗粒越粗;反之,$\overline{X}$ 值越小,表示粉体颗粒越细。

1.3 粉碎产品的粒度特征

在水泥生产过程中,对粉碎产品的颗粒组成也可以用筛析法进行测试处理,简单地将颗粒群分成几个不同的级别,然后绘出它们的坐标图形,这种图形称为粉碎产品的粒度特征曲线,简称筛析曲线。利用筛析曲线可以对粉碎过程进行产品分析和生产控制。

1.3.1 筛余累计

用套筛筛析物料时,大孔筛的筛余是小孔筛筛余的一部分,计算小孔筛的筛余时应该将其累计在一起才是小孔筛的真实筛余,也称为筛余累计。它一般用百分数表示,在水泥行业也常常简称其为筛余。

例如,将 50g 物料用套筛筛析的结果如下:

筛孔尺寸(mm):	30	20	10	0
筛余　　　(g):	0	9	16	25
筛余累计(g):	0	9	25	50
筛余累计(%):	0	18	50	100

1.3.2 粒度特征曲线

粉碎产品由各种粒级的颗粒组成,为了知道它们的粒度分布情况,通常采用筛析方法将它们按一定的粒度范围分成若干粒级。筛析所得数据可以整理在筛析记录表上,用来说明物料的颗粒组成特征。为了更直观地比较物料的粒度组成情况,可根据筛析所得数据绘出物料的粒度特征曲线(或称筛析曲线)。做法是在普通直角坐标系上绘制曲线,如图 3.3 所示,用左纵坐标轴表示粗粒级的累计百分数,右纵坐标表示细粒级的累计百分数,横坐标表示均料尺寸(或筛孔尺寸)。

根据筛析曲线可以清楚地判断物料的粒度分布情况,如图 3.3 中直线 2 表示此物料粒度是均匀分布的,图中的凹形曲线 1 表明粉碎产品中有较多的细小颗粒,图中凸形曲线 3 则表示粉碎产品中粗粒级物料占多数。

作出筛析曲线,不仅可以求得筛析表中没有给出的任意中间粒级百分数,同时还可以检查和判断粉碎机械的工作情况。为了比较在同一粉碎机械中粉碎各种物料的粒度特征,或比较在不同粉碎机械中粉碎同一物料的粒度特征,可将多条筛析曲线画在同一图中以便于研究。

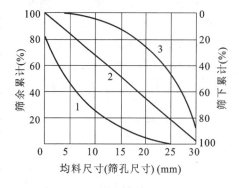

图 3.3　粒度组成特征曲线

在绘制筛析曲线时,如以筛孔尺寸与出料口尺寸之比作横坐标,则可以很容易地从曲线上看出粉碎产品中大于出料口尺寸的过大颗粒的含量。

用普通直角坐标系绘制筛析曲线的缺点是表示细粒级的一段曲线不易绘出,因为 1 mm 以下的颗粒间隔非常小,为了绘制得更为精确,必须采用较大的比例或用对数坐标系绘制。

1.3.3 筛析曲线的应用

(1)查算某一粒径范围颗粒群的含量

筛析曲线绘好后,求出两个筛孔尺寸的筛余百分数,进行相减,其差值就是这个尺寸范围颗粒的百分含量。

(2)判断粉碎设备的工作性能

一台粉碎机粉碎几种物料,它们的筛析曲线可能出现三种形状(图 3.3),即凹形、凸形或直线形。凹形表示粉碎产品中细颗粒含量较多,粗颗粒含量较少;凸形表示产品中粗颗粒含量较多,细颗粒含量较少;直线形表示产品中粗、细颗粒含量相差无几。如果是几台粉碎机粉碎一种物料,产品粒度特征曲线也会出现凹形、凸形或直线形三种情况。出现凹形的粉碎机,表示其粉碎的产品中细颗粒含量较多,粗颗粒含量较少;出现凸形的粉碎机,表示其粉碎的产品中粗颗粒含量较多,细颗粒含量较少;出现直线形的粉碎机,表示其粉碎的产品中粗、细颗粒含量接近。

1.4　物料的破碎性能

水泥原料性质与粉碎过程有关的物料性质包括:晶体结构、强度、硬度、脆性、含水率、易碎性和易磨性等。

(1)晶体结构

水泥生产过程中使用的物料大部分是各种矿物晶体或质点的结合体。按理想晶体结构分类,有离子结构、分子结构和原子结构。其中以离子结构的矿物最多,属中硬性物料。构成晶体的基本质点——离子、原子或分子,在空间呈几何规则的周期性排列,每个周期就构成了一个晶胞,这是构成晶体的基本单元。构成晶体的质点相互之间具有吸引力和排斥力,这两种力的综合效果就是质点间的相互作用力,并在晶体内部形成平衡,产生了晶体的结合能。当晶体受到外力作用时,如果是压缩,斥力的增大超过引力的增大,剩余的斥力支撑外力的压迫作用;如果是拉伸,引力的减少少于斥力的减少,多余的引力抵御着外力的拆散作用。质点间的平衡力是有限的,当外力再增加,晶体结构将发生破坏、断裂,产生永久性变形。变形导致晶体内部能量的增加,这种增加主要是晶体因外力作用而破坏、断裂,部分内能转化为新断裂面的表面能。

(2)强度、硬度和脆性

强度是物料抵抗破坏的能力,一般用破坏应力表示,按破坏时外力的作用方式可分为:抗压强度、抗折强度、抗拉强度等。水泥生产过程中使用的物料的抗拉强度都很小,一般为抗压强度的1/30～1/20。行业内习惯用抗压强度将物料分为硬质物料(抗压强度不小于160 MPa)、中硬物料(抗压强度大于80,小于160 MPa)和软质物料(抗压强度不大于80 MPa)。

硬度是物料抵抗变形的能力。非金属材料一般用莫氏硬度表示,分为十个等级,用刻痕法测定。金刚石为10,最硬;滑石为1,最软(表3.5)。硬度单位数值表示法一般用于金属材料,如布氏硬度(HB)、洛氏硬度(HRC)、维氏硬度(HV)、肖氏硬度(HS)等。强度高、硬度大的物料都难以粉碎。

表3.5　非金属材料的莫氏硬度

物料	滑石	石膏	方解石	萤石	磷灰石	长石、玻璃	石英	黄晶	刚玉	金刚石
等级	1	2	3	4	5	6	7	8	9	10

脆性是表示物料被断裂的性能,与其相对应的性质称为韧性。韧性是表示物料抗断裂的能力。脆性高的物料,韧性小,容易断裂、粉碎;脆性低的物料,韧性大,不易断裂,难以粉碎。

(3)含水率

物料中的水分有三种形式:化学结合水、物理化学结合水和机械结合水。其中,化学结合水主要是结晶水,结合强度大,故难以去除,脱去结晶水的过程不属于干燥过程;物理化学结合水包括吸附水、渗透水和结构水,吸附水既可被物料的外表面吸附,也可吸附于物料的内部表面,吸附水在结合时有热量放出,脱去时则需吸收热量,渗透水与物料的结合是物料组织壁的内外溶解物的浓度有差异而产生的渗透压所造成,结合强度相对较弱,结构水存在于物料组织内部,在胶体形成时将水结合在内,此类水分的离解可由蒸发、外压或组织的破坏造成;机械结合水分包括毛细管水分等,毛细管水存在于纤维或微小颗粒成团的湿物料中,它与物料的结合强度较弱。常说的含水率是指后两项,又称其为物料水分,以质量百分数(%)表示。

在物料被粉碎的过程中,非结合水和结合水对生产的产量和质量有着直接的影响,如在干法破碎、储存、粉磨、输送过程中产生堵塞。只有增设烘干过程,除去这些水分,才能进行正常的粉碎作业。在水泥生产规程中经常有这方面的规定,如:进破碎机的物料水分含量不得超过3%;干法球磨机入磨物料平均水分含量不得大于 1.5% 等。

（4）易碎性与易磨性

① 易碎性

物料被粉碎的难易程度称为易碎性。易碎性的好坏，与物料本身的强度、硬度、密度、晶体结构、裂纹、含水率和脆性等有关。物料的易碎性常用相对易碎性系数表示，它是以标准物料单位产量的电耗为基准做相对比较而得出来的，计算式如下：

$$K_m = \frac{E_b}{E_c} \tag{3.6}$$

式中　K_m——物料的相对易碎性系数；

　　　E_b——标准物料的单位产量电耗，kW·h/t；

　　　E_c——被测物料与标准物料破碎条件相同时的单位产量电耗，kW·h/t。

相对易碎性系数的测定方法目前国家没有明确规定，各企业可以自行选定标准物料来测定物料的相对易碎性系数，科学地进行破碎工艺过程的生产控制。值得注意的是，被测物料与标准物料的破碎条件一定要相同，主要是指要使用同一台破碎机进行试验，入破碎机的物料粒度一定要尽量接近，这样测得的单位产量电耗才可以代入公式计算。标准物料的相对易碎性系数为 1，被测物料的相对易碎性系数如果大于 1，说明其易碎性好，比标准物料容易破碎；反之，小于 1，则表明易碎性差，比标准物料难破碎。

② 易磨性

（a）易磨性及其表示方法

物料被粉磨的难易程度称为易磨性。影响易磨性好坏的因素与易碎性相同，但二者没有明显的相关性。一般情况下，易碎性好的物料易磨性也好。但是，在水泥生产中经常出现一些易碎性好的物料，其易磨性并不好。易磨性的好坏用易磨性系数表示，其测定方法已有国家标准《水泥原料易磨性试验方法》（GB/T 26567—2011）给出明确规定。

（b）易磨性系数的测试方法

物料的易磨性系数用粉磨功指数表示。其试验测定过程如下：取代表性试样约 10 kg，用颚式破碎机全部破碎到 3.15 mm 以下，然后在 105 ℃温度下烘干，将烘干后的试样缩分出 50g，用筛析法绘出试样的粒径分布曲线，以确定其 80 μm 以下颗粒的百分含量 P_{80} 及入磨物料平均粒径 F_{80}（80% 通过的筛孔尺寸）。将制好的试样在松散状态下取 700 mL，称重后置于规格为 ϕ 305 mm×305 mm 的球磨机中粉磨。第一次试验时，磨机转动数量取 100～300 转，易磨的试样取低值，难磨的试样取高值。完成预定转数后，将磨内物料全部卸出，用 0.08 mm 方孔筛进行筛析，筛余（筛上料）返回磨机，筛下料为成品不再回磨。取与筛下料相等数量的新鲜试样，补充到磨机中，保持磨内物料总量不变。按第一次试验的结果，求得磨机每转一圈平均产生的成品量（G 值），以及要求达到平衡时（循环负荷率 250%）所需的成品量（磨内物料总量÷3.5），计算出第二次试验时磨机转动的转数（磨内物料总量÷3.5G）。继续试验，重复上述步骤，直到每次试验结果求得的 G 值非常接近。用最后 2～3 次试验的 G 值求算术平均值，代入下式计算粉磨功指数 W_1，国家标准规定以它代表被测物料的易磨性系数。粉磨功指数的物理意义是：被测物料从理论入磨粒度粉磨为成品时，所需要消耗的能量。其数值越大，表示物料越难磨；反之，数值越小，表示物料越易磨。这恰好与相对易碎性系数相反，应用时要加以注意。

$$W_1 = \frac{44.5 \times 1.10}{P^{0.23} G^{0.82} \left(\dfrac{10}{\sqrt{P_{80}}} - \dfrac{10}{\sqrt{F_{80}}} \right)} \tag{3.7}$$

式中　W_1——粉磨功指数（被测物料的易磨系数），kW·h/t；

　　　P——试验用成品筛的筛孔尺寸，μm，$P = 80$ μm；

　　　G——试验磨机每转一圈产生的成品量，g/r；

P_{80}——成品 80% 通过的筛孔尺寸，μm；

F_{80}——入磨试样 80% 通过的筛孔尺寸，μm。

（c）测试结果的表示方法

粉磨功指数书写时，应注明成品筛孔尺寸，如：$W_1 = 12.5 kW \cdot h/t (P = 80 \ \mu m)$。

1.5 粉碎机械的分类

（1）按所处理物料的尺寸分类

粉碎机械根据处理物料尺寸的不同可以分为破碎机械和粉磨机械两大类，破碎机械又可分为粗碎机、中碎机和细碎机三类；粉磨机械也可分为粗磨机、细磨机和超细磨机三类。具体分类可参阅表 3.6。

表 3.6　粉碎机械根据处理物料尺寸不同分类

粉碎机械的分类		进料尺寸（mm）	出料尺寸（mm）	破碎比	水泥行业常用的粉碎机械
破碎机械	粗碎机	300~900	100~350	<6	颚式破碎机、颚旋式破碎机、辊式破碎机
	中碎机	100~350	20~100	3~20	反击式破碎机、锤式破碎机、圆锥式破碎机
	细碎机	50~100	3~15	6~30	
粉磨机械	粗磨机	2~60	0.1~0.3	>600	球磨机、管磨机、轮碾机
	细磨机	2~30	<0.1	>800	球磨机、管磨机、环辊磨机
	超细磨机	<1~2	0.004~0.02	1000	振动磨

以上分类方法并不十分严密，目前有许多粉碎机械介于各粉碎阶段之间，如大型锤式破碎机和双转子反击式破碎机，在同一个机械中可同时完成粗碎、中碎和细碎作业。

（2）按结构和工作原理分类

破碎机械根据结构和工作原理一般可分为下列六种类型，如图 3.4 所示。

颚式破碎机：见图 3.4(a)，活动颚板 2 对固定颚板 1 做周期性的往复运动，物料在两颚板之间被压碎。

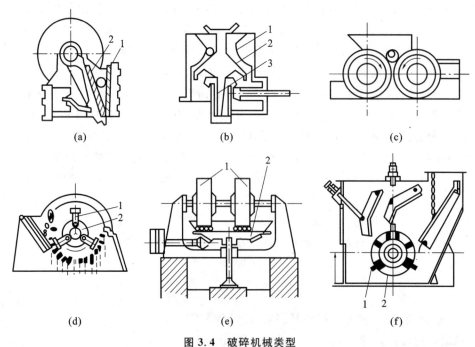

图 3.4　破碎机械类型

(a)颚式破碎机；(b)圆锥式破碎机；(c)辊式破碎机；(d)锤式破碎机；(e)轮碾机；(f)反击式破碎

圆锥式破碎机:见图 3.4(b),外锥体 1 是固定的,内锥体 2 被安装在偏心轴套里的立轴 3 上带动做偏心回转,物料在两锥体之间受到压力和弯曲力的作用而破碎。

辊式破碎机:见图 3.4(c),物料在两个做相对旋转的辊筒之间被压碎。当两个辊筒的转速不同时,还会起到磨碎作用。

锤式破碎机:见图 3.4(d),物料受到快速回转部件的冲击作用而破碎。

轮碾机:见图 3.4(e),物料在旋转的碾盘 2 上被圆柱形碾轮 1 压碎和磨碎。

反击式破碎机:见图 3.4(f),物料被高速旋转的板锤 1 打击,使物料弹向反击板撞击以及物料与物料之间相互撞击而破碎。

◆ 知识测试题

一、填空题

1.破碎机械可分为 _____、_____、_____ 三类。水泥行业常用的粉碎机械有 _____、_____、_____。

2.破碎方法有:_____、_____、_____、_____、_____。任何一种机械设备,都是由 _____ 种或 _____ 种方法协调运作来完成对物料的破碎。

3.破碎比是指 _____ 和 _____ 的比值。

4._____ 和 _____ 是粉碎机械的重要指标。

5.破碎物料粒径表示方法有 _____、_____、_____ 和 _____。

6.筛析曲线是指 _____。

7.在水泥生产过程中,对于粉状物料常用 _____ 作为控制指标。

二、选择题

1.脆性物料最适合的粉碎方式是(　　)。

A.击碎　　　　　　B.磨碎　　　　　　C.压碎　　　　　　D.劈碎

2.对于粉碎系统来说,总粉碎比和各级设备粉碎比的关系是(　　)。

A.$i = i_1 + i_2 + i_3 + \cdots + i_n$　　　　B.$i = i_1 \cdot i_2 \cdot i_3 \cdots i_n$　　　　C.$i = \dfrac{i_1}{i_n}$

3.物料被劈碎时,所受的机械力为(　　)。

A.冲击力　　　　　　B.摩擦力　　　　　　C.压力　　　　　　D.剪切力

4.在矿石加工中,通常采用(　　)硬度系数来评价矿石的硬度。

A.布氏　　　　　　B.莫氏　　　　　　C.洛氏

5.矿石的(　　)是决定矿石破碎难易的主要因素。

A.密度　　　　　　B.块度　　　　　　C.硬度

三、判断题

1.破碎比表示物料在粉碎之前和粉碎之后粒径的变化情况。　　　　　　(　　)

2.料块经过破碎后,有利于输送和物理化学反应的进行。　　　　　　(　　)

3.物料平均粒径的计算方法一般选用加权平均法。　　　　　　(　　)

4.设备选型时,应以设备的平均粉碎比为准。　　　　　　(　　)

5.筛余百分数越大,颗粒越粗。　　　　　　(　　)

四、简答题

1.试结合生料制备工艺,说明粉碎的重要性。

2. 常用的破碎机械有哪些？它们各有哪些特征？

3. 试描述物料的易碎性的含义及其测定时破碎工艺过程的意义。

4. 试描述粒度特性曲线的绘制过程。

5. 目前,水泥生产中提倡"多破少磨",请解释其原因。

◈ 能力训练题

1. 对实训室石灰石、砂岩样品进行筛分试验,并进行粒度分析。

2. 设计方案,判断石灰石、砂岩样品两种物料的破碎比及易碎性。

3. 对实训室破碎机出料口宽度进行调节,使石灰石的出料粒度达到破碎要求。

任务2　破碎工艺及设备的选择

任务描述　根据新型干法水泥生产规模选择水泥生产主要原料的破碎工艺和设备;

能力目标　绘制破碎系统工艺流程图,编制设备表;读懂破碎系统操作规程。

知识目标　掌握新型干法水泥生产破碎工艺流程和设备选择方法。

水泥生产过程中,石灰石的破碎占较大比重,本任务重点学习粒径较大、硬度较高且用量最多的石灰石的破碎。

2.1　石灰石破碎工艺

(1)工艺流程

石灰石破碎是水泥生产线的第一道生产工序,破碎系统运行是否正常直接影响整条生产线的生产。应根据石灰石的物理性质、不同的进料粒度、原料磨要求的入磨粒度和生产能力以及所选用的破碎设备来确定破碎系统。破碎系统工艺一般分为单段破碎和多段破碎。目前,国内大部分水泥厂采用单段破碎系统,运行效果良好。因此,石灰石破碎系统在原料符合单段破碎的条件下首先选用单段破碎工艺。单段破碎工艺进料粒度大,系统投资少,工艺流程简单,见图3.5,石灰石破碎工段的中控操作画面见图3.6。

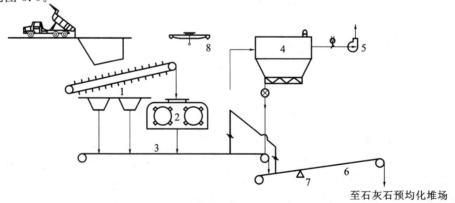

图3.5(a)　**石灰石破碎系统工艺流程(一)**

1—板式给料机;2—锤式破碎机;3—出料胶带机;4—立式收尘器;

5—排风机;6—胶带输送机;7—通过式皮带秤;8—检修吊车

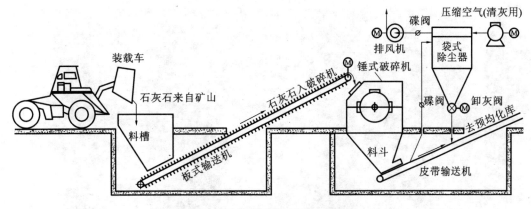

图 3.5(b)　石灰石破碎系统工艺流程(二)

(2)石灰石破碎工段的主要设备

以 5000 t/d 生产线为例,石灰石破碎工段的主要设备见表 3.7。

表 3.7　破碎工段的主要设备及性能

设备名称	主要性能
板式喂料机	规格:B2400×10000(mm) 安装角度:20° 入料最大粒度:≤1800 mm 给料能力:≤1000 t/h 给料速度:0.01~0.076 m/s
单段锤式破碎机	规格:PCF2022 最大进料粒度:1000 mm×1000 mm×1500 mm 出料粒度:≤75 mm　90% 电机转速:985 r/min
胶带输送机	规格:DTⅡ 槽型:B1400×16500 mm 倾角:0° 输送量:800 t/h 带速:1.6 m/s
气箱脉冲袋式收尘器	规格:PPFS6-2×6 处理风量:22320 m³/h 总过滤面积:372 m² 净过滤面积:310 m² 滤袋总数:384 个 设备阻力:1200~1600 Pa 允许进口气体含尘浓度:<1000 g/m³ 出口气体含尘浓度:<0.1 g/m³ 清灰压缩空气消耗量:1.8 m³/min 清灰气源压力:(5~7)×10⁵ Pa 设备承受负压:5000 Pa

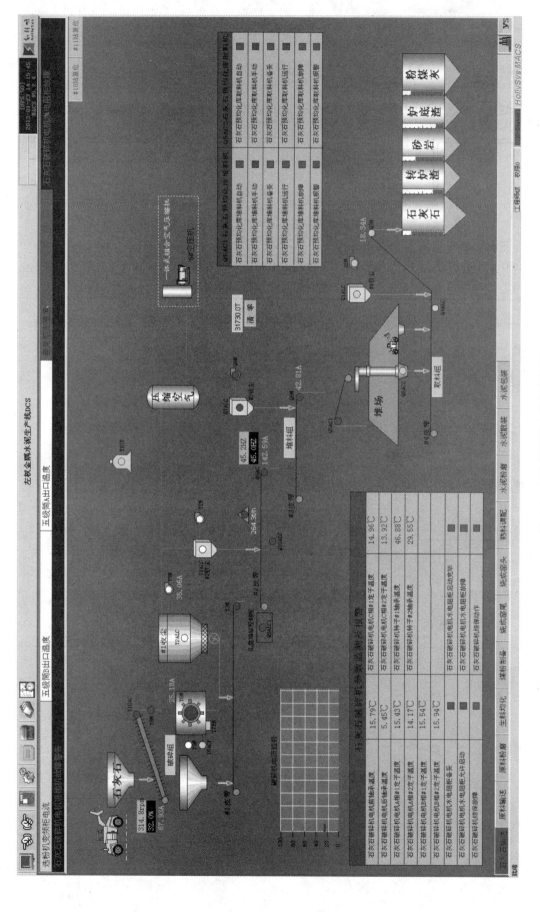

图 3.6　石灰石破碎中控操作画面

2.2 石灰石破碎系统设备选型

石灰石破碎站有固定式、移动式和半移动式三种形式。大型水泥企业生产中使用的破碎机械大多为固定安装的单段锤式破碎机,并与给料斗、喂料设备、产品输送设备和收尘设备构成完整的破碎系统。表 3.8 是不同规模新型干法水泥生产线石灰石主机设备配套表。

表 3.8 不同规模新型干法水泥生产线石灰石主机设备配套

项目名称	单位	生产规模 2500 t/d		4000 t/d		5000 t/d	
时产熟料	t/h	104.2		166.7		208.3	
年产熟料	t/a	775625		1241000		1551250	
主要设备配套方案		Ⅰ	Ⅱ	Ⅰ	Ⅱ	Ⅰ	Ⅱ
①石灰石破碎机		单段锤式	单段锤式	单段锤式	单段锤式	双锤式	单段锤式
型号规格		PCF2022	MB52/75	TKLPC2022F	MB70/90	TKPC800.2LY	MB84/135
生产能力	t/h	400～500	400～500	700	700～800	800～900	800～1000
进料粒度	mm	<1500	<1500	<1500	<1800	<1500	<1900
出料粒度	mm	<15	<15	<15	<15	<15	<15
电机功率	kW	630～800	750	800	1200	2×630	1500
②板式给料机							
型号规格	mm	B1800×12000	PB1750×9700	B2200×12000	PB2500×11500	B2500×12000	PB2500×11500
生产能力	t/h	25～760	675	38～945	1500	250～1080	1500
给料粒度	mm	<800	<800	<1000	<1200	<1150	<1200
倾角	°	10.2	22	15	20	20	20
电机功率	kW	11～37	30	15～55	2×30	18.5～75	2×37.3

国内水泥厂所用石灰石大多数属于中等硬度,新型干法水泥生产线一般采用单段锤式破碎机。锤式破碎机是利用机壳内高速旋转的锤头由上而下打击物料,实现以动能冲击粉碎物料的目的。它具有生产能力大、破碎比高、产品粒度均齐、功耗低、结构简单、维修方便等特点。对于高硬度石灰石,可选用低速运转的颚式、旋回式破碎机。

石灰石破碎机的能力应根据水泥厂的生产规模、年运转天数、工作班制等因素来确定。

(1)破碎系统产量计算

$$G = \frac{K_1 G_0 + G_1}{K_2 K_3 K_4 K_5} \tag{3.8}$$

式中 G——破碎系统小时产量,t/h;

G_0——水泥厂熟料年产量,t/a;

G_1——其他需要量,t/a;

K_1——单位熟料产量的石灰石消耗量,t/t-熟料;

K_2——石灰石破碎车间全年工作天数,d;

K_3——石灰石破碎车间每天工作班数;

K_4——石灰石破碎车间每班工作时数,h;

K_5——矿山运输不均匀系数,汽车运输取 $K_5 = 0.9$。

（2）辅助设备选型

① 喂料设备选型

喂料斗有效容积按破碎机能力的 15～20 min 的储量或 3～5 车料来选取。料斗的几何形状应注意长、宽、高尺寸比例合适，能保持比较厚的料层。料斗的宽度不宜太大，一般 6～7 m 即可。料斗的侧壁倾角取决于物料的性质，一般大于 55°，对于夹有土或水分含量较大的石灰石，料斗侧壁倾角应大于 60°。下部出料口的宽度应为 2 倍的最大粒度加 200 mm。喂料斗的斗壁应铺设内衬，内衬可选用 20～25 mm 厚的钢板或钢轨。从现场使用情况来看，用钢板做衬板效果更好。在料仓下安装板式喂料机，通过它将矿石喂入破碎机中，料仓出口长度和出口高度与板式喂料机的结构有关。料仓出口长度要大于矿石最大粒径的 3 倍。出口高度要高于堆积矿石的高度，一般 $H \geqslant (2-2.5)d_{max}$，其中 H 为料仓出口高度，d_{max} 为矿石最大粒径，取 $H=2500$ mm。一般料仓出口宽度 $b=2000$ mm，取料仓出口平行带的高度 $h_1=100$ mm，导料溜子高度 $h_2=300$ mm，故总的平行带高度约为 400 mm。

板式给料机的能力按破碎机产量的 1.3～1.5 倍选取。为降低板式给料机的长度和破碎机所在平面的高度，板式给料机的安装角度可选用 20°～23°。板式给料机的宽度一般为两倍的最大粒度加上 200 mm，还应考虑好与破碎机进料口宽度连接的问题。板式给料机应从正面喂料，尽量不要从侧面喂料，保持喂料斗内始终有部分存料，避免大块物料直接砸在链板上造成设备损坏。当石灰石里含有夹土或细料时，部分细料会散落在板式给料机下面的平面上。需在板式给料机下面设置刮板机收集从板式喂料机落下的细料，卸入出料胶带机。另一种方法是将出料胶带机延长至板式给料机下部，这部分细料直接落在出料胶带机上。

一般物料的最大粒度为 1000 mm，所选破碎机进料口尺寸为 1800 mm×1850 mm，喂料机生产能力一般需要有 30% 的富余。

② 输送设备选型

对于石灰石破碎车间，输送的大多为块、粒状物料，一般选用带式输送机。

破碎机的产量与入料粒度、物料的易碎性等因素有关，实际产量有一定的波动。因此，出料胶带机的能力按破碎机产量的 1.3～1.5 倍选取。带宽按胶带机富余能力计算选取再提高一挡，防止入料过多而散落到地上。出料胶带机应低速运行，速度为 0.8～1 m/s。出料胶带机不需要很长，能满足收尘风管吸风罩的布置要求即可。

③ 除尘设备选型

收尘风量应根据石灰石的性质（粒度、水分、夹土）、破碎机的型式、工艺流程等因素综合考虑确定。根据锤式破碎机排出风量、含尘浓度，选用袋式收尘器。

◈ 知识测试题

一、填空题

　　1. 破碎系统一般分为＿＿＿＿和＿＿＿＿。国内大部分水泥厂采用＿＿＿＿。

　　2. 石灰石破碎站有＿＿＿＿、＿＿＿＿和＿＿＿＿三种形式。

　　3. 石灰石破碎工段的主要设备有＿＿＿＿、＿＿＿＿、＿＿＿＿、＿＿＿＿。

　　4. 石灰石破碎机的能力要根据水泥厂的＿＿＿＿、＿＿＿＿、＿＿＿＿等因素来确定。

　　5. 除尘设备的选型依据是＿＿＿＿、＿＿＿＿和＿＿＿＿。

二、简答题

　　1. 石灰石破碎系统主要包括哪些设备？试说明各设备在系统中的作用。

　　2. 试说明石灰石破碎系统主机、辅机设备选型的依据。

3.石灰石破碎机的生产能力主要由哪些因素决定?

◇ 能力训练题

1.图3.7是某水泥企业石灰石破碎及输送的控制流程图:

(1)请补全石灰石破碎及输送的控制流程图中的相关环节。

(2)结合下图绘制石灰石破碎工艺流程图。

(3)结合下图查阅资料,对 5000 t/d 的水泥生产线石灰石破碎系统配套的喂料设备、破碎设备、输送设备进行选型,并绘制设备表。

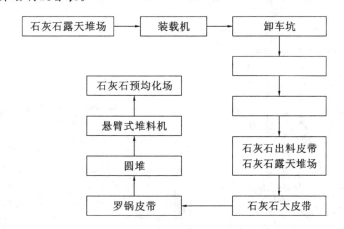

图 3.7　某水泥企业石灰石破碎及输送流程图

任务 3　破碎系统设备操作与维护

任务描述　描述破碎系统的主要设备结构、工作过程,会操作维护。

能力目标　能根据设备操作规程正确、规范、安全地操作破碎系统相关设备,能根据运行中出现的故障判定原因,提出排除故障的措施。

知识目标　掌握破碎系统主要设备的结构、工作过程。

3.1　单段锤式破碎机

石灰石是水泥生产中用量最大的原料,开采后的粒度较大、硬度较高,因此石灰石的破碎在水泥厂的物料粉碎中占有比较重要的地位。破碎过程要比粉磨过程经济、方便,合理选择破碎设备和粉磨设备非常重要。在物料进入粉磨设备前,应尽可能将大块物料破碎至细小、均匀的粒度,以减轻粉磨设备的负荷,提高磨机产量。物料粉碎后,应减少在运输和储存过程中不同粒度物料的分离现象,有利于制得成分均匀的生料,提高配料的准确性。目前对于新型干法水泥生产线,石灰石破碎多采用单段锤式破碎机。

单段锤式破碎机用于破碎一般的脆性矿石,如石灰石,泥质粉砂岩,页岩、石膏和煤等,也适合破碎石灰石和黏土的混合料,具有入料粒度大、破碎比大的特点,可将大块原矿石破碎到符合入磨粒度,使生产系统简化;与传统的两段破碎系统相比,可节省一次性投资 45%,降低破碎成本约 40%;操作简单,维修方便,改善工人的劳动强度;只要矿石的物理性质适合,大型矿山选用该破碎设备是比较经济可靠的。

这种破碎机适应于多雨、料潮、含土量大的工作条件,由于它具有特殊的结构,使得破碎较黏物料时消除了堵塞黏附之患;双重过铁保护装置,可将混入机内的铲齿、钻头、铁锤等金属异物自动反弹回给料辊或排出机外,不必为此停机,工作安全可靠;两个同向异速给料辊向破碎机转子进行全宽度喂料,减轻了不必要的负荷和冲击,使转子运转更为平稳、电耗更低、锤头和箅子等易损件寿命更长。

3.1.1　国外单段锤式破碎机简介

国外的机械制造公司早在 20 世纪 60 年代就已开始生产各具特色的破碎设备。典型的是德国 O&K 公司的 MAMMUT 单转子锤式破碎机(图 3.8)和瑞士 BUHLER-MIAG 公司的 TITAN 双转子锤式破碎机(图 3.9)。

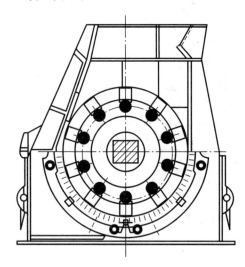

图 3.8　MAMMUT 单转子锤式破碎机

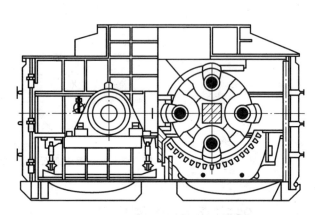

图 3.9　TITAN 双转子锤式破碎机

MAMMUT 破碎机共有 12 种规格,其生产能力为 50～2300 t/h。最大入料粒度为 700～2500 mm。TITAN 破碎机共有 11 种规格,其生产能力为 220～2000 t/h,最大入料粒度为 1400～3000 mm。

德国 KRUPP 公司的单转子锤式破碎机有 16 种规格,生产能力为 290～1800 t/h;双转子锤式破碎机有 21 种规格,其生产能力为 160～1730 t/h。该公司发明的阶梯排列锤头的转子,具有更好的破碎效果。POLYSIUS 公司的 POLYPACT 型单转子锤式破碎机有 9 种规格,其生产能力为 15～600 t/h,进料粒度为 350～1700 mm;DWB 型双转子锤式破碎机有 12 种规格,其生产能力为 60～1550 t/h,进料粒度为 750～2000 mm。捷克斯洛伐克 PREROVSKE 公司的 OKD 单转子锤式破碎机有 12 种规格,其生产能力为 20～850 t/h。

法国 FCB 公司生产三个系列的破碎机:CMP 系列为单转子型,有 4 种规格,其生产能力为 200～750 t/h;DUO 系列为双转子型,也有 4 种规格,其生产能力为 350～1300 t/h;VIF 系列为带转动破碎板的单转子型,有 3 种规格,其生产能力为 55～250 t/h。它适用于破碎水分含量较大的原料。德国 KHD 公司生产的单转子锤式破碎机(HES 型)有 6 种规格,其生产能力为 160～700 t/h,入料粒度为 1100～2600 mm;双转子锤式破碎机(HDS 型)有 13 种规格,其生产能力为 260～1800 t/h,入料粒度为 1500～2600 mm。

丹麦 FLS 公司生产的 EV 型单转子锤式破碎机(图 3.10),带有两个给料辊,给料辊中有减振胶块,可以减轻大块矿石进入破碎机时的冲击载荷。该型号的破碎机有 3 种规格,其生产能力为 600～1500 t/h,进料粒度为 1500～2000 mm。1994 年后,该公司进行了 EV 型破碎机的改型设计,除直径 2000 mm、2500 mm 的转子外,还增添了直径 1500 mm 的转子。在腔形设计上扩展为不带给料辊、带

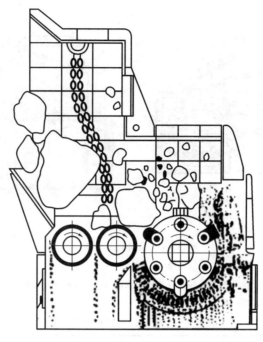

图 3.10 EV 型单转子锤式破碎机

一个给料辊、带两个给料辊三种机型。不带给料辊的属小、中型机,带一个给料辊的小、中、大型机均有,带两个给料辊的为中、大型机。这样组合的结果有 14 种规格,其生产能力为 300~1400 t/h,进料粒度为 1000~2000 mm。目前 FLS 公司主要推荐使用带一个给料辊的破碎机。带两个给料辊的破碎机易于振动筛分给料机喂料时使用。由于来料粒度的不均匀性,经筛分后将造成进机的料流不均匀,这时两个给料辊的给料腔较大,可以起到调剂给料的作用。

3.1.2 国产单段锤式破碎机

国产单段锤式破碎机是 20 世纪 90 年代才出现的新机型,破碎比大,能将大块矿石一次破碎成磨机所需要的粒度,使过去需要多段破碎的生产系统,简化为单段破碎。单段锤式破碎机的工作原理是物料进入破碎机后受到锤头的高速打击,大块物料被锤头多次打击成小块,小块物料飞向反击板受到反击破碎,落到篦条上,又受到反复打击,直到符合产品要求的粒度最后排出。为了破碎大块矿石,该破碎机除具有一般锤式破碎机的基本结构外,其结构上还具有:①能承受大块矿石进机冲击力的转子;②能全回转的锤头;③适中的回转速度和全封闭可调节的排料篦子的特点;④机腔后壁有保险门,进入的铁件可从此门排出。

目前,国内专业生产厂家生产的单段锤式破碎机,如北京重型机械厂生产 MB 型锤式破碎机(单段),天津水泥工业设计研究院开发研制的新型 TKPC 型和 TKLPC 型单段锤式破碎机(分为单转子型和双转子型,单转子型又有带料辊与不带料辊之分),结构简图见图 3.11。TKPC 和 TKLPC(带有料辊)单段锤式破碎机,具有入料粒度大(最大 1100mm)、破碎比高、排料块度小(排料中粒度小于 25mm 的占 90％以上)、易损件(锤头、篦条等)使用寿命长,机内没有排铁装置,两个转子均可从外端取出的特点。对大转子直径锤式破碎机设计了带一对料辊机型,以承受大块料的冲击负荷。当石灰石不含土或含土量小于 6％时,可采用单转子型锤式破碎机;当含土量较高,水分含量超过 5％~8％时,采用双转子型锤式破碎机,因双转子型锤式破碎机的进料口居中,进机物料两面受击,可以破碎更大的料块,且不易堵塞,对破碎湿料和含泥料的适应能力优于单转子型锤式破碎机。单段锤式破碎机可以破碎抗压强度小于 200MPa 的石灰石及其他脆性物料,如泥灰岩、粉砂岩、页岩、石膏、煤等。对于硬质、磨蚀性大的石灰岩或其他物料,宜采用两级破碎,一级选用颚式破碎机等,二级选用锤式破碎机或反击式破碎机。

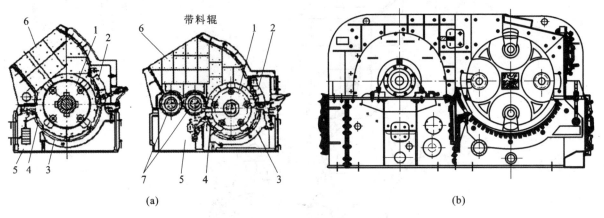

图 3.11　单段锤式破碎机

(a)单转子型；(b)双转子型

1—转子；2—破碎板；3—排料箅子；4—拍铁门；5—壳体；6—进料口；7—给料辊

几种破碎机结构性能对比见表 3.9。

表 3.9　几种破碎机结构性能对比

项目	TKPC18D18	KHD 公司 HDS1800×2070	KRUPP 公司 TITAN72D100
转子规格	ϕ1800 mm×1800 mm	ϕ1800 mm×2070 mm	ϕ1800 mm×2030 mm
最大进料尺寸(m)	1.5×1.2×1.0	最大边长 1.9 m 或 最大重量 4900 kg	
生产能力(t/h)	1200(出料粒径小于 40 mm)	800(出料粒径小于 25 mm)	600(出料粒径小于 30 mm) 850(出料粒径小于 90 mm)
电机功率(kW)	2×630	2×600 或 2×630	2×450 或 2×500
总重(t) 主体部分(t)	120	120.8	116.3 83
结构特点	两个转子分别从两端取出， 箅子可调节，具有铁件分离室	两个转子分别从两端取出， 箅子可调节	两个转子均从外端取出， 箅子不可调节

3.1.3　单段锤式破碎机结构和工作原理

(1)单转子锤式破碎机

① 工作原理

单转子锤式破碎机是一种仰击型锤式破碎机，主要靠锤头在上腔中对矿石进行强烈的打击、矿石对反击板的撞击和矿石之间的碰撞使矿石破碎。

主电机通过 V 形带带动装有大带轮的转子，矿石用重型给料设备喂入破碎机的进料口，矿石落至带有减震装置的给料辊上，两个同向回转的给料辊将矿石送入高速旋转的转子上，锤头以较大的线速度打击矿石，同时击碎或抛起料块。被抛起的料块撞击到反击板上或料块之间相应碰撞而再次破碎，然后被锤头带入破碎板和箅子工作区继续受到打击和粉碎，直至小于箅缝尺寸时从机腔下部排出。

② 结构特点

单转子锤式破碎机的结构主要由转子、破碎板、排料箅子、保险门、给料辊、壳体和驱动部分等组成，如图 3.12 所示。

转子和轴承部:转子和轴承部是转子式破碎机的核心,由锤盘、端盘、锤头、链轴、主轴、大带轮等组成。轴承部由轴承座、轴承组成。锤盘和端盘通过平键固定在主轴上。主轴用优质合金钢材料制成,并采用圆形端面,以适应破碎大块矿石和传递大扭矩的需要。所选用的中宽系列双列向心球面滚子轴承可以承受很大的冲击载荷。转子的锤头采用全回转型结构,即使大块矿石不能一击即碎,也能完全退避到锤盘中,以保持转子的正常运转,锤头由高锰钢制成,它具有较高的抗磨损和耐冲击性能,锤头一边磨损之后可以换边使用。

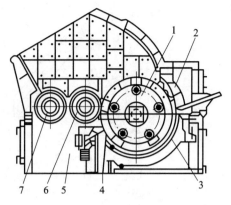

图 3.12　单转子锤式破碎机
的结构示意图

1—转子;2—破碎板;3—排料算子;4—保险门;
5—壳体;6—主动给料辊;7—从动给料辊

破碎板:破碎板位于转子的正前方水平中心线上,由破碎板体上装若干齿板而成;齿板与转子外延形成夹角,增加了对矿石的冲击剪切作用。它的上端铰接在壳体上部,下端用两个调整装置调节破碎板与转子工作圆之间的间隙,以保证进入排料带的物料粒度。通常此间隙为 $25\sim35$ mm,齿板磨损后要及时调整,齿板由耐磨合金材料制成。

排料算子:排料算子由若干算子板组成(图 3.13)。算子板由耐磨合金浇铸而成,安装在破碎机转子的下部,其包角约为 $130°$,它与转子的间距可以调节,随着锤头的磨损,转子工作圆缩小,除应及时调节破碎板外,还应该及时提起排料算子,用液压千斤顶顶起托梁,同时向上调节吊挂螺栓及活节螺栓以达到调整间隙的目的,若不及时调整排料算子,间隙过大,其中的积料将加剧锤头的磨损。

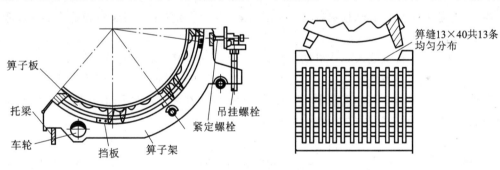

算缝13×40共13条
均匀分布

算子板
托梁
车轮
挡板
算子架
吊挂螺栓
紧定螺栓

图 3.13　算子构造

保险门:如图 3.14 所示 。保险门铰接在排料算子后部的下壳体上,在平衡块的作用下,既能阻止未被破碎的矿石溢出,又能使误入机内的铁件和金属等在离心力的作用下迅速推开保险门顺利排出。随后自动闭合,不必为此专门停机。保险门为可调机构,当调节排料算子时,保险门也需作出相应的调整。当允许的排料粒度较大或用户对排料粒度没有严格要求时,可不装保险门。

给料辊:给料辊由主动辊和从动辊两部分组成,位于进料口与转子之间,其水平中心线高出转子中心线 200 mm,靠近转子端为主动辊,两辊的间隙为 15 mm。当辊体磨损、间隙增大时,应及时调整从动给料辊的位置。主、从动给料辊主要由辊体轴及两者之间的缓冲橡胶块组成,两辊间缝隙有利于碎料及泥土排除。缓冲胶块用以吸收矿石下落时的冲击能量。

给料辊驱动装置:硬齿面行星减速器悬挂在主动给料辊的轴头上,电动机经三角带带动减速器使主动给料辊转动,减速器自带外循环润滑站。主动给料辊另一轴承装有链轮,以链条带动从动给料辊。

壳体:壳体由上壳体(包括上端板、前侧板、中侧板、顶壳板)、下壳体和半圆形侧壁组成,全部采用钢板焊接,与矿石接触的内表面均装有耐磨衬板。上壳体与下壳体铰接,当更换衬板、锤头或其他易

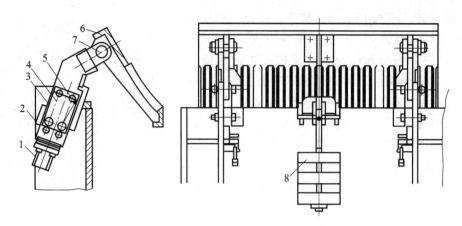

图 3.14　保险门
1—紧固螺钉;2—支座;3—铁丝;4—垫片;5—螺栓;6—栅门;7—销轴;8—重锤

损件时,只需拆卸上、下壳体的结合螺栓,利用液压缸将上壳体绕绞轴旋转而开启,达到更换的目的。半圆形侧壁上开有锤轴抽取孔。下壳体的两端各开一道门,供抽取排料箅子和维修人员进入机内检修之用。

（2）双转子单段锤式破碎机

双转子单段锤式破碎机有两个相向转动的转子和一个位于两转子之间的承击砧。它除具有其他单段锤式破碎机的主要特点以外,由于破碎主要发生在两转子之间,使黏湿物料黏附在固定腔壁的机会减少,因而对黏湿物料的适应性增强。与相同生产能力的单转子锤式破碎机相比,设备重量较轻。由于两个转子可以悬挂更多的锤头,可供使用的磨损金属量更大,因而锤头的使用寿命更长。由于转子尺寸小、机身矮,可使配套设备如吊车、板喂机的选型规格降低,整个系统的设备投资和基建投资较低。

① 工作原理

矿石由重型板式给料机喂入破碎机的进料口,落入由两个高速相向旋转的转子之间的破碎腔内,受到锤头的打击而被初步破碎。初碎后的物料在向下运动的过程中在转子和承击砧之间受到进一步破碎,然后被承击砧分流,分别进入两个相互对称的排料区,在箅子和转子形成的下破碎腔进行最后破碎直至颗粒尺寸小于箅缝尺寸从机腔下部排出。

② 结构特点

双转子单段锤式破碎机主体主要由转子、壳体、承击砧、排料箅子及其调节装置等组成。

转子:转子是破碎机的核心部件,由锤盘、端盘、锤头、锤轴、主轴、飞轮、轴承和轴承箱组成。锤盘和端盘通过平键固定在主轴上,两端用卡箍夹紧。锤盘外缘堆焊耐磨合金。锤头悬挂在贯穿锤盘的锤轴上,并在转子的周向和轴向呈均匀分布以确保转子的整体平衡。锤头采用了全回转型结构设计,破碎大块矿石时即使不能一击即碎,也能完全退避到锤盘中,以保证转子的正常运转。锤头在一边磨损之后可以换边使用。主轴采用优质合金钢制成,可以满足传递大扭矩的需要。支撑转子的双列球面滚子轴承可以承受很大的载荷,轴承采用脂润滑,废脂可通过排脂阀自动排出。

壳体:由上、下壳体组成,通过螺栓连接成一体,全部采用钢板焊接。与矿石接触的内表面均装有耐磨衬板。上壳体开有锤轴抽出孔。下壳体的两端均设有检修门以供方便更换箅子和人员进入机内检修。

排料箅子:两套排料箅子对称安装在承击砧两侧。等边梯形断面的箅条穿插在箅子架上,两端由压条固定,一边磨损后可以换边使用。箅子架的弧状纵梁上表面连续堆焊耐磨合金,以延长使用寿命。

承击砧:采用优质的合金钢铸造而成,承担相当大的破碎作用,并阻止大块物料进入下破碎腔,保护箅条免受矿石的猛烈冲击,同时使物料分流,均匀地进入两个排料区。

算子及其调节装置:当破碎机的锤头与算条磨损后,需要通过调节装置对算条与转子工作圆之间的间隙进行调节,以保证正常的出料粒度和生产能力,并提高锤头的利用率。算子位置通过千斤顶调整完毕后,进行机械锁定。机械锁定部分主要由托梁、斜块、调节螺杆组成。

驱动部分:驱动部分是破碎机的动力来源,由小带轮、飞轮、联轴器、轴承座、电机底座、滑轨、拉杆和主电机组成。小带轮通过窄V形带与转子的大带轮相连来传递功率,其传动比使转子达到需要的转速从而产生理想的破碎效果。主电机、小带轮和飞轮固定在电机底座上,通过拉杆可以调节窄V形带的松紧程度。

(3)附属设备

锤轴抽出装置:锤轴抽出装置的两只平行安装的液压缸杆头,通过螺栓与横梁刚性连接以保证油缸同步运动。液压缸另一端通过销轴固定在滑道梁的端部。液压缸动作时横梁在水平的滑道梁上滑动。滑道梁由螺栓固定在可在轨道上移动的带有操作平台的小车上,当完成一个转子的锤头的拆(装)工作后,移动小车位置,拆(装)另一个转子的锤头。使用时应采用楔形道木将车轮楔住,防止工作时错位。该装置不用时可以放在车间内其他地方。

液压站:可以手推移动的液压站为抽锤轴液压缸。当抽锤轴液压缸需要工作时,将液压站移至合适位置,通过快换接头把液压站的高压软管与液压缸连接。液压站平时可以放置在一边。

3.1.4 单段锤式破碎机主要工作参数

(1)生产能力

$$Q = 60ZLBKdn\mu\gamma \tag{3.9}$$

式中　Q——破碎机生产能力,t/h;

　　　Z——出料算子个数;

　　　L——出料算子长度,m;

　　　B——出料算子宽度,m;

　　　K——转子圆周方向的锤子排数,一般为3~6排;

　　　d——出料粒度,mm;

　　　μ——物料松散与不均匀系数,一般取 $\mu=0.015$~0.07;小型破碎机取小值,大型破碎机取大值;

　　　n——转子转速,r/min,$n=250$~400 r/min;

　　　γ——产品堆积密度,t/m³。

经验公式如下:

$$Q = (30 \sim 45)DL\gamma \tag{3.10}$$

式中　Q——锤式破碎机生产能力,t/h;

　　　D——锤子旋转时外圆直径,m;

　　　L——转子有效长度,m;

　　　γ——堆积密度,t/m³。

(2)功率

$$N = \frac{Gv^2ZK}{2 \times 60 \times 75 \times g \times \eta \times 1.36} = \frac{Gv^2nZK}{120000\eta} \tag{3.11}$$

式中　N——锤式破碎机电机功率,kW;

　　　G——单个锤头质量,kg;

　　　v——锤头圆周速度,m/s;

　　　n——转子转速,r/min;

　　　Z——锤头总个数;

η——破碎机有效利用系数,0.86~0.88;

g——重力加速度,m/s^2;

K——与圆周速度有关的系数,见表3.10。

表 3.10　圆周速度 v 与系数 K、f

圆周速度 v(m/s)	17	23	26	30	40
K	0.22	0.10	0.08	0.03	0.015
f	0.022	0.016	0.010	0.003	0.0015

也可以用下式计算:

$$N = \frac{9.2 \times 10^{-7} G \cdot R^2 \cdot n^3 \cdot e \cdot f}{\eta_1} \tag{3.12}$$

式中　N——锤式破碎机电机功率,kW;

e——锤头个数;

f——锤头圆周速度系数,见表3.9;

η_1——破碎机有效利用系数,取0.86~0.88。

(3)回转线速度

转子回转线速度与锤头打击物料的机会有关。通常回转线速度较大时,可以将物料打击得更碎一些。但是大块料是支托在转子上受锤头打击的,料块与传动的锤盘之间产生较大摩擦阻力,而磨损又与速度的平方成正比,从这点看来,转子的回转线速度不宜过高。目前多家厂商(例如 KRUPP、KUD 等)采用 30~33 m/s 的回转线速度,F.L.S 公司的 EV 型破碎机采用 40 m/s 的回转线速度。

3.1.5　单段锤式破碎机的操作及故障处理

(1)试运转破碎机

在进行第一次试运转之前,必须严格按以下程序检查:

①主轴轴承、传动轴轴承的润滑脂注入情况。

②破碎腔内(包括算子上面)是否有外来异物。

③破碎机转子盘车检查,消除不应有的金属碰撞声。

④各部件上的螺栓以及地脚螺栓是否拧紧。

⑤电动机转动方向是否正确。

⑥机体上所有的门是否关闭牢固。

(2)无负荷试车

空载试车前应首先根据电气专业有关规范对主电动机进行测试,然后对主电机进行空载试验,若无异常,则进行 8 h 的无负荷试车,并符合下列要求:

①主电动机启动时间不得超过 35 s。

②运转中无金属撞击声。

③转子运转平稳。

④主轴轴承温度一般不超过 78 ℃。

⑤主电动机电流平稳。

⑥停机后,检查运转中各部分螺栓和销,并拧紧松动的螺栓。

停车时间(从主电动机断电到转子完全停止)一般不少于 20 min。

(3)负荷试车

无负荷试车合格后,方能进行负荷试车。负荷试车的运转时间一般少于 6 h/班,并应按下列要求进行:

①运转前复查所有连接螺栓和地脚螺栓的紧固情况。

②破碎机必须空负荷启动,启动顺序应是首先开动破碎机下面的胶带运输机,然后启动破碎机。破碎机达到正常转速后,方可启动板式喂料机加入矿石,停车顺序与之相反。转子与喂料机停车间隙时间以机内各部残存矿石排尽为准。

③负荷试车分半负荷小块料、半负荷中等料、满负荷正常料三个步骤(表 3.11)。

表 3.11　负荷试车的步骤

试车形式	进料粒度要求(mm)	连续运转时间(h)	检查方式
半负荷小块料	<600×600×800	>3	机外检查
半负荷中等料	<600×800×1000	>6	进机检查 拧紧螺栓
满负荷正常料	<1000×1000×1500	>8	

(4)注意事项

①本机的排料算子为全封闭式,因此生产中应力求避免铁件等不易破碎的异物带入机内,对算条等机件造成损害。机器启动达正常状态 2 min 后,确认无异常情况后再鸣笛给矿。破碎机必须在停止给矿后,待破碎腔内确认无残存矿石,方可停机。

②破碎机内不得喂入过大的矿石。

③注意监听机器的声音,如发现异常声音时,应立即停机检查,查明原因并处理完故障后,才能继续工作。

④主轴轴承(转子的轴承)和高速轴轴承(小带轮的轴承)采用脂润滑,使用优质的锂基脂,润滑脂应定期更换。

⑤主轴轴承和高速轴轴承座装有测量范围在 −100～100 ℃的 WZPM-201BA2 型热电阻,作为轴承温度变送器,并配有报警装置。当温度超过 85 ℃时(报警温度上限可以在报警装置上调整),将发出报警信号,温度到 90 ℃时将自动停机。轴承能够承受 100 ℃的温度不致损坏。

(5)维护特殊说明

① 锤头:在使用过程中逐渐磨损,锤重减少到 80% 左右后必须更换,否则产量、粒度均难以保证。新锤头前部棱边磨到其宽度的 3/5 时,可将锤头翻边使用。

② 锤轴:使用较长一段时间后的锤轴,通常挂锤头处和锤盘支撑锤轴处被磨成凹槽,产生棱边,在重新安装这样的锤轴之前,可通过打磨或碾平来消除这些棱边,以改善锤轴的受力条件。

③ 在正常工况下,破碎机的产量减少、电耗增加或出料粒度变粗时,应检查锤头、算子和其他部件的磨损情况,并进行调整和维修。

④ 破碎机正式投入使用后,主轴轴承使用一段时间,应清洗轴承并更换新脂一次,以确保轴承正常工作和使用寿命。

⑤ 破碎机在运转中,采用了过负荷和短路保护,给矿机的喂料量随破碎机负荷的变化而自动调节,整个破碎系统实行电气联锁。

(6)常见故障及处理

破碎机常见故障及其处理方法见表 3.12。

表 3.12　破碎机常见故障及其处理方法

故障表现	原因	排除方法
出料粒度过大	①锤头磨损过大; ②算条断裂	①更换锤头; ②更换算条

续表 3.12

故障表现	原因	排除方法
轴承过热	①润滑脂不足； ②润滑脂过多； ③润滑脂污秽变质； ④轴承损坏	①加注适量润滑脂； ②轴承内润滑脂应为其空间容积的50%； ③清洗轴承，更换润滑脂； ④更换轴承
弹性联轴器产生敲击声	①销轴松动； ②弹性圈磨损	①停车并拧紧销轴螺母； ②更换弹性圈
机器内部产生敲击声	①非破碎物进入机器内部； ②衬板紧固件松弛，锤撞击在衬板上； ③锤或其他零件断裂	①停车，清理破碎腔； ②检查衬板紧固情况及锤、算条间的间隙； ③更换断裂零件
产量减少	①算条缝隙被堵塞； ②加料不均匀	①停车清理算条缝隙中的堵塞物； ②调整加料机构
振动量骤增	①更换锤头时或因锤头磨损使转子静平衡不符合要求； ②锤头折断，转子失衡； ③销轴弯曲或折断； ④三角盘或圆盘裂缝	①按质量选择锤头，使每支锤轴上锤的总质量与其相对锤轴上锤的总质量相等，达到静平衡要求； ②更换锤头； ③更换销轴； ④电焊补缝或更换

3.2 反击式破碎机

3.2.1 反击式破碎机的构造及主要部件

反击式破碎机与锤式破碎机有很多相似之处，如破碎比大(可达50～60)、产品粒度均匀等，其工作部件由带有打击板的做高速旋转的转子以及悬挂在机体上的反击板组成，见图3.15。

从图3.15中可以看出，进入破碎机的物料在转子的回转区域内受到打击板的冲击，并被高速抛向反击板再次受到冲击，又从反击板反弹到打击板上，持续重复上述过程。物料不仅受到打击板、反

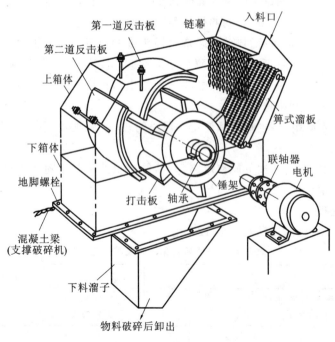

图 3.15　反击式破碎机构造示意图

击板的巨大冲击而被破碎,还因物料之间的相互撞击而被破碎。当物料的粒度小于反击板与打击板之间的间隙时即可被卸出。反击式破碎机主要由转子、打击板(又称板锤)、反击板和机体等部件组成。机体分为上、下两部分,均由钢板焊接而成;机体内壁装有衬板,前后左右均设有检修门;打击板与转子为刚性连接;反击板是一衬有锰钢衬板的钢板焊接件,有折线形和弧线形两种,其一端铰接固定在机体上,另一端用拉杆自由悬吊在机体上,可以通过调节拉杆螺母改变反击板与打击板之间的间隙以控制物料的破碎粒度和产量。如有不能被破碎的物料进入时,反击板会因受到较大的压力而使拉杆后移,并能靠自身重力返回原位,从而起到保险的作用。机体入口处有链幕,既可防止石块飞出,又能减小料块的冲力,达到均匀喂料的目的。

反击式破碎机的规格采用直径乘以长度来表示,如PFϕ500×400,PF表示型号为反击式破碎机,转子的直径为500 mm,转子长度为400 mm。

3.2.2　反击式破碎机的主要类型

(1)双转子反击式破碎机

反击式破碎机也有单转子和双转子两种类型,图3.15所示是单转子反击式破碎机,图3.16所示是双转子反击式破碎机,图3.17所示是组合式反击式破碎机。双转子反击式破碎机,组合式反击式破碎机都装有两个平行排列的转子,第一道转子的中心线高于第二道转子的中心线,形成一定的高差。第一道转子为重型转子,转速较低,用于粗碎;第二道转子的转速较快,用于细碎。两个转子分别由两台电动机经液压联轴器、弹性联轴器和三角皮带组成的传动装置驱动,做同向旋转。两道反击板的固定方式与单转子反击式破碎机相同。分腔反击板通过支挂轴、连杆和压缩弹簧等悬挂在两转子之间,将机体分为两个破碎腔;调节分腔反击板的拉杆螺母可以控制进入第二破碎腔的物料粒度;调节第二道反击板的拉杆螺母可控制破碎机的最终产品粒度。

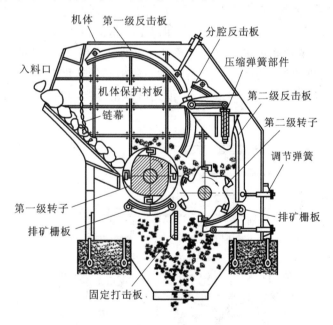

图 3.16　双转子反击式破碎机构造示意图

双转子反击式破碎机的规格也采用直径乘以长度前面加2来表示,如2PFϕ500×400表示为转子的直径为500 mm、长度为400 mm的双转子反击式破碎机。

(2)EV型反击-锤式破碎机

将锤式破碎机和反击式破碎机的部分部件组合在一起,就成了反击-锤式破碎机。丹麦史密斯公司制造出的一种新型的反击-锤式破碎机,可将块度为2.5 m的石灰石破碎到25 mm左右的小块。

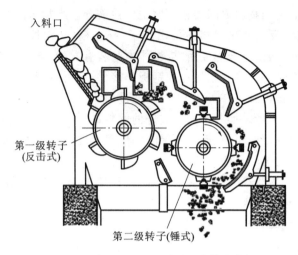

图 3.17　组合式反击式破碎机构造示意图

其破碎过程是:进入破碎机的石灰石首先落到两个具有吸震作用的慢速回转的辊筒上(保护了转子免受大块石灰石的猛烈冲击),辊筒将石灰石均匀地送向锤头,被其击碎,并抛到锤碎机上部的衬板上进一步破碎,然后撞击到可调整的破碎板和出口算条,最后冲击破碎并通过算缝漏下,由皮带输送机送至预均化库储存均化。两个辊筒中的一个辊筒的表面是平滑的,而另一个则是有凸起的,两辊筒的中心距可调,转速不同,这样可防止卡住矿石,部分细料在这里通过两个辊筒间的间隙漏下。外侧的一个大皮带轮装在转子轴的衬套上,用剪力销子与衬套相连,当出现严重过载而卡住反击-锤式破碎机时,受剪销子被切断,皮带轮在它的衬套上空转,与此同时断开电动机供电。出料算条安装在下壳体内,包括一套弧形算条架和算条,算条间距决定了算缝的大小,同时也决定了产品的大小,出料算条可以作为一个整体部件被卸下。破碎板和出料算条相对于转子的距离可以调整,起到补偿锤头磨损的作用。当 EV 型反击-锤式破碎机的电动机负荷超过一定的预定值时,自动装置将停止向破碎机喂料直到功率降到正常值,又自动重新喂料。当破碎机被不能破碎的杂物卡住时,自动安全装置停止向破碎机和喂料机供电。图 3.18 所示为 EV 型反击-锤式破碎机,在入口处,垂挂着粗大的铁链幕,以防止碎石被掷回。

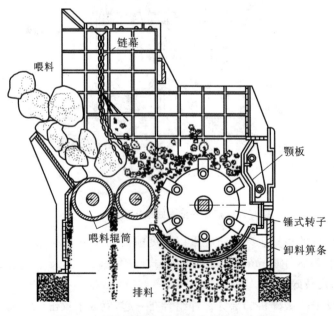

图 3.18　EV 型反击-锤式破碎机构造示意图

3.2.3　反击式破碎机的工作参数

（1）转子直径与长度

当转子的质量一定时，反击式破碎机冲击力的大小与转子的线速度成正比，即与转子的直径有关。这说明要获得足够大的冲击能量，必须取较大的转子直径，以及与之相适应的转子结构强度和合理的破碎腔。此外，喂料粒度与转子直径的比值对反击式破碎机的生产能力也有影响。据资料统计，该比值越小，则破碎比越小，生产能力越高，电动机负荷趋于均匀，机械效率也越高；反之则相反。喂料粒度与转子直径的关系可用经验公式表示为：

$$d = 0.54D - 60 \tag{3.13}$$

式中　d——最大喂料粒度，mm；

　　　D——转子直径，mm。

当用于单转子反击式破碎机时，其计算结果还需乘以 2/3。

破碎机转子的长度，主要根据生产能力的大小及转子的受力情况而定，一般转子直径与长度的比值取 0.5～1.2。

（2）转速

根据动量与冲量原理，当转子的质量一定时，转子的圆周速度是反击式破碎机的重要工艺参数，它对破碎机的生产能力、产品粒度和破碎比有着直接的影响。

转子的圆周速度与破碎机的结构、物料的性质和破碎比等因素有关。通常，粗碎时取 15～40 m/s，细碎时取 40～80 m/s；当破碎煤时取 50～60 m/s，破碎石灰石时取 30～40 m/s；对于双转子破碎机，一般一级转子为 30～35 m/s，二级转子为 35～45 m/s。

（3）打击板数量

打击板数量与转子直径有关，通常转子直径小于 1 m 时，可装 3 排打击板；转子直径为 1～1.5 m 时，可装 4～6 排打击板；转子直径为 1.5～2.0 m 时，可装 6～10 排打击板。对于硬质物料或要求产品粒度较细时，打击板的数量可适当增加。

（4）生产能力

影响反击式破碎机生产能力的因素很多，转子的尺寸、转子的圆周速度、物料的性质、破碎比等都对生产能力有较大影响。目前一般采用下列近似公式计算生产能力：

$$Q = 60KZ(h+e)Ldn\rho \tag{3.14}$$

式中　Q——破碎机的生产能力，t/h；

　　　Z——打击板的排数；

　　　h——打击板高度，m，$h=0.065～0.075$ m；

　　　e——打击板与反击板之间的间隙，m，$e=0.015～0.03$ m；

　　　L——打击板的长度，m；

　　　d——产品平均粒径，m；

　　　n——转子的转速，r/min；

　　　ρ——物料的堆积密度，t/m³；

　　　K——修正系数，一般取 0.1。

（5）功率

反击式破碎机的功率大小与设备的结构、转子的转速、物料的性质、破碎比及生产能力等因素有关。目前在理论上还没有比较完善的计算公式，通常电动机的功率 N(kW) 可用经验公式计算：

经验公式一：

$$N = 7.5DLn/60 \tag{3.15}$$

式中　N——电动机功率，kW；

D——转子的直径,m;

L——转子的长度,m;

n——转子的转速,r/min。

经验公式二：

$$N = 0.0102 \frac{Q}{g} v^2 \tag{3.16}$$

式中　N——电动机功率,kW;

Q——破碎机的生产能力,t/h;

g——重力加速度,$g=9.8$ m/s^2;

v——转子的圆周速度,m/s。

3.2.4　反击式破碎机的操作与维护要点

（1）开车前的巡查

① 地脚螺栓和各部位连接螺栓是否紧固,检修门的密封是否良好。

② 主轴承或其他润滑部位的润滑油量是否足够。

③ 溜槽是否畅通,闸板是否灵活,机内是否有障碍物。

④ 手动转动转子是否灵活,有无摩擦或卡住现象。

⑤ 板锤、打击板有无磨损。

⑥ 三角皮带的松紧度是否适当,有无断裂、起层现象。

（2）运转中的巡检

① 地脚螺栓及各部位连接螺栓是否松动或断裂。

② 各部位的响声、温度和振动情况。

③ 润滑系统的润滑情况,定期添加润滑油(脂)或更换润滑油(脂)。

④ 各部位有无漏灰或漏油现象,轴封是否完好。

3.2.5　常见故障分析及处理

反击式破碎机运转速度快,打击物料猛烈,常常会出现振动量骤然增加、内部敲击声过大、轴承温度过高、出料粒度过大等,需及时采取相应措施处理,见表3.13。

表3.13　反击式破碎机常见故障及其处理方法

故障现象	产生的原因	排除措施
轴承温度过高	①破碎机润滑脂过多或不足; ②破碎机润滑脂脏污; ③破碎机轴承损坏	①检查润滑脂是否适量,润滑脂应充满轴承座容积的50%; ②清洗轴承、更换润滑脂; ③更换轴承
机器内部产生敲击声过大	①不能破碎的物料进入破碎机内部; ②破碎机衬板紧固件松弛,锤撞击在衬板上; ③破碎机锤或其他零件断裂	①停车并清理破碎腔; ②检查衬板的紧固情况及锤与衬板之间的间隙; ③更换断裂件
振动量骤然增加	①破碎机转子不平衡; ②破碎机地脚螺栓或轴承座螺栓松动	①重新安装板锤,转子进行平衡校正; ②紧固地脚螺栓及轴承座螺栓
出料粒度过大	①由于破碎机衬板与板锤磨损过大,引起间隙过大; ②破碎机反击架两侧被石料卡住,反击架下不来	①通过调整破碎机前后反击架间隙或更换衬板和板锤; ②调整破碎机反击架位置,使其两侧与机架衬板间的间隙均匀,机架上的衬板磨损,即予更换

3.3　板式喂料机

(1)板式喂料机的功用

板式喂料机分为重型、中型、轻型三种类型,重型板式喂料机的进料粒度为 500～1500 mm;中型板式喂料机的进料粒度为200～500 mm;轻型板式喂料机的进料粒度为 100～200 mm。主要技术参数:板宽 500～2500 mm;喂料能力 60～1500 t/h;布置方式为水平式或倾斜式。

板式喂料机在破碎站里主要作为破碎机的喂料设备,安装在下料斗的下面。其作用是将从下料斗落下的散状石灰石料块沿水平或倾斜方向缓慢移动,并与破碎机联动,在调速电机的控制下,靠破碎机功率对电源频率的变化来调节其运行速度,使破碎机的破碎和喂料机的喂料达到最佳配合效果。

(2)板式喂料机的工作原理

物料由料仓进入导料槽后落在承载板上,驱动装置带动链条及承载板运行,物料随着承载板运动从前段下料罩落入破碎机中,通过变频器改变电机转速,可改变运行速度以调节喂料量的大小。

(3)板式喂料机的结构

板式喂料机主要由导料槽、承载板、驱动装置、链轮装置及支架组成,见图 3.19。导料槽由适当厚度的钢板焊接成一封闭式罩子,尾部与下料仓的法兰用螺栓连接在一起,前部为下料罩,起约束物料、防止物料外溢的作用,同时也是收尘器的吸入口位置,起到防止粉尘飞扬的作用。承载板用 5～15 mm厚的钢板制造,主要用来承受并输送物料,其有平板形、浅槽形、波浪形和圆弧形等四种形状,适用于水平和倾角不大于 35°的物料输送。驱动装置主要由电机、减速装置、变频器等组成。链轮装置主要包括头尾链轮、输送链条、头尾轮支撑装置及托辊等。承载板由连接螺栓与链条的链环紧固在一起。支架用于固定支撑其他所有零部件,并与地脚螺栓连接固定在基础上。

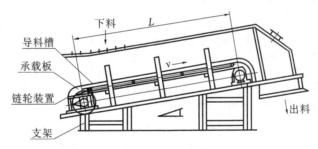

图 3.19　板式喂料机结构

(4)板式喂料机的部件作用

导料槽:防止撒料和粉尘外溢的作用;承载板:承受并输送物料;驱动装置:由电动机、减速机、联轴器、变频器等组成;链轮装置:包括头尾链轮及链条;支架:支承着其他所有部件,并与地脚螺栓连接固定在基础上。

(5)板式喂料机常见故障分析和排除

板式喂料机常见故障分析和排除见表 3.14。

表 3.14　板式输送机常见故障、可能原因及其排除方法

故障名称	产生原因	排除方法
板式喂料机空料	分析:板式喂料机工作时可负载启动,因此下料斗应备足 2/3 物料,不允许物料直接冲击板式喂料机的底板。 板式喂机空料主要是由于料斗未及时充填物料或被大块物料卡住	停止喂料,料斗充填物料到合适的厚度或清除卡住的料块

续表 3.14

故障名称	产生原因	排除方法
电流超过允许值	分析:正常时工作电流应在一定范围内。 电流超过允许值主要是由于板式喂料机超载运行和摩擦阻力增大	①若超载应立即通知控制室恢复正常状态; ②若阻力过大,应检查其引起摩擦阻力的位置,查明原因并排除
轴承温度过高	分析:板式喂料机工作时前后轴承温度应低于 65 ℃。若超出该范围主要是由于润滑不良或轴承内部零件损坏	检查润滑装置,应及时加够润滑油或换润滑油;若轴承损坏,应及时更换
轴承座振动	分析:工作时轴承座的振动应在一定范围以内。 ①牵引链条受力不均; ②链条伸长或轴承内部零件损坏	通过调整装置调整牵引链条的受力或更换轴承
托辊表面裂纹	分析:托辊表面产生裂纹主要是冶金含油轴套损坏造成支撑轮受力不均,另外若装有滚动轴承,其损坏也是原因之一	停车更换托辊
托辊转动不灵活	分析:托辊转动不灵活引起的原因主要有密封不严。 ①造成托辊轴内污垢卡死; ②未及时添加润滑油,造成缺油等	更换后清洁润滑部位和换油备用
减速器壳体温度过高	分析:减速器工作时油温不得超过 45 ℃。 ①温度超出允许范围主要有润滑油黏度选择过高导致润滑不良; ②减速器轴承损坏增加摩擦阻力生热和出气孔堵塞排气不畅或排气孔设计不合理等	①选择同种类黏度低一些的润滑油,改善润滑情况; ②更换轴承、疏通通气孔
减速器异常振动和异响	分析:减速器工作时不允许有振动。 ①引起减速器振动的主要原因是地脚螺栓松动; ②板式喂料机的力通过联轴器传递给减速器; ③减速器内零件损坏等; ④引起减速器异常声响主要原因有轴承间隙过大及零件损坏;联轴器柱销螺栓连接松动等	紧固地脚螺栓,消除工作机的影响,更换零部件,调整轴承间隙,调整联轴器和紧固柱销螺栓
链条跑偏、松弛	分析:引起链条跑偏的主要原因是尾轮轴一个轴承座偏移。链条松弛的主要原因是链条受拉伸长或张紧装置松动	调整尾轮轴承座与前轮轴平行;调整张紧装置到合适位置

3.4　带式输送机

带式输送机是一种有牵引构件的典型连续运输机械,在水泥生产中主要用于石灰石、粉砂岩、钢渣、湿粉煤灰、碎煤、熟料、石膏、各种混合材和袋装水泥的输送。

（1）结构及工作原理

带式输送机主要由两个端点滚筒和紧套其上的闭合输送带组成,如图 3.18 所示。起牵引作用主动转动的滚筒称为驱动滚筒;用于改变输送带运动方向的滚筒称为改向滚筒。驱动滚筒由电动机通过减速器驱动,输送带依靠驱动滚筒与输送带之间的摩擦力拖动。一般情况下,驱动滚筒都装在卸料端,以增大牵引力,有利于拖动。为了避免输送带在驱动滚筒上打滑,用拉紧装置将输送带拉紧。物料由喂料端喂入,落在转动的输送带上,依靠输送带运送到卸料端卸出。为了防止输送带负重下垂,输送带支在托辊上。输送带分为上下两支。上支为载重边,托辊要布置得密些,下支为回程边,托辊可少些。

（2）主要部件

从图 3.20 中可看出带式输送机的主要部件有输送带、托辊、滚筒、传动装置、拉紧装置、装料装置、卸料装置等,每个部件都有自己的职责,互相配合,共同完成物料的输送任务。

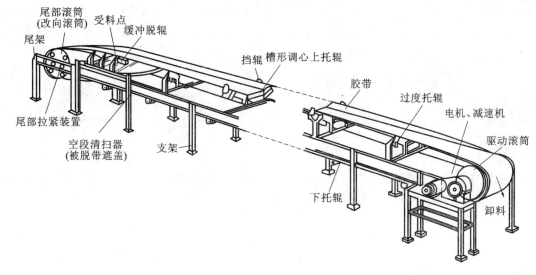

图 3.20　带式输送机结构示意图

(3)工艺布置及要求

带式输送机的运送量大,动力消耗低,受地形、路线条件限制较小,应用范围广,除了生料、水泥等粉状物料不宜输送外,从原料预均化库到袋装水泥出厂,到处都能见到它。常用的有通用带式输送机、钢绳芯带式输送机、钢绳牵引胶带输送机三种:

① 通用带式输送机(即 TD 型带式输送机)所用输送带的带芯材料为棉帆布或化纤织物,外包橡胶或塑料。

② 钢绳芯带式输送机(即 DX 型带式输送机)所用输送带的带芯为高强度的钢丝绳,输送量较大,输送距离较远。

③ 钢绳牵引胶带输送机(即 GD 型胶带输送机)的输送带只作承载构件,用钢丝绳作牵引构件,多用于矿山上大输送量和长距离输送。

根据输送路线不同,带式输送机的工艺布置见图 3.21,共有五种基本布置形式,对于长距离的复杂路线输送,可由这五种基本形式组合而成。

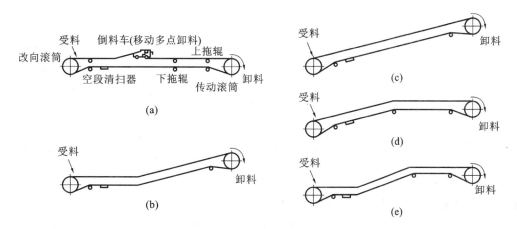

图 3.21　输送机的工艺布置

(a)水平布置;(b)带有凹弧线段布置;(c)倾斜布置;(d)带有凸弧线段布置;(e)带有凹弧和凸弧线段布置

对于倾斜向上输送物料的带式输送机,为了防止物料下滑,不同物料所允许的最大倾角值见表 3.14。当倾斜向下输送物料时,允许的最大倾角值是表 3.15 中的 80%。

表 3.15　向上输送不同物料允许的最大倾角值

物料名称	最大倾角值	物料名称	最大倾角值	物料名称	最大倾角值
0～350 mm 矿石	16°	块状干黏土	15°～18°	原煤	20°
0～120 mm 矿石	18°	粉状干黏土	22°	块煤	18°
0～60 mm 矿石	20°	粉砂岩	15°	水泥熟料	14°
筛分后的石灰石	12°	湿粉煤	21°	袋装水泥	20°

（4）操作及维护

① 开机操作

启动前要检查轴瓦、辊轮是否松动,胶带上有无杂物,安全防护设备是否牢固,各润滑部位是否有足够的油量,能否保证安全运行。确保无误后在空载的条件下启动。

② 运行中的检查

运行中要随时观察运输机的工作情况,定期检查每一个部件,如发现异常应会同有关专业人员及时处理。

（a）电机、减速机、头部滚筒（传动滚筒）和尾部滚筒（改向滚筒）、轴承、逆止器是否有振动、异音（耳听）、发热（手摸）。

（b）各润滑部位是否有足够的油量,减速机油位是否正常。

（c）检查减速机箱体上的油面指示器,判断润滑油是否达到油标要求。如缺油要及时补加,以保证减速机齿轮、轴承润滑良好。

（d）皮带接口是否有开裂,带面是否破损或严重磨损,皮带密封罩或防雨罩是否完好。

（e）缓冲托辊、上托辊、下托辊是否转动,磨损是否严重,确认是否需要更换。

（f）入料溜子是否漏料,挡板是否完好;导料槽有无歪斜、下料是否畅通;皮带运行中是否打滑及有无滑料。

（g）张紧装置工作状态是否合适,配重是否上下滑动。

（h）滚筒是否粘有异物,弹性刮料器是否正常刮料。

（i）机架是否有开焊现象,各联结点联结是否牢靠;地脚螺栓是否松动。

（5）常见故障及其处理方法

带式输送机常见故障及其处理方法见表 3.16。

表 3.16　带式输送机常见故障及其处理方法

常见故障现象	发生原因	处理方法
输送带打滑	①带的张力小; ②带的包角小; ③胶带、滚筒表面有水或结冰	①适当增大拉紧力; ②用改向辊增大包角; ③清除水、冰
输送带在端部滚筒跑偏	①滚筒安装不良; ②托辊表面粘料	①调整滚筒; ②清除托辊表面物料
输送带在中部跑偏	①托辊安装不良; ②托辊表面粘料; ③带接头处不直	①调整托辊; ②清除托辊表面物料; ③重新按要求接头
输送带有载运行一段时间后跑偏	①输送机的托辊、滚筒因紧固不良松动; ②输送带质量差,伸长率不均; ③物料在带上偏载或有偏移力	①调整、紧固松动件; ②尽快解决输送带质量问题; ③调整装载装置,清扫卸料,消除偏移力

续表 3.16

常见故障现象	发生原因	处理方法
输送带接头易开裂	①接头质量差； ②拉紧力过大； ③滚筒直径过小,反复弯曲次数过多	①提高接头质量； ②适当减小拉紧力； ③增大滚筒直径,改进布置形式,减少反复弯曲次数
输送带纵向撕裂	①机件损伤脱落,被夹入带与滚筒或托辊之间； ②带严重跑偏,被机身等物碰刮； ③托辊的辊子断裂,不转动	①修复或更换输送带,处理好损伤的机件； ②解决带的跑偏问题； ③更换损坏的辊子
输送带龟裂	①带反复弯曲次数过多,疲劳损伤； ②输送带质量差	①改进布置形式,减少反复弯曲次数； ②尽快解决输送带的质量问题
滚筒、托辊粘料	清扫器损坏或工作不良	修理、调整清扫器
托辊的辊子转动不灵或不转	积垢太多、润滑不良或轴承损坏	清洗或更换轴承的密封件
输送机不运行或运行速度低	①电气设备有故障； ②物料过载,超负荷； ③驱动力不足,输送带打滑； ④驱动装置发生故障	①检查、排除电气设备故障； ②卸除物料启动,控制加料量； ③解决输送带打滑问题； ④检查、排除驱动装置的故障
轴承发热	①轴承密封不良或密封件与轴接触； ②轴承缺油； ③轴承损坏	①清洗、调整轴承和密封件； ②按润滑制度加油； ③更换轴承
机件振动	①安装、找正不良； ②地脚和连接螺栓松动； ③轴承损坏； ④基础不实或下沉量不均	①检查安装质量,重新安装找正； ②检查各部分连接螺栓的紧固情况,保证紧固程度； ③更换损坏的轴承； ④设法解决基础问题

3.5　袋式除尘器

（1）构造及工作原理

袋式除尘器由滤袋、清灰机构、过滤室、进出口风管、集灰斗及卸料器组成,利用过滤方法除尘：当含尘气体通过滤袋时,尘粒阻留在纤维滤袋上,使气体得到净化,定期清理滤袋上的积尘,使滤袋继续截留含尘气体中的粉尘。滤袋能把 0.001 mm 以上的微小颗粒阻留下来,如果把袋式除尘器与旋风除尘器或粗粉分离器串联起来,作为第二级除尘,除尘效率可稳定在 98% 以上,完全能够达到国家环保要求。

（2）产品代号

袋式除尘器的品种多,代号表示也较复杂,举例如下：

① 单机袋式除尘器

② 气箱脉冲袋式除尘器

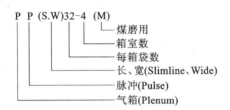

③ 反吹风袋式除尘器

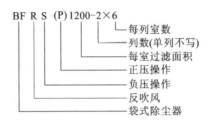

（3）常用的袋式除尘器

① 气环反吹袋式除尘器

含尘气体由进口引入机体后进入滤袋的内部，粉尘被阻留在滤袋内表面上，被净化的气体则透过滤袋，经气体出口排出机体。滤袋清灰是依靠紧套在滤袋外部的反吹装置上下往复运动进行的，在气环箱内侧紧贴滤布处开有一条环形细缝，从细缝中喷射从高压吹风机送来的气流吹掉贴附在滤袋内侧的粉尘，每个滤袋只有一小段在清灰，其余部分照常进行除尘，因此，除尘器是连续工作的。

② 气箱式脉冲袋式除尘器

这种除尘器的制造技术从美国富勒公司引进，具有分室反吹和喷吹式脉冲清灰的特点。由上箱体、中箱体、下箱体（灰斗）、梯子、平台、储气罐、脉冲阀、龙架、螺旋输送机、卸灰阀、电器控制柜、空压机等组成，本体分隔成若干个箱区，当除尘器滤袋工作一个周期后，清灰控制器就发出信号，第一个箱室的提升阀开始关闭切断过滤气体，箱室的脉冲阀开启，以大于 0.4 MPa 的压缩空气冲入净气室，清除滤袋上的粉尘，当这个动作完成后，提升阀重新打开，箱体重新进行过滤工作，并逐一按上述程序完成全部清灰动作。

③ 回转反吹袋式除尘器

清灰机构包括小型高压离心风机、反吹管路、回转臂和传动装置（转速 1.2 r/min），在过滤过程中，随着粉尘的不断增厚，通风阻力也在增大，当阻力达到一定值时，反吹风机和回转装置同时启动，高压气流依次由滤袋上口向滤袋内喷出，使原来被吸瘪的滤袋瞬时膨胀，粉尘抖下，随即高压气流断开，滤袋正常过滤。

（4）操作与维护

① 运转前的检查

（a）安全防护装置是否齐全、完整，如有问题一定要向有关人员报告。

（b）地角螺栓是否松动，如松动要拧紧。

（c）清除除尘器和灰斗下的螺旋输送机内的杂物、集灰。

（d）查看各润滑部位的润滑油或润滑脂是否加足。若不足，应立刻加足。

（e）打开检修门，用手触摸每一条滤袋，检查是否牢固、松紧度是否适中，不符合要求时要拧紧、调整。

（f）各种阀门、仪表是否都在自己的位置上，动作是否灵敏可靠。如有问题必须调整好。

② 开停机操作

袋式除尘器一般都与主机联锁在一个系统中，所以要随主机按顺序自动启动。如系岗位开车，经

检查各项指标符合规定后,待通知一到,按下列顺序开机:

(a)启动灰斗下的螺旋输送机和卸灰阀电机。

(b)启动清灰装置电机(振打清灰、脉冲清灰、气环反吹清灰)。

(c)启动排风机或鼓风机电机。

停机时随主机自动关停。其先后顺序与开机时相反,但要注意的是滤袋不能残留粉尘,要等排风机或鼓风机停转 5~10 min 后再停止清灰装置的运行,此时滤袋基本"抖落"干净。

③ 运行中的操作

袋式除尘器在运行中,有些条件可能会发生改变,或者出现某种故障,这都会影响它的运转状况,所以要经常检查,当运转状况发生变化时要做适当的调节,用最低的运转费用使设备保持在最佳的运转状态。

(a)关注压差变化:除尘设备的运行状态可以通过控制柜上的各种监测仪表显示的压差、入口气体温度、电机的电压、电流等数值的变化判断出来。如进口与出口的压差值增大了,表明含尘气体通过滤袋时的阻力增大了,这时应考虑滤袋是否发生了堵塞。如果压差值降低了,可能是有的滤袋破损了或某个分室漏气了。

(b)关注流量变化:流量增加时过滤风速增大,可能会导致滤袋破损,破损严重时就起不到过滤作用。流量降低时流速减慢,管道内特别是水平管段容易积灰。

事实上,袋式除尘器在运行时,进出口压差、含尘气体浓度和流量、过滤风速和阻力等都是相关联的,有一项指标发生了变化,其他几项都会联锁反应,应把变动的数值随时记录下来,与相关技术人员一起分析,采取有效的措施加以解决。

(5)常见故障分析及处理

袋式除尘器的常见故障及其处理方法见表 3.17。

表 3.17　袋式除尘器的常见故障及其处理方法

常见故障现象	发生原因	处理方法
排气含尘量超标	①滤袋使用时间过长; ②滤袋破损; ③处理风量大或含尘量大	①定期更换滤袋; ②更换破损的滤袋; ③控制风量及含尘量
粉尘积压在灰斗里	①粉尘水分含量大,凝结成块; ②输送设备工作不正常	①停机清灰,控制粉尘水分含量,注意袋式除尘器壳体保温; ②保证输送物料畅通
运行阻力小	①有许多滤袋损坏; ②测压装置不灵	①停机更换滤袋; ②更换或修理测压装置
运行阻力异常上升	①换向阀门或反吹阀门动作不良及漏风量大; ②反吹风量调节阀门发生故障及调节不良; ③换向阀门与反吹阀门的计时不准确; ④反吹管道被粉尘堵塞; ⑤换向阀门密封不良; ⑥粉尘温度高,发生堵塞或清灰不良; ⑦气缸用压缩空气的压力降低 ⑧灰斗内积存大量积灰; ⑨风量过大; ⑩滤袋堵塞; ⑪因漏水使滤袋潮湿	①调整换向阀门动作、减少漏风量; ②排除故障、重新调整; ③调整计时时间; ④调整疏通; ⑤修复或更换; ⑥控制粉尘湿度,清理、疏通; ⑦检查、提高压缩空气的压力; ⑧清扫积灰; ⑨减少风量; ⑩检查原因,清理堵塞; ⑪修补堵漏

续表 3.17

常见故障现象	发生原因	处理方法
滤袋堵塞	①处理气体水分含量高; ②滤袋使用时间过长; ③滤袋因过滤风速过快或含尘量过大引起堵塞; ④反吹振打失败	①控制气体湿度; ②定期更换滤袋; ③适当调整风量和含尘量; ④检查反吹风压力,反吹时间及振打是否正常
滤袋破损	①清灰周期过短或过长; ②滤袋张力不足或过于松弛; ③滤袋安装不良; ④滤袋老化或因热硬化或烧毁; ⑤泄漏粉尘; ⑥滤速过快; ⑦相邻滤袋间摩擦;与箱体摩擦;粉尘的腐蚀使滤袋下部滤料变薄;相邻滤袋破损	①加长或缩短时间; ②重新调整张力; ③检查、调整、固定; ④查明原因,清理积灰、降温; ⑤查明具体原因并消除; ⑥更换滤料材质; ⑦调整滤袋间隙、张力及结构;修补已破损滤袋或更换
脉冲阀不动作	①电源断电或清灰控制器失灵; ②脉冲阀内有杂物或膜片损坏; ③电磁阀线圈烧坏或接线损坏	①恢复供电,修理清灰控制器; ②拆开清理或更换膜片; ③检查维修电磁阀电路
提升阀不工作	①电磁阀故障; ②气缸内密封圈损坏	①检查电磁阀,恢复或更换; ②更换密封圈

3.6　石灰石破碎系统的操作

石灰石破碎系统内各设备采用中控室局域控制,各设备也可现场启停。当设备处于程控状态时,下游设备跳停,上游设备联锁跳停,现场启停设备按钮闭锁。现场进行单机操作时,开单机设备不参与设备联锁控制,但停单机设备受联锁控制,这主要是避免设备堆积料过多而导致故障,达到顺利生产的目的。

3.6.1　开机前的准备

(1)开机前应按顺序检查破碎站内设备各部位紧固螺栓有无松动;各主要受力部位有无裂变;各传动部位有无障碍。若有上述问题应及时通知有关人员进行处理。

(2)检查各传动部位的润滑情况。

(3)打开操作系统,检查操作系统是否正常,若发现异常,迅速通知相关人员查明原因,并做相应处理。

(4)检查破碎站配电柜、电源显示是否正常,各电流指针是否处于"0"位,若有异常,应通知电工查明原因,并做相应处理。

(5)认真阅读前一个班的操作记录是否正常,若有故障,迅速通知相关人员进行处理。

(6)确认操作系统中各设备是否处于"备妥"状态,若有不"备妥"应及时现场查看,查明原因,并酌情处理。

(7)操作员与调度员保持联系,掌握开机配料情况。

3.6.2　开机顺序

(1)确认各设备处于"备妥"正常状态,接到当班值班长指令,方可启动操作系统开机生产。

(2)按正常开机顺序,相应启动各设备。待破碎机运行平稳后,方可对重型板式给料机喂料。

(3)设备运行中,应注意操作系统的电流变化情况。

(4)设备在运行时,若发现故障,应停止喂料,查明原因,并做相应处理。待处理完毕后,按"复位"

按钮,报警显示消失后,证明故障已排除,方可喂料生产。

(5)应与中控室保持联系,根据物料情况进行科学的变频喂料,避免跳机情况发生。

(6)破碎机在遇到铁件掉入破碎腔等紧急情况下,应按急停开关,以防事态扩大。通知值班长做好停电挂牌工作,待破碎机停稳后,认真检查破碎系统设备,并将检查结果向值班长和相关部门反映。

(7)不得使设备处于超载运行状态。

3.6.3　设备停机

(1)下班前,接到调度员和计量员通知后,停机给料,待各设备电流值为正常空载时,方可停机。

(2)先按停机按钮,再按确认按钮,按顺序停机。

(3)认真填写当班操作记录,做好交班准备工作。

(4)待各设备停稳后,切断破碎机等设备电源,使破碎机等设备处于不"备妥"状态。

◇ 知 识 测 试 题

一、填空题

1.单转子锤式破碎机的主要结构由_____、_____、_____、_____、_____、壳体和驱动部分等部件组成。锤式破碎机的规格用_____乘以_____表示。

2.反击式破碎机的反击板一般呈_____形和_____形。

3.带式输送机的主要结构由_____、_____、滚筒、_____、_____、_____、_____等组成。

4.板式喂料机主要由_____、_____、_____、_____及支架组成。

5.石灰石破碎系统最多串联_____台破碎机,称为_____,有时也称为_____。

二、选择题

1.如下破碎机械破碎比最大的是(　　　)。

A.颚式破碎机　　　　　　　B.锤式破碎机　　　　　　　C.反击式破碎机

2.为了保证锤式破碎机运行过程中的转子平衡,要求锤头的安装位置要(　　　),形状要求可以(　　　)。

A.对称,调换　　　　　　　B.平衡,任意设计

3.板式喂料机适用于水平和倾角(　　　)的物料的输送。

A.≤15°　　　　　　　　　　B.≤35°　　　　　　　　　　C.≤45°

4.带式输送机向上输送粒度为 40 mm 石灰石时允许的最大倾角值是(　　　)

A.16°　　　　　　　　　　　B.18°　　　　　　　　　　　C.20°

5.袋式除尘器"糊袋"的原因主要是(　　　)。

A.处理气体水分含量大　　　B.反吹振打失败　　　　　　C.滤袋含尘量过大

三、简答题

1.试简述皮带输送机的结构及工作原理,以及皮带输送机为什么要设拉紧装置。

2.试简述锤式破碎机的工作原理,以及锤式破碎机开机前应检查哪些内容。

3.袋式除尘器运行中应关注哪些参数?为什么?

4.试简述板式喂料机的结构和各部件的功能。

5.试简述反击式破碎机的工作原理、操作与维护要点。

6.带式输送机有哪几种基本布置形式?倾斜输送物料时怎样才能避免物料下滑?

1. 结合某水泥企业石灰石破碎系统的工艺流程，分析其开车、停车顺序。

2. 结合实训室已有破碎设备，说明破碎机维护与保养要求。

3. 查阅资料，说明破碎系统的停机例检项目。

4. 查阅资料，结合某水泥企业石灰石破碎系统，分析破碎机、板式喂料机、带式输送机、袋式收尘器常见故障产生的原因及排除方法。

任务 4　破碎系统的节能高产分析

任务描述　对给定的新型干法水泥生产破碎系统进行分析，提出节能高产的具体方案。

能力目标　能根据要求提出破碎系统或某一环节的节能降耗措施。

知识目标　掌握影响破碎系统设备运行电耗的主要因素。

在水泥生产过程中，破碎系统主要是给粉磨系统提供合格粒度的入磨物料，该系统的节能高产是水泥生产过程优质、高产、低耗的重要组成部分。一般来说，影响节能高产的因素分为三个部分：工艺因素、设备因素和管理因素。

4.1　工艺因素的影响

（1）物料性质

与破碎过程有关的物料性质包括：物料的晶体结构、强度、硬度、温度、脆性、含水率、易碎性及料块尺寸等。

物料抵抗外力的能力是它的一种物理力学性质。一些晶格排列紧密和规则的矿物体，如火成岩和变质岩，质地坚硬，强度大，不易破碎。沉积岩的晶格和形状大小不一，它们之间有各种胶结物质，硅质和钙质的胶结能力较强，而泥质的胶结能力较弱。矿物体的非均质性直接影响其被破碎的难易程度，非均质性表现在它的结构单元、黏结度、晶间质、空隙率及其形状、大小、分布与排列。矿物体的单层状态有块状、巨厚层、厚层、中厚层、薄层之分。层理结构是矿物体的薄弱面，层理结构的疏密程度与其被破碎的难易程度有关。矿物体存在于自然界，受到地壳变动产生的断裂、褶皱、破坏而带来的各种裂纹与其被破碎的难易程度有关。矿物体的破碎性能还与其黏性、韧性等有关，因此常用试验方法对其进行破碎性能的测定，目前主要是取样进行冲击功指数测定，冲击功指数不小于 $8\ kW \cdot h/t$ 的属于易碎矿石，$8 \sim 12\ kW \cdot h/t$ 的属于中等易碎性矿石，大于 $12\ kW \cdot h/t$ 的属于难碎性矿石。

矿石破碎时的另一个重要指标是它对金属的磨蚀性，即破碎时的金属消耗量。目前没有统一的磨蚀性试验方法，只是设备厂家或用户根据自己的使用情况，累计破碎机械易磨件的使用寿命，如一副锤头能破碎多少吨某种物料等。从另一个角度讲，这也是选择和考核破碎机对物料适应性的重要质量指标。

物料在自然条件下的含水率和黏附性也是需要了解的重要因素。石灰石很少能吸收过多的水分，但细颗粒非固结性原料，如黏土、泥灰岩、白垩则能吸收较多的水分。一般来说，水分含量不大于 $6\% \sim 8\%$ 的物料，在一般条件下不会对破碎机造成多大的麻烦，超过这个指标的物料就应该考虑采用烘干兼破碎的工艺流程，或将其晾晒、烘干后再进行破碎。

（2）矿山开采粒度

石灰石矿山是水泥厂的主要原料基地，在矿山选择时就应该注意石灰石的品位、储量、结构和易碎性，在开采石灰石时要合理布点、降低剥采比，保证石灰石品位的相对稳定和均匀。国家有关规范要求矿山的服务年限一般按 30 年计算，即矿山的可采矿量应满足水泥工厂 30 年的需求量。由于矿山采用机械化开采，矿体中夹有地表层、夹层、裂隙土、熔岩等，使采出的石灰石不仅品位下降，而且影响破碎机产量和产品质量的提高，因此在生产过程中，应通过计划开采、配铲装车、配车运输、破碎储存等多种手段进行有目的的预均化。在开矿爆破中，可改变传统的峒室爆破，采用较先进的小抵抗线组合微差爆破技术，降低大块率和根底，减小爆破震动和飞石危害。

矿山开采粒度是影响破碎机产量的重要因素，矿山开采中应尽可能地降低大块率。根据各厂破碎系统的设备配置，制定合理的矿山开采粒度要求，既要保证矿山生产能力的发挥，又要兼顾破碎系统的产量和质量的提高。外购矿石的中小型水泥厂，应固定合格矿石的来源，并在收购矿石时严格控制进厂料块的粒度，以保证破碎系统的进料粒度要求。例如，某水泥厂的石灰石矿山，将抗线由原来的 13～18mm 减少到 8～12mm，增加了药室的层数和排数，并实现微差起爆，同时合理地选择抛松比、爆破作用指数、间距系数等工艺参数，采用了深孔-峒室组合微差爆破技术，从而改善了爆能分布，提高了爆破质量，综合大块率由 20％～30％下降到 3％～8％，仅为原来的四分之一，爆破效果明显改善，为石灰石破碎系统的节能降耗和优质高产打下了良好的基础。

（3）破碎流程及设备

破碎系统包括破碎级数（破碎机数量）和工艺流程（破碎生产线）两大部分。破碎级数主要取决于要求破碎物料的破碎比和破碎设备的性能。破碎级数越多，即破碎机的数量越多，破碎系统越复杂，不仅设备投资和基建投资大，而且维护工作量大、费用高、劳动率低、扬尘点增加，因此，有条件的水泥厂应尽量减少破碎系统的级数。

单段锤式破碎机是目前较为理想的石灰石破碎设备，它能将 1 m 左右的料块一次破碎成粉磨设备所需要的入料粒度（≤25 mm）。该机的国产化是以我国矿山的具体条件为出发点，着力解决了对混有黏湿泥土矿石的适应能力和铁器等异物进机的安全性等问题。

单段锤式破碎机是从老式慢速锤式破碎机和快速锤式破碎机演变而来的，集两者之长，具有入料粒度大、出料粒度小和电耗低的特点，达到了节能高效的目的。

该破碎机内的物料破碎过程也是两级破碎，即粗碎和中碎。其粗碎与慢速锤式破碎机相似，进入机体内的大块矿石由给料辊来支托，最大进料粒度可达转子直径的 70％（宽度），来料中较小的物料从给料辊之间卸出。中碎是在锤头与反击板、齿板和算条之间进行的。中碎的粒度取决于锤头的密集度、线速度、反击板和齿板的形状、中碎带的工作弧度、锤头与它们的间隙以及算缝宽度。由于该机没有弧形上算条的限制，可以密集排锤，因而中碎效果远优于慢速锤式破碎机。

采用单段锤式破碎机一级破碎系统与普通二级破碎系统相比，具有以下优点：

①进料粒度大，破碎比大。机内破碎空间大，重型锤头粉碎作用强，可节省二次爆破，有利于提高矿山开采和破碎系统的生产效率。

②改善对石灰石的适应性。排料算子为顺向齿面结构，不易堵塞；对料块中的水分和黏性物质的适应性增大。

③单位产量电耗低。比相同生产能力的二级破碎系统装机容量降低 30％，单位产量电耗至少可减少 25％。

④节省基建和设备投资。不需要第二级破碎厂房，减少了相应的输送、收尘设施及检修设备等，设备数量减少 62％，重量减轻 32％，总投资下降 44％，生产费用减少 41％。

⑤提高了工作可靠性。由于机后有异物排出门，可防止混入料块中的铁件、钻头、铲齿等损坏机件；具有双重除铁保护装置，故障率低；简化了生产工艺流程，既减少岗位人员，又便于设备维修。

⑥有利于环境保护。扬尘点减少,便于管理和提高清洁生产水平。

⑦降低了金属消耗量。该破碎机的破碎工作角大,料块对转子的冲击力小,机件使用寿命长,可大量节省锰钢铸件,降低石灰石生产成本。

(4)加料过程

确保加料过程的连续性与均齐性,是实现破碎系统节能高产的重要工业环节。过去许多企业尤其是中小型水泥厂不重视这一点,靠拖拉机给工厂供料,或用铲车直接向破碎机喂料,破碎系统基本属于间歇加料过程,操作工形象地评价:"来料一大堆,等料抽支烟;仔细一算账,空转老半天。"每年工作总结都会发现"台时产量不低,月平均产量不高",不知原因何在。实际上都是加料不稳定、不连续、不均匀带来的后果。

从能量利用率来讲,如果一台设备不能达到一定的负荷量,那么运转率越高,浪费就越大、单产电耗就越高,尤其是"等料空转",生产中一定要尽量避免。从设备安全操作方面讲,加料过多、过快,会造成设备进料口堵塞,有时料块产生过大的冲击力还会损坏破碎机内的机件;对于以冲击破碎为主的破碎机,加料量过大或不均匀,会引起传动部件运转失调,电机电流过大或电机振动。这些都是事故的隐患,一旦发生,会直接造成破碎系统产量、质量的下降和单位产量电耗的增加。

大型破碎机一定要配置一定规格的加料溜槽和重型板式喂料机,采用变频调速器控制喂料速度,实现电机软启动,进行稳定的加料;中小型破碎机也应该配置必要的加料仓及中、轻型加料机,保证均匀、连续加料。在此基础上,再提高设备的运转率,才有可能获得节能高产的效果。

4.2　设备因素的影响

(1)合理选型

① 充分了解各类破碎机的性能特点

不同类型的破碎机具有不同的工作方式,适应物料性质的能力各有不同。破碎强度和硬度较大、易碎性较差的物料,应采用以冲击、挤压为主的破碎机,如单段锤式破碎机、反击式破碎机、颚式破碎机、圆锥式破碎机等。破碎磨蚀性强的水泥熟料应选择转速较慢的破碎设备,如慢速锤式破碎机、细碎颚式破碎机等。破碎湿黏土或冻土,应采用机内有清除黏附物装置、易于排料的破碎机,如齿辊破碎机、冲击式湿黏土破碎机、配刀式黏土破碎机、反击式烘干破碎机等;破碎石膏、混合材等中硬、低硬物料,可选用各种细碎破碎机,如锤式破碎机、反击式破碎机、颚式破碎机等。

② 破碎系统要适应粉磨系统的要求

由于工作条件和对外业务的需要,破碎系统的工作制度与粉磨系统差别较大,一般采用一日一班制,最多一日两班制。从生产工艺流程的连续性来说,破碎系统必须满足粉磨系统生产能力的要求。加上矿山供应、运输条件、天气变化、设备故障等多种因素的影响,破碎设备选型时,其生产能力应考虑是粉磨设备能力的 2~3 倍,才能保证粉磨系统的连续运转。与此同时,破碎产品的粒度必须符合粉磨设备入磨粒度的要求,力求破碎产品粒度稳定、均齐,以利于磨机工艺参数的确定和产量的提高。

③ 优选结构和性能先进的破碎设备

近年来,随着机械设备的技术进步,许多结构和性能优良的新型破碎机不断出现,这些破碎机的破碎比大、单位产量电耗低、环保性能好、物料适应性强,如单段锤式破碎机、反击式破碎机、烘干破碎机等。还有不少产品粒径小于 5 mm 的细碎破碎机,对于破碎流程的简化、物料的品质均化、入磨粒度的优化等,都具有较大的积极作用。因此,在选择破碎设备时,应认真调查研究,使自己的破碎系统能够达到适应本厂具体条件的最佳效果。

④ 破碎系统应便于安装检修和维护管理

因破碎系统劳动强度较大,操作工人技术素质有限,故在工艺设计中应力求系统紧凑、运行可靠、操作方便、维护简单;能够以一级破碎系统完成粉磨系统供料要求时,尽量不设二级或多级破碎系统。

随着破碎工艺技术的飞速发展，以及设备的日趋大型化，设备的维护管理越来越为人们所重视。在破碎与粉磨系统的正常运行过程中，因更换易损件而被迫停车的时间，在水泥行业约占总停车时间的 $50\%\sim55\%$，占因磨损而增加设备维修工作量的 $60\%\sim65\%$，因此在破碎系统设计与建设时，就应该创造一个良好的维修工作条件和便于操作的维护基础，以提高设备运转率和延长设备检修周期。

水泥生产具有连续性强的特点，生产工艺线上某一台设备因故障停机，可能影响很大，甚至全厂设备被迫停机；而且水泥机械属重型设备，设备重量及零件尺寸均比较大，给故障处理工作带来一定难度；加之工作环境恶劣，润滑保养工作经常得不到保证，因而造成设备故障率高、机械事故频繁。水泥机械设备是否"好修"的问题就显得非常突出。因此，机械设备的"易修性"对于设备维修工作者来说非常重要。在进行设备选型时，不仅要考虑机械的性能、零件的强度等问题，还必须考虑机械的结构是否合理，以使设备维修时方便快捷。

目前在水泥生产技术改造中涌现出许多新结构和新设计，研究吸收那些好的和成熟的结构改进措施，应用到本单位的设备改进及修理之中，是发挥设备潜能、节能高产的极好办法。另外，加强水泥机械"易修性"问题的研究工作，剖析各种机械设备在"易修性"方面存在的缺陷，研究开发容易修理的好结构、新部件，对提高设备安全运转率大有裨益。

（2）优化破碎设备构造和材质

① 复合粉碎机理的应用

从晶体学理论计算得到的固体物料的强度，常常比实际物料的强度大得多。其主要原因是工业生产中需要粉碎的原材料，大部分来源于矿山开采或热工过程，这些物料内部存在着不同程度的晶格缺陷和微裂纹。因此，粉碎某一物料实际需要的能量比理论计算的要小得多。在外力作用下，物料的内聚力不断发生变化，颗粒内部产生向四面传播的应力波，并在内部缺陷、裂纹、晶格界面等处产生应力集中，使物料首先沿着这些脆弱面破坏而粉碎。所以，粉碎设备或工具传递给物料颗粒的动能转变为物料的变形能做功，产生较大的应力集中，是导致物料被粉碎的主要原因。

粉碎设备或工具由于机械结构形式和工作原理的不同，施力的方式有多种多样，如冲击、挤压、弯曲、折断、劈裂、研磨等。如果在一台破碎机内利用物料有限的停留时间，将机械能以多种形式转变为物料的变形能做功，使物料充分利用能量而被粉碎，此过程称为复合粉碎。一般来说，破碎机械都应该是复合粉碎，只是复合的程度和种类多少不同，存在一个能量利用率的差异，导致各种破碎设备的节能高产效果不同。在选择和改进破碎设备时，应尽量要求物料在破碎机内有一个合理的运动轨迹和停留时间，并受到多种方式的粉碎作用，以实现破碎系统节能高产的目标。

② 抗磨蚀技术的应用

影响粉碎设备工作部件磨损的因素可以分为两大部分：外部因素和内部因素。外部因素主要是前面已讲到的强度、硬度、韧性、粒度和磨蚀性等物料性质及各种不同工艺流程和加料方式等；内部因素包括金属材料的化学成分、金相组织、加工质量和机械结构及性能。主要工作部件中的易损件是否耐用，取决于材料的抗冲击磨损能力、抗疲劳磨损能力、抗显微切削和犁削能力。

颚式破碎机齿板的磨损属于凿削式磨损。齿板磨损的主要原因是磨料相对齿板短程滑动、切削金属造成磨屑和磨料反复挤压引起齿板材料多次变形，导致金属材料疲劳脱落。磨损失效过程分为三步：(b)物料多次反复挤压凿削齿板，在齿板区表层和在挤压金属的突出部分根部形成微裂纹，此微裂纹不断扩展，造成表面金属材料脱落，形成磨屑；(c)物料反复挤压，造成齿板金属材料被局部压裂或翻起，其压裂或翻起部分又随着挤压撞击的物料一起脱落形成磨屑；(d)物料相对齿板短程滑动，切削齿板形成磨屑。

因此，从耐磨材料上控制齿板磨损的主要依据是硬度和韧性。材料硬，物料挤压深度浅，材料变形小，物料对材料短程滑动的切削量也小。材料韧性好，抵抗断裂的能力强，可消除挤压、撞击过程中的脆性断裂。

　　颚式破碎机的规格不同,进料粒度、锐度不同,对齿板的挤压、撞击力不同。大中型颚式破碎机的挤压力大,除考虑材料的抗挤压力和抗滑动切削外,还应考虑受撞击时的冲击力及弯曲应力。因此大型齿板应选用韧性高、综合性能好的材质。

　　从上述磨损失效分析可知,对于齿板材料应选择硬度高的材质以抵抗挤压、显微切削失效,选择韧性大的材质以抵抗凿削撞击疲劳失效。同时,从齿板结构上进行改进,以减少物料与齿板的相对滑动,这不仅对提高材料的使用寿命有益,而且对颚式破碎机的节能高产也十分有利。

　　锤式破碎机的锤头磨损以冲击凿削为主,伴随有冲刷显微切削磨损。其磨损形貌为冲击坑和切削犁沟。由于锤头的主要磨损方式为冲击,因此人们习惯选择高锰钢作为锤头材质。不同规格的锤式破碎机,锤头形状与大小也各不相同,一般认为 90～125 kg 的锤头为大型锤头,25 kg 以下的为小型锤头,其余为中型锤头。大中型水泥厂一般使用 25～50 kg 的锤头。由于锤头大小不同,使用工况不同,它的磨损失效情况也各不相同。

　　大型破碎机的进料粒度大,破碎比大,转速高,所以锤头受到的撞击力大,是以撞击为主的磨损机制,选材应以冲击韧性为主导,兼顾硬度、强度等综合性能。超高锰钢锤头含锰钢高达 17％～18％,主要是使锤头厚大,中心部也为全奥氏体,以保持其优良的韧性,使用可靠,增加 Cr、Mo 等元素,以提高屈服强度和初始硬度等综合性能,满足生产需要。总之,以冲击磨损为主的易损件必须选择高韧性材料并辅以其他综合性能。

　　中型锤头由于其冲击力大,锤头磨损以冲击、凿削为主,伴随冲刷显微切削磨损。在以切削为主的情况下,铸件的硬度对耐磨性起主导作用。为解决这一问题,采用一种超越高锰钢的高韧性材质,且大幅度提高其屈服强度(达 450 MPa),提高初始硬度到 HB260～HB300,同时提高其加工硬化速率,这样可以使锤头的使用寿命大幅度提高。

　　小型锤头的磨损过程是:一方面物料冲击锤头的能量小,金属表面产生塑性变形和微裂纹,在反复多次塑性变形情况下裂纹扩展,金属受挤压形成碎片脱落,导致冲击磨损;另一方面物料刺入材料表面,在一定法向力与切向力的作用下,对材料表层金属产生显微切削、冲刷,使金属表面磨损,但由于冲击力不大,高锰钢不会被加工硬化。所以,小型锤头应选择有一定韧性,以硬度高为主导的材料,这样可以大幅度提高使用寿命。

　　目前,国内外各类破碎机,如旋回式破碎机的动(定)锥、辊式破碎机辊筒套、大型颚式破碎机动(定)颚板侧板、大型锤式破碎机锤头、反击式破碎机板锤和反击板等,一般仍以奥氏体高锰钢为主。近年来发展了一些加合金的改进型高锰钢、超高锰钢、超强高锰钢等。

　　标准高锰钢经水韧处理后为全奥氏体组织,具有良好的加工硬化性能,金属主体仍保持优良韧性,使用可靠,故一直在高冲击设备中广泛应用。但是高锰钢的屈服强度低,使用中易产生塑性流变,因此西欧、美国等国家多采用加 2％ Cr、0.5％～1.0％ Mo 的合金高锰钢,使其屈服强度从 350 MPa提高到 440 MPa 以上,并相应提高初始硬度,使耐磨性也有一定提高。我国冶金和建材行业在高锰钢标准中也增加了 Mn13Cr2 这一钢种。

　　综上所述,破碎设备易损件近几年来的发展趋势是:对于大型、受冲击力大的易损件,采用加铬的改进型高锰合金钢;对于中小型、受冲击力较小的易损件,有条件就采用高铬铸钢及中碳合金钢,改变了完全用普通高锰钢材质的传统局面。

　　(3)设备诊断技术的应用

　　为保持较高的设备运转率和实现生产设备可持续节能高产,水泥企业要加速设备诊断技术的应用,以尽早发现事故隐患,及时维护与修理,用最少的设备费用获得最大的生产能力和经济效益,适应水泥工业机械设备大型化、智能化、自动化发展的需要,满足水泥生产线连续工作、设备正常运转和维修的要求。

　　设备诊断技术包括设备状态的检测、故障诊断、预测及维修决策等,贯穿工业企业生产的全过程。

根据现代化水泥设备大型化、智能化和自动化的特点及当代设备诊断技术的发展趋势,我国水泥企业设备诊断技术的模式应该是"在线"检测与"离线"检测相结合、简易诊断与精密诊断相结合、振动诊断与油液分析等相结合的多形式、多方法、多参数的综合诊断模式。具体地说,它应用振动诊断、油液分析、热像诊断等几种方法,按照班组、车间和厂级配置诊断系统,形成一个综合的设备诊断系统。

"振动诊断"是设备诊断技术中使用最多、效果比较显著的方法。它是通过检测、分析来自设备的振动信号,掌握其运行状态,判定故障的部位和原因。

"油液分析"是通过对设备润滑油液的质量(理化性能、污染程度等)和不溶性磨粒的检测,在不停机的情况下,诊断设备异常磨损的部位、原因及趋势。

"热像诊断"是根据机械设备在工作过程中会产生热量和释放热量,当发生异常时,机件和润滑油的温度就会上升的原理,检测机件和润滑油的温度、温差、温度场、热图像等,以及发现设备运转中的异常现象,它是故障诊断的重要方法之一。

除此之外,还有声发射诊断、自诊断、电气诊断等技术,通过对机械结构本身的声波变化或电流、磁通等参数的变化,做出及时的监测和报警。最后必须指出,当日检测超过参数量判断标准值时,并不意味着设备需要马上停机检修,而是要马上缩短检测周期,增加检测频次,视情况进行精密诊断,从而对故障进行定性、定位,再做出维修决策。

4.3　管理因素的影响

设备管理是现代企业管理的重要组成部分。设备管理的核心内容是:以人为本的全员管理和以计划检修为主的技术管理;并采用设备维护及其运行指标分解承包经济责任制,增强员工的主人翁意识,充分调动员工的主观能动性,建立健全各项规章制度、管理规程,使设备管理科学化、制度化和正规化,为实现本系统优质、高产、低消耗、安全、清洁生产提供最基本的保证。

(1)强化员工技能培训

对岗位操作工和设备维修工进行技能培训,提高他们的专业水平和操作技能,坚持"持证上岗",这是设备管理的重要内容。"三好四会",即管好、用好、修好和会使用、会保养、会检查、会排除故障,是每一个岗位操作工上岗前必须达到的基本技能。在此基础上,创造机会让他们把学到的理论知识运用到生产实践中去,充分发挥他们的聪明才智,同时鼓励员工勤奋工作、认真管理、清洁生产。通过指标考核、群众监督,依据"公平、公正、公开"的原则,定期或不定期地评选"先进设备"和"岗位能手",真正做到全员管理、以人为本。

(2)健全设备技术档案

健全和完善设备技术档案是设备管理工作的重要基础。认真做好平时的运行记录,包括生产控制指标、检修经过、损坏原因、解决办法、技改内容和革新效果等档案工作,是制定操作规程、规章制度、检修方案和检修周期的重要依据。对于进口设备的技术资料,应提前翻译为中文版本,以便工作中快速查阅。

(3)实施计划检修

随着社会的发展和技术的进步,对生产线产量、质量的要求越来越高,设备因故障检修的时间逐步减少,因此,应根据实际情况制订合理的检修计划,并根据生产情况保证检修计划的逐一实施。工程技术人员是实施检修计划的直接责任人,要经常深入车间,对设备运行情况进行检查,认真分析研究,拿出方案,并将检修任务落实到检修班组。检修时要亲临现场、严格把关,与检修人员同心协力,保证检修质量和实施进度。最后由技术人员和岗位操作工共同签字验收,把事故消灭在萌芽状态,以减少停机时间、降低劳动强度和检修成本、提高设备运转率,实现本车间的节能高产。

(4)完善备品、备件的管理

备品、备件管理是设备管理工作的一个重要组成部分,是保证设备维修的重要物质条件,对保证生产的持续进行、提高设备的可靠性和经济效益等,都有极其重要的作用。要根据设备档案的详细记录,逐步总结易损件的名称、规格、使用周期等,与供应部门密切合作,提前做好适当储备。备品、备件管理工作的主要内容如下。

①备品、备件管理工作要与生产计划和设备维修计划密切配合。在安排生产计划和设备维修计划的同时,必须提前安排好各种生产工具、模具和设备维修所需用的零部件。

②备品、备件管理工作的重点是抓好"三管"和"四定"。"三管"即计划管理、定额管理、仓库管理,"四定"即定消耗定额、定库存周期、定备件资金、定生产分工。还必须健全各种经济责任制,加强各车间、班、组及个人的经济考核工作,尽量降低备品、备件的消耗,避免过多备品、备件的积压浪费。

③在保证备品、备件质量的前提下,做好备品、备件的"三化"工作,即标准化、通用化、系列化,为设备的维护、检修提供优质条件。

④积极采用先进的修理工艺和技术,延长备品、备件的使用寿命;加快进口机械设备的备品、备件国产化的进程,降低生产成本,保证及时供应。

⑤做好生产维修备件、人修备件、事故备件的划分和分类发放纪录,配合车间岗位经济责任制的考核、评比工作。

(5)落实维护保养责任制

维护保养好每一台设备,是保证生产线能够满负荷运转的前提条件。维护保养工作必须由专人负责,即谁使用、谁管理、谁负责。各班组自查、自检、自修的规定一定要切实可行,便于操作。发现问题后,要及时向有关领导或部门汇报,采取必要措施及时处理。交接班记录要做到不隐瞒、不回避、翔实客观,交接过程中还必须对设备进行认真检查,观看相关仪表的运行参数是否正常,分清责任,防止设备带病作业。根据水泥生产线较长的特点,应该把设备维护保养工作分解到每一位岗位操作工身上,车间领导要加大监管力度,并将检查和考核结果与员工的经济利益挂钩,增强操作工的责任心,调动他们的工作热情。只有把设备维护保养工作切切实实地落实到位,才能避免设备事故的突然发生和带来不必要的经济损失。

(6)考核安全生产与成本分解

水泥生产线是由机械设备构成的,机械设备的正常运转是顺利完成生产任务的基本保证。设备运转处在一个动态变化的工况之中,时时刻刻都存在一些不安全的因素,每一个岗位操作工必须牢记"安全第一"。要严格执行安全规章制度和操作规程,杜绝违章事件发生。

生产管理另一个重要方面就是要厉行节约、降低成本。车间、班组都要制定设备管理的成本目标,建立成本预算及成本效果分析,以及设备管理中的经济核算和成本评估机制。根据企业总的经营成本目标,层层分解,对设备管理成本进行控制促使员工用好资金、修旧利废、适量更换,在保证设备安全运转的前提下,最大限度地降低设备管理成本。

总之,设备管理是一项系统工程,需要全体员工认真参与。要制定适合本企业生产发展实际的管理体系,激发员工的主人翁意识,提升企业管理水平,促进生产设备的节能高产,实现经济效益最大化。

❖ 知识测试题

一、填空题

1.在水泥生产过程中,影响节能高产的因素分为三个部分:_____、_____和_____。

2.设备诊断技术包括设备状态的_____、_____、_____等。

3.破碎系统包括_____和_____两大部分。

4.确保加料过程的_____与_____,是实现破碎系统节能高产的重要工业环节。

5."三好四会"是指_____。

二、判断题

1.稳定加料过程有利于破碎系统的节能高产。　　　　　　　　　　　　　　　（　　）

2.石灰石破碎过程是两级破碎。　　　　　　　　　　　　　　　　　　　　　（　　）

3.矿物的冲击功指数越大,矿物越易碎。　　　　　　　　　　　　　　　　　（　　）

4.破碎级数主要取决于要求破碎物料的破碎比和破碎设备的性能。　　　　　　（　　）

5.工程技术人员是实施检修计划的间接责任人。　　　　　　　　　　　　　　（　　）

三、简答题

1.试从工艺角度分析影响破碎系统节能高产的因素。

2.破碎机降低能耗的方法有哪些?

3.如何降低锤式破碎机的能耗? 请写出具体措施。

◇ 能力训练题

1.结合某水泥企业的技改工作,从破碎工艺因素方面,具体说明水泥生产破碎系统节能高产的途径。

2.结合某水泥企业的技改工作,从破碎设备因素方面,具体说明水泥生产破碎系统节能高产的途径。

3.结合某水泥企业的技改工作,从管理因素方面,具体说明水泥生产破碎系统节能高产的途径。

4.查阅资料,撰写实现水泥生产过程节能高产的相关技术报告。

项目实训

实训项目1　评价破碎物料的粒径分布

任务描述:操作颚式破碎机,并进行出口粒度的调节,用套筛对破碎产品进行筛析,并进行相应的分析计算,对粒度累计分布情况进行评价。

实训内容:(1)颚式破碎机的安全操作;(2)用套筛对破碎产品做筛余分析,并对结果进行分析处理。

实训项目2　实训室(颚式、锤式、圆盘等)破碎机的操作

任务描述:拆解各类破碎机,了解其结构、零部件;安全操作设备。

实训内容:(1)认识各破碎机的结构部件;(2)操作破碎机破碎物料。

项目拓展

拓展项目　原料易磨性检测

任务描述:根据水泥原料易磨性国家标准检测一种原料的易磨性并写出报告。

实训内容:(1)学会操作实验室球磨机;(2)学会写检测报告。

项目评价

项目3　原料的破碎操作	评价内容	评价分值
任务1　原料破碎的准备	理解破碎的基本概念,会计算破碎相关参数	20
任务2　破碎工艺及设备选择	能阐述破碎系统工艺流程和所使用的设备,能初步进行设备选型	20
任务3　破碎系统设备操作与维护	能阐述破碎系统主要设备的构造、工作原理,会计算相关参数,掌握操作与维护要点,能编写操作规程	20
任务4　破碎系统的节能高产分析	能根据要求提出破碎系统或某一环节的节能降耗措施	20
实训1　评价破碎物料的粒径分布	能进行物料粒径分布的计算与评价,并能撰写报告	10
实训2　实训室(颚式、锤式、圆盘等)破碎机的操作	熟悉破碎机的结构,掌握破碎机的基本操作要领,能操作破碎机破碎物料	10
项目拓展　原料易磨性检测	师生共同评价	20(附加)

项目4 原(燃)料的预均化作业

项目描述

本项目主要任务是原(燃)料的预均化作业。通过学习与训练,掌握预均化的基本概念、均化效果评价、原(燃)料预均化的条件、预均化库的工艺与设施;能够评价预均化效果,根据生产情况,选择均化库,确定预均化的工艺控制参数,编写操作规程;能阐述设备操作与维护要点,具有水泥原(燃)料预均化作业要求的知识和技能。

学习目标

能力目标:能根据生产规模、原料情况布置预均化工艺,选择堆料机和取料机;具备根据操作规程在现场或中控室操作料机和取料机进行均化物料的能力;能根据生产具体情况编写、修改操作规程、作业指导书;能根据进、出料的化学成分变化评价预均化效果。

知识目标:掌握预均化堆料、取料设备的构造、工作原理、操作过程、作业指导书;掌握预均化工艺原理、过程,以及均化效果的计算方法。

素质目标:吃苦耐劳的精神;团队合作的精神;热爱天然资源的情怀;环保的意识。

项目任务书

项目名称:原(燃)料的预均化作业

组织单位:"水泥生料制备及操作"课程组

承担单位:××班××组

项目组负责人:×××

项目组成员:×××

起止时间:××年××月××日 至 ××年××月××日

项目目的:了解原(燃)料储存及均化设施设备的种类、结构和性能;了解储存期、标准偏差、均化效果等概念;掌握均化库、堆料机和取料机的选择方法;能进行原(燃)料预均化作业,达到预定的标准偏差。

项目任务:根据任务书的有关要求,合理选择原(燃)料预均化设施设备,拟定预均化方案,为制备生料提供成分均匀的原料,满足生料质量对原料的要求。

项目要求:①合理选择原(燃)料预均化方案,尽可能采用新工艺、新设备,满足技术经济要求;②拟定正确操作各种预均化设备的方案,保证安全生产;③项目组负责人先拟定《水泥原(燃)料预均化项目计划书》,经项目组成员讨论通过后实施;④项目完成后撰写《水泥原(燃)料预均化项目报告书》一份,提交"水泥生料制备及操作"课程组,并准备答辩验收。

项目考核点

本项目的验收考核主要考核学员相关专业理论、专业技能的掌握情况和基本素质的养成情况。具体考核要点如下。

1. 专业理论

(1)水泥原(燃)料储存的相关概念及在水泥生产中的意义;

(2)原(燃)料预均化原理及均化相关概念;

(3)影响均化效果的因素;

(4)堆料机的工作原理、结构、类型、技术性能及应用;

(5)取料机的工作原理、结构、类型、技术性能及应用。

2. 专业技能

(1)水泥原(燃)料储存设施的选择;

(2)水泥原(燃)料预均化方案的设计;

(3)水泥原(燃)料预均化堆场的选择和布置设计;

(4)堆料机、取料机的选型;

(5)堆料机、取料机的操作与维护。

3. 基本素质

(1)纪律观念(学习、工作的参与率);

(2)敬业精神(学习、工作是否认真);

(3)文献检索能力(收集相关资料的质量);

(4)组织协调能力(项目组分工合理、成员配合协调、学习工作井然有序);

(5)应用文书写能力(项目计划、报告撰写的质量);

(6)语言表达能力(答辩的质量)。

项目引导

原(燃)料预均化技术于1905年首先应用于美国钢铁工业,1959年应用于水泥行业,1965年法国拉法基水泥集团又将该技术用于石灰石及黏土预配料中。水泥生产除对原料、生料的品位有一定要求外,更重要的是要求原料的化学成分均匀。随着水泥工业的大型化发展,很难找到储存量大、单一的矿源,很难有化学成分很均齐的矿山,而利用预均化技术,使采用低品位和成分有波动的矿石资源成为可能。因此,原料预均化和生料均化有利于扩大资源利用范围和使用年限,有利于稳定入窑生料成分和率值,同时也是采用新型干法预分解窑生产技术的前提。

水泥生产力求生料的化学成分均匀,以保证在煅烧熟料时热工制度的稳定、煅烧出高质量的熟料,这已经是常识了。但进厂的原料(主要是石灰石)及煤的化学成分并非都十分均匀,有时波动还很大,这会给制备合格生料、煅烧优质熟料造成直接的影响,因此必须对它们进行均化处理。对于石灰石(以及其他辅助原料如砂岩、粉煤灰、钢渣等)来讲,破碎后、入磨前所做的均化处理过程,称为预均化,在预均化库内进行。原料磨制成生料后,入窑煅烧前还需要做进一步均化,这个过程称为生料均化,它在生料均化库(也是储库)内进行。下面首先介绍原料的预均化过程,生料均化在粉磨之后介绍。

任务 1　预均化的工艺认知

任务描述　理解新型干法水泥预均化的意义,学会评价预均化的效果。

能力目标　能根据原（燃）料的具体情况和生产规模判断是否需要预均化。

知识目标　掌握预均化的基本概念、预均化的原理、均化效果评价方法。

1.1　预均化的基本概念

1.1.1　预均化的概念

通过采用一定的工艺措施达到降低物料化学成分的波动振幅,使物料的化学成分均匀的过程称为均化。水泥生产过程中各主要环节的均化,是保证熟料质量、产量及降低能耗和各种消耗的基本措施和前提条件,也是稳定出厂水泥质量的重要途径。

应该指出,水泥生产的整个过程就是一个不断均化的过程,每经过一个过程都会使原料或半成品进一步得到均化。就生料制备而言,原料矿山的搭配开采与搭配使用、原料的预均化、配料及粉磨过程中的均化、生料均化这四个环节相互组成一条与生料制备系统并存的生料均化系统——生料均化链。在这条均化链中,最重要的环节也就是均化效果最好的是第二、第四个环节,这两个环节担负着生料均化链全部工作量的 80% 左右,当然第一、第三个环节也不能忽视,表 4.1 列出了生料均化链各个环节的主要功能。

表 4.1　生料均化链各环节的均化效果

项目名称	完成均化工作量的比例（%）
原料矿山的搭配开采与搭配使用	10～20
原料的预均化	30～40
配料及生料粉磨	0～10
生料均化	30～40

原料经过破碎后,有一个储存、再取出的过程。如果在这个过程中采用不同的储取方法,使储入时成分波动大的原料,至取出时成为比较均匀的原料,这个过程就称为预均化。

1.1.2　均化效果的评价

（1）合格率

目前,国内不少水泥厂采用计算合格率的方法来评价物料的均匀性。合格率的含义是指若干个样品在规定质量标准上、下限之内的百分率,称为一定范围内的合格率。这种计算方法虽然可以反应物料成分的均匀性,但它并不能反映全部样品的波动幅度及其成分分布特性,下面的例子可以说明这一点。

假设有两组石灰石样品,其 $CaCO_3$ 含量介于 90%～94% 的合格率均为 60%,每组 10 个样品,其 $CaCO_3$ 含量如下:

第一组（%）:99.5、93.8、94.0、90.2、93.5、86.2、94.0、90.3、98.9、85.4

第二组（%）:94.1、93.9、92.5、93.5、90.2、94.8、90.5、89.5、91.5、89.9

第一组和第二组的样品,其 $CaCO_3$ 平均含量分别为 92.58% 和 92.03%,两者比较接近,而且合格率也都为 60%,但实际上这两组样品的波动幅度相差很大。第一组中有两个样品的波动幅度为平均值的 7% 左右,而第二组样品的成分波动就小得多。计算得第一组和第二组样品的标准偏差分别为 4.68% 和 1.96%。显然用合格率来衡量物料成分均匀性的方法是有较大的缺陷的。

(2)标准偏差

标准偏差是数理统计学中的一个数学概念,又称标准离差或标准差、方差根。它应用于水泥工业时,可扼要地理解为:

①标准偏差是一项表示物料成分(如 $CaCO_3$、SiO_2 含量等)均匀性的指标,其值越小,表示成分越均匀。

②成分波动在标准偏差允许范围内的物料,在总量中大约占 70%,还有近 30% 的物料的成分波动比标准偏差要大。

标准偏差可由下式求得:

$$S = \sqrt{\frac{1}{n-1} \sum_{i=1}^{n} (x_i - \bar{x})^2} \tag{4.1}$$

式中　　S——标准偏差(%);

n——试样总数或测量次数,一般 n 值不应少于 20~30 个;

x_i——物料中某成分的测量值,$i=1$~n;

$\bar{x}$——物料中某成分各次测量的平均值,

$$\bar{x} = \frac{1}{n} \sum_{i=1}^{n} x_i \tag{4.2}$$

(3)变异系数

变异系数为标准偏差(S)与各次测量值算术平均值($\bar{x}$)的比值,通常用符号 C_v 来表示。它表示物料成分的相对波动情况,变异系数越小,表示成分的均匀性越好。所以也把变异系数称为波动范围。

$$C_v = \frac{S}{\bar{x}} \tag{4.3}$$

(4)均化效果

均化效果亦称均化倍数或均化系数,通常它指的是均化前物料的标准偏差与均化后物料的标准偏差之比值,即:

$$H = \frac{S_{进}}{S_{出}} \tag{4.4}$$

式中　　H——均化效果;

$S_{进}$——进均化设施前物料的标准偏差;

$S_{出}$——出均化设施时物料的标准偏差。

H 值越大,表示均化效果越好。

1.2　原(燃)料的预均化

1.2.1　预均化的基本原理

原(燃)料在储存、取用过程中,通过采用特殊的堆料、取料方式及设施,使原(燃)料的化学成分波动范围缩小,为入窑前生料或燃料成分趋于均匀一致而做的必要的准备过程,通常称作原(燃)料的预均化。简言之,原(燃)料的预均化就是原(燃)料在粉磨之前所进行的均化。

如果预均化的对象是石灰质、黏土质等原料,称为原料的预均化;如果预均化的对象是原煤(进厂的煤),则称为燃料的预均化或煤的预均化。

　　原(燃)料预均化的基本原理,可简单地概括为"平铺直取"。即经破碎后的原料或原煤在堆放时,尽可能多地以最多的相互平行、上下重叠的同厚度的料层构成料堆。而在取料时,按垂直于料层的截面对所有料层切取一定厚度的物料,依次切取,直到整个料堆的物料被取尽为止。这样在取料的同时完成了物料的混合均化,堆放的料层越多,其混合均匀性就越好,出料成分就越均匀。

1.2.2　原(燃)料预均化的必要性

　　进厂原(燃)料的均匀性是相对的。原(燃)料的化学成分、灰分及热值常常在一定的范围内波动,有时波动还比较大。如果不采用必要的均化措施,尤其是当原料的成分波动较大时势必影响原料的准确配料,从而不利于制备成分高度均齐的生料;当煤质的灰分和热值波动较大时,必然影响到熟料煅烧时热工制度的稳定。上述两方面的情况存在时,就无法保证熟料的质量及维持生产的正常进行和设备的长期安全运转。另一方面,某些品质略差的原(燃)料将受到限制而无法采用,不利于资源的综合利用。因此,当原(燃)料的成分波动较大时,应考虑采取预均化措施。

　　在水泥生产过程中,对原(燃)料进行预均化具有如下作用:

　　(1)消除进厂原(燃)料成分的长周期波动,为准确配料、配热和生料粉磨、喂料提供良好的条件。

　　(2)显著降低原(燃)料成分波动的振幅,减小其标准偏差,从而有利于提高生料成分的均匀性,稳定熟料煅烧时的热工制度。

　　(3)有利于扩大原(燃)料资源,降低生产消耗,增强工厂对市场的适应能力。采用原(燃)料预均化技术,可以充分利用那些低品位的原料、燃料,有助于充分利用矿山资源和煤资源,延长现有矿山的使用年限。

1.2.3　原(燃)料预均化的条件

　　原料是否需要进行预均化,取决于原料成分波动的情况。一般可用原料的变异系数 C_v 来判断。

　　当 $C_v < 5\%$ 时,原料的均匀性良好,不需要进行预均化。

　　当 $C_v = 5\% \sim 10\%$ 时,原料的成分有一定的波动。如果其他原料包括燃料的质量稳定,生料配料准确及生料均化设施的均化效果好,那么可以不考虑原料的预均化。相反,其他原料包括燃料的质量不稳定,生料均化链中后两个环节的均化效果不好,矿石中的夹石、夹土较多时,则应考虑该原料的预均化。

　　当 $C_v > 10\%$ 时,原料的均匀性很差,成分波动大,必须进行预均化。

　　校正原料一般不考虑单独进行预均化,黏土质原料既可以单独进行预均化,也可以与石灰石预先配合后一起进行预均化。

　　当进厂煤的灰分波动大于 5% 时,应考虑煤的预均化。当工厂使用的煤种较多,不仅煤的灰分和热值各异,而且灰分的化学成分各异,他们对熟料的成分及生产控制将造成一定的影响,严重时对熟料产量、质量会产生较大的影响,因此,应考虑进行煤的预均化。

◈ 知识测试题

一、填空题

　　1.通过采用一定的_____达到降低物料的化学成分,使物料的化学成分_____的过程叫均化。

　　2.均化效果是指均化前物料的_____与均化后物料的_____之比。

　　3.预均化的基本原理可以简单地概括为_____,即堆料时,尽可能地以最_____的_____、_____的同厚度的料层构成料堆;取料时,按_____的截面对所有料层切取一定厚度的物料。

二、选择题

1.对于 1500 t/d 熟料以上规模的水泥厂,原(燃)料预均化优选方案是采用(　　　)。

A.预均化堆场　　　　　　　　B.预均化库

2.当进厂煤的灰分波动大于(　　　)时,应考虑煤的预均化。

A.5%　　　　　　　　　　　B.2%　　　　　　　　　　　C.10%

3.标准偏差的计算式为(　　　)。

A. $\sqrt{\dfrac{1}{n-1}\sum\limits_{i=1}^{n}(x_i-\overline{x})^2}$　　　　　　　　　　B. $\dfrac{1}{n-1}\sum\limits_{i=1}^{n}(x_i-\overline{x})$

三、判断题

1.标准偏差越小,表明物料的预均化效果越好。　　　　　　　　　　　　　　(　　)

2.当变异系数 $C_v=5\%\sim10\%$ 时,原料的均匀性良好,不需要进行预均化。　(　　)

3.预均化堆场是一种机械化、自动化程度较高的预均化设施。　　　　　　　　(　　)

四、简答题

1.试简述水泥生产过程中构成生料均化链的 4 个环节。

2.在水泥生产过程中,对原(燃)料进行预均化有什么意义?

◈ 能力训练题

1.在某水泥厂的石灰石堆场取样 20 个,并检测出样品中 $CaCO_3$ 的含量(质量百分数)如下:

编号	1	2	3	4	5	6	7	8	9	10
含量(%)	99.5	93.8	94.0	90.2	93.5	86.2	94.0	90.3	98.9	85.4
编号	11	12	13	14	15	16	17	18	19	20
含量(%)	94.1	93.9	92.5	93.5	90.2	94.8	90.5	89.5	91.5	89.9

根据表中数据判断是否需要对该堆场的石灰石进行预均化,并写出报告。

任务 2　预均化库的认知

任务描述　理解预均化堆(取)料的过程,学会堆(取)料机的操作运行。

能力目标　能根据预均化库的作业指导书进行预均化的作业。

知识目标　掌握预均化的工作原理,理解预均化库的作业流程。

2.1　预均化工作原理

在原(燃)料的储存和取用过程中,可利用不同的存取方法,使入库时成分波动较大的物料经取用后成分波动变小,在入磨之前得到预均化。"人"字形堆料、端面取料是预均化方式中最常见的一种方法,此外还有波浪形堆料、端面取料和倾斜层堆料、侧面取料等预均化方法。不管采用哪一种方法,堆料时堆放的层数越多,取料时同时切取的层数越多,则预均化效果越好。原料的预均化过程见图 4.1。

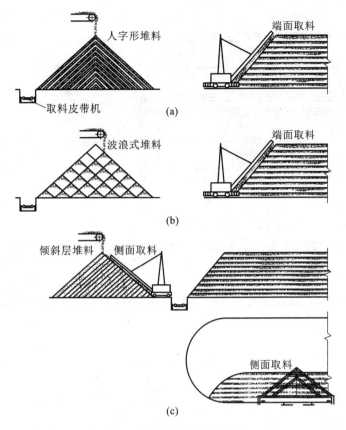

图 4.1　原料的预均化过程

(a)人字形堆料、端面取料；(b)波浪式堆料、端面取料；(c)倾斜层堆料、侧面取料

2.2　原(燃)料预均化工艺选择

2.2.1　预均化库的选择

无论是用量最大的石灰石,还是用量较小的辅助原料(粉砂岩、钢渣、粉煤灰等),其预均化过程都是在有遮盖的矩形或圆形预均化堆场完成的,库内有进料皮带机、堆料机、料堆、取料机、出料皮带机和取样装置,下面简要介绍这两种预均化库。

(1)矩形预均化库

矩形预均化库的布置如图 4.2。矩形预均化库内的堆场一般设有两个料堆,一个料堆堆料时,另一个料堆取料,相互交替进行。采用悬臂式堆料机堆料或在库顶有皮带布料,取料设备一般采用桥式刮板取料机,在取料机桥架的一侧或两侧装有松料装置,它可按物料的休止角调整松料耙齿使之贴近料面,平行往复耙松物料,桥架底部装有一水平或稍倾斜的由链板和横向刮板组成的链耙,被耙松的物料从端面斜坡上滚落下来,被前进中的桥底链耙连续送到桥底皮带机。

库内料堆根据厂区地形和总体布置要求,可以平行排列,也可以直线布置。两料堆平行排列的预均化堆场在总平面布置上比较方便,但取料机要设转换台车,以便平行移动于两个料堆之间。堆料也要选用回转式或双臂式堆料机,以适用于两个平行料堆的堆料。

在两料堆直线布置的预均化堆场中,堆料机和取料机的布置是比较简单的,不需设转换台车,堆料机通过活动的 S 形皮带卸料机在进料皮带上截取物料,沿纵向向任何一个料堆堆料。取料机停在两料堆之间,可向两个方向取料。

(2)圆形预均化库

这种预均化库的布置形式与矩形预均化库是完全不一样的,如图 4.3 所示。原料经皮带输送机

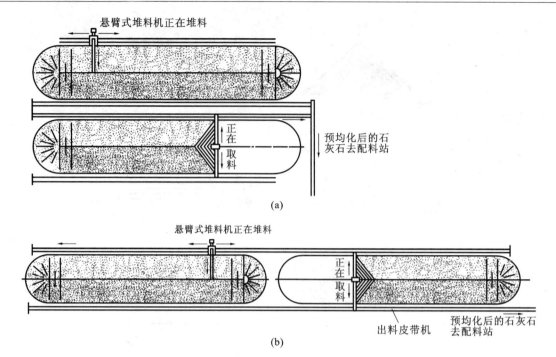

图 4.2　矩形预均化库堆场

(a)平行布置;(b)直线布置;(c)石灰石堆场及辅料堆场立体图

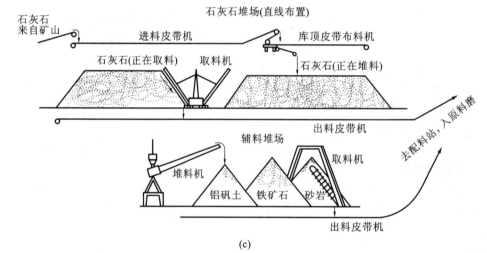

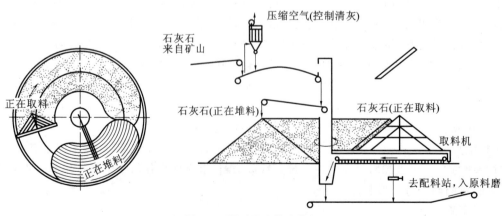

图 4.3　圆形预均化库堆场

送至堆料中心,由可以围绕中心做 360°回转的悬臂式皮带堆料机堆料,俯视观察料堆为一不封闭的圆环形。取料时用刮板取料机将物料耙下,再由底部的刮板送到底部中心卸料口,卸在地沟内的物料由出料皮带机运走。在环形堆场中,一般是环形料堆的 1/3 正在堆料、1/3 堆好储存、1/3 取料。

（3）矩形预均化库和圆形预均化库的比较

矩形预均化库和圆形预均化库的比较见表 4.2。

表 4.2　矩形预均化库和圆形预均化库的比较

比较项目	矩形预均化库	圆形预均化库
占地面积	较大	较矩形预均化库减少 30%～40%
工艺平面布置	进、出料方向有所限制,不利于灵活布置	进、出料方向不受限制,布置灵活
投资费用	设备费用高,土建投资也较大	设备费用较低,投资比矩形预均化库少 30%～40%
均化效果	由于每个料堆的两端和料堆之间的成分差异,影响均化效果,成分波动不连续	取料层数大于堆料层数,因此均化效果好,堆(取)料连续进行,物料成分的波动不会产生突变
设备利用率	只有在料堆被取完或堆好后,换堆作业才能开始,因此,如堆(取)料周期控制不好,会影响设备的利用率	堆(取)料机能分别连续工作,设备利用率高
生产操作	由于堆(取)料分别分堆作业,操作有所不便	堆(取)料机连续围绕中心立柱回转,操作方便,有利于自动化控制
可扩展性	可在长度方向扩展	无法扩展

2.2.2　堆料方式的选择

水泥厂预均化堆场的堆料方式通常有以下六种。

（1）人字形堆料法

如图 4.4 所示,堆料点在矩形料堆的纵向中心线上,堆料机只要沿着纵向在两端之间定速往返卸料即可完成物料的堆料。这种堆料方法的优点是设备简单,均化效果较好,因而应用较广;主要缺点是物料颗粒离析比较显著,料堆两侧及底部集中了大块物料而料堆中上部分多为细粒,且有端锥。

（2）波浪形堆料法

波浪形堆料法如图 4.5 所示。物料在堆场底部整个宽度内堆成许多平行而紧靠的条状料带,每条料带的横截面为等腰三角形,然后第二层条形料带又铺在第一层上,但堆料点落在原来平行的各料带之间,依次堆料。从第二层起,每条料带的横截面都呈菱形。这种料堆把料层变为细小的条状料带,其目的是使物料的离析作用减至最小。这种堆料方法的优点是均化效果好,特别是当物料颗粒相差较大(如 0～200 mm),或者物料的成分在粒度大小不同的颗粒中差别很大的情况下,效果比较显著;缺点是堆料点要在整个堆场宽度范围内移动,堆料机必须能够横向伸缩或回转,设备价格较贵,操作比较复杂,所以此方法一般仅限于少数物料。

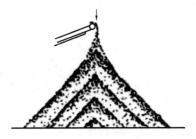

图 4.4　人字形堆料法

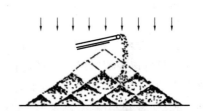

图 4.5　波浪形堆料法

（3）水平层堆料法

水平层堆料法如图 4.6 所示。堆料机先在堆场底部均匀地平铺一层物料，然后依次往上一层层地水平铺料。从料堆横截面来看，由于物料有自然休止角，故每层物料的宽度要适当缩短。这种堆料法的优点是可以完全消除颗粒离析作用，每层物料的成分也比较稳定；缺点是堆料机结构和操作较复杂，一般用于多种原料混合配料的堆场。

（4）横向倾斜层堆料法

横向倾斜层堆料法如图 4.7 所示。该法是将料堆按自然休止角铺成许多平行的倾斜料层。第一层是先在堆场的一侧堆成一个三角形物料条带，然后将堆料机内移，在第一层三角形料带上铺料，依次铺至堆场中央，即可形成许多倾斜而平行的料层，直到堆料点达到料堆的中心为止，要求堆料机在料堆宽度的一半范围内能伸缩或回转。

这种堆料机可以采用耙式堆、取料合一的设备，优点是设备价格特别便宜，但颗粒离析现象比人字形堆料法更严重，大颗粒几乎全落到料堆底部，均化效果不理想，只能应用于对均化效果要求不高的物料。

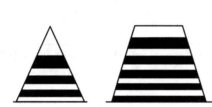

图 4.6　水平层堆料法

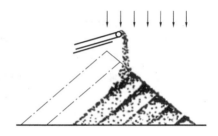

图 4.7　横向倾斜层堆料法

（5）纵向倾斜层堆料法

纵向倾斜层堆料如图 4.8 所示。它是从料堆的一端开始向另一端堆料，堆料机的卸料点都在料堆纵向中心线上，但卸料时并不是边移动边卸料而是定点卸料。开始在一端卸料使料堆达到最终高度形成一个圆锥形料堆，然后卸料点再向前行走一定距离，停下来堆第二层。第二层物料的形状是覆盖第一层圆锥一侧的曲面，行走距离就是料层的厚度。所以这种堆料法也称为圆锥形堆料法。这种堆料法对堆料设备的要求不高，但料层较厚，物料颗粒离析现象较严重，因此它的应用范围与横向倾斜层堆料法一样，仅限于对均化效果要求不高的物料。

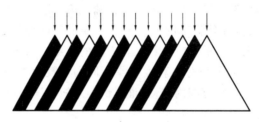

图 4.8　纵向倾斜层堆料

（6）Chevcon 堆料法

Chevcon 堆料法是人字形堆料法和纵向倾斜层堆料法的混合堆料法，适用于圆形堆场，堆料过程和人字形堆料法相似，但堆料机下料点的位置不是固定在料堆中心线上，而是每次循环移动一定的距离。这种堆料法不仅可以克服"端锥效应"，而且由于料堆中、前、后原料的重叠，长期偏差和原料化学成分突然变化产生的影响也可被消除，均化效果较好。

除此之外，还有交替倾斜层、双圆锥形、人字形和圆锥形结合等堆料法。

2.2.3　取料方式的选择

（1）端面取料

取料机从料堆的一端,包括圆形堆料的截面端开始,向另一端或整个环形料堆推进。取料是在料堆整个横断面上进行的,最理想的取料就是同时切取料堆端面各部位的物料。这种取料方法,最适用于人字形堆料法、波浪形堆料法和水平层堆料法。

（2）侧面取料

取料机从料堆的一侧至另一侧沿料堆纵向往返取料。这种取料方式不能同时切取截面上各部位的物料,只能在侧面沿纵向一层层刮取物料,因此最适用于横向倾斜层堆料法。而且取料的一侧应该是卸料机可以在纵向中心线移动的一侧。纵向倾斜层料堆用侧面取料的方法也可以获得一定的均化效果。但总的来说,侧面取料的均化效果不及端面取料的效果好。这种取料的方式一般都采用耙式取料机。

（3）底部取料

在堆料底部设有缝形仓的矩形均化库,可以在底部取料。这种取料方式要求堆料方式是纵向倾斜层或 Chevcon 堆料法,这种堆料只有沿底部纵向取料才能切取所有料层。这种取料方式的均化效果也不如端面取料。底部取料都采用叶轮式取料机。

2.3　预均化设备的选择

2.3.1　堆料机

堆料机同进料机连接,可以沿长方形料堆的纵向或沿圆环形料堆 180°回转。将物料从进料机上转运下来,按一定方式堆料。

堆料机大致可分为天桥(顶部)皮带堆料机、悬臂式皮带堆料机、桥式皮带堆料机和耙式堆料机四类。

（1）天桥(顶部)皮带堆料机

当预均化堆场设有厂房时,采用这种堆料机比较经济。利用堆场的厂房屋架,安装天桥皮带堆料机,再装上 S 形卸料小车或移动式带机往返移动就可以进行堆料作业。这种堆料机只能进行人字形或纵向倾斜层堆料。为了防止物料落差过大,可以接上一条活动伸缩管,或者接上可升降卸料点的活动皮带机。

（2）悬臂式皮带堆料机

悬臂式皮带堆料机是目前预均化堆场中用得比较普遍的堆料机。它最适用于矩形预均化堆场的侧面堆料和圆形堆场内围绕中心堆料,卸料点可通过调整悬臂皮带机调整俯仰角而升降,使物料落差保持最小。悬臂式皮带堆料机可以装成固定式、回转式、直线轨道式等形式。由于圆形堆场是中心进料,卸料点要随时升降,因此较多采用悬臂式皮带堆料机。

悬臂式堆料机主要由悬臂部分、行走机构、液压系统、来料车、轨道部分、电缆坑、动力电缆卷盘、控制电缆卷盘、限位开关装置等部分组成。这种堆料机设在堆场的一侧,利用电机、制动器、减速机、驱动车轮构成的行走机构沿定向轨道移动,由俯仰机构支撑臂架及胶带输送机的绝大部分重量,并根据布料情况随时改变落料的高度,具备钢丝绳过载、断裂、传动机构失灵等故障预防的安全措施。运行时的操作控制方式可以是自动控制、机上人工控制和机房控制,在安装检修和维护时可以在需要局部动作的机旁作现场控制,也可以在机房控制。不管哪一种操作,都可以根据需要通过工况转换开关来实现,如图 4.9 所示。

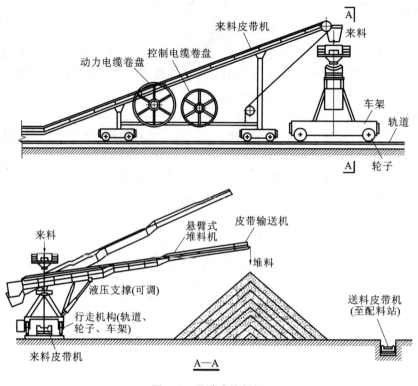

图 4.9　悬臂式堆料机

2.3.2　取料机

取料机按取料的方式可以分为三类,即端面取料机、侧面取料机和底部取料机。端面取料机一般采用桥式结构,但取料设施有多种,如斗轮、刮板、圆盘、链斗、圆筒等,其中以刮板机最为普遍。侧面和底部取料采用耙式和叶轮式取料机。这两种取料机在国内水泥企业中使用不多,国外企业采用较多,用于露天作业和对均化效果要求不高的堆场。

（1）桥式刮板取料机

这种取料机适用于端面取料,能同时切取全端面上的物料,有较好的均化效果,适用于各种形式的堆场。

图 4.10 所示为桥式刮板取料机。堆料机沿轨道往复运行分别堆成料层达数百层的人字形料堆,取料机位于两个料堆之间交替取料。取料机有两种形式:倾斜式和水平式,前者主要适用于地下水位较高的地区,后者主要适用于地下水位较低、气候干燥的地区。

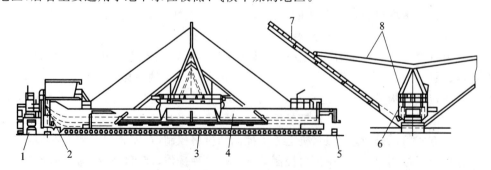

图 4.10　桥式刮板取料机

1—出料带;2—行走机构;3—刮板装置;4—主梁;5—纠偏装置;6—移动小车;7—耙梁;8—手动绞车

工作时,首先液压张紧装置使刮板链张紧达到所需要的张紧力,此时刮板电动机动作,驱动减速器和主动轴,带动刮板转动;桥架上的小车电动机工作,带动小车沿主梁表面的轨道运动,当一端碰到极限开关时,电动机换向,如此往复运动;小车与耙架相连,耙架靠钢丝绳调整角度,使其符合物料自然休止角并紧贴料面;由于小车往复运动,被耙松的物料从端面斜坡上滚落到底部,由主梁下连续转动的刮板带到出料机运走。由于取料机从整个横断面切取物料,因而所取物料的均齐性良好。

桥式刮板取料机的结构特点:

①整体结构合理,基建投资少。主梁采用主体水平、尾部抬起的结构,出料机布置在水平面上,可节约基建投资。

②行走机构的驱动装置采用双动力输入的蜗轮蜗杆减速器,悬挂式安装,蜗轮蜗杆减速器的一端配大电动机,另一端配小电动机、斜齿减速器和牙嵌式离合器。当大电动机(调车电动机)工作时,离合器打开,小电动机(取料电动机)脱开,避免了取料电动机反转速度过高,解决了以两种速度行走和取料的问题。

③采用电动控制纠偏装置,可解决大车行走时左右电动机不同步而造成的扭转,保证左右车轮的同步。

④行走钢架一个与主梁固定,另一个与主梁采用球铰式连接,在受到较大的力时,钢架可适度偏转,不会受到较大的内力。

⑤刮板的驱动装置采用液力耦合器连接,便于电动机启动,减轻了启动过程中的冲击和振动,延长了电动机的使用寿命,使刮板运行平稳、安全。

⑥刮板链采用液压张紧装置,可随刮板的受力做相应调整,运行安全可靠。

⑦采用车轮锁紧装置,并与调车电动机联锁。当车轮锁紧时不能开车;当锁紧装置放开时,驾驶室或中控室收到电信号方可使取料机行走。这样既防止在刮风等情况下取料机的自行滑动,又避免调车电动机被烧坏。

⑧采用微机控制,PLC集散系统,自动化水平高。设有各种保护及记忆、查找功能,既可在驾驶室操作,也可在中央控制室控制。

(2)桥式圆盘取料机

桥式圆盘取料机是由一个可回转的圆盘安装在桥架上所构成的。圆盘外径同料堆宽相近,料堆底部地面构成凹形。圆盘可以同水平面倾斜±50°,因此圆盘能够轻易地同料堆端面保持平行,不论在矩形堆场纵向两个不同方向的料堆还是在圆形堆场料堆,都是如此。圆盘由钢管构成,一般有齿辐24根,上面安装有耙齿,圆周边缘安装有刮板。桥架在取料时沿料堆纵向定时移运,圆盘则以定速回转,回转方向不限,但在由上而下的一侧出料。图4.11所示为桥式圆盘取料机和悬臂式堆料机配合示意图。

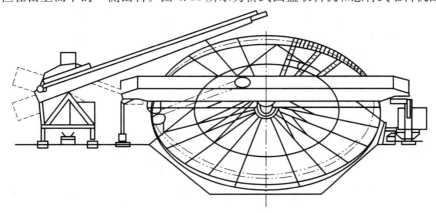

图 4.11　桥式圆盘取料机和悬臂式堆料机配合示意图

桥式圆盘取料机的优点如下:

①一机多用,圆盘兼集料、混合、输送三项作业,节约动力。

②集料时整个端面物料被同时截取,并在圆盘机内混合后输出,因而物料流稳定、成分均匀,比其他任何取料设备优越。

③机械设备构造简单,操作容易,维修方便。

④各种矩形堆场、圆形堆场、室内外堆场都可使用,处理能力大。

⑤取料机倾斜覆盖在料堆端面成为椭圆面,料堆底部地面可以按椭圆曲面构成凹形。

因此当料堆的横截面积相等时,采用圆盘机的料堆所需要的厂房宽度可以减小。一般比采用其他取料机小 20% 左右。

由于圆盘取料机有上述这些优点,因而发展很快,现在不少厂商在圆形堆场中,特别是采用连续堆料法的圆形堆场中采用圆盘取料机,使原本就很紧凑的圆形堆场更显得设备紧凑、功能强大。

圆盘取料机虽然有很多优点,但毕竟是新发展起来的设备,还存在不少问题,如磨损、传动、圆盘结构的加强等要在使用中不断改进。

(3)桥式斗轮取料机

桥式斗轮取料机在矩形堆场内,一般按照平铺直取的方法使成分参差不齐的原料得到均化。该设备结构简单、投资少,但取料机取得的物料均齐性不太高,即由轮斗沿料堆端面横向依次截取的物料的均化效果不太理想(或均化值 H 不太高),且卸料车式堆料机需架在房梁上,厂房结构复杂,扬尘大,物料的离析作用显著,也不适用于石灰石和黏土混合料的取料,主要用于原煤的预均化。

(4)耙式取料机

耙式取料机又称链式耙,在我国的水泥企业中用得还不多,但在国外的水泥企业中应用较普遍。这种设备既可用于取料也可用于堆料,而且动力消耗较低,磨损也相对较小,设备价格和堆场建设费用较少,尽管均化效果不太理想,但仍被广泛采用。

耙式取料机大致上可分为悬臂式和门架式两种。

①悬臂式耙式取料机

该类型的取料机结构简单,取料能力较弱,由刮板、链板和链轮所构成的耙链装在一台能沿轨道行走的台车上,耙链底端铰接在台车上,顶端或中部用钢绳拴接在台车的桅杆上。由卷扬机调节耙链的斜度,使耙链紧贴料堆侧面,耙链转动,将物料耙落到料堆下部的出料带上。当台车沿料堆纵向走到端部后,卷扬机要松动一下,将耙链放下一定距离,以便台车返回时继续耙料。如此反复,基本上可以将堆场上的物料取尽。

②门架式耙式取料机

门架式耙式取料机也是侧面取料设备,其构造同悬臂式耙式取料机类似,不同的地方仅是由门架或半门架代替了台车上的桅杆,由能够沿料堆纵向移动的门架吊接耙链,其余构造类似悬臂式耙式取料机。门架式耙式取料机又可分为半门式和全门式两种。半门式的门架,其一边支撑在高于料堆顶部的构件梁上,而全门式则是由门架横跨料堆,支点全在地面轨道上。半门式一般只有一个链式耙,长度不超过 30 m,而全门式一般都有一个主耙、一个副耙。当主耙完成大部分工作量时,副耙开始运转,将物料推向主耙。大型堆场由于主、副耙的配合相宜,链式耙取料可节约电力约 25%,并可实现全自动操作。

全门式耙式取料机有一定的均化作用,其堆料方式最好是采用横向倾斜式堆料或纵向倾斜式堆料,虽然均化效果不是很理想,但能满足一般要求。只要管理严格,均化值 H 可以达到 3~4。此外,其建设费用和维护费用都较低。

❖ 知识测试题

一、填空

1.预均化堆场的布置方式有_____和_____两种。

2.在环形堆场中,一般是环形料堆的_____正在堆料、_____堆好储存、_____取料。

3.露天堆场大多布置在厂区主导风向的_____("上"或"下")风向。

二、选择题

1.圆形预均化堆场的整个料堆一般可供工厂使用(　　)d。

A.4～7　　　　　　　　B.2～3　　　　　　　　C.6～8

2.(　　)可普遍应用于老厂改造中,只要有两座以上的库群通过改变卸料操作方法即可实现。

A.断面切取式预均化　　　B.多库搭配预均化　　　　C.倒库预均化

三、判断题

1.采用人字形堆料法,物料颗粒离析比较显著,料堆两侧及底部集中了大块物料而料堆中上部多为细粒,且有端锥。　　　　　　　　　　　　　　　　　　　　　　　　　　(　　)

2.当物料颗粒粒度相差较大的时候,采用波浪形堆料法的均化效果好。　　　　　(　　)

四、简答题

1.预均化堆场的堆料方式和取料方式有哪几种?

2.圆形预均化堆场与矩形预均化堆场相比有何特点?

3.堆料机有哪些类型?

4.取料机有哪些类型?

◇ 能力训练题

1.根据图4.12的原料工艺流程,补全相关内容。

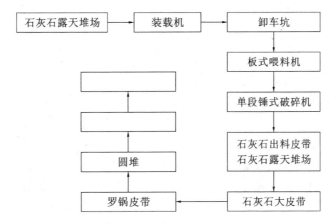

图4.12　原料工艺流程图

2.为5000 t/d新型干法水泥生产线石灰石预均化选择预均化库、堆料机、取料机。

3.填写完整图4.13中空缺的内容,阐述两个料堆呈一字形布置的矩形预均化堆场的预均化工艺流程。

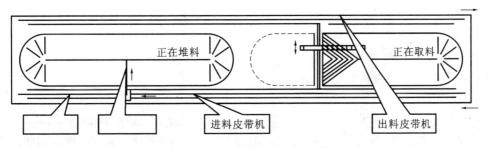

图4.13　预均化堆场的工艺流程

任务 3　预均化作业

任务描述　编写堆料机和取料机的操作与维护方案、作业指导书。

能力目标　能编写典型预均化堆场的堆料机和取料机的操作与维护方案、作业指导书。

知识目标　掌握堆料机和取料机的操作与维护要求以及作业指导书的主要内容与要求。

3.1　堆料机的操作与维护

3.1.1　试车操作

（1）试车前准备

试车前准备的内容与要求见表 4.3。

表 4.3　试车前准备的内容与要求

内　容	要　　求
安全措施、制动器、行程开关、保险丝、总开关等	处于正常状态,动作灵活,准确安全,稳定可靠,间隙合适
电缆卷盘及电缆	电缆卷绕正确,电缆不得有损坏、烧焦现象
金属结构的外观	不得有断裂、损坏、变形、油漆脱落现象,焊缝质量符合要求
传动机构及零部件	装配正确,不得有损坏、漏装现象;螺栓连接应紧固;铰接点转动灵活;链条张紧程度合适
润滑点及润滑系统	保证各润滑点供油正常,按要求加够润滑油或润滑脂
电气系统和各种保护装置、开关及仪表照明	不得有漏接线头,联锁应可靠,电动机转向要正确,开关、仪表和灯光要方便使用
配重量调整	要有安全措施,分次增加

（2）空负荷试车

①先开动液压系统,使活塞杆能正常升降,在悬臂与三角形门架铰点处设有角度检测限位开关,正常运行时,悬臂在 $-13°\sim16°$ 之间运行;当换堆时,悬臂上升到最大角度 $16°$。液压系统工作时不允许有振动、噪声、泄漏现象,发现故障应立即停机,查明原因并及时排除。

②将堆料臂架置于水平位置,启动堆料悬臂胶带机。观察所有托辊的运转情况,注意观察胶带是否跑偏,若出现托辊运转不灵活或胶带跑偏现象要查明原因并及时排除。待故障排除后,悬臂胶带机空负荷运行不得少于 2 h,注意电动滚筒的温升不超过 40 ℃,其轴承温度应不大于 65 ℃。

③开动堆料机的行走驱动装置,运行时间不少于 2 h,注意减速器的温升不应超过 40 ℃,其轴承温度应不大于 65 ℃。车轮与钢轨不得出现卡轨现象。堆料机运行期间应确定各行走限位开关的位置,调整好后将其固定。

④待各部运行正常后,堆料机整机进行联动空负荷试车,运行时间不少于 48 h。

⑤堆料机与取料机联动试车运行时间不少于 48 h。

（3）负荷试车

待空车试运行正常后,可进行负荷试车,负荷试车分为部分负荷（约为满负荷的 25%～50%）试车与满负荷试车两种工况,应先进行不少于 6 h 的部分负荷试车,部分负荷试车没有问题后才可进行满负荷试车。悬臂胶带机必须达到正常运转速度后,方可向其加料,不能在悬臂胶带机静止时加料。

在负荷运转时,除按空车试运行时的注意事项外,还要观察和调整悬臂胶带机的料流检测装置、清扫装置以及胶带和滚筒是否打滑。如果出现打滑现象,应调整胶带机的拉紧装置,调整拉紧装置时,将悬臂架处于水平状态,观察悬臂胶带机两托辊间及堆料机行走的距离是否按规定的工艺程序进行。如果满负荷运转一切正常,即可投入生产。

(4)试车的连续性

①试车中检查的各项目有不符合要求的必须停机处理,重新运转后必须重新检查至各项要求全部达到合格为止。

②试车中,如因故障停车的,待事故处理完毕后重新开车时,试车时间必须重新计算,不得前后累积计算。

3.1.2　堆料机的控制方式

(1)自动控制操作

自动控制方式下的堆料作业由中控室和机上控制室交互实施,当需要中控室对堆料机自动控制时,按下操作台上的操作按钮,堆料机上所有的用电设备将按照预设的程序启动,实现整机系统的启动和停车,操作进入正常自动作业状态。

(2)机上人工控制操作

这种控制方式主要用于调试过程中所需要的工况或自动控制出现故障时,允许按非预设的堆料方式要求堆料机继续工作。

(3)机上控制室内操作

操作人员在机上控制室内控制操作盘上的相应按钮进行人工堆料作业。当工况开关置于机上人工控制位置时,自动、机旁工况均不能切入,机上人工控制可对悬臂上卸料胶带机、液压系统、行走机构进行单独的启动操作,各系统之间失去相互连锁,但系统的各项保护仍起作用。

(4)机旁现场控制

在安装检修和维护工况时,如需要有局部动作,可以依靠机房设备的操作按钮来实现。在此控制方式下,堆料机各传动机构解除互锁,只能单独启动或停机。

3.1.3　生产运行操作与维护

(1)大车行走机构的检查与维护

①目测或用工具检测运行轨道是否有下沉、变形、压板螺栓松动等现象。

②目测减速机及液压给油箱的油位是否低于规定标准。

③用扳手检查电机、减速机连接是否牢靠,螺栓有无松动。

④用手触摸电机、减速机有无振动,各轴承温度是否过热,耳听有无异音,观察减速机有无漏油。

⑤检查制动器是否可靠,及时清除制动器的污物。

⑥观察开式齿轮齿面的磨损和接触情况。

(2)俯仰机构的检查与维护

①传动装置是否平稳,电机、减速机有无振动和异常声响。

②安全装置、传动系统的连接是否可靠。

③回转支撑机构工作时接触是否良好,各处连接是否有松动。

④各润滑部位是否良好,油量是否满足要求。

⑤堆料机悬臂与料堆的顶部不应过近,严禁料堆尖与悬臂接触,以防刮伤皮带。堆料机与取料机换堆高度要有一定的安全距离。

3.1.4　常见故障及其处理方法

堆料机在堆料过程中可能会出现电动滚筒及各轴承发热、刮板磨损、漏油、制动不灵及机件振动等故障,要注意观察,发现问题要及时处理。表 4.4 是堆料机的常见故障及其处理方法。

表 4.4　堆料机的常见故障及其处理方法

常见故障现象	发生原因	处理方法
电动滚筒发热	油量过少或太多	加油或放油
刮板磨损	材质不好或寿命到期	补焊或更换
漏油	密封不良或损坏	更换密封
轴承发热	①轴承密封不良或密封件与轴接触; ②轴承缺油; ③轴承损坏	①清洗、调整轴承及密封件; ②按照润滑要求加油; ③更换轴承
机件振动	①安装、找正时没有达到要求; ②地脚螺栓和连接螺栓松动; ③轴承损坏; ④基础不牢或下沉不均	①检查安装质量,重新安装找正; ②检查各部连接螺栓的紧固情况,确保紧固程度适宜; ③更换损坏的轴承; ④夯实基础
制动不灵	制动器闸瓦与制动轮间隙过大或闸瓦磨损严重	调整闸瓦与制动轮间隙或更换闸瓦

3.2　取料机的操作与维护

3.2.1　取料机的控制方式

取料机采用机上人工控制、自动控制和机旁现场控制三种方式。每种操作方式是通过工况转换开关实现的。

（1）机上人工控制

机上人工控制适用于调试过程所需要的工况和自动控制出现故障,要求取料机继续工作,允许按非预设的取料方式进行取料作业的工况。操作人员在机上控制室内控制操作盘上的相应按钮进行人工堆料作业。当工况开关置于机上人工控制位置时,自动工况、机旁（维修）工况均不能切入,机上人工控制可对行走端梁、刮板输送系统、料耙系统进行单独的启停操作,各系统之间失去相互联锁,但各系统的各项保护仍起作用。

（2）自动控制

自动控制方式下的取料作业,中控室和机上控制室均可实施。当需要中控室对取料机进行自动控制时,操作人员只需要把操作台上的自动操作按钮按下,然后按下启动按钮,取料机上所有的用电设备将按照预定的程序启动,整机操作投入正常自动运行作业状态。在中控室的操作台上,通过按动相应按钮可以对取料机实现整机系统的启动或停车。在自动控制状态下,开机前首先响铃。

正常启动顺序为:①启动取料胶带机（联锁信号）;②启动电缆卷盘;③启动刮板输送系统;④启动耙车;⑤启动行走端梁。

正常停车顺序为:①停止行走端梁;②停止电缆卷盘;③停止耙车;④停止刮板输送系统;⑤停止取料胶带机。

（3）机旁现场控制

机旁现场控制适用于安装检修和维护工况时需要局部动作,依靠机旁设置的操作按钮实现。在此控制方式下,取料机各传动机构解除互锁,只能单独启动或停止。当工况开关置于机旁（维修）位置时自动工况及机上人工工况不能切入,机上人工工况的功能机旁工况也具备。但操作按钮只装在有利于维修操作的位置上。机旁工况不装行走操作按钮。

3.2.2　试车运行操作与维护

(1)开车前注意事项:开机之前,必须对全机进行检查。经检查,各部情况均属良好方可按启动顺序开动取料机,进入作业状态。

(2)事故停车:凡在本系统内任何地方出现事故必须停机时,按动紧急开关,使取料机马上停止工作。

(3)端梁行走不同步的调整方法:

①在调车工况,如果某一端行走超前,摆动端梁的防偏装置上的撞块将碰撞一限位开关,将超前侧停止,待滞后侧赶上时,两端再同步前进。

②自动工况发生行走不同步时,调节变频器频率达到同步运行。

(4)换堆:为了实现物料的均化处理,堆料机需和取料机配套使用。即当一堆已堆满,堆料机需离开该区域,以便取料机进入该区域取料,这就是换堆。在换堆过程中,取料机和堆料机有一个联锁保护问题,即在正常工作或调车工况时,取料机和堆料机均不得进入换堆区,由限位开关来限制。当控制室发出换堆指令时,现场认为满足换堆条件后,将工况开关置于手动工况,此时取料机和堆料机才可进入换堆区。堆、取料机必须同时进入换堆区。如果取料机没进入换堆区,则堆料机就不能走出换堆区,反之亦然。只有等堆、取料机进入换堆区后,两机才能分别走出换堆区,进入各自的工作区。

(5)试车

①取料机全部安装完之后,要认真检查各个部位,确认各处均安装良好才准许进行试运转。试运转前要认真检查各减速机、液力耦合器、液压制动器、润滑油箱和轴承的润滑点是否已按设计要求加好润滑油或润滑脂。

②通电检测电动机的旋转方向是否一致或符合图纸上的旋转方向。没有问题后,重新紧固锁紧盘上的螺栓并达到相应的拧紧力矩。

③按机旁(维修)工况试车。操作台工况开关置于机旁(维修)工况位置(此时自动工况及机上手动工况已切断),操作按钮设在各驱动装置附近(大车行走无此工况)。可单独操作各个驱动装置,如有不正常现象,应及时查找原因、排除故障,再进行试车。

④各个驱动装置单独试车正常后,再进行手动工况试车,机上手动工况在本机操作台上进行。操作台上的工况开关置于机上手动位置(此时自动工况及机旁维修工况已切断)。机上手动工况也是单独操作各个驱动装置动作(机上手动工况有大车行走)。运转时,间隔 2 h,检查各运转部件有无异常振动、温升、噪声,检查行走轮、挡轮和轨道接触情况,检查两端梁的跑偏情况,检查刮板系统及料耙系统的运转情况。

⑤空负荷试运转大车行走,速度按由慢到快的方式逐步调整到最高速度运行。

⑥手动工况试车完毕后,进行自动工况试车,工况开关置于自动位置[此时机旁(维修)工况及手动工况已切断]。自动工况试车分为机上自动试车和中控室自动试车。应先进行机上自动试车。中控室自动工况试车在中控室进行,与出料机联网,试车时间及大车运行速度等均按手动情况进行。自动控制程序是按电气系统安装和调试时已按事先规定编好的程序进行,参考电气系统说明书有关章节进行。

⑦在空车试运转无问题后方可进行负荷试车。运转时间不少于 20 h。负荷试车按自动工况、逐步加载程序进行,即控制大车运行速度,由最低速度开始;每运行 4 h 提高一级速度,直到达到正常产量。负荷试运转期间,除按空负荷运转要求的有关内容检查外,还应检查电动机的电源波是否正常,各连接螺栓是否松动,各密封是否良好、有无渗漏。轴承温升不得超过 40 ℃,最高温度不得超过 65 ℃。在负荷运转期间,一旦发现不正常情况,应立即停止运转并进行处理。负荷运转一切正常后,方可投入试生产。

(6)维护保养与检修

①每运转 2000 h,应全面检查各部件之间的连接是否松动,及时处理松动部位。

②进行端梁的维护、保养、检修：

(a)应特别注意保证电磁离合器中摩擦片之间的间隙,保证其良好的结合与脱开状态,使其能正常工作。

(b)对于制动器,应经常检查制动衬垫,当制动衬垫磨损严重时,应及时更换,以保证制动效果。

(c)经常检查减速器有无异常噪声,检查润滑情况。各润滑点应按时注油。减速器箱体内的油量要适当,检查润滑油是否外泄,如有外泄要查明原因。还要检查减速器的发热情况。

(d)经常检查车轮及挡轮与轨道的接触情况,如有异常应及时调整。

③进行料耙系统的维护、保养：

(a)检查链条张紧情况、链条与链轮啮合情况;小车车轮范围与轨道接触情况;小车运行是否平稳;减速器噪声、温升是否在正常范围内。当链条的伸长率大于 2% 时,必须更换,同时建议更换链轮。

(b)磨损的耙齿应及时更换。更换时把磨损的耙齿割掉,将新的耙齿焊接到原位置上,焊角的高度不小于 6 mm。

④进行刮板系统的维修、保养：

(a)检查各运动部件有无碰撞、松动现象,检查刮板上衬板紧固螺栓有无松动现象,检查链条松紧程度、链轮啮合情况;检查驱动装置有无异常振动、温升、噪声。

(b)刮板链条是高精度套筒滚子运输链,伸长率、磨损率过大时必须更换。

(c)在运行过程中链条会沾污,应根据沾污程度定期清洗链条。

(d)刮板链轮工作一定年限后,磨损严重时,应在更换链条的同时更换链轮。

(e)更换链节：当某一个链节损坏时,应及时更换。

(f)更换刮板衬板：当衬板的磨损程度危及刮板结构时,要更换衬板。如果只是两侧有严重磨损,可在其表面焊上一层硬质材料,以延长衬板寿命。

(g)更新链条导槽的衬板：检修时检查链条导槽上的衬板的厚度,并及时更换衬板。

3.2.3　生产运行操作与维护

正常生产时采用"中控室集中控制"(状态),需要单机调试设备时采用"机旁控制"(状态),现场有"开"、"停"按钮。

① 松料装置的检查与维护

(a)目测或用一定规格的扳手检查松料机构、俯仰机构的各部分连接是否正常。

(b)观察往复移动的滑轨与滑块的接触、润滑是否良好。

(c)观察机架有无开裂、变形或破损。

(d)检查耙架连接是否正常。

②刮板取料机构的检查与维护

(a)目测各部连接是否牢靠;中间导轮栓、前后链轮与链条的接触是否良好,有无磨损及磨损是否严重。

(b)耳听驱动结构各部位有无异常振动和声响。

(c)手摸电机、减速机壳体感受温度的变化情况,不得超过 40 ℃。

③大车驱动机构的检查与维护

(a)目测各部件的连接情况及中间导轮栓是否有松动现象。

(b)耳听驱动电机、减速器和减速装置有无异常振动和声响。

(c)手摸电机、减速机壳体感受温度的变化情况。

(d)观察刮板减速机、大车行走减速机,耙车行走减速机是否漏油、振动、异响、发热。

(e)各润滑点润滑是否良好,油位是否符合要求。

④其他部位的检查与维护

(a)取料量是否适宜,如过大或过小可相应调整慢速行走速度。

(b)观察现场操作盘按钮、机旁按钮、运行指示灯是否正常;各部限位开关是否有效。

(c)动力电缆、控制电缆、耙车行走电缆卷线盘传动有无异响、转动是否正常;耙车行走电缆在滑动导轨上行走是否灵活。

3.2.4　常见故障及其处理方法

取料机在取料过程中有些部件会出现磨损、松料或仰俯机构松弛、轴承发热、皮带跑偏跑料、机架开裂、变形和机件振动等故障,要及早发现并会同专业维修人员及时处理。取料机的常见故障及其处理方法见表4.5。

表 4.5　取料机的常见故障及其处理方法

常见故障现象	发生原因	处理方法
机架开裂、变形	长时间使用或受力不均	调整受力、焊接开裂部分、矫正变形
松料、仰俯机构松弛	使用中拉力不均衡,产生振动	调整受力、消除振动
刮板磨损	寿命到期或材质不好	补焊或更换
滑轨与滑块磨损大	润滑不良或损坏	适时更换
导轮松动	磨损和振动所致	停机时紧固和更换
轴承发热	①轴承密闭不良; ②轴承缺油; ③轴承损坏	①清洗、调整轴承和密封件; ②按润滑制度加油; ③更换轴承
耙车行走轮、挡轮轴承磨损	受力不均和未行走在直线上	应定期调整
取料机下料漏斗处皮带跑偏跑料	下料点不正	调整下料挡板
刮板固定螺丝、导向轮架固定螺丝和其他连接螺丝松动或脱落	设备长期运转所致	紧固或更换
机件振动	①地脚螺栓和连接螺栓松动; ②轴承损坏; ③基础不实或下沉量不均	①检查各部分连接螺栓的紧固情况,保证紧固程度适当; ②更换损坏的轴承; ③会同工厂技术部门设法解决基础问题

3.3　影响原料预均化效果的因素及解决措施

(1)原料成分波动

如果原料矿山开采时夹带有其他废石,或者矿山原料本身成分波动剧烈,开采后进入预均化堆场的原料成分波动就会呈非正态分布。原料低品位部分会远离正态分布曲线,甚至呈现一定的周期性的剧烈波动,使原料在沿纵向布料时产生长周期性的波动,即长滞后的影响。这种影响在出料时会有所反映,增加出料的标准偏差。

当料堆的铺料层数一定时,进料波动频率同出料的标准偏差近似成反比。进料的波动频率越高,出料标准偏差越小。如果进料时波动频率随机变动,即变化周期很短,出料标准偏差也会显著降低。可以解释为:当波动频率很大时,各层原料都有可能铺上极高或极低成分的原料,料堆纵向成分波动即长滞后的现象就会减弱。

因此,原料矿山开采时要注意搭配。特别在利用夹石和低品位矿石时不仅要合理搭配开采时的台段、采区,而且要合理地规定各采区的采掘量和运输方式。

在使用多种产地不同、品质各异的煤炭时,也要注意使其经过搭配后进入预均化堆场,以保证取得较好的均化效果。

（2）物料离析作用

物料颗粒总是有差别的,堆料时物料从料堆顶部沿着自然休止角滚落（人字形、波浪形、横向倾斜层和纵向倾斜层堆料法都可能出现这种现象）,较大的颗粒总是滚落到料堆底部的两边,而细料则留在上半部。大、小物料颗粒的成分往往不同,特别是石灰石,大颗粒一般碳酸钙含量高,引起料堆横断面上成分的波动。这就是短滞后现象,或称为横向成分波动。可以从三个方面减少物料离析作用的影响。

①减小物料颗粒级差

通过破碎机的物料,由于管理上的原因常常会出现同一台设备其破碎率有很大差异的情况。例如:锤式破碎机的锤头、算条磨损过大却没有及时更换;检修时修理质量没有严格要求等。为了减少物料离析作用的影响,提高粉磨效率,应该尽量减少物料的颗粒级差,不允许超过规定的颗粒进入堆场。

②加强堆料管理工作

受物料离析作用影响最小的是水平层堆料法,其次是波浪形堆料法,这两种方式都需要比较复杂的设备。当堆料机型式已经确定后,堆料方式是很难改变的。水泥厂采用较多的堆料方式还是人字形堆料。为防止物料离析,在堆料时减小落差是一个重要的措施。随着料堆的升高,堆料带卸料端要相应提高,因此堆料机端部常常安设触点式探针来探测自身同料堆的距离,使卸料端自动同料堆保持一定的距离。一般可以使落差保持在 500 mm 左右。

③加强取料管理工作

取料时应努力设法在料堆端面切取端面所有料层。显然这同取料机的工作方式和能力有关,如耙式取料机就无法做到,但对某些设备来说,管理工作将起很大作用。目前用得最普遍的取料机是桥式刮板取料机,它的钢绳松料装置就是用来松动物料的。因此,生产中要注意检查松料钢绳是否按设计要求掠过全部断面,使松动物料均匀滚落,包括钢绳的松紧程度、配重适合与否,耙齿工作情况,钢绳扫掠断面所滚落的物料是否与刮板运输能力相适应,各部件磨损情况是否已影响工作等。此外,在旱季和雨季,物料水分含量会有较大差别,物料被松动的难易程度和休止角都将发生变化,要及时调整松料装置的角度、耙齿的扫掠速度,甚至增减耙齿的数量或深度等,以保证正常作业。

（3）料堆端部锥体的影响

原料的料堆有端部,特别是矩形料堆,每个料堆都有两个成半圆锥形的端部（有的资料称之为端锥）。在采用人字形堆料、端面取料的情况下,开始从料堆端部取料时,端锥部位的料层方向正好同取料机切面方向平行,而不是垂直,因此取料机就不可能同时切取所有料层以达到预期的均化效果。此外端锥部分的物料离析现象更为突出,降低了均化效果。

为了减少端锥的影响,必须研究端锥部分在布料时的特点。以直线布置的矩形堆场为例,两个矩形人字形料堆,取料机在中间。当取料机向任意一个料堆取料,取到接近终点时,料堆的高度已经大大下降,到不足 1/2 高度时,一般取料机就停止取料了。因此每个料堆都有一小堆"死料"。这堆"死料"虽然量不多,但是在重新布料时,要予以考虑。堆料机在矩形堆场上往复布料时,有两个终点,到了终点就要回程。为了使布料合理,一方面堆料机的卸料端要随着料堆的升高而升高;另一方面在到达终点时,要及时回程,否则端锥部分的料层增厚,会加大端锥的不良影响。

（4）堆料机布料不均

理论上要求堆场每层物料纵向单位长度内的质量应相等,实际上不易做到。这是因为,一方面,布料时因为布料机是沿料堆纵向输送物料的,所以当布料方向和布料机上物料的运动方向一致时,物料相对速度快;当布料方向和布料机上物料的运动方向相反时,速度就会相对慢,但从实践得知,这种影响不大。另一方面,进预均化堆场时进料量往往不均匀,因为在工艺设计方面,有些预均化堆场是从破碎机出口直接进料的,也有少量是从中间小库底部出口进料的。为提高均化效果,应该采取一定的措施,如规定破碎机的喂料制度、增添破碎机和喂料机控制系统、定期检测预均化堆场的进料量、制定原料小库的出库制度等,以保证布料均匀。

(5)堆料总层数

原料料堆横断面上物料成分的标准偏差同料堆的布料层数的平方根成反比。因此布料层数越多,标准偏差就越小。但由于大颗粒物料以及物料自然休止角等的影响,越到高层,布料面积越小,料层越薄,均化效果相对较差。并不是布料层数越多,均化效果越好,一般来说,堆料层数在400~600层之间较合适。

❖ 知识测试题

一、填空题

1. 堆料机的试车包括试车前准备、_____试车、_____试车。

2. 取料机的控制方式包括_____、_____、_____三种方式。

3. 取料机自动控制操作的启动顺序为_____、_____、_____、_____、_____。

4. 影响预均化效果的主要因素有_____、_____、_____、_____、_____。

5. 并不是布料层数越多,均化效果越好,一般来说,堆料层数在_____层之间较合适。

二、选择题

1. 设备运转期间,禁止( )。

A. 修理和清扫 B. 修理 C. 清扫

2. 按照操作规程规定,堆料时堆料间隔不超过( )。

A. 8 m B. 5 m C. 3 m D. 无限制

3. 因操作失误或设备故障等原因而造成的影响生产、威胁员工人身安全的重大事件,为( )。

A. 一般事故 B. 设备故障 C. 重大事故 D. 生产事故

4. 减速机的油位要求在液位标尺( )以上。

A. 1/3 以下 B. 1/3 以上 C. 1/2 到 2/3 D. 任何部位

5. 堆(取)料机正常工作条件应在环境温度( )。

A. −20~40 ℃ B. −40~20 ℃ C. 0~40 ℃ D. 任意温度

三、判断题

1. 取料机与其他设备会车时,应先操作后监护。 ( )

2. 大机作业前需要检查并确保电源电压不超过±10%的额定电压。 ( )

3. "一班三检"是指在班前、班中、班后进行安全检查。 ( )

4. 电动卸料小车在行走时,应站在警戒线以外。 ( )

5. 利用堆(取)料机进行工作时,要与前面的岗位联系好。 ( )

6. 取料机不可与堆料机在一个料堆内工作。 ( )

四、简答题

1. 简述悬臂式堆料机的操作控制及维护。

2. 悬臂式堆料机在运行中可能出现哪些故障?如何进行处理?

3.怎样操作、控制和维护桥式刮板取料机？

4.桥式刮板取料机在运行中可能出现哪些故障？如何进行处理？

5.如何避免堆、取料机的撞车？

◇ 能力训练题

1.编写悬臂式堆料机的操作与维护方案。

2.编写刮板取料机的操作与维护方案。

3.参考相关资料，编写石灰石预均化岗位的作业指导书。

项目实训

实训项目1　预均化效果的评价

任务描述:根据某水泥厂的石灰石预均化堆场的化学成分数据,对其预均化效果进行评价,写出评价报告。

实训内容:(1)评价参数的计算;(2)评价报告的编写。

实训项目2　堆(取)料机的仿真操作

任务描述:在企业人员的指导下操作堆(取)料机实施预均化作业。

实训内容:(1)学习岗位职责及操作规程;(2)学会操作堆(取)料机。

项目拓展

拓展项目　制作预均化库工艺模型

任务描述:制作矩形、圆形预均化库模型并进行比赛。

实训内容:(1)学习预均化库的工艺流程;(2)制作预均化库工艺模型。

项目评价

项目4　原(燃)料预均化的作业	评价内容	评价分值
任务1　预均化的工艺认知	能正确描述预均化工艺流程,能评价均化效果	20
任务2　预均化库的认知	能合理选择和布置预均化库	30
任务3　预均化作业	能阐述预均化的作业过程,能编写操作规程,会操作堆(取)料机	20
实训1:预均化效果的评价	能正确的评价预均化效果	15
实训2:堆(取)料机的仿真操作	能仿真操作开、停、运转堆(取)料机	15
项目拓展	师生共同评价	20(附加)

项目 5　生料配料方案设计与计算

项目描述

　　本项目主要任务是针对新型干法水泥生产的生料配料方案进行设计,并计算原料的配比。通过学习与训练,掌握配料方案设计的依据、原则与方法、生料配料计算的方法;能对生产过程的配料方案提出建议,设计合适的配料方案,并计算出原料配合比;初步具有生料制备工艺员的知识与技能。

学习目标

　　能力目标:能根据新型干法水泥生产特点,设计水泥原料的配料方案并进行配料计算。

　　知识目标:掌握硅酸盐水泥熟料化学成分与矿物组成、预分解窑烧制熟料的率值范围、配料设计依据与方法、配料计算方法。

　　素质目标:效益至上的企业意识——配料方案设计时,选择原(燃)料尽量做到就地取材、优劣搭配、大量使用工业废渣,注重成本、环保与资源节约。

项目任务书

　　项目名称:生料配料方案设计与计算

　　组织单位:"水泥生料制备及操作"课程组

　　承担单位:××班××组

　　项目组负责人:×××

　　项目组成员:×××

　　起止时间:××年××月××日　至　××年××月××日

　　项目目的:掌握硅酸盐水泥熟料的化学组成、矿物组成以及它们之间的关系;掌握硅酸盐水泥熟料各种矿物的水化特性;掌握硅酸盐水泥熟料的率值及其作用;掌握配料设备(计量设备)的工作原理、构造、类型、技术性能及应用;掌握硅酸盐水泥生料配料方案设计、配料设备的选择、配料设备的操作与维护。

　　项目任务:根据硅酸盐水泥性能的要求,利用所选择的原料,合理选择生料配料方案,进行配料计算,为后续熟料煅烧过程中各种物理化学反应的顺利进行提供保障,并能降低煅烧过程的热耗。

　　项目要求:①合理选择熟料矿物组成;②合理选择配料方案;③正确进行配料计算;④项目组负责人

先拟定《生料配料方案设计与计算项目计划书》，经项目组成员讨论通过后实施；⑤项目完成后撰写一份《生料配料方案设计与计算项目报告书》，提交"水泥生料制备及操作"课程组，并准备答辩验收。

项目考核点

本项目的验收考核主要考核学员相关专业理论、专业技能的掌握情况和基本素质的养成情况。具体考核要点如下。

1.专业理论

(1)硅酸盐水泥熟料的化学组成、矿物组成以及它们之间的关系；

(2)硅酸盐水泥熟料各种矿物的水化特性；

(3)硅酸盐水泥熟料的率值及其作用；

(4)配料设备(计量设备)的工作原理、构造、类型、技术性能及应用。

2.专业技能

(1)硅酸盐水泥生料配方设计；

(2)配料设备的选择；

(3)配料设备的操作与维护。

3.基本素质

(1)纪律观念(学习、工作的参与率)；

(2)敬业精神(学习、工作是否认真)；

(3)文献检索能力(收集相关资料的质量)；

(4)组织协调能力(项目组分工合理、成员配合协调、学习工作井然有序)；

(5)应用文书写能力(项目计划、报告撰写的质量)；

(6)语言表达能力(答辩的质量)。

4.考核点赋分

展示成果:配料方案设计报告

验收标准:①报告完整全面(50%)；②报告排版美观，格式统一(30%)；③报告对现实生产有指导意义(20%)。

项目引导

硅酸盐水泥熟料由四种主要矿物(C_3S、C_2S、C_3A、C_4AF)组成，各主要矿物的特性是不同的，熟料的矿物组成比例决定了水泥熟料的性能，而水泥熟料的矿物组成是由熟料的配料方案和窑的煅烧过程决定的，因此，熟料的配料方案是保证水泥质量的基础。

生料是由石灰质原料、黏土质原料、少量校正原料在原料库底，经各自的电子皮带秤按比例配合，通过粉磨、烘干、均化，得到一定细度的、化学成分均匀的干物料粉(其水分含量一般不超过1%)。水泥企业根据水泥品种、原(燃)材料品质、工厂具体生产条件等选择合理的熟料组成或率值，并由此计算所用原料及燃料的配合比，称为生料配料，简称配料。确定原(燃)料的配合比的过程称为配料计算。为了获得符合性能要求的水泥熟料，首先要进行配料方案的设计，即设计合理的熟料矿物组成，即熟料的"三率值"，然后再根据原(燃)料的化学成分、燃料的发热量等确定所用原(燃)料的配合比，以获得可煅烧成矿物组成符合要求的熟料所需的生料。熟料的质量常用熟料的三率值来表征，因此，一般都是以获得设定熟料的三率值为目标进行生料配料计算。生料配料计算的方法很多,现代水泥企业常用计算机进行快速配料计算。

现代大型新型干法水泥生产线采用自动控制的配料系统,使出磨生料质量均齐,保证配出的生料成分、率值符合配料指标。在实际生产中,按照配料计算结果配制的生料,常常不能获得三率值完全符合要求的熟料,需要利用 X-Ray 荧光分析仪对出磨生料、出库生料、出窑熟料进行快速分析,并根据分析结果对原料配比进行自动(或人工)调整,调整原料的喂料量达到控制原料配比的目的,以保证水泥生料的化学成分符合要求,进而保证熟料的三率值符合设计要求。

任务 1　生料配料的准备

任务描述　掌握生料配料的相关基础知识,为生料配料设计和计算做准备。

能力目标　能根据熟料的成分,分析熟料的性能,计算熟料的率值。

知识目标　掌握水泥熟料的矿物特性、熟料率值的表示方法及含义,理解熟料矿物组成的计算方法。

1.1　水泥熟料的组成

水泥生产过程中,生料的质量决定熟料的质量,熟料的质量决定水泥的质量,环环相扣。优质熟料应该具有合适的矿物组成和岩相结构,因此,控制熟料的化学成分,是水泥生产的中心环节之一。

1.1.1　熟料的化学成分及要求

(1)主要化学成分及其含量

硅酸盐水泥熟料中的主要化学成分是 CaO、SiO_2、Al_2O_3、Fe_2O_3 四种氧化物,其质量通常占熟料总质量的 95% 以上。此外,还含有少量的其他氧化物,如 MgO、SO_3、Na_2O、K_2O、TiO_2、P_2O_5、Mn_2O_3 等,它们的质量通常占熟料总质量的 5% 以下。一般硅酸盐水泥熟料的大致化学成分范围列于表 5.1,表 5.2 列出了国内部分新型干法水泥生产企业生产的硅酸盐水泥熟料的化学成分。

表 5.1　熟料化学成分范围(质量分数,%)

成分	SiO_2	Al_2O_3	Fe_2O_3	CaO	TiO_2	SO_3	P_2O_5	Mn_2O_3	MgO	Na_2O+K_2O	烧失量
含量	16~25	4~8	2~6	58~68	0~0.5	0.1~2.5	0~1.5	0~3	1~5	0~1.5	0.5~3

表 5.2　国内部分新型干法水泥生产企业生产的水泥熟料的化学成分(质量分数,%)

生产企业	SiO_2	Al_2O_3	Fe_2O_3	CaO	MgO	Na_2O+K_2O	SO_3	Cl^-
冀东水泥厂	22.36	5.53	3.46	65.08	1.27	1.23		
宁国水泥厂	22.50	5.34	3.47	65.89	1.66	0.69	0.20	0.01
江西水泥厂	22.27	5.59	3.47	65.90	0.81	0.08	0.07	0.005
双阳水泥厂	22.57	5.29	4.41	65.88	0.97	1.89	0.82	0.0104
铜陵水泥厂	22.10	5.62	3.40	65.54	1.41	1.19	0.40	0.018
柳州水泥厂	21.22	5.89	3.70	65.90	1.00	0.76	0.30	0.007
鲁南水泥厂	21.47	5.55	3.52	63.74	3.19	1.22	0.15	0.026
云浮水泥厂	21.61	5.78	2.98	65.89	1.70	1.07	0.65	0.0047

（2）化学成分要求

在实际生产中，各类硅酸盐水泥熟料（通用、中等抗硫酸盐、中等水化热、高抗硫酸盐等类型的水泥熟料）的化学成分应控制在下列范围：$w_{CaO}/w_{SiO_2}\geqslant2.0$；$w_{MgO}\leqslant5.0\%$（当制成 P·I 型硅酸盐水泥样品的压蒸安定性合格时，允许放宽到 6.0%）；$w_{SO_3}\leqslant1.0\%$；中等水化热或中等抗硫酸盐水泥熟料 $w_{Na_2O}+w_{K_2O}\leqslant0.60\%$；低碱度硅酸盐水泥熟料 $w_{Na_2O}+w_{K_2O}\leqslant0.60\%$。

1.1.2　熟料的矿物组成

在硅酸盐水泥熟料中，CaO、SiO₂、Al₂O₃、Fe₂O₃ 等并不是以单独的氧化物存在，而是以两种或两种以上的氧化物反应组合成各种不同的氧化物集合体，即以多种熟料矿物的形态存在。这些熟料矿物结晶细小，通常为 30～60 μm，因此，可以说硅酸盐水泥熟料是一种多矿物组成的、结晶细小的人造岩石。

硅酸盐水泥熟料中主要有四种矿物：硅酸三钙（C₃S）、硅酸二钙（C₂S）、铝酸三钙（C₃A）、铁铝酸四钙（C₄AF）。另外，还有少量游离氧化钙（ƒ-CaO）、游离氧化镁（ƒ-MgO）（方镁石）、含碱矿物以及玻璃体等。通常，熟料中硅酸三钙和硅酸二钙的含量占 75% 左右，合称为硅酸盐矿物；铝酸三钙和铁铝酸四钙的含量占 22% 左右。后两种矿物与氧化镁、碱等在 1250～1280 ℃时，逐渐熔融成液相以促进硅酸三钙的形成，故称为熔剂性矿物。熟料中的矿物相见表 5.3，国内外部分水泥生产企业的生产数据见表 5.4。

表 5.3　水泥熟料中的矿物相

名称	化学式	缩写
硅酸三钙	3CaO · SiO₂	C₃S
硅酸二钙	2CaO · SiO₂	C₂S
铝酸三钙	3CaO · Al₂O₃	C₃A
铁铝酸四钙	4CaO · Al₂O₃ · Fe₂O₃	C₄AF
铁酸钙（混合晶相）	2CaO · Fe₂O₃	C₂F
游离氧化钙	ƒ-CaO	
游离氧化镁（方镁石）	ƒ-MgO	
含钾硅酸二钙	K₂O · 23CaO · 12SiO₂	KC₂₃S₁₂
含钠铝酸三钙	Na₂O · 8CaO · 3Al₂O₃	NaC₈A₃
硫酸碱	(K,Na)₂SO₄	
磷酸碱	(K,Na)₂PO₄	
硫酸钙	CaSO₄	

表 5.4　国内外部分水泥生产企业的生产数据（质量分数，%）

熟料类别	C₃S	C₂S	C₃A	C₄AF
国内新型干法窑熟料（20 家平均）	53	24	8	10
国内重点水泥企业熟料（56 家平均）	54	20	7	14
国外水泥企业熟料（23 家平均）	57	20	8	10

1.1.3　熟料的矿物特性

（1）硅酸三钙

①形成条件及其存在形式

硅酸三钙（C_3S）是硅酸盐水泥熟料中的主要矿物，通常它是在高温液相作用下，由先导形成的固相硅酸二钙吸收氧化钙而成。

纯 C_3S 只在 1250~2065 ℃内稳定，在 2065 ℃以上不一致熔融为 CaO 与液相；在 1250 ℃以下分解为 C_2S 和 CaO。C_3S 的分解速度十分缓慢，只有在缓慢降温且伴随还原气氛条件下才明显进行，所以 C_3S 在室温条件下呈介稳状态存在。

纯 C_3S 具有同质多晶现象。多晶现象与温度有关，而且相当复杂，到目前为止已发现七种晶型如下：（R——三方晶系，M——单斜晶系，T——三斜晶系）

$$R \xrightarrow{1060\ ℃} M_3 \xrightarrow{1050\ ℃} M_2 \xrightarrow{990\ ℃} M_1$$

（准六方晶形）（准六方晶形）

$$\downarrow 980\ ℃$$

$$T_3$$

$$\downarrow 920\ ℃$$

$$T_2$$

$$\downarrow 600\ ℃$$

$$T_1$$

现代研究及测试技术一致证明：水泥熟料中的硅酸三钙并不是以纯的 C_3S 形式存在，而总是与少量的其他氧化物如 Al_2O_3、Fe_2O_3、MgO、R_2O 等形成固溶体。这种固溶体在显微镜下的岩相照片为黑色多角形颗粒，人们将其定名为阿利特（Alite），简称 A 矿。

②矿物水化特性

硅酸三钙与水发生反应的过程中，具有如下特性：

（a）水化速率较快，水化反应主要在 28d 以内进行，约经一年后水化过程基本完成；

（b）早期强度高，强度的绝对值和强度的增进率较大。其 28d 强度可以达到它一年强度的 70%~80%，就 28 d 或一年的强度来说，在四种主要矿物中硅酸三钙最高，它对水泥的性能起着主导作用。

（c）水化热较高，水化过程中释放出约 500 J/g 的水化热；抗水性较差。因此，如果要求水泥的水化热较低、抗水性较好时，宜适当降低熟料中的 C_3S 含量。

（2）硅酸二钙

硅酸二钙（C_2S）由 CaO 与 SiO_2 化合而成，是硅酸盐水泥熟料中的主要矿物之一。

①多晶转变

纯 C_2S 在 1450 ℃以下亦有同质多晶现象，通常有四种晶型，即 $\alpha\text{-}C_2S$、$\alpha'\text{-}C_2S$、$\beta\text{-}C_2S$、$\gamma\text{-}C_2S$，其中 α'、γ 型属于斜方晶系，β 型属于单斜晶系，α 型是三方或六方晶系。多晶转变过程如下：

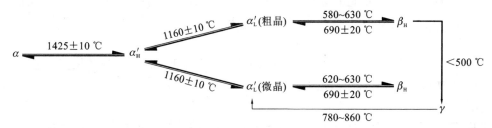

常温下，水硬性的 $\alpha\text{-}C_2S$、高温型 $\alpha'_H\text{-}C_2S$、低温型 $\alpha'_H\text{-}C_2S$ 和 $\beta\text{-}C_2S$ 都是不稳定的，有转变为结构中 Ca^{2+} 的配位数相当规则的、几乎没有水硬性的 $\gamma\text{-}C_2S$ 的趋势。因 $\gamma\text{-}C_2S$ 的密度为 2.97g/cm^3，而 $\beta\text{-}C_2S$ 密度是 3.28g/cm^3，故发生 $\beta\text{-}C_2S \rightarrow \gamma\text{-}C_2S$ 转变时，伴随着体积膨胀 10%，结果是熟料崩溃，生产中称之为粉化。当烧成温度较高，冷却较快，且固溶体中有少量 Al_2O_3、Fe_2O_3、R_2O、MgO 等氧化物时，熟料中通常均可保留水硬性的 $\beta\text{-}C_2S$。

②矿物特性

硅酸二钙通常因溶有少量 Al_2O_3、Fe_2O_3、MgO、R_2O 等氧化物而呈固溶体存在。这种固溶少量氧化物的硅酸二钙称为贝利特(Belite),简称 B 矿。电子探针分析得出的几种贝利特的化学组成范围为:CaO 63.0%～63.7%;SiO_2 31.5%～33.7%;K_2O 0.3%～1.0%;TiO_2 0.1%～0.3%;P_2O_5 0.1%～0.3%等。

在硅酸盐水泥熟料中,贝利特呈圆粒状,但也可见其他不规则形状。这是由于熟料在煅烧过程中,先发生固相反应形成贝利特,其边棱再熔进液相,在液相中吸收 CaO 反应生成阿利特所致。在反光显微镜下,工艺条件正常的熟料中贝利特具有黑白交叉双晶条纹;在烧成温度低且缓慢冷却的熟料中,常发现有平行双晶。

③水化特性

(a)水化反应比 C_3S 慢得多;至 28d 龄期仅水化 20%左右,凝结硬化缓慢。

(b)早期强度低,但 28d 以后强度仍能较快增长,一年后其强度可以赶上甚至超过阿利特的强度。

(c)水化热为 250 J/g,是四种矿物中最小者;抗水性好。因而对于大体积工程或处于侵蚀性环境的工程而言,适当提高水泥中的贝利特含量、降低阿利特含量是有利的。

(3)铝酸三钙

铝酸三钙(C_3A)在熟料煅烧中起熔剂的作用,亦被称为熔剂性矿物,它和铁铝酸四钙在 1250～1280 ℃时熔融成液相,从而促使硅酸三钙顺利生成。

①矿物特征

铝酸三钙也可固溶少量 SiO_2、Fe_2O_3、MgO、R_2O 等而形成固溶体。

铝酸三钙的晶型随原材料性质、熟料形成与冷却工艺的不同而有所差别,尤其是受熟料冷却速度的影响最大。通常,在氧化铝含量高的慢冷熟料中,结晶出较完整的晶体,在反光显微镜下呈矩形或粒形;当冷却速度较快时,铝酸三钙熔入玻璃相或呈不规则的微晶体析出,在反光显微镜下成点滴状。在反光显微镜下,铝酸三钙的反光能力较弱,呈暗灰色,并填充在 A 矿与 B 矿中间,故又称为黑色中间相。

②水化特性

(a)水化迅速,凝结很快,如不加石膏等缓凝剂,易使水泥急凝。

(b)早期强度较高,但绝对值不高。它的强度 3 d 之内就大部分发挥出来,以后几乎不再增长,甚至还会倒缩。

(c)水化热大,干缩变形大,脆性大,耐磨性差,抗硫酸盐侵蚀性能差,故制造抗硫酸盐水泥或大体积混凝土工程用水泥时,应将铝酸三钙含量控制在较低的范围之内。

(4)铁铝酸四钙

铁铝酸四钙(C_4AF)代表的是硅酸盐水泥熟料中一系列连续的铁相固溶体。通常铁铝酸四钙中溶有少量的 MgO、SiO_2 等氧化物,故称为才利特(Celite)或 C 矿。它也是一种熔剂性矿物。

①矿物特征

铁铝酸四钙常呈棱柱状和圆粒状晶体。在反光镜下,它由于反射能力强而呈亮白色,并填充在 A 矿和 B 矿之间,故通常又把它称为白色中间相。

②水化特性

(a)水化速度在早期介于铝酸三钙与硅酸三钙之间,但随后的发展不如硅酸三钙。

(b)早期强度类似于铝酸三钙,而后期还能不断增长,类似于硅酸二钙。

(c)水化热较铝酸三钙低,其抗冲击性能和抗硫酸盐侵蚀性能较好。因此,制造抗硫酸盐水泥或大体积工程用水泥时,适当提高水泥中铁铝酸四钙的含量是有利的。

(5)玻璃体

在工厂实际生产条件下,硅酸盐水泥熟料中的部分熔融液相因快速冷却来不及结晶而成为过冷凝体,称为玻璃体。在玻璃体中,质点排列无序,组成也不定。其主要成分为 Al_2O_3、Fe_2O_3、CaO,还有少量的 MgO 和碱(Na_2O+K_2O)等。

玻璃体在熟料中的含量取决于熟料煅烧时形成的液相量和冷却条件。当液相量一定,玻璃体含量则随冷却速率的改变而改变。快冷时熟料中的玻璃体较多,而慢冷时玻璃体较小甚至几乎没有。一般冷却条件下熟料中含玻璃体 2%～21%,急冷的熟料含玻璃体 8%～22%,而慢冷的熟料含玻璃体 0～2%。

玻璃体不如晶体稳定,因而水化热较大;在玻璃体中,β-C_2S 可被保留下来而不至于转化成几乎没有水硬性的 γ-C_2S;玻璃体中矿物晶体细小,可以改善熟料的性能。

(6)游离氧化钙和方镁石

①游离氧化钙的种类及其对水泥安定性的影响

游离氧化钙是指熟料中没有以化合状态存在的氧化钙,又称为游离石灰(f-CaO)。

在实际生产中,当配料不当、生料过粗或煅烧不良时,熟料中出现的尚未与酸性氧化物 SiO_2、Al_2O_3、Fe_2O_3 完全反应而残留的 CaO,即游离 CaO。这种 f-CaO 在烧成温度下经高温煅烧而呈"死烧状态",结构致密,晶体较大,一般达 $10～20~\mu m$,往往聚集成堆分布,形成矿巢,且包裹在熟料矿物之中,并受到杂质离子的影响,遇水生成 $Ca(OH)_2$ 且反应很慢,通常要在加水 3d 以后反应明显,至水泥混凝土硬化后较长一段时间内才完全水化。

游离氧化钙与水作用生成 $Ca(OH)_2$ 时,固相体积膨胀 97.9%,在已硬化的水泥石内部造成局部膨胀应力。由于熟料中 f-CaO 往往成堆聚集,随着游离氧化钙含量的增加,在水泥石内部产生不均膨胀,严重时甚至引起安定性不良,导致水泥制品变形或开裂、崩溃。为此,应严格控制它的含量,以确保水泥质量。

f-CaO 是影响水泥安定性最主要的因素。降低 f-CaO 含量,提高 f-CaO 的水化活性,适当提高水泥的粉磨细度等均有利于改善 f-CaO 对安定性的影响。为确保水泥质量,一般回转窑熟料应控制 f-CaO 含量在 1.5% 以下。

②方镁石及其危害

方镁石系指游离状态的氧化镁晶体,是熟料中氧化镁的一部分。

在熟料煅烧时,氧化镁有一部分可和熟料结合成固溶体,多余的氧化镁结晶出来,呈游离状态。当熟料快速冷却时,其结晶细小,而慢冷时其晶粒发育粗大、结构致密。

方镁石半包裹在熟料矿物中间,与水的反应速率很慢,通常认为要经过几个月甚至几年才明显反映出来。方镁石水化生成 $Mg(OH)_2$ 时,固相体积膨胀 148%,在已硬化的水泥石内部产生很大的破坏应力,轻者会降低水泥制品的强度,严重时会造成水泥制品破坏,如开裂、崩溃等。

方镁石引起膨胀的严重程度与其含量、晶体尺寸等有关。晶体尺寸小于 $1~\mu m$,含量为 5% 时就会引起轻微膨胀;晶体尺寸在 $5～7~\mu m$;含量达到 3% 就会引起严重膨胀。为此,国家标准中限定了水泥中氧化镁的含量,实际生产中应采用快速冷却熟料、掺加混合材等措施缓和 f-MgO 的影响。

1.1.4　熟料化学成分与矿物组成间的关系

熟料中的主要矿物均由各主要氧化物经高温煅烧化合而成,熟料矿物组成取决于熟料化学成分,控制合适的熟料化学成分是获得优质水泥熟料的关键,根据熟料化学成分也可以推测出熟料中各矿物的相对含量的高低。

(1)CaO

CaO 是水泥熟料中最重要的化学成分,它能与 SiO_2、Al_2O_3、Fe_2O_3 经过一系列复杂的反应过程生成 C_3S、C_2S、C_3A、C_4AF 等矿物,适量增加熟料中的 CaO 含量有助于提高 C_3S 的含量。但并不是说 CaO 含量越高越好,CaO 过多,易导致反应不完全而增加游离氧化钙的含量,从而影响水泥的安定性。如果熟料中的 CaO 含量过低,则生成的 C_3S 太少,C_2S 却相应增加,会降低熟料早期强度。故在实际生产中，CaO 的含量必须适当，就硅酸盐水泥熟料而言，一般为 62%～67%。

（2）SiO_2

SiO_2 主要在高温下与 CaO 化合形成硅酸盐矿物，因此，熟料中的 SiO_2 必须适量。当熟料中 CaO 含量一定时，SiO_2 含量过高，易生成较多未饱和的 C_2S，C_3S 含量相应减少，同时由于 SiO_2 含量高，必然相应降低 Al_2O_3、Fe_2O_3 的含量，则熔剂性矿物减少，不利于 C_3S 的形成；相反，当 SiO_2 含量过低，则硅酸盐矿物相应减少，熟料中的熔剂性矿物相应增多。

（3）Al_2O_3

在熟料中，Al_2O_3 主要是与其他氧化物化合形成含铝相矿物 C_3A、C_4AF。当 Fe_2O_3 含量一定时，增加 Al_2O_3 主要是使熟料中的 C_3A 含量提高，反之则降低 C_3A 含量。

（4）Fe_2O_3

增加 Fe_2O_3 含量有助于 C_4AF 含量的提高，但是过多的 Fe_2O_3 会使熟料液相量增大，黏度降低，易结大块，影响窑的操作。

（5）其他少量氧化物和微量元素

①氧化镁

熟料煅烧时，氧化镁有一部分与熟料矿物结合成固溶体并溶于玻璃相中，故熟料中含有少量氧化镁能降低熟料的烧成温度，增加液相量，降低液相黏度，有利于熟料的烧成，还能改善水泥的色泽。硅酸盐水泥熟料中，MgO 的固溶量与溶解于玻璃相中的总量约为 2%，多余的氧化镁呈游离状态，以方镁石形式存在。因此，氧化镁含量过高时，会影响水泥的安定性。

②氧化磷

熟料中的氧化磷含量极少，一般不超 0.2%。当熟料中的氧化磷含量为 0.1%～0.3% 时，可提高熟料强度，这可能与氧化磷能稳定 β-C_2S 有关；但随着其含量增加，含氧化磷的熟料会导致 C_3S 分解，形成固溶体。

1.2　熟料率值的表示方法

水泥熟料是一种多矿物集合体，而这些矿物又是由四种主要氧化物化合而成。因此，在生产控制中，不仅要控制熟料中各氧化物的含量，还应控制各氧化物之间的比例，即率值。这样，可以比较方便地表示化学成分和矿物组成之间的关系，明确地表示对水泥熟料的性能和煅烧的影响。目前，在生产中，用率值作为生产控制的一种指标。

1.2.1　水硬率

熟料中 CaO 与酸性氧化物之和的质量百分数之比，用 HM 来表示。其计算式如下：

$$HM = \frac{w_{CaO}}{w_{SiO_2} + w_{Al_2O_3} + w_{Fe_2O_3}} \tag{5.1}$$

通常 $HM=1.7～2.4$。上式假定各酸性氧化物所结合的 CaO 是相同的，实际上各酸性氧化物的比例变动时，对应所需 CaO 的量并不相同。因此，HM 的计算方法虽简单，但相同的 HM 并不能保证熟料中有同样的矿物组成，对熟料质量和煅烧的指导意义不够确切。

优质水泥一般要求 $HM\geqslant 2.0$，随着 HM 的增加，热耗增加，强度特别是早期强度提高，水化温升提高，而耐化学腐蚀性能下降。

1.2.2　硅率

硅率又称硅氧率，我国俗称硅酸率，用 n 或 SM 来表示。它表示的是水泥熟料中 SiO_2 含量与 Al_2O_3、Fe_2O_3 含量之和的比例。其计算式如下：

$$SM = \frac{w_{SiO_2}}{w_{Al_2O_3} + w_{Fe_2O_3}} \tag{5.2}$$

SM 值大,表示硅酸盐矿物多,熔剂矿物少,对熟料的强度有利,但会给煅烧造成困难。随 SM 值的降低,液相量增加,对熟料的易烧性和操作有利,但 SM 值过低,熟料中熔剂性矿物过多,煅烧时易出现结大块、结圈等现象,且熟料强度低,操作困难。

通常硅酸盐水泥熟料的 SM 应控制在 $1.9 \sim 3.2$。对于预分解窑,SM 控制为 $2.4 \sim 2.8$。白水泥熟料中的铁含量低,SM 可高达 4.0。

1.2.3　铝率

铝率又称铝氧率或铁率,用 p 或 IM 表示。它表示的是水泥熟料中 Al_2O_3 含量与 Fe_2O_3 含量之比。其计算式如下:

$$IM = \frac{w_{Al_2O_3}}{w_{Fe_2O_3}} \tag{5.3}$$

通常硅酸盐水泥熟料中 IM 一般控制在 $0.9 \sim 1.9$。IM 值过大,则 C_3A 多,液相黏度大,不利于 C_3S 的形成,易引起熟料快凝;IM 值过低,则 C_4AF 量相对较多,液相黏度低,对 C_3S 的形成有利,但窑内烧结温度范围窄,易使窑内结大块,对煅烧不利。对于预分解窑,IM 可控制为 $1.4 \sim 1.8$;对于抗硫酸盐水泥或低热水泥,IM 可降低至 0.7。

当 $IM = 0.637$ 时,两种氧化物的含量之比正好等于它们的相对原子质量之比,因此熟料中只形成 C_4AF,即非拉瑞水泥(Ferrari Cement)。它的特性是水化热低,凝结慢和收缩率低。

1.2.4　石灰饱和系数

石灰的最大限量是假定水泥熟料中主要酸性氧化物理论上反应生成熟料矿物所需要的石灰最高含量。由于对形成矿物的理解不同,有下述两种计算方法。

(1)石灰饱和系数(Lime Saturation Coefficient)

在熟料四个主要氧化物中,CaO 为碱性氧化物,其余三个为酸性氧化物。两者相互化合形成 C_3S、C_2S、C_3A、C_4AF 四个主要熟料矿物。不难理解,CaO 含量一旦超过所有酸性氧化物的需求,必然以游离氧化钙形态存在,含量高时将引起水泥安定性不良,造成危害。因此从理论上说,存在一个极限石灰含量。古特曼(A. Guttmann)与杰耳(F. Gille)认为,熟料中酸性氧化物形成碱性最高的矿物为 C_3S、C_3A、C_4AF,从而提出了他们的石灰理论极限含量的观点。为便于计算,将 C_4AF 改写成 "C_3A"和"CF",令此"C_3A"与 C_3A 相加,则每 1% 酸性氧化物所需石灰含量分别为:

$1\% SiO_2$ 反应所需 CaO 量为:

$$w_{CaO} = \frac{3M_{CaO}}{M_{SiO_2}} \times 1\% = \frac{3 \times 56.08}{60.09} \times 1\% = 2.8\%$$

$1\% Al_2O_3$ 反应所需 CaO 的量为:

$$w'_{CaO} = \frac{3M_{CaO}}{M_{Al_2O_3}} \times 1\% = \frac{3 \times 56.08}{101.96} \times 1\% = 1.65\%$$

$1\% Fe_2O_3$ 反应所需 CaO 量为:

$$w''_{CaO} = \frac{M_{CaO}}{M_{Fe_2O_3}} \times 1\% = \frac{56.08}{159.70} \times 1\% = 0.35\%$$

由 1% 酸性氧化物所需石灰量乘以相应的酸性氧化物含量,就可得到石灰理论极限含量计算式:

$$w_{CaO} = 2.8w_{SiO_2} + 1.65w_{Al_2O_3} + 0.35w_{Fe_2O_3} \tag{5.4}$$

① 石灰饱和系数 KH

金德(B. A. Кинд)和容克(В. Н. Юнг)认为,在实际生产中,Al_2O_3 和 Fe_2O_3 始终为 CaO 所饱和,唯独 SiO_2 可能不完全饱和生成 C_3S,而存在一部分 C_2S。否则,熟料就会出现游离氧化钙。因此应在 SiO_2 之前乘一个小于 1 的系数,即石灰饱和系数(Коэфиниит Насыщения Известыю,简称 KH)。故:

$$w_{CaO} = KH \times 2.8w_{SiO_2} + 1.65w_{Al_2O_3} + 0.35w_{Fe_2O_3} \tag{5.5}$$

将上式改写成：

$$KH = \frac{w_{CaO} - 1.65w_{Al_2O_3} - 0.35w_{Fe_2O_3}}{2.8w_{SiO_2}} \qquad (5.6)$$

考虑到实际生产中熟料中还有 $f\text{-}CaO$、$f\text{-}SiO_2$ 和石膏，故可将上式改写为：

$$KH = \frac{w_{CaO} - w_{f\text{-}CaO} - (1.65w_{Al_2O_3} + 0.35w_{Fe_2O_3} + 0.7w_{SO_3})}{2.8(w_{SiO_2} - w_{f\text{-}SiO_2})} \qquad (5.6a)$$

以上两个公式的使用条件为 $IM \geqslant 0.64$。

KH 值与熟料矿物间的关系，理论分析有：

(a) $KH = 1$，熟料中只有 C_3S，而无 C_2S；

(b) $KH > 1$，无论生产条件多好，熟料中都有游离氧化钙存在；熟料矿物组成为 C_3S、C_3A、C_4AF 及 $f\text{-}CaO$。

(c) $KH \leqslant \frac{2}{3} \approx 0.667$，熟料中无 C_3S，熟料矿物只有 C_2S、C_3A、C_4AF。

因此，熟料的 KH 值应控制在 $0.667 \sim 1.00$。

实际生产中，由于被煅烧物料的性质、煅烧温度、液相量、液相黏度等因素的限制，理论计算和实际情况并不完全一致，为使熟料顺利形成，又不致产生过多的游离氧化钙，KH 值越大，则 C_3S 含量越高，水泥具有快硬高强的特性，但要求煅烧温度较高，煅烧不充分时熟料中将含有较多的游离氧化钙，从而影响熟料的安定性。KH 过低时，C_3S 含量过低，水泥强度发展缓慢，早期强度低。

通常 KH 值控制在 $0.87 \sim 0.96$。对于预分解窑，$KH = 0.89 \pm 0.02$。

② 石灰饱和系数 LSF

在国外，尤其是欧美国家大多采用石灰饱和系数 LSF 来控制水泥的生产，LSF 是英国标准规范的一部分，用于限定水泥中的最大石灰含量。

$$LSF = \frac{100w_{CaO}}{2.8w_{SiO_2} + 1.18w_{Al_2O_3} + 0.35w_{Fe_2O_3}} \quad (IM \geqslant 0.64) \qquad (5.7)$$

更精确的研究表明，液相中的每个 Al_2O_3 分子结合 2.15 个 CaO 分子，于是只剩下 1.85 个 CaO 分子与 Fe_2O_3 化合，石灰饱和系数通常使用的公式：

$$LSF = \frac{100w_{CaO}}{2.8w_{SiO_2} + 1.18w_{Al_2O_3} + 0.65w_{Fe_2O_3}} \qquad (5.8)$$

LSF 的含义是熟料中 CaO 含量与全部酸性组分需要结合的 CaO 含量之比。一般 LSF 值高，则水泥强度也高。LSF 的取值：一般硅酸盐水泥熟料 $LSF = 90 \sim 95$，早强型水泥熟料 $LSF = 95 \sim 98$。

氧化铁含量高的熟料（$IM \leqslant 0.64$），氧化铝结合在混合晶相（$C_2A + C_2F$）中，最高石灰含量及石灰饱和系数为：

$$w_{CaO,max} = 2.8w_{SiO_2} + 1.1w_{Al_2O_3} + 0.7w_{Fe_2O_3} \quad (IM \leqslant 0.64) \qquad (5.9)$$

$$LSF = \frac{100w_{CaO}}{2.8w_{SiO_2} + 1.1w_{Al_2O_3} + 0.7w_{Fe_2O_3}} \quad (IM \leqslant 0.64) \qquad (5.10)$$

KH 的计算公式相应改变为：

$$KH = \frac{w_{CaO} - 1.1w_{Al_2O_3} - 0.7w_{Fe_2O_3}}{2.8w_{SiO_2}} \quad (IM \leqslant 0.64) \qquad (5.11)$$

(2) 石灰标准值

上述结论基于这样的假设，即熟料从烧结温度冷却下来足够慢，以致在结晶过程中液相可与固相达到平衡状态（即 C_2A 可从容地吸收固相中的 CaO 而形成 C_3A）。

但实际不是这种情况，在大约 $1450\ ℃$ 的烧结温度下，硅酸盐矿物 C_3S、C_2S 以及可能没有转变的 $f\text{-}CaO$ 都处于固体状态，而 C_3A 和 C_4AF 则处于熔融状态。但是液相中石灰的量少于它参与反应生

成 C_3A 所需要的量,要使 C_3A 完全形成,缺少的石灰量须在结晶过程中从固相中获得补充,即从最富于石灰的 $f\text{-}CaO$ 和 C_3S 中吸收补充。但这一过程不能在工业生产时熟料快速冷却的过程中完成,特别是液相铝酸盐不能吸收比它在烧结温度时已吸收的石灰量更多的石灰。试验研究表明,实际上每个分子 Al_2O_3 只结合两个 CaO。因此,在工业生产条件下,这是可以达到的石灰极限的,即"标准石灰"。

$$w_{CaO,\text{标准}} = 2.8w_{SiO_2} + 1.1w_{Al_2O_3} + 0.7w_{Fe_2O_3} \tag{5.12}$$

这与 $IM \leqslant 0.64$ 时的石灰饱和系数相同,由此得到石灰含量与标准石灰之比的石灰标准值,即 KST_I。

$$KST_I = \frac{100w_{CaO}}{2.8w_{SiO_2} + 1.1w_{Al_2O_3} + 0.7w_{Fe_2O_3}} \tag{5.13}$$

更精确的研究表明,液相中的每个 Al_2O_3 分子结合 2.15 个 CaO 分子,于是只剩下 1.85 个 CaO 分子与 Fe_2O_3 化合,于是出现石灰标准 Ⅱ,即 KST_{II}。通常使用如下公式:

$$KST_{II} = \frac{100w_{CaO}}{2.8w_{SiO_2} + 1.18w_{Al_2O_3} + 0.65w_{Fe_2O_3}} \tag{5.14}$$

考虑到 MgO 和熟料矿物形成固溶体,人们又推出 KST_{III}、KST_{IV},更多的 MgO 以方镁石形态出现。

在 $w_{MgO} \leqslant 2\%$ 时

$$KST_{III} = \frac{100(w_{CaO} + 0.75w_{MgO})}{2.8w_{SiO_2} + 1.18w_{Al_2O_3} + 0.65w_{Fe_2O_3}} \tag{5.15}$$

在 $w_{MgO} \geqslant 2\%$ 时

$$KST_{IV} = \frac{100(w_{CaO} + 1.50w_{MgO})}{2.8w_{SiO_2} + 1.18w_{Al_2O_3} + 0.65w_{Fe_2O_3}} \tag{5.16}$$

英国标准规范采用的"石灰饱和系数"用于确定可以允许的石灰含量:

$$LSF = \frac{w_{CaO} - 0.7w_{SO_3}}{2.8w_{SiO_2} + 1.2w_{Al_2O_3} + 0.65w_{Fe_2O_3}} \tag{5.17}$$

此公式指的是成品水泥,SO_3 来自石膏,即减去石膏中的钙。

我国目前采用较多的是石灰饱和系数 KH、硅酸率 SM 和铝氧率 IM。一般控制熟料的率值如下:$KH = 0.87 \sim 0.97$;$SM = 2.0 \sim 3.4$;$IM = 0.8 \sim 2.0$。

1.3　率值作为矿物组成的函数

(1)硅率

硅率除上述表示酸性氧化物之间的质量百分比外,还可表示熟料中硅酸矿物与熔剂矿物之比。当 $SM > 0.64$ 时,硅率与矿物组成之间的关系如下:

$$SM = \frac{w_{C_3S} + 1.325w_{C_2S}}{1.434w_{C_3A} + 2.046w_{C_4AF}} \tag{5.18}$$

如熟料中硅率过高,则煅烧时由于液相量过少而煅烧困难;特别当 CaO 含量低,C_2S 含量高时,熟料在慢冷过程中易于粉化。如硅率过低,则会因熟料中硅酸盐矿物少而影响水泥的强度;在煅烧过程中由于液相过多,易出现结大块、结圈等而影响操作。

(2)铝率

铝率除上述表示 Al_2O_3 和 Fe_2O_3 的质量百分比外,还可以表示熟料矿物中 C_3A 与 C_4AF 之比。当 $IM > 0.64$ 时,铝率与矿物组成之间的关系如下:

$$IM = \frac{1.15w_{C_3A}}{w_{C_4AF}} + 0.64 \tag{5.19}$$

可见若铝率过高,则熟料中 C_3A 多, C_4AF 少,液相黏度大,物料难烧;铝率过低,虽然液相黏度低,液相中的质点易于扩散,对 C_3S 形成有利,但烧结温度范围变窄,窑内易结大块,不利于操作。

(3)石灰饱和系数

同理,石灰饱和系数 KH 可表示为:

$$KH = \frac{w_{C_3S} + 0.8838w_{C_2S}}{w_{C_3S} + 1.3256w_{C_2S}} \tag{5.20}$$

1.4　熟料矿物组成的计算与换算

熟料的矿物组成可用岩相分析、X 射线衍射和红外光谱等进行测定,也可以根据化学成分进行计算。

岩相分析是基于在显微镜下测出单位面积中各种矿物所占的比例,再乘以相应矿物的密度,得到各矿物的含量。各矿物的密度见表 5.5,这种方法的测定结果比较接近实际情况,但当矿物晶体较小时,可能因重叠而产生误差。

表 5.5　熟料矿物的密度(g/cm³)

C_3S	C_2S	C_3A	C_4AF	玻璃体	MgO
3.28	3.13	3.00	3.77	3.00	3.58

X 射线衍射分析是基于熟料中各矿物的特征峰强度与单矿体特征峰强度之比以求得其含量。这种方法的误差较小,但含量太低时则不易测准。红外光谱分析的误差也较小。近年在试验研究时,已采用电子探针测定熟料的矿物组成。工厂多用化学成分计算方法,下述几种方法用得比较多。

1.4.1　石灰饱和系数法

我国大部分水泥厂使用这种方法计算熟料中的矿物组成,饱和系数使用减去 $f\text{-}CaO$ 的 KH^- 值。

为推导方便,列出有关分子量的比值:

C_3S 中的 $\dfrac{M_{C_3S}}{M_{CaO}} = 4.07$;

C_2S 中的 $\dfrac{2M_{CaO}}{M_{SiO_2}} = 1.87$;

C_4AF 中的 $\dfrac{M_{C_4AF}}{M_{Fe_2O_3}} = 3.04$;

C_3F 中的 $\dfrac{M_{C_3A}}{M_{Al_2O_3}} = 2.65$;

$CaSO_4$ 中的 $\dfrac{M_{CaSO_4}}{M_{SO_3}} = 1.7$;

$\dfrac{M_{Al_2O_3}}{M_{Fe_2O_3}} = 0.64$;

设与 SiO_2 反应的 CaO 为 C_S;与 CaO 反应的 SiO_2 为 S_C,则

$$C_S = w_{CaO} - (1.65w_{Al_2O_3} + 0.35w_{Fe_2O_3} + 0.7w_{SO_3}) \tag{5.21}$$

$$S_C = w_{SiO_2} \tag{5.22}$$

由于 CaO 与 SiO_2 先反应形成 C_2S,剩余的 CaO 再和 C_2S 反应生成 C_3S,则由该剩余的 CaO 量 $(C_S - 1.87S_C)$ 可算出 C_2S 含量:

$$w_{C_3S} = 4.07(C_S - 1.87S_C) = 4.07C_S - 7.6S_C \tag{5.23}$$

将式(5.21)代入式(5.23),将 KH 计算式代入,整理后得:

$$w_{C_3S}=4.07(2.8KH\cdot S_C)-7.6S_C=3.8(3KH-2)w_{SiO_2}$$

由 $C_S+S_C=C_3S+C_2S$，可计算出 C_2S 含量：

$$w_{C_2S}=8.60(1-KH)w_{SiO_2}$$

C_4AF 含量可直接由 Fe_2O_3 含量算出：

$$w_{C_4AF}=3.04w_{Fe_2O_3}$$

C_3A 含量的计算，应先从总 Al_2O_3 量中减去形成 C_4AF 所消耗的 Al_2O_3 量（$w_{Al_2O_3}-0.64w_{Fe_2O_3}$），即可算出它的含量：

$$w_{C_3A}=2.65(w_{Al_2O_3}-0.64w_{Fe_2O_3})$$

熟料矿物组成汇总为：

$$w_{C_3S}=3.8w_{SiO_2}\cdot(3KH-2) \tag{5.24}$$
$$w_{C_2S}=8.6w_{SiO_2}(1-KH) \tag{5.25}$$
$$w_{C_3A}=2.65(w_{Al_2O_3}-0.64w_{Fe_2O_3}) \tag{5.26}$$
$$w_{C_4AF}=3.04w_{Fe_2O_3} \tag{5.27}$$

$CaSO_4$ 含量可直接由 SO_3 含量算出：

$$w_{CaSO_4}=1.70w_{SO_3} \tag{5.28}$$

1.4.2　代数法

若以 C_3S、C_2S、C_3A、C_4AF、$CaSO_4$ 以及 CaO、SiO_2、Al_2O_3、Fe_2O_3、SO_3 分别代表熟料中各种矿物和氧化物的百分含量，则熟料矿物组成与氧化物含量的关系见表 5.6。

表 5.6　熟料矿物组成与氧化物含量（%）的关系

氧化物	矿物组成				
	C_3S	C_2S	C_3A	C_4AF	$CaSO_4$
CaO	73.69	65.12	62.27	46.16	41.19
SiO_2	26.31	34.88			
Al_2O_3			37.73	20.98	
Fe_2O_3				32.86	
SO_3					58.81

① 由矿物组成计算化学组成

按上述数值，可列出下列方程：

$$w_{CaO}=0.7369w_{C_3S}+0.6512w_{C_2S}+0.6227w_{C_3A}+0.4616w_{C_4AF}+0.4119w_{CaSO_4}$$
$$w_{SiO_2}=0.2631w_{C_3S}+0.3488w_{C_2S}$$
$$w_{Al_2O_3}=0.3773w_{C_3A}+0.2098w_{C_4AF}$$
$$w_{Fe_2O_3}=0.3286w_{C_4AF}$$

② 由化学组成计算矿物组成

解上述联立方程，即可得各矿物的百分含量计算式：

$$w_{C_3S}=4.071w_{CaO}-7.600w_{SiO_2}-6.718w_{Al_2O_3}-1.430w_{Fe_2O_3}-w_{f\text{-}CaO} \tag{5.29}$$
$$w_{C_2S}=8.602w_{SiO_2}+5.086w_{Al_2O_3}+1.078w_{Fe_2O_3}-3.071w_{CaO}=2.867w_{SiO_2}-0.7544w_{C_3S} \tag{5.30}$$
$$w_{C_3A}=2.650w_{Al_2O_3}-1.692w_{Fe_2O_3} \tag{5.31}$$
$$w_{C_4AF}=3.043w_{Fe_2O_3} \quad(IM\geqslant0.64) \tag{5.32}$$
$$w_{C_4AF}=4.766w_{Al_2O_3} \quad(IM<0.64) \tag{5.33}$$

$$w_{CaSO_4} = 1.70 w_{SO_3} \tag{5.34}$$

1.4.3　熟料化学组成的计算

设 $\sum = w_{CaO} + w_{SiO_2} + w_{Al_2O_3} + w_{Fe_2O_3}$，一般 $\sum = 95\% \sim 98\%$，实际中 $\sum$ 值的大小受原料化学成分和配料方案的影响。通常情况下可选取 $\sum = 97.5\%$。

若已知熟料率值，可按下式求出各熟料的化学成分：

$$w_{Fe_2O_3} = \frac{\sum}{(2.8KH+1)(IM+1)SM + 2.65IM + 1.35} \tag{5.35}$$

$$w_{Al_2O_3} = IM\, w_{Fe_2O_3} \tag{5.36}$$

$$w_{SiO_2} = SM \cdot (w_{Al_2O_3} + w_{Fe_2O_3}) \tag{5.37}$$

$$w_{CaO} = \sum - (w_{SiO_2} + w_{Al_2O_3} + w_{Fe_2O_3}) \tag{5.38}$$

◇ 知识测试题

一、填空题

1. 硅酸盐水泥熟料的化学组分主要有_____、_____、_____、_____。

2. 硅酸盐水泥熟料主要组成矿物中硅酸盐矿物有_____、_____，熔剂型矿物有_____、_____。一般新型干法水泥熟料中硅酸盐矿物的含量应在_____左右。

3. 为了确保水泥熟料的安定性合格，应控制 $f\text{-}CaO$ 的含量，一般预分解窑熟料控制在_____以下。

4. 在反光显微镜下观察：黑色多角形颗粒为_____；具有黑白双晶条纹的圆形颗粒为_____；在上述两种晶体间反射能力强的白色中间相为_____，反射能力弱的黑色中间相为_____。

5. 我国目前采用的熟料的率值是_____、_____和_____，铝率越高液相黏度_____。一般熟料的率值控制为：_____。

二、选择题

1. 某熟料中有 C_2S，又有 C_3S，则其 KH 值可能（　　）。
A. $=0.86$　　　　　B. <0.667　　　　　C. >1　　　　　B. $=0.667$

2. 下列矿物中影响早期强度的矿物是（　　）。
A. C_2S　　　　　B. C_3A　　　　　C. C_4AF　　　　　D. C_3S

3. 引起水泥快凝的矿物主要是（　　）。
A. C_2S　　　　　B. C_3A　　　　　C. C_4AF　　　　　D. C_3S

4. 熟料中的 MgO 以（　　）存在是有害的。
A. 固溶体形式　　　B. 玻璃体　　　　　C. 单独结晶

5. 生料石灰饱和系数高，硅率也高，会使（　　）。
A. 生料难烧　　　　　　　　　　　B. 生料好烧
C. 熟料中的游离氧化钙含量低　　　D. 窑内结圈

三、判断题

1. KH 值越高，一般熟料的强度越高，所以实际生产中 KH 越高越好。　　　　　（　　）

2. 铝率越大，窑内液相的黏度越低。　　　　　　　　　　　　　　　　　　　（　　）

3. 硅酸盐水泥熟料中的 CaO 含量在 $62\% \sim 65\%$。　　　　　　　　　　　　（　　）

4. 生产低热水泥，选择 C_3S、C_4AF 和 C_3A 应多一些。　　　　　　　　　　（　　）

5.熟料冷却速度慢,C_2S 易粉化出 $f\text{-}CaO$。   (   )

四、简答题

1.试简述硅酸盐水泥熟料中四种主要矿物的特性。

2.试简要说明 KH、SM、IM 的物理含义。

3.KH 和 LSF 在概念上有何不同?KH 为什么不能大于1而 LSF 可以大于1?

4.试简述 KH 的高低对熟料煅烧过程及质量的影响。

5.何为游离氧化钙、游离氧化镁?对水泥质量有何影响?在生产中应如何控制?

◇ **能力训练题**

1.已知某水泥企业熟料化学成分如下:

成分	SiO_2	Al_2O_3	Fe_2O_3	CaO	MgO
数值	21.98%	6.12%	4.31%	65.80%	1.02%

(1)计算熟料矿物组成($IM>0.64$)。

(2)计算熟料的三个率值。

2.已知某水泥企业的熟料矿物组成如下:

成分	C_3S	C_2S	C_3A	C_4AF	$f\text{-}CaO$
数值	53.30%	21.15%	9.10%	13.69%	1.20%

(1)计算熟料的化学成分($IM>0.64$)。

(2)计算熟料的三个率值。

3.根据上述两道题的计算结果,比较:

(1)分析熟料的率值与矿物组成之间的关系。

(2)分析熟料的率值与化学成分之间的关系。

(3)分析熟料的矿物组成与化学成分之间的关系。

任务 2 生料配方设计

任务描述 根据新型干法水泥生产特点,选择原料,设计熟料率值,确定原料配料方案。

能力目标 能根据预分解窑的具体生产情况选择原料、设计配料方案。

知识目标 掌握配料方案的设计依据和相关理论知识。

配料方案,即熟料的矿物组成或熟料的三率值。配料方案的选择,实质上就是选择合理的熟料矿物组成,也就是对熟料三率值 KH、SM、IM 值的确定。确定配料方案时,应根据水泥品种、原料与燃料品质、生料质量及易烧性、熟料煅烧工艺与设备等进行综合考虑。

2.1 原料的选择

原料性能对企业的经济效益有直接影响。原料的选择要根据现时水泥工业的特点和工程对水泥品质的要求,在对原料性能详细研究和综合比较的基础上确定。

2.1.1 钙质原料

(1)品位要求

　　我国执行《冶金、化工石灰岩及白云岩、水泥原料矿产地质勘查规范》（DI/T 0213—2002），对水泥用灰岩规定了具体的质量标准。高品位灰岩含有害组分少，适合生产高质量水泥。然而，我国水泥年产量已接近 10 亿吨，仅水泥工业年消耗灰岩量就超过 10 亿吨；其他工业如钢铁、有色冶金、制碱、尼龙、电石、建筑骨料、公路等也在大量使用灰岩，灰岩已成为我国采掘行业超过煤炭的第一大矿种；在经济发达和交通便利地区已难寻觅到优质、量大的灰岩资源，迫使我国近年来对低钙灰岩的利用进行了大量的研发工作，并取得了实质性的进展。

　　以往水泥生产需要使用高品位灰岩的一个主要原因是干法中空窑、湿法窑热耗大，煤灰掺入量大，生料必须有较高的饱和比，低品位灰岩无法满足配料要求，从泓沅水泥厂与和静水泥厂所用生料成分中 CaO 含量对比（表 5.7）可以看出这一点。

表 5.7　不同窑型生料化学成分（质量百分比，%）

厂名	烧失量	SiO_2	Al_2O_3	Fe_2O_3	CaO	MgO	KH	SM	IM	备注
和静	34.36	13.91	3.15	2.00	43.10	1.68	0.955	2.70	1.58	预分解窑
泓沅	28.91	12.12	3.34	2.50	47.76	3.46	1.220	2.10	1.50	干法中空窑

　　20 世纪 70 年代以前，国内水泥工业由于检测水平所限，只能采用 CaO、Fe_2O_3 快速分析法控制生料制备，且要滞后 1 h 才能调整，故在确定原料品种时，甚至牺牲对熟料率值的追求，也要千方百计定为三组分；而在选择原料时，强调化学成分均匀；当时工业规模小，原料开发利用程度低，选择余地大，规范要求灰岩中 $w_{CaO} \geqslant 48.0\%$，实际使用的大多高于这个值，这样也就限制了低钙灰岩的使用。随着科学技术的发展，出现了工业用程控计算机，各种多元素快速检测仪器相继问世，分析准确度、精确度不断提高，使水泥行业不再拘泥于三组分，配料品种大多在四五种，即使多到七八种，也是可以准确控制的。

　　如今我国主导窑型——预分解窑的热耗已降到 2956 kJ/kg 熟料（707 kcal/kg 熟料）（铜陵海螺水泥厂生产数据），煤耗低，煤灰掺入量少，从而有力地拓展了低钙灰岩的使用空间。

　　地质研究表明，从成岩分析来看，浅海带是高能带和强氧化环境，受海浪冲击，这一带的含钙珊瑚、贝壳类生物为求生存必须加强它们的骨骸和壳体，由于生物机能的作用，排斥异己，纯化自己，因而 $CaCO_3$ 含量高、成分纯、晶格结构力强、缺陷少。这种生物大量死亡、破碎、堆积、胶结，就形成所谓高品位石灰石，地质学上称为生物沉积灰岩。

　　低钙灰岩是在不适合生物生长的深海还原环境（相对较为稳定）下化学沉积而成的，是 SiO_2、Al_2O_3、Fe_2O_3、$CaCO_3$、$MgCO_3$ 等的混合型沉积，没有生物的分异作用，再在较高的地温和巨大的地压作用下 $CaCO_3$ 与 SiO_2、Al_2O_3、Fe_2O_3 成分可以相互化合在一起，造成 $CaCO_3$ 晶格不完整，甚至可以形成易烧的 $CaSiO_3$（硅灰石）、$CaSO_4$、$CaO \cdot Al_2O_3$、$CaO \cdot Fe_2O_3$ 等矿物；由于晶格中缺陷较多，这种松弛、渗透结构大大提高了化学反应速率。在熟料煅烧过程中，各种氧化物之间开始是固相反应，Hedrall 曾用下列方程式表示固态反应的反应速率：

$$V = A \cdot e^{-q/RT}$$

式中　e——自然对数的底数；

　　　A——取决于物质结构的常数，它与温度的关系不大，通常受粒子大小、接触条件等因素的
　　　　　影响；

　　　R——气体常数；

　　　T——绝对温度；

　　　q——用于解开固相晶格所需的能量，也即晶格中一个粒子脱离其临近的粒子，并能使其达到
　　　　　反应状态时需要的能量，对于高缺陷结构，q 值一般较小。

　　从上式可以看出，q 值极为重要。通常为降低 q 值而采用细粉磨，以加大反应面积。因为表面一

层晶格的粒子，有一面与外界相邻，处于晶格不完全状态，往往是不稳定的，即 q 值较低，易反应。低钙灰岩则不仅在表面，而且在内部，其晶相也不完全，其 q 值势必比一般灰岩小。

除粉磨外，煅烧过程中 $CaCO_3$ 的分解使 CO_2 烧失，可以大大增加 CaO 的比表面积。但是成蜂巢状的 CaO 颗粒，尽管比表面积加大了，却不易充分利用，因为与其反应的其他氧化物需要能量才能进入蜂巢内部去化合。泥灰岩中的其他氧化物则是与 $CaCO_3$ 均匀地混合在一起，当 $CaCO_3$ 分解成 CaO 后，蜂巢的内部也均匀地分布着 SiO_2、Al_2O_3 和 Fe_2O_3 等氧化物。

以上两个原因足以使低钙灰岩更易煅烧。中国建材研究院曾对不同品位的灰岩进行过分解温度的测试试验（表 5.8），低钙灰岩的起始分解温度比高钙灰岩低 50～180 ℃。

表 5.8　石灰石分解温度

石灰石晶位（%）	起始分解点（℃）	沸腾分解点（℃）	终止分解点（℃）	说明
CaO：>52	830	950	1100	奥陶系灰岩
CaO：48～52	800	880	1000	石灰系灰岩
CaO：45～48	780	860	980	石灰系灰岩
CaO：40～45	720	840	950	寒武系灰岩
CaO：30～40	680	830	880	二叠系灰岩
CaO：15～30	650	750	800	矽卡岩中灰岩

低钙灰岩包括泥灰岩、粉质灰岩、砂质灰岩等，虽然 CaO 含量较低，但是用它们配制水泥生料时，可少用硅铝质原料，而所配生料的易烧性常常优于纯灰岩配置的生料，在这个意义上它们是水泥工业用的真正的"优质灰岩"，应在各种场合优先选用。

（2）结晶程度与颗粒大小

石灰石的物理加工（破碎、粉磨、均化）性能和化学反应活性（煅烧与熟料形成）主要受矿物的结晶完整程度、结晶颗粒的大小等矿物微观结构特点以及伴生矿物的种类、数量的影响。试验研究及生产实践均表明，硅质灰岩及方解石矿物结晶完整且颗粒较大的大理岩的抗压强度较高（表 5.9），而石灰石中方解石晶粒的大小与其分解速率和反应温度间存在着明确的相关性（表 5.10）。

表 5.9　各种石灰岩抗压强度

石灰石种类	构造和颗粒特征	单向抗压强度（MPa）	范例
泥晶灰岩	带有黏土胶结物	～100 以下	北京怀北泥灰岩
细粒灰岩	细碎屑，带有松散胶结	～100	云浮大岩山石灰岩
有机灰岩	生物灰岩，含有化石	～130	四川峨眉石灰岩
粗晶灰岩	变质结晶石灰石	～150	新疆热乎大理岩
硅质灰岩	硅质胶结并有石英、燧石	～200	新疆和静砂质大理岩

表 5.10　方解石的活性与结晶程度的关系

结晶程度	颗粒尺寸（mm）	分解速率	反应温度
特粗粒结晶	>1.00		
粗粒结晶	1.00～0.50		
中粒结晶	0.50～0.25	最慢	最高
细粒结晶	0.25～0.10	↓	↓
特细粒结晶	0.10～0.01	最快	最低
微粒结晶	<0.01		

石灰石变质程度影响其易烧性,大理岩(灰岩重结晶,晶粒大)的烧成热耗高。但有的准大理岩受热变质无重结晶,却很好烧。故在选择原料时,应首选结晶颗粒小、结晶程度差的灰岩。

2.1.2　硅铝质原料

(1)工业尾矿与排弃物

水泥工业已在大量使用煤炭、电力、钢铁等工业的尾矿和排弃物作为硅铝质原料,如煤矸石、粉煤灰、增钙渣、熔渣等。煤矸石中通常已被废弃的热值,在水泥煅烧工序得到了充分利用;粉煤灰、熔渣经过高温煅烧,不仅降低了有害组分碱的含量,且用其配制的水泥生料的易烧性也好。在有条件的地区,它们应作为首选原料。

(2)黏土

黏土是灰浆岩、沉积岩、变质岩等母岩风化的产物。原来在地壳深部高温、高压形成的结晶岩石(母岩),由于地壳运动,进入富含水、氧、二氧化碳和生物活动剧烈、压力较低的地壳表生带后,处于现场的不平衡状态,需通过机械和化学的风化作用来达到新的平衡。化学风化主要包括氧化、水解、酸化、离子交换和生物化学作用。其中生物化学作用对岩石的分解不仅能产生大量的有机酸、二氧化碳、硫化氢等,还有氧化还原的机能及浓集元素的机能。也就是说,在从岩石风化成黏土的地质进程中,矿物会变得越来越趋向稳定,最终形成熔点高、极稳定的含水铁、铝、硅的矿物。

水泥原料最忌碱含量过高。一般不选用母岩风化到第Ⅱ、Ⅲ、Ⅳ阶段的岩石,此时母岩已破碎,并风化成高岭土、蒙脱石、水云母、绿泥石等矿物以及云母、绿帘石、叶蜡石、长石;但有些母岩风化到第Ⅳ阶段,形成更稳定的单质矿物,如石英,因其价值高,又难于化合,只可用作校正料,少量使用。

对于预分解窑,低碱($w_{K_2O} + w_{Na_2O} \leqslant 3\%$)中硅($w_{SiO_2} = 65\% \sim 70\%$)的硅铝质原料的使用效果最好。

2.1.3　原料之间的协调性

生料的易烧性除与原料性能、生料细度有关外,还与各组分颗粒之间混合的均匀程度有关,这就引发了原料组分之间的协调性问题。例如,结晶粗大或致密的硅质灰岩与软的高岭土质黏土配合,生料会因含有粗颗粒石灰石而不均匀;同样,软的白垩与硅质粉砂岩配合,生料会出现粗颗粒铝质成分,游离硅会大幅度降低生料的易烧性,粗颗粒的影响更甚。天山股份吐鲁番熟料生产基地是 2000 t/d 级的预分解窑,采用细结晶灰岩、火烧岩、硅石、铜矿渣配料,其中硅铝质原料坚硬、难磨、生料筛余30%以上是硅质成分,熟料质量因此受到严重影响。

在石灰石确定后,辅料、校正原料的选择除考虑化学组分外,还要研究它们的物理、矿物、热工等综合性能之间的协调性,这些特性将影响粉磨、均化、分解和熟料烧成的作业面貌。

2.2　生料的易烧性

易烧性是指生料转变为所期望的熟料相(成分)的难易程度;可用试验方法求得,也可通过计算求得。由于研究的切入点不同,表示易烧性的方程式亦不同。

2.2.1　从原料的角度评价易烧性

试验方法是通过试验测定熟料内未反应的游离石灰的量,游离石灰含量低表示生料容易煅烧。原料易烧性通过原料的化学成分、矿物性能和细度来确定,由于确定易烧性的试验方法不同,煅烧后确定 $f\text{-}CaO$ 质量的方程式也不尽相同。这些方程式虽然不能提供熟料中 $f\text{-}CaO$ 含量的精确值,但是在相关基准下可以反映生料性能对熟料中 $f\text{-}CaO$ 含量的影响。现仅列出经多次优化的史密斯公司的易烧性方程式:

$$w_{f\text{-}CaO,1400\,℃} = [0.343(LSF - 93) + 2.74(SM - 2.3)] + [0.83Q_{45} + 0.10C_{125} + 0.39R_{45}]$$

(5.39)

式中　$w_{f\text{-}CaO,1400\text{ ℃}}$——生料经 1400 ℃煅烧 30 min 后的 $f\text{-}CaO$ 含量，%；

　　　Q_{45}——大于 45 μm 的粗颗粒石英的含量，%；

　　　C_{125}——大于 125 μm 的粗颗粒石灰石的含量，%；

　　　R_{45}——大于 45 μm 的粗颗粒其他酸不溶物（如长石）的含量，%。

$$LSF=\frac{100w_{CaO}}{2.8w_{SiO_2}+1.18w_{Al_2O_3}+0.65w_{Fe_2O_3}}\qquad SM=\frac{w_{SiO_2}}{w_{Al_2O_3}+w_{Fe_2O_3}}$$

方程式的前半部分表示生料化学成分所起的作用，LSF 高表示生料中 CaO 含量多，SM 高表示 SiO_2 含量多、液相量（$Al_2O_3+Fe_2O_3$）少。方程式的后半部分代表生料的矿物组成和细度对易烧性所起的作用，C_{125}、Q_{45} 和 R_{45} 一方面代表生料中各组分粗颗粒的数量，另一方面也表示着生料的矿物性能，其对生料易烧性的影响一目了然。

2.2.2　从熟料矿物相的角度评价易烧性

$$B.I=0.273\frac{w_{(C_2S)_x}}{w_{C_x}}+0.119L_{1398\text{ ℃}}+0.1403\frac{w_{Al_2O_3}}{w_{Fe_2O_3}}$$

式中　$B.I$——易烧性指数；

　　　$L_{1398\text{℃}}$——生料经 1398℃煅烧时的液相含量，%；

　　　$\dfrac{w_{(C_2S)_x}}{w_{C_x}}$——已化合形成的 C_2S 矿物的含量与尚未化合的固体 CaO 含量的比值，这是窑内主要热能

消耗项目，经统计该比例值为：$\dfrac{w_{(C_2S)_x}}{w_{C_x}}=\dfrac{2.8665w_{SiO_2}-0.7338w_{Al_2O_3}-0.176w_{Fe_2O_3}}{w_{CaO}-1.8665w_{SiO_2}-1.214w_{Al_2O_3}-1.0667w_{Fe_2O_3}}$；

$L_{1398\text{ ℃}}=2.943w_{Al_2O_3}+2.25w_{Fe_2O_3}$。整理后：

$$B.I=\frac{0.7826w_{SiO_2}-0.2003w_{Al_2O_3}-0.0480w_{Fe_2O_3}}{w_{CaO}-1.8665w_{SiO_2}-1.2140w_{Al_2O_3}-1.0667w_{Fe_2O_3}}$$

$$+0.3513w_{Al_2O_3}+0.2687w_{Fe_2O_3}+0.1403\frac{w_{Al_2O_3}}{w_{Fe_2O_3}}\qquad(5.40)$$

易烧性指数 $B.I$ 一般范围为 3.2～5.0，正常熟料范围为 4.0～4.7。该数值越大，表明熟料越好烧；反之，则表明熟料越难烧。

2.2.3　从烧成温度的角度评价易烧性

生料最高煅烧温度与熟料潜在矿物组成的关系如下：

$$T(℃)=1300+4.51w_{C_3S}-3.74w_{C_3A}-12.64w_{C_4AF}\qquad(5.41)$$

最高煅烧温度越高，则生料的易烧性越差。

2.2.4　从试验的角度评价易烧性

根据《水泥生料易烧性试验方法》（GB/T 26566—2011），生料易烧性试验是用生料在一定温度（T）下煅烧一定时间（t）后，测定其 $f\text{-}CaO$ 量，也就是 $w_{f\text{-}CaO}=f(t,T)$。用游离氧化钙含量表示该生料煅烧的难易程度，游离氧化钙含量愈低，表示易烧性愈好。

综上所述，生料的易烧性的影响因素可归纳为：

（1）熟料矿物组成、率值；

（2）原料性质与颗粒组成：石英、方解石含量多，结晶质粗颗粒多，则难烧；

（3）生料的均匀程度、细度；

（4）液相量；

（5）燃煤性质：热值高、煤灰分少、细度细，则燃烧速度快、燃烧温度高，有利于烧成；

（6）窑内气氛：氧化气氛有利烧成。

2.3　生料的化学成分

水泥生料是一种多矿物和多分散相的混合物,生料成分约 95％是 CaO、SiO_2、Al_2O_3、Fe_2O_3,余下的 5％由次要成分构成。

2.3.1　主要化学成分

由于热耗等的差别,不同企业生料化学成分的可比性意义不大,不同煅烧工艺所用生料的 CaO 含量差异很大,但综合比较率值,即可识别生料的易烧性。

(1)石灰饱和系数(KH)

石灰饱和系数增加,使 C_3S 增加、C_2S 减少,熟料强度,尤其早期强度会提高,但生料的易烧性降低,会有安定性不良的趋向。

(2)硅率(SM)

硅率增加会使熟料中的硅酸盐矿物增加,强度增加,但生料的易烧性降低;由于燃料消耗多,窑内热辐射强烈,使窑皮的形成较困难。

(3)铝率(IM)

铝率增加,提高了 C_3A 的含量;同时硅率增加,C_3S、C_2S 含量相应增加,有利于熟料强度的提高;但由于减少了液相量,液相黏度增大,使熟料易结大块,煅烧困难,需要较多的燃料。

2.3.2　次要化学成分

(1)氧化镁(MgO):其在煅烧过程中以液相存在,既可增加熟料的液相量,又可降低液相的黏度和表面张力,有利于 C_2S 和 f-CaO 在液相化合,加快 C_3S 的形成;但当 $w_{MgO} \geqslant 6\%$ 时,形成的方镁石晶体导致熟料安定性不良。最好控制生料中 $w_{MgO} \leqslant 2\%$,最大不超过 4％,此时要求加强冷却,使方镁石结晶细小。

(2)氧化钛(TiO_2):使熟料带暗黑色,C_3S 含量急剧减少,阿利特和贝利特晶粒尺寸变小,凝结速度变慢,早期强度降低。TiO_2 还有降低液相黏度和表面张力的作用。生料中以控制 $w_{TiO_2} \leqslant 2\%$ 为宜,最大不要超过 4％。

(3)氧化锰(Mn_2O_3):降低熟料的液相黏度,使阿利特晶粒尺寸变小,熟料早期强度降低。生料中以控制 $w_{Mn_2O_3} \leqslant 2\%$ 为宜,最大不要超过 4％。

(4)氧化锶(SrO):加速 CaO 的固相化合反应;降低液相出现的温度;会促使 C_3S 分解放出 f-CaO。生料中以控制 $w_{SrO} \leqslant 1\%$ 为宜,最大不要超过 4％。

(5)氧化铬(Cr_2O_3):能降低水泥熟料的液相黏度和表面张力,加速阿利特的形成;共晶体增多,但在高温区会使 C_3S 分解为 f-CaO 和 C_2S;提高 Al_2O_3 稳定性,降低 Fe_2O_3 的稳定性,增加初期水化活性。生料中以控制 $w_{Cr_2O_3} \leqslant 0.5\%$ 为宜,最大不要超过 2％。

(6)碱($K_2O + Na_2O$):能改善较低温度下生料的易烧性,而恶化较高温度下生料的易烧性(尤其当 $w_{K_2O} + w_{Na_2O} \geqslant 1\%$ 时)。降低 CaO 在液相中的溶解度,破坏阿利特和贝利特,操作上易产生结圈、结皮现象。生料中以控制 $w_{K_2O} + w_{Na_2O} \leqslant 0.4\%$ 时为宜,最大不要超过 1％。

(7)硫的化合物:降低液相出现温度约 100 ℃以上,并降低其黏度和表面张力,促使氧化物离子游动,增加贝利特的生成数量;改善生料在较低温度时的煅烧,但恶化了高温时的煅烧,使阿利特在 1250 ℃分解。在生料中应与 $w_{K_2O} + w_{Na_2O}$ 含量计算,控制熟料硫碱比为 0.4～1.0。一般控制生料中 $w_{SO_3} \leqslant 1\%$。

(8)五氧化二磷(P_2O_5):加快烧成时的化学反应,但降低 C_3S 含量和早期强度,生料中以控制 $w_{P_2O_5} \leqslant 0.5\%$ 为宜,最大不要超过 1％。

(9)氟化物:降低 C_3S 形成温度为 150～200 ℃,对窑中的内部循环没有影响,但降低了熟料的机械强度。生料中以控制 $w_{F^-} \leqslant 0.08\%$ 为宜,最大不要超过 0.6%。

（10）氯化物:增加了液相生成量,同时剧烈地改变吸收相的熔点,由于在烧成带完全挥发,并促使形成碳硅酸钙（$2C_2S \cdot CaCO_3$）而形成结圈,导致操作困难。生料中以控制氯化物含量不超过 0.015% 为宜。

2.4　矿物与颗粒组成

细度和颗粒级配显著地影响生料的易烧性。生料颗粒越细,其比表面积越大,烧结越容易,烧成温度也越低。但对于某些生料,进一步细磨对其易烧性并无重大影响。

（1）自然界 SiO_2、Al_2O_3 质原料通常以高岭土、蒙脱石、水云母、绿泥石等矿物及云母、绿帘石、叶蜡石、长石形态存在;Al_2O_3、Fe_2O_3 经常存在于水矾石、赤铁矿、针铁矿、磁铁矿等矿物中。它们与 $CaCO_3$ 的反应活性按下列次序递减:

白云母＞蒙脱石＞绿泥石＞伊利石＞高岭土

非晶型 SiO_2、与 Al_2O_3 和 CaO（或与 CaO）相结合的 SiO_2、与 Al_2O_3 和 Fe_2O_3（或与 Fe_2O_3）相结合的 SiO_2,均比游离 SiO_2 表现出更好的活性。

（2）各种矿物之间相比,氧化铝和石灰石的粒度变粗,对易烧性的影响较小;但石英颗粒相同的变化,影响却十分显著。M. Regourd 经试验得出:1% 的大于 100 μm 石英颗粒的影响与 6% 同样粒度的方解石相同。K. Suzuki 经试验得出:CaO 颗粒从 0.09～0.15 mm 增大到 0.3～0.46 mm,在 1500 ℃ 条件下煅烧,熟料中 f-CaO 含量从 0.5% 增加到 0.8%;SiO_2 颗粒从 0.05 mm 增加到 0.20 mm,在 1500 ℃ 条件下煅烧,熟料中 f-CaO 含量从 0.7% 增加到 3.7%。一般认为,生料中大于 0.20 mm 的 f-SiO_2 含量不应大于 0.5%。然而采用硅含量大的石灰石时,粗颗粒的比例可适当放宽。

2.5　生料的配料理念和熟料的率值选择

2.5.1　生料的配料理念

在窑内烧成熟料,不仅涉及生料的易烧性,还与生料的均匀程度、燃料性质、生产工艺装备条件及生产的水泥品种有关。

配料设计的核心是确定熟料的矿物组成或率值,配料设计的目的是实现企业的产品方案。

（1）水泥品种

不同品种的水泥,其矿物组成是不同的,因此生产不同品种的水泥,要确定不同的矿物组成。如生产中热水泥,必须降低水化热较高的矿物 C_3S、C_3A 的含量。即使生产同一品种的水泥。其矿物组成也可能不同。如生产硅酸盐水泥,国家标准对矿物组成没有特殊要求,只要求凝结时间正常,具有良好的安定性和符合相应的强度指标就可以了。因此,可以根据企业自身条件,采用多种配料方案来实现。

（2）原料品质

原料的化学成分与工艺性能极大地影响着熟料矿物组成的设计。有时由于原料的某种成分或性能不能满足回转窑的工艺要求,需要另找原料或采取其他技术措施,硅、铝、铁校正原料为的是补充原料中相应元素的短缺。若原料中 K_2O、Na_2O、SO_3、Cl^- 含量过高,必须另找原料,或采取旁路放风或冷凝放灰等措施。

过去由于分析检验条件所限,企业只能利用 CaO、Fe_2O_3 快速滴定分析法,在强调黏土质原料稳定的前提下,生料粉磨工艺皆采用三组分配料控制。这样往往得不到理想的熟料矿物组成。在多元素 X 射线荧光分析仪问世后,四组分配料成为可能,现今设计的生料磨配料站都有 4～5 个原料仓,能自由地调配 CaO、SiO_2、Al_2O_3、Fe_2O_3 比例,使熟料具有理想的矿物组成。

如果原料的易烧性好,配料时可提高硅酸盐矿物的含量。如北京怀北水泥厂大量使用泥灰岩做原料,工艺性能试验表明,在相同率值条件下($KH=0.90,SM=2.5,IM=1.6$),一般企业熟料中 $w_{f\text{-CaO}}=2.0\%$,该厂熟料中 $w_{f\text{-CaO}}=0.2\%$,表现出良好的易烧性;该厂实际生产控制 $KH=0.92$,$SM\geqslant3.0$,$w_{f\text{-CaO}}\leqslant1.5\%$,一台 700 t/d 的预分解窑很快达到高于 800 t/d 的生产规模,可见原料的工艺性能对确定合适的熟料矿物组成影响很大。

(3)燃料品质

燃料品质通过影响自身的燃烧过程,继而影响熟料的煅烧过程。

气体和液体燃料燃烧时着火快,燃烧部分较短,热力集中,便于控制火焰形状;而且几乎没有灰分掺入熟料,故对熟料的化学成分影响甚微。

固体燃料——煤由挥发分、固定碳和灰分组成,它对熟料的煅烧和质量影响较大。

以往回转窑是烧烟煤的,烟煤挥发分高,易于燃烧。我国烟煤多产于北方,南方部分地区多产无烟煤,两种煤高额的差价促使人们研究回转窑使用无烟煤的煅烧技术。近些年,预分解窑采用低挥发分煤作燃料,已在南方广泛应用。

煤的灰分虽然掺入熟料不多,但对熟料的质量影响很大。煤灰的掺入会降低熟料的石灰饱和系数、降低硅率、提高铝率。虽然配料计算时把煤灰作为一种原料组分考虑,但实际上煤灰掺入是不均匀的,煤灰沉落多的部位熟料的石灰饱和系数降低幅度大,沉落少的部位降低幅度小,结果熟料矿物组成不均、岩相结构不好,煤的灰分越高、煤粉越粗,其影响越大。

使用性能良好的煤粉燃烧器,使煤粉在窑内能充分燃烧,不但可以省煤,配料时也可适当提高硅酸盐矿物的含量、减少熔剂矿物的含量,从而提高熟料的质量。吉林某水泥厂,所用烟煤 $V_{ad}=21\%$,$A_{ad}=29.5\%$,$Q_{net,ad}=20908$ kJ/kg,原采用单通道煤粉燃烧器,熟料率值 $KH=0.92$、$SM=2.00$、$IM=1.20$、$f\text{-CaO}\leqslant1.5\%$,熟料 3 d 强度为 25 MPa,28 d 强度为 53 MPa;换上四通道煤粉燃烧器后,熟料率值 $KH=0.94$、$SM=2.90$、$IM=1.80$,熟料 3 d 强度为 32 MPa,28d 强度为 62 MPa。

(4)生料成分的均匀性

为使窑内热工制度稳定,加速生料各组分之间的反应,保证熟料质量,应提高生料成分的均匀性。在确定熟料矿物组成时,要和生料的均匀性适应;生料均匀性好的企业可适当提高硅酸盐矿物的含量,以提高熟料质量;生料均匀性差的企业可降低石灰饱和系数,以免 $f\text{-CaO}$ 含量过高。

(5)回转窑规格

一般小型预分解窑易结圈、结长厚窑皮、结大蛋,此时适当提高硅酸盐矿物的含量,减少液相量,有利于提高回转窑运转率。

总之,影响熟料矿物组成设计的因素是多方面的,应该随着原(燃)料、产品方案、设备、操作条件等的不同而变化。熟料矿物组成的设计过程,亦是分析矛盾、解决矛盾的过程,既要认识矛盾的普遍性,摸索其一般规律,又要分析矛盾的特殊性,以便设计出具有针对性的解决方案。例如:某厂黏土的硅率偏低,为配出理想的熟料率值,需掺硅质校正料;当地只有石英岩,石英岩难磨又难烧,从而产生了生料配料率值与粉磨、煅烧的矛盾。如石英岩过硬且晶粒粗,而工厂的粉磨能力有限,加石英岩会造成生料粉磨不够,煅烧困难,对熟料质量和生产影响较大;如果不掺石英岩,窑尚能适应,熟料质量相对影响较小,则可不掺石英岩,而采取低硅配料并相应调整生料率值,提高石灰饱和系数,使其与之相适应;如果不掺石英岩,熟料硅率过低,严重影响熟料质量,此时,熟料化学成分成为主要矛盾,可以决定掺一定量的石英岩,同时减少一些铁粉,两个因素促使提高熟料硅率,避免单一掺加石英岩的不利影响。所以,具体问题要具体分析,不能只强调一方面。

2.5.2　熟料率值的选择

率值与熟料质量及生料易烧性有较好的相关性,通常使用 KH、SM、IM 作为控制指标。合理的配料方案必须根据企业实际情况,在多次实践总结的基础上确定。其选择的主要依据如下。

（1）按企业生产水泥品种、等级要求进行选择。硅酸盐水泥熟料的率值范围，一般可参考表 5.11，当用户要求或品种发生变化时，要调整配料方案，如北京琉璃河水泥厂应用户要求生产路面水泥，配料方案定为 $KH=0.92\pm0.02$，$SM=2.25\pm0.10$，$IM=0.90\pm0.10$，来提高 C_3S 和 C_4AF 含量，满足高强、耐磨、干缩性小的性能要求。又如广州珠江水泥厂，为提供机场建设需要的耐磨性好、抗冲击力性能好、水化热低的水泥，采取降低 C_3A 含量、提高 C_4AF 含量、适当提高 C_2S 含量的配料方案，确定熟料率值为 $KH=0.90\sim0.91$、$SM=1.95\sim2.00$、$IM=0.95\sim1.0$，生产出的水泥可用于机场建设、大体积混凝土工程等。

表 5.11　国内部分水泥厂熟料率值及矿物组成

产地	LSF	KH	SM	IM	备注
北京	92.90	0.885	2.51	1.84	
冀东	91.10	0.875	2.50	1.60	
新疆	91.77	0.88	2.50	1.60	
宁国	91.40	0.887	2.45	1.61	
柳州	95.81	0.920	2.21	1.59	
江西	92.55	0.889	2.46	1.61	
鲁南	92.44	0.888	2.37	1.58	
铜陵	92.40	0.890	2.45	1.65	
双阳	91.94	0.885	2.59	1.55	
大连	91.40	0.879	2.50	1.60	

（2）配料方案要适应预分解窑的热工特点和工厂工艺条件。预分解窑由于设置分解炉，入窑物料分解率高；采用多通道煤粉燃烧器，窑内温度高；使用高效冷却机，出窑熟料冷却快；自动化控制程度高，热工制度稳定；均化条件好，入窑生料、燃料成分均匀，有利于煅烧高 KH、高 SM 生料。用晶态硅质原料，难磨、易烧性差，如果原料磨系统能力有富余时，适当提高 SM，采用硅质配料是可行的。

（3）结合企业原材料性能和资源供应情况进行选择。如有硅质原料来源时，可采用高 SM 方案，以提高硅酸盐矿物的含量。此外要与所使用的耐火材料的性能相适应，因熟料的石灰饱和系数越高，碱性越强，因此要求耐火材料具有高的抗碱性；如果衬料的抗碱性能达不到要求，则窑衬使用寿命短。

（4）进行易烧性试验，取得企业原（燃）料的配料设计依据。对新建企业，在设计阶段需要进行生料易烧性试验，以设定合适的配料方案。

（5）通过生产统计，优化企业的配料方案。对已投产企业，生产实际中积累了大量熟料化学成分、率值与物理强度检验数据，选择窑正常运行时的相关数据，用回归法计算率值或矿物组成与 28 d 抗压强度（以本企业影响熟料强度的龄期强度类别为准）的关系，建立数学模型，结合操作条件，选择熟料率值或矿物组成控制范围。

值得注意的是，用统计方法所确定的工厂率值或矿物组成控制范围是阶段性的，当生产条件和原（燃）料发生变化时，应重新统计计算。

总之，配料方案中三个率值要互相匹配，同时要与水泥企业实际生产相结合，通过长期的生产积累得到适合本厂的配料方案指标。

例如：吉林某水泥有限公司水泥厂为 2000 t/d 预分解窑生产线，为了获得较高的熟料强度、良好的物料易烧性以及易于控制生产，逐日统计了 1996—1998 年的有关 KH、$f\text{-}CaO$ 含量、熟料强度、物料烧成特点、结粒情况等数据资料。首先确定 KH 的范围，通过统计发现随着 KH 的增加，3 d 强度、28 d 强度基本上呈递增趋势，但当 $KH\geqslant0.91$ 时，虽然 3 d 强度较高，但 28 d 强度已呈下降趋势，说明此时熟料煅烧已经较困难了，$f\text{-}CaO$ 含量不易控制，对强度有较大影响，因而选取 $KH=0.86\sim0.90$ 为熟料最佳控制范围。由于 $f\text{-}CaO$ 含量控制在小于 1.0% 为好，故相应的熟料理论 KH 值为 $0.88\sim0.92$。KH 值确定后，熟料能否易于煅烧且强度高，还需要选择适宜的 SM、IM 值，当 $KH=0.88\sim0.92$ 时，统计 SM、IM 值及 $f\text{-}CaO$ 分布情况，最后得出 $SM=2.3\pm0.1$，$IM=1.6\pm0.1$ 时合格率最高，因而最后选定 $KH=0.88\sim0.92$、$SM=2.3\pm0.1$、$IM=1.6\pm0.1$ 为该厂的配料方案指标。

(6)配料设计可选择的三种方案

① 方案一："两高"方案。高 KH、高 SM、低碱、低液相量的配料方案。熟料参数控制为：$KH=0.89\sim0.95$，$SM=2.5\sim3.2$，$IM=0.89\sim1.65$，$w_L=20\%\sim24\%$，$w_{f\text{-}CaO}=0\sim0.5\%$，$w_{f\text{-}SiO_2}=0\sim0.75\%$，$w_{MgO}=2\%\sim3\%$，$w_{Na_2O}+w_{K_2O}=0\sim0.5\%$，$w_{SO_3}/w_{R_2O}=0.6\sim0.8$，$w_{LOSS}=0\sim0.5\%$，$w_{C_3S}=50\%\sim60\%$，$w_{C_3S}+w_{C_2S}=6\%\sim80\%$。此方案可生产高强熟料。

② 方案二："两高一中"方案。高 IM、高 SM、中 KH、低碱、低液相量的配料方案。熟料参数控制为：$KH=0.89\pm0.01$，$SM=2.5\pm0.1$，$IM=1.5\pm0.1$，$w_L=20\%\sim24\%$。从我国冀东、HX 公司、宁国的几条 4000 t/d、2000 t/d、3200 t/d 预分解窑生产实践看，"两高一中"方案是适当的。对直径在 3 m 以下的预分解窑的熟料率值亦可采用此方案，如 1000 t/d、1200 t/d 的预分解窑[长沙印山(SLC)、广西宁华宏、YZH(MSP)等水泥公司]大都采用此方案。

③ 方案三："三高"方案。高 IM、高 SM、高 KH、低碱、低液相量的配料方案。熟料参数控制范围为：$KH=0.89\sim0.95$，$SM=2.5\sim3.2$，$IM=1.6\sim1.8$，具体控制为：$KH=0.91\pm0.02$，$SM=2.6\pm0.1$，$IM=1.5\pm0.1$。

总而言之，熟料率值的确定，首先要满足产品方案的要求，并在生产中逐步摸索适应本厂设备和资源条件的指标。

◈ 知识测试题

一、填空题

1.配料方案是_____。

2.确定配料方案，应根据_____、_____、_____、_____等进行综合考虑。

3.原料选择要根据_____和_____要求，在对原料性能详细研究和综合比较的基础上确定。

4.生料易烧性是指_____。

5.配料设计可选择的三种方案有：_____、_____和_____。

二、选择题

1.SM 高表示(   )。

A.硅酸盐矿物含量多　　　　B.黏度大　　　　　　　C.液相量($Al_2O_3+Fe_2O_3$)多

2.熟料的 KH 控制的范围在(   )。

A.$0.87\sim0.96$　　　　　　B.$0.82\sim0.94$　　　　　　C.$0.667\sim1$

3.生产水泥熟料，当黏土质原料的硅率小于2.7，一般需加(   )。

A.铝质原料　　　　　　　　B.含铁较高的黏土　　　　C.硅质校正原料

4.生产中热水泥，必须降低(   )的含量。

A.C_3S 和 C_3A　　　　　B.C_2S　　　　　　　　　C.C_4AF

5.生料中引起结皮、堵塞的有害成分包括(   )。

A.Al_2O_3　　　　　　　　B.SiO_2　　　　　　　　　C.R_2O

三、判断题

1. LSF 高表示生料中 CaO 含量少。　　　　　　　　　　　　　　　（　　）

2. 方解石含量多,结晶质粗颗粒多,料难烧。　　　　　　　　　　　　（　　）

3. 配料中生料的次要成分对生料易烧性和熟料性能的影响可以忽视。　　（　　）

4. 熟料的石灰饱和系数与硅率、铝率的关系是互不影响的。　　　　　　（　　）

5. 熟料的配料指标是动态的,首先应满足产品方案的要求,并在生产中逐步摸索适应本厂设备和资源条件的指标。　　　　　　　　　　　　　　　　　　　　　　（　　）

四、简答题

1. 试简述生料的主要成分对煅烧工艺的影响。

2. 如何理解"原料之间的协调性"? 请举例说明。

3. 试从配料方案的确定角度,分析三率值与早期强度和凝结时间的关系。

4. 试分析石灰石变质程度如何影响易烧性。

5. 水泥生料配料方案的确定依据是什么?

◈ 能力训练题

1. 某厂生产强度等级为 42.5 的水泥,经质检部检验,发现水泥的强度等级未达到 42.5,经调查发现生料均化、熟料煅烧均未出现问题,请从配料方案设计的角度提出解决措施。

2. 已知某水泥企业不同原料的配比及原料的化学成分如下表(质量分数,%):

	配比	SiO_2	Al_2O_3	Fe_2O_3	CaO
$1^{\#}$ 石灰石	94.47	11.54	2.40	1.03	45.09
$2^{\#}$ 石灰石	94.47	12.42	2.62	1.26	44.45
$3^{\#}$ 石灰石	94.47	11.82	2.43	1.20	44.89
$4^{\#}$ 石灰石	94.47	12.33	2.41	1.24	45.14
$5^{\#}$ 石灰石	94.47	11.10	2.18	1.04	45.48
页岩	3.25	59.75	20.04	9.06	0.42
砂岩	0.49	81.50	9.13	2.87	0.55
硫酸渣	1.79	37.06	7.78	41.87	2.99

假设原料配比及辅料化学成分不变,分别用 $1^{\#} \sim 5^{\#}$ 石灰石进行配料计算,得到的五种生料的化学成分如下(质量分数,%):

用不同石灰石进行配料计算的生料化学成分(%)

	SiO_2	Al_2O_3	Fe_2O_3	CaO	KH	n	p
$1^{\#}$ 生料	13.91	3.10	2.03	42.67			
$2^{\#}$ 生料	14.74	3.31	2.25	42.06			
$3^{\#}$ 生料	14.17	3.13	2.19	42.48			
$4^{\#}$ 生料	14.65	3.11	2.23	42.71			
$5^{\#}$ 生料	13.49	2.89	2.04	43.04			

(1)计算生料的三率值。

(2)分析石灰石化学成分的变化对生料三率值的影响。

(3)根据上述数据,分析用 $1^{\#} \sim 5^{\#}$ 石灰石配料时对煅烧工艺的影响。

任务 3　生料的配料计算

任务描述　确定熟料的矿物组成后,按照所选的率值,根据物料平衡原理,利用多种配料计算方法,为新型干法水泥生产进行生料的配料计算。

能力目标　能根据新型干法水泥生产特点、所选的率值、原(燃)料的性能,结合其他相关参数计算原料的配合比。

知识目标　理解配料的目的和原则,掌握配料计算方法与配料相关的技术问题。

3.1　生料配料的目的和基本原则

配料是为了确定各种原(燃)料的消耗比例和优质、高产、低消耗地生产水泥熟料。在水泥厂的设计和生产中,必须进行配料计算,它是水泥厂设计和水泥生产过程中的一个十分重要的环节。

在水泥厂设计过程中,配料计算是为了判断原料的可用性及矿山的可用程度和经济合理性,决定原料种类及配比,选择合适的生产方法及工艺流程,计算全厂的物料平衡、作为全厂工艺设计及主机选型的依据。

在工厂的生产过程中,配料计算是为了经济合理地使用矿山资源,确定各种原料的配料比例,得到成分合格的生料和熟料,创建良好的窑、磨操作条件。

配料的基本原则是:配制的生料易磨易烧;生产的熟料具有较高的强度和良好的物理化学性能;经济合理地利用矿山资源;生产过程中易于操作、控制和管理,并尽可能简化工艺流程。

3.2　配料计算中的技术问题

3.2.1　物料平衡方程

配料计算的依据是物料平衡原理,即反应物的质量应等于生成物的质量。在任何生产条件下,进熟料煅烧系统的物质质量等于出熟料煅烧系统的物质质量。建立的物料平衡模型如图 5.1 所示。

图 5.1　物料平衡模型

平衡算式:

$$m_{空气} + m_{燃料} + m_{生料} = m_{烟气} + m_{飞灰} + m_{熟料}$$

由分析可知:

$$m_{烟气} = m_{生料废气}(CO_2、CO、R_2O、N_2 \ 等) + m_{空气} + m_{燃料燃烧废气}$$

$$m_{燃料} = m_{灰分} + m_{废气}$$

$$m_{飞灰} = m_{煅烧物}(粉尘、挥发物)$$

$$m_{生料} = m_{灼烧生料} + m_{废气}$$

当 $m_{飞灰} = 0$, $m_{废气} = 0$ 时:

$$m_{灼烧生料} + m_{掺入熟料中的煤灰} = m_{熟料}$$

在实际生产中,由于总有生产、运输损失,且飞灰的化学成分不等于生料的成分,煤灰的掺入量亦有不同,因此,生产计划部门或物资管理部门提出的配料比例或采购计划与质量控制部门的配料方案中的配比有所不同,在生产中应以生熟料成分的差别进行统计分析,对配料方案进行校正。

3.2.2　配料计算基准及换算

随着温度的升高,生料煅烧成熟料经历了生料干燥蒸发物理水、黏土矿物分解放出结晶水、有机物质分解挥发、碳酸盐分解放出二氧化碳、液相出现使熟料烧成等一系列过程。因为有水分、二氧化碳以及挥发物的逸出,所以计算时必须采用统一基准。

(1)干燥基准

物料中的物理水分蒸发后处于干燥状态,以干燥状态质量所表示的计量单位,称为干燥基准,简称干基。干基用于计算干燥原料的配合比和干燥原料的化学成分。如果不考虑生产损失,则干燥原料的质量等于生料的质量,即:

$$m_{干石灰石} + m_{干黏土} + m_{干铁粉} = m_{干生料}$$

(2)灼烧基准

去掉烧失量(结晶水、二氧化碳与挥发性物质等)以后,生料处于灼烧状态。以灼烧状态质量所表示的计算单位,称为灼烧基准。灼烧基准用于计算灼烧原料的配合比和熟料的化学成分。如果不考虑生产损失,在采用有灰分掺入的煤作燃料时,灼烧生料与掺入熟料中的煤灰的质量之和应等于熟料的质量,即:

$$m_{灼烧生料} + m_{掺入熟料中的煤灰} = m_{熟料}$$

(3)湿基准

用含水物料作计算基准时称为湿基准,简称湿基。

(4)物料的基准换算

物料由湿基准去掉吸附水变为干燥基准,再由干燥基准去掉烧失量(碳酸盐分解的二氧化碳、黏土矿物中的化合水、煤炭的可燃物)变为灼烧基准时质量减少了,而硅、铝、铁、钙等氧化物的百分含量却增加了。表 5.12 列出了物料的基准换算。

表 5.12　物料的基准换算

已知　　要求	物理质量			化学组成		
	湿基	干燥基	灼烧基	湿基	干燥基	灼烧基
湿基	1	$\dfrac{100-W}{100}$	$\dfrac{(100-W)\times(100-L)}{100\times100}$	1	$\dfrac{100}{100-W}$	$\dfrac{100\times100}{(100-W)\times(100-L)}$
干燥基	$\dfrac{100}{100-W}$	1	$\dfrac{100-L}{100}$	$\dfrac{100-W}{100}$	1	$\dfrac{100}{100-L}$
灼烧基	$\dfrac{100\times100}{(100-W)\times(100-L)}$	$\dfrac{100}{100-L}$	1	$\dfrac{(100-W)\times(100-L)}{100\times100}$	$\dfrac{100-L}{100}$	1

注:W——湿含量(%);L——烧失量(%)。

3.2.3　单位熟料的烧成热耗

生料煅烧成熟料的理论热耗仅需 1730.11 kJ/kg 左右。在实际生产中,由于熟料形成过程中物料不可能没有损失,也不可能没有热量损失,而且废气、熟料不可能冷却到计算的基准温度,因此,熟料烧成的实际热耗要比理论热耗大。每煅烧 1 kg 熟料窑内实际消耗的热量称为熟料实际热耗,简称熟料热耗,也称熟料单位热耗。我国生产规模在 5000 t/d 以下的熟料热耗为 3181~4705 kJ/kg,生产规模在 5000 t/d 以上的熟料热耗为 3014~3181 kJ/kg。未来发展目标熟料热耗降低到 2720 kJ/kg以下。各种规模的预分解窑生产线的熟料烧成热耗宜符合表 5.13 的规定。

表 5.13　预分解窑各种规模生产线单位熟料烧成热耗

水泥生产线规模	2000～4000 t/d(含 2000 t/d)	4000 t/d 及以上
单位熟料烧成热耗(kJ/kg)	≤3178	≤3050
单位熟料烧成热耗(kcal/kg)	≤760	≤730

3.2.4　熟料中的煤灰掺入量

熟料中的煤灰掺入量可按下式计算：

$$G_A = \frac{qA_{ar}S}{Q_{DW,ar} \times 100} = \frac{PA_{ar}S}{100} \tag{5.42}$$

式中　G_A——熟料中煤灰掺入量，%；

　　　q——单位熟料热耗，kJ/kg(熟料)；

　　　$Q_{DW,ar}$——煤的收到基(应用基)低位热值，kJ/kg(煤)；

　　　A_{ar}——煤的收到基(应用基)灰分含量，%；

　　　S——煤灰沉落率，%；

　　　P——单位熟料的煤耗，kg/kg(熟料)。

煤灰沉落率因窑型而异，如表 5.14 所列，现代新型干法水泥生产由于窑磨工艺一体化，因而预分解窑的收尘器煤灰沉落率为 100%。

表 5.14　不同窑型的煤灰沉落率

窑型	无电收尘	有电收尘
窑外分解窑	90%	100%
立波尔窑	80%	100%
干法短窑带立筒、旋风预热器	90%	100%

3.3　配料计算方法

生料配料计算方法很多，有代数法、图解法、尝试误差法、递减试凑法、矿物组成法、最小二乘法等。随着计算机技术的发展，计算机配料已代替了人工计算，使计算过程更加方便快捷，计算结果更加准确。下面介绍应用较广泛的尝试误差法、递减试凑法、EXCEL 软件配料法及其用计算机编程的计算方法。

3.3.1　尝试误差法

尝试误差法是先按假定的原料配合比计算熟料组成，若计算结果不符合要求，则调整配合比重新计算，直到符合要求为止。基准，100 kg 干燥原料。

(1)尝试误差法计算步骤

①列出原料和煤灰的化学成分、煤的工业分析资料；

②计算煤灰的掺入量；

③假设干原料配比；

④计算干生料的化学成分；

⑤计算灼烧生料的化学成分；

⑥计算熟料的化学成分(熟料＝灼烧生料＋煤灰)；

⑦计算熟料组成(率值)；

⑧调整配合比，重新计算；

⑨由干原料配比计算湿原料配比。

（2）计算实例

【例 3.1】　某预分解窑采用四组分原料配料。熟料率值控制目标值为 $KH=0.90\pm0.02$，$SM=2.6\pm0.1$，$IM=1.7\pm0.1$，单位熟料热耗为 3053 kJ/kg。已知原料、煤灰的化学成分和煤的工业分析数据如表 5.15 及表 5.16 所列，试以尝试误差法计算原料的配比。

表 5.15　原料与煤灰的化学成分（质量分数，%）

名称	LOSS	SiO$_2$	Al$_2$O$_3$	Fe$_2$O$_3$	CaO	MgO	SO$_3$	K$_2$O	Na$_2$O	CI$^-$	总和
石灰石	42.86	1.68	0.60	0.39	51.62	2.21	0.05	0.25	0.03	0.019	99.71
砂页岩	2.72	89.59	2.82	1.67	1.77	0.74	0.07	0.36	0.06	0.015	99.82
粉煤灰	3.70	47.57	28.14	8.95	4.18	0.52	0.50	1.13	0.21	—	94.90
铁矿石	2.65	49.96	5.51	32.51	2.56	1.95	—	—	0.45	—	95.59
煤灰	—	52.55	28.78	6.30	6.49	1.45	2.20	1.00	0.44	—	99.21

表 5.16　原煤的工业分析

M_{ar}	V_{ar}	A_{ar}	FC_{ar}	$Q_{net,ar}$（kJ/kg）
1.70%	28.00%	26.10%	44.20%	22998

表 5.16 中化学成分数据总和往往不等于 100%，这是由于某些物质没有分析测定，因而通常小于 100%；但不必换算为 100%。此时，可以加上其他一项补足为 100%。有时，数据总和大于 100%，除了没有分析测定的物质以外，大都是由于该种原（燃）料等，特别是一些工业废渣，含有一些低价氧化物（如 FeO、Fe 等）经灼烧后被氧化为 Fe$_2$O$_3$ 等而增加了质量所致，这与熟料煅烧过程相一致，因此，也可以不必换算。

【解】　①确定熟料组成

根据题意，已知熟料率值为：$KH=0.90$，$SM=2.6$，$IM=1.7$。

②计算煤灰掺入量

据式（3.1）得：

$$G_A = \frac{qA_{ar}S}{Q_{net,ar}\times100} = \frac{3053\times26.10\%\times100\%}{22998\times100} = 3.46\%$$

③计算干燥原料的配合比

采用四组分配料，通常石灰石配合比例为 80% 左右；砂页岩（砂岩）为 10% 左右；铁矿石为 4% 左右；粉煤灰为 10% 左右；

据此，设定干燥原料配合比为：石灰石 81%，砂页岩 9%，铁矿石 3.5%，粉煤灰 6.5%，以此计算生料的化学成分（质量百分比，%）。

名称	LOSS	SiO$_2$	Al$_2$O$_3$	Fe$_2$O$_3$	CaO	MgO	SO$_3$	K$_2$O	Na$_2$O	CI$^-$
石灰石	34.72	1.36	0.49	0.32	41.81	1.79	0.04	0.20	0.02	0.0154
砂页岩	0.24	8.06	0.25	0.15	0.16	0.07	0.006	0.0324	0.0054	0.0014
粉煤灰	0.24	3.09	1.83	0.58	0.27	0.038	0.0325	0.0735	0.0137	0.0000
铁矿石	0.09	1.75	0.19	1.138	0.09	0.07	0.0000	0.0000	0.0158	0.0000
生料	35.29	14.26	2.76	2.19	42.33	1.96	0.0793	0.3084	0.0591	0.0167
灼烧生料	—	22.05	4.27	3.38	65.42	3.03	0.1226	0.4765	0.0913	0.0259

煤灰掺入量 $G_A=3.46\%$，则灼烧生料配合比为 $100\%-3.46\%=96.54\%$。按此计算熟料的化学成分（质量百分比，%）。

名称	配合比	SiO$_2$	Al$_2$O$_3$	Fe$_2$O$_3$	CaO	MgO	SO$_3$	K$_2$O	Na$_2$O	Cl$^-$
灼烧生料	96.54	21.28	4.12	3.26	63.16	2.92	0.1183	0.4600	0.0882	0.0250
煤灰	3.46	1.82	1.00	0.22	0.22	0.05	0.0762	0.0346	0.0152	0.0000
熟料	100	23.10	5.12	3.48	63.38	2.97	0.1945	0.4947	0.1034	0.0250

则熟料的率值计算如下：

$$KH = (w_{CaO} - 1.65w_{Al_2O_3} - 0.35w_{Fe_2O_3} - 0.7w_{SO_3})/2.8w_{SiO_2}$$

$$= \frac{63.38\% - 1.65 \times 5.12\% - 0.35 \times 3.48\% - 0.7 \times 0.1945\%}{2.8 \times 23.10\%}$$

$$= 0.83$$

$$SM = \frac{w_{SiO_2}}{w_{Al_2O_3} + w_{Fe_2O_3}} = \frac{23.10\%}{5.12\% + 3.48\%} = 2.69$$

$$IM = \frac{w_{Al_2O_3}}{w_{Fe_2O_3}} = \frac{5.12\%}{3.48\%} = 1.47$$

上述计算结果可知，KH 过低，SM 较接近，IM 较低。为此，应增加石灰石配合比例，减少铁矿石的量，增加粉煤灰量，又因粉煤灰中含有大量 SiO$_2$，为保证 SM 相对恒定，应适当减少砂页岩的量。根据经验统计，每增减 1% 石灰石（相应增减适当砂页岩），约增减 $KH = 0.05$。据此，调整原料配合比为：石灰石 82.3%，砂页岩 8.1%，铁矿石 2.6%，粉煤灰 7%。重新计算的结果如下表所列（质量百分比，%）：

名称	LOSS	SiO$_2$	Al$_2$O$_3$	Fe$_2$O$_3$	CaO	MgO	SO$_3$	K$_2$O	Na$_2$O	Cl$^-$
石灰石	35.27	1.38	0.49	0.32	42.48	1.82	0.0412	0.2058	0.0247	0.0156
砂页岩	0.22	7.26	0.23	0.14	0.14	0.06	0.0057	0.0292	0.0049	0.0012
粉煤灰	0.26	3.33	1.97	0.63	0.29	0.036	0.0350	0.0791	0.0147	0.0000
铁矿石	0.069	1.30	0.14	0.85	0.07	0.05	0.0000	0.0000	0.0117	0.0000
生料	35.82	13.27	2.84	1.93	42.99	1.97	0.0818	0.3140	0.0560	0.0169
灼烧生料	—	20.67	4.42	3.00	66.98	3.0632	0.1275	0.4893	0.0872	0.0263

名称	配合比	SiO$_2$	Al$_2$O$_3$	Fe$_2$O$_3$	CaO	MgO	SO$_3$	K$_2$O	Na$_2$O	Cl$^-$
灼烧生料	96.54	19.96	4.26	2.90	64.66	2.96	0.1231	0.4723	0.0842	0.0253
煤灰	3.46	1.82	1.00	0.22	0.22	0.05	0.0762	0.0346	0.0152	0.0000
熟料	100	21.78	5.26	3.12	64.88	3.01	0.1993	0.5070	0.0994	0.0253

则熟料的率值计算如下：

$$KH = (w_{CaO} - 1.65w_{Al_2O_3} - 0.35w_{Fe_2O_3} - 0.7w_{SO_3})/2.8w_{SiO_2}$$

$$= \frac{64.88\% - 1.65 \times 5.26\% - 0.35 \times 3.12\% - 0.7 \times 0.199\%}{2.8 \times 21.78\%}$$

$$= 0.90$$

$$SM = \frac{w_{SiO_2}}{w_{Al_2O_3} + w_{Fe_2O_3}} = \frac{21.78\%}{5.26\% + 3.12\%} = 2.60$$

$$IM = \frac{w_{Al_2O_3}}{w_{Fe_2O_3}} = \frac{5.26\%}{3.12\%} = 1.69$$

上述计算结果可知，KH、SM 达到预先要求，IM 略低，但已十分接近要求值，因此，可按此配料进行生产。考虑到生产波动，熟料率值控制指标可定为：$KH=0.90\pm0.02$，$SM=2.6\pm0.1$，$IM=1.7\pm0.1$。按上述计算结果，干燥原料配合比为：石灰石 82.3%，砂页岩 8.1%，铁矿石 2.6%，粉煤灰 7%。

④计算湿原料的配合比

设原料中所含的水分分别为：石灰石 1%，砂页岩 3%，铁矿石 4%，粉煤灰 0.5%，则湿原料的配合比为：

$$m_{湿石灰石}=\frac{100\times82.3}{100-1}=83.13$$

$$m_{湿砂页岩}=\frac{100\times8.1}{100-3}=8.35$$

$$m_{湿铁矿石}=\frac{100\times2.6}{100-4}=2.71$$

$$m_{湿粉煤灰}=\frac{100\times7}{100-0.5}=7.04$$

将上述计算结果换算为质量百分比：

$$w_{湿石灰石}=\frac{83.13}{83.13+8.35+2.71+7.04}\times100\%=82.12\%$$

$$w_{湿砂页岩}=\frac{8.35}{83.13+8.35+2.71+7.04}\times100\%=8.25\%$$

$$w_{湿铁矿石}=\frac{2.71}{83.13+8.35+2.71+7.04}\times100\%=2.68\%$$

$$w_{湿粉煤灰}=\frac{7.04}{83.13+8.35+2.71+7.04}\times100\%=6.95\%$$

3.3.2　递减试凑法

从熟料化学成分中依次递减假定配合比的原料成分，试凑至符合要求为止。基准，100 kg 熟料。

(1)递减试凑法计算步骤

①列出原料和煤灰的化学成分、煤的工业分析资料。

②计算煤灰的掺入量；

③根据熟料率值计算要求的熟料化学成分；

④递减试凑求各原料配合比；

⑤计算熟料化学成分并校验率值；

⑥将干燥原料配比换算成湿原料配比。

(2)计算实例

【例 3.2】　已知原(燃)料的有关分析数据如表 5.17、表 5.18 所列，假设用窑外分解窑以三种原料配合进行生产，要求熟料的三率值为 $KH=0.89\pm0.02$、$SM=2.1\pm0.1$、$IM=1.3\pm0.1$，单位熟料热耗为 3350 kJ/kg，试计算原料的配合比。

表 5.17　原料与煤灰的化学成分(质量百分比，%)

名称	LOSS	SiO$_2$	Al$_2$O$_3$	Fe$_2$O$_3$	CaO	MgO	总和
石灰石	42.66	2.42	0.31	0.19	53.13	0.57	99.28
黏土	5.27	70.25	14.72	5.48	1.41	0.92	98.05
铁粉	—	34.42	11.53	48.27	3.53	0.09	97.84
煤灰	—	53.52	35.34	4.46	4.79	1.19	99.30

表 5.18　原煤的工业分析

M_{ar}	V_{ar}	A_{ar}	FC_{ar}	$Q_{net,ar}$ (kJ/kg)
0.60%	22.42%	28.56%	49.02%	20930

【解】　计算煤灰掺入量

$$G_A = \frac{qA_{ar}S}{Q_{net,ar} \times 100} = \frac{3350 \times 28.56 \times 100\%}{20930 \times 100} = 4.57\%$$

用由熟料率值计算化学成分的公式,计算要求熟料的化学成分,设 $\sum = 97.5\%$,则有:

$$w_{Fe_2O_3} = \frac{\sum}{(2.8KH+1)(IM+1)SM+2.65IM+1.35} = 4.50\%$$

$$w_{Al_2O_3} = IM \cdot w_{Fe_2O_3} = 5.85\%$$

$$w_{SiO_2} = SM \cdot (w_{Al_2O_3} + w_{Fe_2O_3}) = 21.74\%$$

$$w_{CaO} = \sum - (w_{SiO_2} + w_{Al_2O_3} + w_{Fe_2O_3}) - 65.41\%$$

以 100 kg 熟料为基准,列表递减如下:

计算步骤	SiO_2	Al_2O_3	Fe_2O_3	CaO	其他	备注
要求熟料组成	21.74	5.85	4.50	65.41	2.50	
−4.57 kg 煤灰	2.45	1.62	0.20	0.22	0.09	
差	19.29	4.23	4.30	65.19	2.41	$m_{干石灰石} = \frac{65.19}{53.13} \times 100$
−122 kg 石灰石	2.95	0.38	0.23	64.82	1.57	$= 122.7$ kg
差	16.34	3.85	4.07	0.37	0.84	$m_{干黏土} = \frac{16.34}{70.25} \times 100$
−23 kg 黏土	16.16	3.39	1.26	0.32	0.66	$= 23.3$ kg
差	0.18	0.46	2.81	0.05	0.18	$m_{干铁粉} = \frac{2.81}{48.27} \times 100$ kg
−6 kg 铁粉	2.06	0.69	2.89	0.21	0.14	$= 5.8$ kg
差	−1.88	−0.23	−0.08	−0.16	0.04	干黏土配多了 $m_{干黏土} = \frac{1.88}{70.25} \times 100$ kg
+2.6 kg 黏土	1.82	0.38	0.14	0.04	0.07	$= 2.6$ kg
和	−0.06	0.15	0.06	−0.12	0.11	偏差不大,不再重算

注:表中 53.13、70.25、48.27 分别为石灰石中的 CaO 含量、黏土中的 SiO_2 含量和铁粉中的 Fe_2O_3 含量。

　　计算结果表明,熟料中 Al_2O_3 和 Fe_2O_3 含量略为偏低,但若加黏土和铁粉,则 SiO_2 又过多,因此不再递减计算,其他项差别不大,说明 $\sum$ 的设定值合适。

　　按上表干原料质量配比换算为质量百分数为:

$$w_{干石灰石} = \frac{122}{122+20.4+6.0} \times 100\% = 82.2\%$$

$$w_{干黏土} = \frac{20.4}{122+20.4+6.0} \times 100\% = 13.7\%$$

$$w_{干铁粉} = \frac{6.0}{122+20.4+6.0} \times 100\% = 4.1\%$$

　　用递减法计算出配合比后,计算生料和熟料的组成的方法与【例 3.1】完全相同,故略。

3.3.3　EXCEL 软件配料法

　　使用 EXCEL 软件可以快速、准确实现预分解窑生料多组分配料。应用 EXCEL 软件及其规划求解工具进行配料计算,首先建立 EXCEL 配料计算模板,包括模板设计、公式编写、函数调用、规划求解;然后进行模板调试应用,输入选择的原(燃)料的化学成分、原煤的热值和灰分、窑系统的热耗、已设计的熟料率值,利用配料模板计算出各原料的比例。

下面介绍编制四组分配料的制作程序。

(1)运作步骤

①先检查微软的 EXCEL 是否安装了"规划求解"宏,若没有,应加载该选项。

②准备好各种原料和煤灰的化学成分、原煤热值和灰分以及所确定的熟料率值、窑系统热耗等数据。

③在 EXCEL 表中输入上述数据。采用三组分配料时,只要控制两个率值,如 KH 和 SM;采用四组分配料时则控制三个率值——KH、SM 和 IM。

④先假设原料配比,利用各自的计算公式,在 EXCEL 表格上所对应的单元格中用计算机语言输入,依次计算以下几项内容:

(a)生料成分。计算公式:生料化学成分＝各原料化学成分与其配比的乘积之和。

(b)灼烧基生料成分。计算公式:灼烧基生料化学成分＝生料化学成分÷$(1-w_{烧失量})$。

(c)煤灰掺入量。计算公式:煤灰掺入量(煤灰占熟料的百分比)＝烧成热耗÷煤热值×煤灰分。

(d)熟料成分。计算公式:熟料化学成分＝灼烧基生料成分＋煤灰成分×煤灰掺入量。

(e)计算熟料的率值。

⑤求解原料配比。选择"规划求解"宏,在"可变单元格"及"添加(A)"栏目中输入约定条件(熟料率值目标值)按"求解",计算机按约定条件进行求解,最后显示出原料配比、生料成分、熟料成分和熟料率值等数据,计算结束。

(2)操作步骤

操作计算格式见表 5.19。

表 5.19 EXCEL 软件配料计算表格式示例

序号	A	B	C	D	E	F	G	H	I	J	K	L	M
1		LOSS	SiO_2	Al_2O_3	Fe_2O_3	CaO	MgO	K_2O	Na_2O	SO_3	Cl^-	合计	比例
2	石灰石	填入	填入	填入	填入	填入	填入	填入	填入	填入	填入		M2
3	黏土	填入	填入	填入	填入	填入	填入	填入	填入	填入	填入		M3
4	砂岩	填入	填入	填入	填入	填入	填入	填入	填入	填入	填入		M4
5	铁粉	填入	填入	填入	填入	填入	填入	填入	填入	填入	填入		M5
6	生料	B6	C6	D6	E6	F6	G6	H6	I6	J6	K6		
7	灼烧生料	B7	C7	D7	E7	F7	G7	H7	I7	J7	K7		M7
8	煤灰分	填入	填入	填入	填入	填入	填入	填入	填入	填入	填入		M8
9	熟料		C9	D9	E9	F9	G9	H9	I9	J9	K9		
10													
11													
12	熟料热耗(kJ/kg)	填入											
13	煤热值(kJ/kg)	填入											
14	煤粉灰分(%)	填入											
15	熟料率值	目标	计算										

续表 5.19

序号	A	B	C	D	E	F	G	H	I	J	K	L	M
16	熟料 KH	填入	C16										
17	熟料 SM	填入	C17										
18	熟料 IM	填入	C18										

①计算生料成分

在"生料"化学成分对应的"LOSS"单元格中(本例为 B6)输入"=sumproduct(B2:B5,\$M2:\$M5)/100"。其中,M5=100−M2−M3−M4,M2、M3、M4 均为假设的初始比例。此时 EXCEL 中的 sumproduct 函数可以将对应的数组相乘后求和,输入回车键可得到生料的 LOSS 值。生料的其他成分可以通过对生料 LOSS 单元格进行拖拉获得,即点击生料 LOSS 单元格并将鼠标移到该生料 LOSS 单元格的右下角,当光标变为黑十字时,按下鼠标左键向右拖拉至生料对应的 Cl⁻ 单元格(本例为 K6),然后松开鼠标左键即完成。

②计算灼烧基生料成分

在"灼烧生料"化学成分的"SiO_2"单元格中(本例为 B7)输入"=C6/(1−B6/100)",按回车键得到 SiO_2 值。灼烧基其他成分也是通过对 SiO_2 单元格的拖拉获得的。

③计算煤灰掺入量(煤灰占熟料的百分比)及灼烧生料的比例

在"煤灰分"的"比例"单元格中(本例为 M8)输入"=C12/C13*C14",再按回车键就得到煤灰分在熟料中的比例。灼烧生料的比例(本例为 M7)输入"=100−M8"。

④计算熟料成分和率值

在"熟料"的"SiO_2"单元格中(本例为 C9)输"=sumprodut(C7:C8,\$M7:\$M8)/100",按回车键得到熟料的 SiO_2 值,其他熟料成分也是通过对 SiO_2 单元格的拖拉获得的。

熟料率值的计算:计算 KH 时在单元格(自选格,本例为 C16)输入"=(F9−1.65*D9−0.35*E9−0.7*J9)/2.8/C9",计算 SM 时在单元格(本例为 C17)输入"=C9/(D9+E9)",计算 IM 时在单元格(本例为 C18)输入"=D9/E9"。

⑤求解原料配比

点击菜单"工具",选择"规划求解",弹出窗口——规划求解参数,清空"设置单元格(E)",在"可变单元格(B)"中选择原料比例单元格(注意不能选中最后的比例单元格,本例为 M5),本例为 \$M\$2:\$M\$3:\$M\$4。按"添加(A)",弹出窗口——添加约束,在该窗口的"单元格引用位置"选择熟料实际 KH 单元格,本例为 C\$16,中间约束符选"=","约束值"选择熟料 KH 目标值的单元格,本例为 \$B\$16,再按一次"添加(A)",加入另一约束条件 SM,四种配料时再按一次"添加(A)"加入约束条件 IM,最后按"确定"。在"规划求解参数"中按"求解",即可在 EXCEL 表上显示最后的求解结果——原料配比、生料成分、灼烧生料成分、熟料成分、熟料实际率值等。保存时,在"规划求解结果"中按"确定"。

配料设计对水泥熟料的性能有直接影响,石灰饱和系数越高,熟料中 w_{C_3S}/w_{C_2S} 比值越高。当硅率一定时,C_3S 越多,则 C_2S 越少。硅率越高,则硅酸盐矿物越多,溶剂矿物越少。但硅率的高低尚不能确定各种矿物的含量,还应该看石灰饱和系数和铝率;如硅率较低,虽石灰饱和系数高,C_3S 含量也不一定高;同样,铝率高,熟料中 w_{C_3A}/w_{C_4AF} 会高一些,但如果硅率高,因总的熔剂矿物少,则 C_3A 含量也不一定高。

3.4 配料计算中有害成分的控制值

不同水泥品种及生产方法,都有不同的特定要求,因此,除"率值"外,还要引入必要的工艺特定

"约束条件",如预分解窑的碱、硫、氯含量。表 5.20 列出了不同水泥品种的熟料中矿物组成与化学成分的技术要求。预分解窑生产对原(燃)料中的有害成分敏感,配料计算后还要对有害成分进行复核,以保证生产正常和水泥质量合格。

表 5.20　水泥熟料中矿物组成与化学成分的技术要求(质量分数,%)

水泥熟料品种	C_3S	C_2S	C_3A	C_4AF	$f\text{-}CaO$	MgO	Na_2O, eq	LOSS	C_3A+C_4AF
P·S、P·P、P·F、P·C					≤1.5	≤5.0			
中热硅酸盐水泥	≤55		≤6.0		≤1.0				
低热硅酸盐水泥		≥40	≤6.0		≤1.0	≤5.0			
低热矿渣水泥、低热粉煤灰水泥			≤8.0		≤1.2	≤5.0	≤1.0		
低热微膨胀水泥					≤3.0	≤5.0			
道路水泥			≤5.0	≥16.0					
快硬水泥						≤5.0			
白水泥						≤4.5			
高抗硫酸盐水泥	<50		<3.0			≤5.0		≤1.5	≤22
中抗硫酸盐水泥	<55		<5.0						

(1)氧化镁(MgO)

原料中 MgO 经高温煅烧,部分与熟料矿物结合成为固溶体,当超过极限含量时,以游离态方镁石形式出现,在水泥水化时生成 $Mg(OH)_2$,体积增大,导致硬化水泥石膨胀开裂。因此国家标准对生料中的 MgO 含量限制在 3% 以内,高炉矿渣往往含有较多的 MgO,用它替代黏土质原料时,应注意水泥熟料中的 MgO 含量。

(2)碱(K_2O+Na_2O)

预分解窑生产对碱十分敏感,故碱的含量应予以限制:以钠当量 Na_2O 计时,要求熟料中 $w_{Na_2O}<0.6\%$,生料中 $w_{Na_2O}<0.4\%$;以总碱量(K_2O+Na_2O)计时,要求熟料中 $w_{R_2O}<1.5\%$,生料中 $w_{R_2O}<1.0\%$。生料中碱含量过高,煅烧时易引起结皮堵塞;熟料中碱含量过高,会使水泥凝结时间缩短,水泥标准稠度需水量增加,影响水泥的性能。当水泥中的碱含量较高时,要考虑预防混凝土中的碱骨料反应。

(3)硫和氯

生料和燃料中的硫燃烧生成 SO_2,当 SO_2 和 R_2O 含量不平衡时,形成氯碱循环,影响预热器的正常运行。常用硫碱比作为控制指标,一般取硫碱比为 0.6~1.0。

氯在烧成系统中主要生成 $CaCl_2$ 和 RCl,它们的挥发性很高,循环、富集容易引起结皮堵塞,因此生料中氯化物含量应限制在 0.015%~0.020% 以下。

◆ **知识测试题**

一、填空题

1. 配料计算的依据是_____。

2. 配料计算基准为_____、_____、_____、_____。

3. 原料选择要根据_____和_____的要求,在对原料性能详细研究和综合比较的基础上确定。

4. 单位熟料的烧成热耗是指_____。

5. 生料配料计算方法有：_____、_____、_____和_____等。

二、选择题

1. KH 值过高，熟料（　　）。

A. 煅烧困难　　　　　　　　　B. C_2S 的含量高　　　　　　　C. 产量高

2. 控制生料中的 Fe_2O_3 含量的目的是控制（　　）的相对含量。

A. Al_2O_3 与 Fe_2O_3　　　　　B. CaO 与 Fe_2O_3　　　　　C. C_3A 与 C_4AF

3. 在配料过程中，增大石灰石比例，水泥生料三个率值增大的是（　　）。

A. KH　　　　　　　　　　B. SM　　　　　　　　　　C. IM

4. 生料的 KH 控制指标为 1.02 ± 0.01，实际测得值为 0.96，应（　　）。

A. 增加石灰质原料的比例　　　　　　B. 减少石灰质原料的比例

C. 增加硅质原料的比例　　　　　　　D. 增加铁质校正原料的比例

5. 煤灰进入熟料中的主要成分是（　　）。

A. CaO　　　　　B. SiO_2　　　　　C. Fe_2O_3　　　　　D. Al_2O_3

三、判断题

1. 好的配料方案应满足两个条件：得到所需矿物的熟料；配成的生料与煅烧制度相适应。（　　）

2. 熟料的热耗表示生产 1 kg 熟料所消耗的热量。（　　）

3. 石灰饱和系数控制范围为目标值 ±0.02，合格率不得低于 80％。（　　）

4. 煤灰的掺入会降低熟料的石灰饱和系数、提高硅率、降低铝率。（　　）

5. 配料时，铝率越高则液相黏度越大。（　　）

四、简答题

1. 生料配料的目的和基本原则是什么？

2. 试简述利用尝试误差法进行配料计算的步骤。

3. 试简述利用递减试凑法进行配料计算的步骤。

4. 如何建立 EXCEL 配料模板？

五、计算题

1. 某水泥企业的配料表如下（以质量分数计）：

（％）

名称		配比	LOSS	SiO_2	Al_2O_3	Fe_2O_3	CaO	MgO
石灰石		87.15	34.53	6.51	1.24	0.60	42.72	1.22
黏土		10.55	0.98	6.63	1.44	0.70	0.45	0.12
铁粉		1.40	−0.05	0.23	0.05	0.70	0.32	0.04
铝矾土		0.90	0.13	0.33	0.32	0.03	0.02	0.02
生料		100.00	35.58	13.71		2.03	43.51	1.40
灼烧生料		—	—	21.28		3.15	67.54	2.17
熟料计算	灼烧生料			20.75	4.62	3.07	65.87	2.12
	煤灰掺入	2.47	—	1.32	0.87	0.11	0.12	0.03
	熟料	100.00	—		5.50	3.18	65.98	2.15

（1）在表中空格处填上相应数据，并写出计算过程。

（2）根据上表熟料的化学成分，计算熟料的三率值。

(3)根据上表生料的化学成分,计算熟料的三率值。

2.有一种黏土的含水率为 25%,烧失量为 19%,试问 100 g 这种黏土可得多少灼烧生料?

◈ 能力训练题

已知某预分解窑采用四组分原料配料。原料、煤灰的化学成分和煤的工业分析资料如下表,已知熟料率值控制目标值为 $KH=0.90\pm0.02$、$SM=2.50\pm0.10$、$IM=1.40\pm0.10$,熟料热耗为 3136 kJ/kg。

原料与煤灰的化学成分表(质量分数,%)

名称	LOSS	SiO₂	Al₂O₃	Fe₂O₃	CaO	MgO	合计
石灰石	42.98	1.68	0.60	0.39	51.62	2.21	99.48
粉砂岩	8.19	60.46	10.82	5.75	3.75	2.00	90.97
铜矿渣	—	38.40	4.69	10.29	8.45	5.27	67.10
粉煤灰	3.70	47.57	28.14	8.95	4.18	0.52	93.06
煤灰	—	63.28	17.76	4.79	6.51	1.98	94.32

原煤的工业分析表

名称	M_{ar}	V_{ar}	A_{ar}	FC_{ar}	$Q_{net,ar}$(kJ/kg)
烟煤	1.70 %	32.00%	14.00%	52.00%	25507.00

(1)根据原料的化学成分,分析其种类及品质。

(2)以尝试误差法计算原料的配比。

(3)用 EXCEL 软件计算原料的配比。

任务 4　生料的配料实施

任务描述　为新型干法水泥生产选择配料自动控制系统,并使用 X 射线荧光分析仪实现配料自动控制,选择配料设备并能操作与维护。

能力目标　能根据新型干法水泥生产特点选择配料自动控制系统,会使用 X 射线荧光分析仪分析原料、生料的化学成分,能操作维护配料站的计量设备。

知识目标　掌握配料自动控制方法、控制系统原理;掌握 X 射线荧光分析仪的原理和操作规程,掌握配料站计量设备操作与维护要领。

4.1　生料配料的控制

现代大型新型干法水泥生产要求入窑生料成分具有很高的均质性和稳定性,而连续式均化库只是将出磨或入库生料成分的波动范围缩小,不能起校正、调配作用,所以要使出库生料成分符合入窑生料控制指标,首先要重视磨前配料环节,控制好磨前配料系统。

4.1.1　配料控制方法

目前,水泥生产配料控制方法主要有两种:钙铁控制和率值控制。钙铁控制是过去我国水泥厂普遍采用的生料控制方法(通过稳定一两种组分来控制生料质量,以求达到稳定熟料率值的目的,这种方法简单但并不科学,因为熟料生产控制的指标是率值,要求入窑生料的率值稳定)。新型干法生产线上使用控制率值法,能全面反映生料成分,入窑生料的三个率值稳定,熟料的三个率值也基本稳定。率值控制系通过测定出磨生料成分,并得到出磨生料的率值,与目标率值进行对比,由计算机自动进行原料调整。用"生料率值控制专家系统"可自动调整入磨物料的配比,使生料成分符合要求,显著提高率值合格率。

4.1.2　生料质量控制系统

目前,水泥厂采用的技术成熟的生料控制系统有 3 种,即通用型、后置式和前置式。我国新型干法水泥生产线多采用后置式生料质量控制系统,前置式生料质量控制系统在为数不多的生产线上使用。

（1）通用型生料质量控制系统

采用 X 射线荧光分析仪,它存在着信息传递"长滞后性"的弊端:从给料机接到调整命令到执行新配比,加上取样分析时间,造成每次调整指令都是根据 30 min（或更长时间）以前出磨生料成分的波动情况而下达的。配料调整周期一般为 30 min/次,对于块、粒状物料,还需经过对试样破碎、粉磨、制作料饼等工序后进行分析测试,滞后时间将更长。

（2）后置式生料质量控制系统

这种控制方式是在生料出磨处设置自动取样装置,采用在线控制、X 射线荧光分析仪或多元素分析仪校正模式,进行成分分析、配比调整,使配料调整时间缩短到 3～5 min/次。这种方式也是知道结果后再去调整,仍存在滞后问题,还不能真正做到"在线"和"实时"。

（3）前置式生料质量控制系统

这种生料质量控制系统是将物料在线检测装置安装在入磨原料的混合皮带上和安装到石灰石进料皮带上,以解决进磨前物料的"实时、在线、连续检测"的一种质量控制方式。这种控制方式在物料未入磨前就知道物料的化学成分和率值,根据检测结果并传递给 DCS 系统,使之按照生料的三个率值,对入磨物料进行配料调整,调整周期为 1～2 min/次。此系统要求检测仪器的射线能穿透块状、粒状物料和实现连续、实时、快速、自动控制调节配比。

4.1.3　QCS 生料质量控制系统

目前,QCS 生料质量控制系统包括工控机、电子皮带秤、X 射线荧光分析仪、制样设备和取样设备等。QCS 生料质量控制系统如图 5.2 所示。

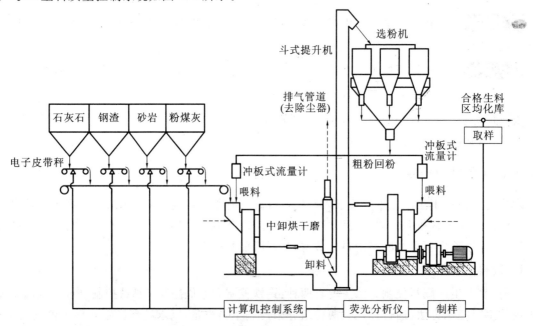

图 5.2　QCS 生料质量控制系统示意图

(1)系统的软硬件环境

QCS(Quality Control System)是专门为提高生料质量、优化工艺参数而设计的控制系统。QCS生料质量控制系统采用基于 Intel 处理器和 Microsoft Windows 2000 Server 的硬件平台,采用 Microsoft SQL Server 2000 数据库作为 QCS 生料质量控制系统的数据中心。QCS 生料质量控制系统可以通过自己的数据库,进行数据存储与查询,管理整个生产过程的所有相关的控制数据。

QCS 生料质量控制系统包括原料数据管理、配方计算、配料实时控制、统计报表、事件记录、数据库管理与查询、工艺管理、用户管理、趋势曲线等多功能。

(2)QCS 生料质量控制系统的工作原理

QCS 生料配料控制系统根据各原料的化学成分、煤灰的化学成分、煤的工业分析数据以及熟料要求的三率值和热耗进行配料计算,求出生料 KH、SM、IM 率值控制目标和石灰石、黏土、铁粉以及校正原料的初始喂料配比。QCS 系统将各原料的初始配比传送给 DCS 控制系统控制定量给料机进行喂料。由于原料成分的波动,出磨生料的 KH、SM、IM 和出均化库生料的 KH、SM、IM 都会与生料的 KH、SM、IM 目标值之间产生偏差。QCS 配料系统每过一段时间(1 h)从生料取样器中取出具有代表性的出磨生料样品和出均化库生料样品,通过 X 射线荧光分析仪分析出它的 CaO、SiO_2、Al_2O_3、Fe_2O_3 等成分并自动传送给配料计算机。计算机算出一个周期内的实测 KH、SM、IM 以及它们与目标值之间的偏差,QCS 配料系统按一定的优化算法求出新的物料配比。在几个周期内将均化库出口生料的率值控制在要求的范围内,确保入窑生料的 KH、SM、IM 的合格率达到规定要求。

4.2　X 射线荧光分析仪

X 射线荧光分析仪具有分析速度快、检测元素多、精确度高、操作简便等优点。X 射线荧光分析仪是新型干法水泥生产生料质量控制系统进行质量检验的核心,它为 QCS 生料质量控制系统提供出磨生料、入窑生料各化学成分的快速分析,还能对原材料(如石灰石、砂土、矾土、菱镁矿和其他矿物)、燃料、生料、熟料及水泥成品的化学成分进行分析,能较稳定分析各种物料中 SiO_2、Al_2O_3、Fe_2O_3、CaO、MgO、K_2O、Na_2O、SO_3 的含量,为生产控制及时提供分析数据。

4.2.1　X 射线荧光分析仪的工作原理与结构

(1)X 射线荧光分析仪的工作原理

X 射线荧光分析仪的工作原理是用 X 射线照射试样时,试样可以被激发出各种波长的荧光 X 射线,不同元素发出的特征 X 射线的能量和波长各不相同,因此通过对 X 射线的能量或者波长的测量即可知道它是由何种元素发出的,就能进行元素的定性分析。同时样品受激发后发射某一元素的特征X 射线的强度跟这种元素在样品中的含量有关,因此测出它的强度就能进行元素的定量分析。由于 X 射线具有一定波长,同时又有一定能量,因此,X 射线荧光分析仪有两种基本类型:波长色散型(WDEXRF)和能量色散型(EDXRF)。

波长色散型 X 射线荧光分析仪以个别主要元素分析为主,如钙铁仪、多元素分析仪,一般用于生产过程控制分析;能量色散型 X 射线荧光分析仪则可实现全分析,在相当程度上等同或替代化学分析。小型水泥企业因受自身财力的限制,主要使用的是能量色散型 X 射线荧光分析仪,包括大量的钙铁分析仪。而大中型企业,主要配置的是波长色散型 X 射线荧光分析仪,其分析速度快、准确度高,有效满足了水泥生产的质量控制要求。

(2)X 射线荧光分析仪的结构

波长色散型 X 射线荧光分析仪由 X 射线管、分光系统、检测系统、记录系统组成,其结构示意图如图 5.3 所示,通常分为扫描型和固定道型两种。软件系统主要包括主控制面板、谱图显示与谱数据处理、通道配置、飘移校正、定量分析模型的新建与修改、仪器状态及报警信息、单步调试面板、长期稳定性实验、测量结果管理及通信等模块。

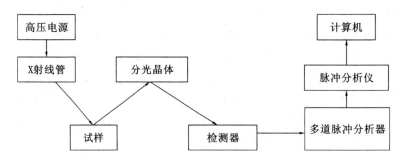

图 5.3　X 射线荧光分析仪结构示意图

4.2.2　X 射线荧光分析仪的操作

用 X 射线荧光分析仪测量不同的物料,其操作略有不同,现以某水泥企业的出磨生料操作过程为例说明。

(1)准备工作

①将电子天平清零(按 Tare 键)。

②检查勺子、刷子是否备齐。

③用湿布将磨盘、磨辊、磨环、盘盖擦拭干净,晾干后待用。

④将钢环用湿布擦拭干净,放入压片机上的凹槽内。

(2)操作步骤

①称取搅拌均匀的生料(9.000±0.002)g,取出后倒入磨辊与磨环以及磨环与磨盘间,用刷子轻轻将磨辊及磨环上的生料刷入磨盘内,盖好盘盖,放入振动磨内,压紧手柄,盖上箱盖,按下启动按钮,自动粉磨 3 min 后停机。

②打开箱盖,将手柄拉起,取出磨盘,用刷子将磨辊、磨环、磨盘及盘盖上的生料轻轻刷到一张干净的纸上。

③在电子天平上准确称取粉磨后的生料(7.000±0.002)g,取出后倒入压片机上的钢环内,用勺子轻轻将钢环内的生料摊平,然后合上手柄,旋紧压头,使压头与钢环上表面紧密接触,按下启动按钮,活塞自动上升、加压,使生料在 18 t 的压力下保压 10 s 后,活塞自动下降,自动停机。

④推开手柄,取出钢环,用吸尘器吸走钢环内部的残余粉尘及压片机凹槽内的粉尘,钢环上表面的粉尘用吸尘器轻轻吸掉。

⑤在荧光仪程序系统中的 Xpert Ease－Main Menu 窗口下点击 Single 图标,在其弹出的 Single Sample Analysis 窗口中点击 F6 键,在 Select Meod 窗口中选择生料曲线 RAMWIX-2,再点击 OK 键确认,回到 Single Sample Analysis 窗口后,点击 Measure 键,在弹出的 Sample Lakel 窗口中,在 Enter Sample Label 横栏内输入样品名称,时间以月、日、时顺序输入,输入完毕后点击 OK 键确认,荧光仪样品室的盖子自动打开。

⑥将压制好的钢环放入钢环夹内,试样表面向下放入荧光仪的样品室内。

⑦在 Load Sample 窗口中,点击 Yes 键后,荧光仪样品室的盖子自动关闭,在 Analysis Sample 窗口下自动分析。

⑧在荧光仪自动分析的同时,在 QCX 系统中双击 QCX Active Sample 图标,在其弹出的 QCX/Laboratory－Active Sample 窗口中,若分析出磨生料,应在 Sample Points 标栏下双击 Kiln Feed 图标,然后再双击 XRF Analysis 图标,使其颜色变绿。

⑨待分析结束后,QCX 系统自动弹出一个 Aclept/Reject Equipment Function Data 窗口,点击 Aclept 将分析数据接收,再在 NewFeeder Set－Points 窗口中点击 OK 键确认,使 QCX 系统接收数据后,自动调整原料配比。

（3）注意事项

①称取试样前要及时将天平清零。

②生料称量前要搅拌均匀,称取后要及时留样。

③盘盖盖上时要上紧,不能左右滑动。

④磨盘在振动磨中放置时,一定要放入振动磨内的凹槽中,手柄要压紧,防止振动时磨盘晃动。

⑤压片机活塞要定期用酒精清洗。

⑥荧光仪程序系统中,日常分析时不得关闭 Control Serrre－Omcp 窗口和 Xpert Ease－Main Menu 窗口,QCX 系统中不得关闭 QCX－Template－Blende Xpert－Opstation 窗口和 QCX Blend Expert 窗口。

⑦停电前,要正确关机,关机顺序为:

按下荧光仪关闭按钮,然后慢慢将气体阀门关闭;荧光仪程序系统在 Start 中点击 Shorr Down,点击 OK 确认;QCX 系统在 Start 中点击 ECS NTech 下的 SDR Administration Tools 中的 Nlaintenance,在其弹出的 Maintename 窗口中选择 Shut down the computer for run mode,点击 OK 键确认。

4.2.3 影响分析数据准确性和仪器稳定的因素

（1）样品的制备

在水泥行业中,样品的制备可用粉末压片法和熔片制样法两种方法。粉末压片法是目前国内水泥厂的首选 XRF 制样方法。首先待测试样要尽可能地干燥,以提高制样的精度。要求被测样品要制成细度不大于 80 μm 的粉末状;样片的直径应尽可能地大,最好不小于 32 mm;物料必须有代表性,可通过连续或多点取样,充分搅拌均匀,缩分成所需的克数以备检验。

（2）粉磨

①粉磨时间的确定:待测样品必须用专用粉磨机粉磨,研磨有手动和机械振动磨两类,采用机械振动磨效率高、复演性好。粉磨时选用一种合适的研磨器具是很重要的,特别是在分析痕量元素时尤为重要,可选用碳化钨磨具,这样可以把分析误差降到最小。粉磨细度不能大于 80 μm,经过反复的试验对比,把生料、熟料和各种原材料的粉磨时间确定在 150 s,时间过长会黏磨,过短则细度达不到分析要求。

②助磨剂和黏结剂的添加:在粉磨样品时加入适当的助磨剂有助于提高研磨效率,并且有利于料钵的清洗。加入黏结剂是为了使样品更好地成型,压制成表面光滑而又不容易破裂的样片。助磨剂和黏结剂必须是不含被测物成分的有机物,某水泥企业的添加剂有三乙醇胺、酒精、石蜡,如表 5.21 为该企业进行 X 射线荧光分析制样的添加剂明细表。

表 5.21　荧光分析制样添加剂明细表

物料名称		石灰石	砂岩	黏土	干法生料	熟料	硅石
粉磨称样量(g)		10	10	10	10.3	11	10
添加剂	石蜡(g)		0.3			0.3	0.3
	三乙醇胺(滴)	2	2	2	2	2	2
	酒精(滴)	1	1	1	1	1	1

（3）样品的压片

将制备好的粉末小心地放入模具中,用自动压力机在一定压力下压制成片,X 射线荧光强度与压制样品的压力和样品的颗粒大小有很大关系。

（4）制样误差验证

按步骤（2）、（3）选定样片制备的条件后,对样片制备的再现性进行验证,以生料为例,用同一个生料样充分搅拌均匀后,压制 10 个样片用 X 射线荧光分析仪依次测量。

(5)仪器稳定性的校验和准确度的测试

同一样品制备 10 次测得的分析结果的极差值不大于允差值,则认为制样方法是可行的。使用之前必须进行此项工作。用已有准确分析结果的试样 50 g,放入料钵内(不放两个钢圈)运行 3 min 后,分成四份制成压片进行测量,同一试样混匀后分成四份制片后用 X 射线荧光仪测量的结果,如果误差特别小,则说明仪器的稳定性很好。

(6)建立应用程序(标准曲线)

X 射线荧光分析仪是一种相对测量仪器,它是通过测量已准确得知化学分析结果的标样,由计算机所获得的特征 X 射线强度数据进行一系列的数学处理,计算得出工作曲线。建立应用程序(标准曲线)是荧光仪准确分析的基础,应注意以下几个问题:

①选取具有代表性的标准样品。每组曲线至少要八个以上的样品,且要在实际生产所用的矿区采样,使样品的物理性能相同,各元素含量范围应覆盖实际生产所能达到的范围,尽可能在生产控制指标的中部,以保证分析的准确性。

②准确分析标准样品。为了最大限度地消除人为误差,标准样一般要求三位有三年以上分析经验的分析员做平行化学分析,最后取平均值,以保证分析结果的准确性,为荧光分析的标定提供准确的依据。

③建立新的应用程序(标准曲线)时,操作规程、仪器选择的各种参数、压片的制样、环境条件等必须与后期应用时保持一致,以减少系统误差。

(7)校正曲线

建立好应用程序(标准曲线)后,为了能使标准曲线正常投入使用,要对标准曲线进行校正,使用后为了保证仪器分析的准确性,也要定期用已知化学成分的样品(标样)与荧光分析进行对比校正。若线性回归不是太好,则要通过经验系数或是增删标样进行微幅调整,标准曲线若差距太大,则必须建立新的标准曲线。

(8)样品分析中的注意事项:

①样品制备时,其粉磨时间、添加剂、设定压力和保压时间必须与建立标准曲线时的状态严格一致,否则会造成粉磨粒度分布不均匀,带来系统误差,影响分析结果。

②粉磨不同品种的物料时,如果用同一料钵,则必须用待测样品洗磨或用清水把料钵洗净,否则由于其他物料的污染会产生较大的误差。

③样品压片前必须均匀布入钢环内,不能出现堆积分布,否则会造成压片密度的局部差异,影响分析结果。

④制好的样片不能擦拭光洁面,也不能放在空气中太久再测量,否则会影响测量结果。

⑤为了保证仪器的正常运行,必须保持环境干燥洁净,样品压制好后,要在不影响被测表面光洁度的前提下尽量清除干净压片钢环周围的粉尘,用吸尘器吸净,以免带入机内污染测量环境,影响分析结果,损伤仪器的寿命。

⑥操作人员首先必须熟悉操作规程,以减少人为造成的误差。

4.3　调速定量电子皮带秤

4.3.1　结构和工作原理

调速定量电子皮带秤也是定量电子皮带秤的一种,但它的速度可调,且秤本身既是喂料装置又是计量装置,是机电一体化的自动化计量给料设备。通过调节皮带速度来实现定量喂料,无须另配喂料机。调速定量电子皮带秤主要由称重机架(皮带机、称量装置、称重传感器、传动装置、测速传感器等)和电气控制仪表两部分构成,传动装置为电磁调速异步电动机或变频调速异步电动机,皮带速度一般控制在 0.5 m/s 以下,以保证皮带运行平稳、出料均匀稳定以及确保秤的计量精度(±0.5%～

±1%)。调速定量电子皮带秤如图 5.4 所示。

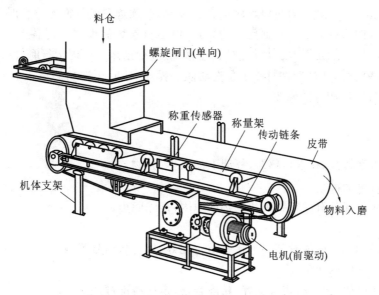

图 5.4　调速定量电子皮带秤

调速定量电子皮带秤在无物料时,称重传感器受力为零,即秤的皮重等于零(一般情况下,使称重传感器受力略大于零,即受力起始压力大于零),来料时物料的重力传送到重力传感器的受力点,称重传感器测量出物料的重力并转换出与之成正比的电信号,经放大器放大后与皮带速度相乘,即为物料流量。实际流量信号与给定流量信号相比较,再通过调节器调节皮带速度,实现定量喂料。

调速电子皮带秤用于石灰石、钢渣、砂岩、铝矾土等的连续输送、动态计量、控制给料,使用时常选配适宜的预给料装置,如料斗溜子、振动料斗溜子、带搅拌器的料斗溜子、叶轮喂料机溜槽、流量阀-溜槽下料器等。

4.3.2　操作要点

(1)开机操作

按"启动"键可以启动系统;按"停止"键可以停止系统。启动系统之前,应确认以下几点:

① 调速器的电源开关是否已经打开。

② 调速器的内、外给定插针是否插在正确的位置:系统闭环自动调节时,该插针插在"外给定"位置,手动运行时插在"内给定"位置。

③ 零点、系数、给定值等数据是否正确;若不正确,应在启动系统之前修正。

④ 将要输送的物料是否正确,相应料仓内是否有物料,秤体喂料口、卸料口开度大小是否适当。

⑤ 磨机、输送机是否正常开动。

(2)停机操作

停机与启动状态相反,当磨机、输送机停机时应先停止电子秤的运行,操作顺序为:

① 启动磨机→启动输送设备→启动电子秤。

② 停止电子秤→停止输送设备→停止磨机。

(3)电源开关的使用

接通电源时将开关按钮打向"ON"位置即接通仪器电源。仪器长期不用时应关闭此开关,将开关按钮置于"OFF"位即关闭仪器电源。电源开关关闭后,经操作输入的数据即由机内后备电池保持,在数日或数月内再次打开电源开关一般不会丢失下列数据:零点、系数、满量程、给定值、累积量。

短暂地停止系统运行(数小时或数日)可不关闭仪器电源。

(4)正常操作的保持

仪器设计有断电数据保持功能,所以即使关闭电源开关,或供电突然停止,基本数据也不会丢失,再次通电后只要直接启动系统,就可以正确运行。所以,在预选功能下输入的数据不需要经常修改和输入,需要经常修改的仅仅是给定量而已。为此,可将运行参数的设置放在各个预选功能内,而给定量的操作则单独安排了"给定"键配合"增加"、"左移"键进行操作。常规运行时,操作人员只要操作这几个键即可,在一些场合,通过软件封锁了预选功能的操作,这时预选功能里只能看到应该观察的数据,而不能对这些数据做相应的修改。

4.3.3 维护要点

(1)秤架部分

① 经常清扫十字簧片、称重传感器、秤架上的灰尘、异物。

② 定期给减速机加油。

③ 检查引起转动部分有异常噪声和发热的原因,排除隐患。

(2)电气部分

① 经常检查各种连接电缆及其端子接头是否完好,保持各信号联通正常。

② 定期清扫仪表内的灰尘。

③ 保持标定用砝码、仪器仪表等完好,精度合格,定期校准秤的系统精度。

④ 检修时检查仪表电路各工作点是否正常,排除故障隐患。

◈ 知识测试题

一、填空题

1. 生料控制系统有＿＿＿＿＿＿、＿＿＿＿＿＿和＿＿＿＿＿＿。

2. QCS 生料质量控制系统包括有＿＿＿＿、＿＿＿＿、＿＿＿＿、＿＿＿＿。

3. 水泥生产配料控制方法主要有＿＿＿＿＿＿和＿＿＿＿＿＿。

4. X 射线荧光分析仪有两种基本类型:＿＿＿＿＿＿和＿＿＿＿＿＿。

5. 调速定量电子皮带秤的工作原理是＿＿＿＿＿＿＿＿＿＿。

二、判断题

1. 新型干法生产线上使用控制率值法。 （ ）

2. 速度传感器的脉冲频率和皮带速度成正比。 （ ）

3. 熟料率值就是生料的率值。 （ ）

4. 水泥企业要对标准曲线进行定期校正,以保证仪器分析的准确性。 （ ）

5. 粉磨不同品种物料时,如果用同一料钵,则必须用待测样品洗磨。 （ ）

三、简答题

1. 试简述 QCS 生料质量控制系统的工作原理。

2. 试简述 X 射线荧光分析仪的工作原理。

3. X 射线荧光分析仪进行样品分析时的注意事项有哪些?

4. 试简述调速定量电子皮带秤的构造及配料控制过程。

5. 试简述调速定量电子皮带秤的操作与维护要点。

◈ 能力训练题

1. 某水泥厂安装原料配料生产线中的砂岩秤时,起初由于现场条件的限制,缓冲距离仅有

100 mm左右，实际运行中发现，当流量大时进料斗出口闸板开得高，时常出现物料冲到称量段的现象，给皮带秤的计量带来了误差。后来将缓冲距离增大到 180 mm 左右（图 5.5），这一现象基本消失。分析这一调整方案，你认为能说明什么问题？

2. 图 5.6 所示是电子皮带秤所做的调整，分析其与图 5.5 的异同之处，说明做此调整的理由。

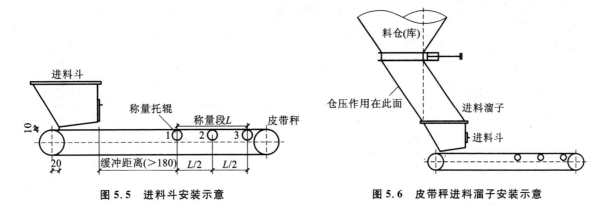

图 5.5　进料斗安装示意　　　　　　　　图 5.6　皮带秤进料溜子安装示意

3. 结合水泥企业使用的 QCS 微机调速电子皮带秤配料控制系统，介绍一种方便实用的动态校秤方法。

项目实训

实训项目　生料的配料

任务描述：通过本实训项目的训练，学会利用已知化学成分的各种工业废渣和各类原煤，设计配料方案，利用计算机进行生料配合比的计算，确定合理的配料方案。

实训内容：(1)分析实训室提供的原(燃)料的化学成分，选择原(燃)料，并确定配料组分；(2)设计配料方案；(3)用计算机 EXCEL 软件进行生料配料计算，确定合理的配料方案。

项目拓展

拓展项目　配料方案的优化

项目描述：通过本项目的训练，学会实验室粉磨设备的使用及操作，学会按国家标准进行易烧性试验，确定最佳配料方案。

项目评价

项目 5　生料的配料方案设计与计算	评价内容	评价分值
任务 1　生料配料的准备	能根据熟料的化学成分、矿物组成、率值进行换算，能对熟料的性能进行评价	20
任务 2　生料的配方设计	能根据水泥品种、原(燃)料品质、生料质量及易烧性等确定配料方案	20

续表

项目 5　生料的配料方案设计与计算	评价内容	评价分值
任务 3　生料的配料计算	能利用不同的算法计算原料的配比	20
任务 4　生料的配料实施	能使用仪器,分析原(燃)料的化学成分,能操作和维护配料设备	15
项目实训　生料的配料	能选择原(燃)料,并确定配料组分,设计配料方案,并用计算机 EXCEL 软件进行配料计算,优化配料方案	25
项目拓展　配料方案的优化	师生共同评价	20(附加)

项目6 生料粉磨工艺及设备选型

项 目 描 述

　　本项目的主要任务是识读生料粉磨工艺流程图,认知生料粉磨系统的设备构造、工作原理及其主要参数。通过学习与训练,要求学生能绘制中卸磨系统、立式磨系统、辊压机终粉磨系统工艺流程图,了解这三种粉磨系统的主要设备,会计算相关参数,具有生料粉磨工艺及设备选型的知识与技能,初步达到生料工艺员、操作员的水平。

学 习 目 标

　　能力目标:能绘制中卸磨系统、立式磨系统、辊压机终粉磨系统工艺流程图;了解这三种系统的主要设备,会计算相关参数,为生料粉磨设备选型做好准备。

　　知识目标:掌握生料粉磨工艺的基本知识和粉磨系统设备的构造、工作原理、主要参数计算。

　　素质目标:具有敢于独立完成工作的勇气;具有严谨的科学态度、团队合作的精神和认真负责的职业习惯。

项目任务书

　　项目名称:生料粉磨工艺及设备造型
　　组织单位:"水泥生料制备及操作"课程组
　　承担单位:××班××组
　　项目组负责人:×××
　　项目组成员:×××
　　起止时间:××年 ××月××日　 至　 ××年××月××日
　　项目目的:掌握中卸磨、立式磨、辊压机的结构、工作原理、粉磨工艺流程以及工艺参数,重点掌握立式磨工艺流程、设备构造及工艺参数,能绘制上述三种粉磨系统的工艺流程图,能描述上述三种粉磨系统设备的工作过程,能计算相应参数。
　　项目内容:根据现场原料的性能和对生料的质量要求,选择合理的粉磨系统,磨制合格的水泥生料。
　　项目要求:①合理选择中卸磨、立式磨、辊压机终粉磨系统工艺流程、设备及工艺参数;②合理组织和安排人员;③项目组负责人先拟定《生料粉磨工艺及设备选型项目计划书》,经项目组成员讨论通过后实施；④项目完成后撰写《生料粉磨工艺及设备选型项目报告书》一份，提交"水泥生料制备及操作"课程组，并准备答辩验收。

项目考核点

本项目的验收考核主要考核学员相关专业理论、专业技能的掌握情况和基本素质的养成情况。具体考核要点如下：

1. 专业理论

(1)粉磨工艺流程；

(2)磨机的工作原理；

(3)磨机的结构；

(4)磨机的工艺参数。

2. 专业技能

(1)磨机工艺参数的控制；

(2)磨机的正常操作；

(3)磨机运行过程中的故障处理。

3. 基本素质

(1)纪律观念(学习、工作的参与率)；

(2)敬业精神(学习、工作是否认真)；

(3)文献检索能力(收集相关资料的质量)；

(4)组织协调能力(项目组分工合理、成员配合协调、学习工作井然有序)；

(5)应用文书写能力(项目计划、报告的撰写质量)；

(6)语言表达能力(答辩的质量)。

项目引导

1. 生料粉磨的意义

生料粉磨是将块状、颗粒状的石灰石、粉砂岩(铝矾土、砂岩)、钢渣(铁矿石)及粉煤灰(粉状)等原料，从配料站完成配料后由胶带输送机送进粉磨设备，通过机械力作用变成细粉的过程，也是几种原料细粉均匀混合的过程。从下一个流程——熟料煅烧方面来考虑(出磨生料再进一步均化后，送至窑内煅烧)，生料磨得越细、化学成分越均匀，则入窑煅烧水泥熟料时各组分越能充分接触，化学反应速度越快(碳酸钙分解反应、固相反应和固液相反应的速度加快，有利于游离氧化钙的吸收)，越有利于熟料的形成及质量的提高。不过生料粉磨的细度也要考虑电耗和产量，力争做到节能、环保、优质。

近十多年来，随着水泥工业生产工艺、过程控制技术的不断升级，生料粉磨工艺和装备由过去的以球磨机为主，发展为现在的高效率的立式磨、辊压机等多种新型粉磨设备，而且在朝着粉磨设备大型化、工艺控制技术智能化的方向发展，以不断满足现代化水泥生产的要求。

2. 生料粉磨的特点

生料粉磨是水泥生产过程中的一个重要环节,具有自身的特点和要求,主要体现在所处理原料的特性和产品的要求方面,因此采用的粉磨系统的技术要求也存在较大差别。生料配料主要包括钙质原料(如石灰石和白垩)、硅质原料(如砂岩和黏土)、铁质原料(如铁粉和钢渣)等,这些原料的易磨性、磨蚀性、含水率等差别很大,即使同一类原料,其波动范围也很大,必须经过原料加工试验才能确定合理的系统配置和技术指标。例如,难磨石灰石的粉磨功指数 W_i 可达 15 kW·h/t,易磨石灰石的粉磨功指数只有 8 kW·h/t 左右,白垩的粉磨功指数更小。石灰石类原料的磨蚀性指数 A_i 一般只有 0.02,而砂岩的磨蚀性指数为 0.4,钢渣的磨蚀性指数更大,相差 20 倍以上。我国北方少雨地区如采用砂岩配料,则原料综合水分含量只有 2% 左右,南方多雨地区如采用黏土配料,则原料综合水分含量可能达到 8%,在东欧地区如采用白垩或多孔石灰石配料,则原料的综合水分含量可达 10%～20%。

3. 生料粉磨的要求

生料质量的重要指标之一是细度,"细度"一词是指生料出磨后、入库前的粗细程度,用标准筛的筛余百分数来表示。这个筛子是标准筛,其孔径为 80 μm(0.08 mm)和 200 μm(0.20 mm)。生料细度一般控制在 0.08 mm 方孔筛的筛余为 8% 左右、0.20 mm 方孔筛的筛余小于 1.0%,而且粒度级配越窄越好(与水泥颗粒级配的要求相反),这是因为微细颗粒会增加扬尘,粗颗粒难以反应完全,特别是大于或等于 45 μm 的石英颗粒和大于或等于 125 μm 的方解石颗粒,导致游离氧化钙含量增大、热耗高,影响熟料的强度,因此控制生料中粗颗粒的含量更为重要,一般希望控制 $R_{200\ \mu m} = 1\%\sim2\%$。如果生料的易烧性好,则可以适当放宽细度。当然,细度的调整将直接对系统产量和电耗产生影响。烘干和粉磨是生料粉磨系统不可分割的两个部分,粉磨系统正常运行的前提条件是有足够的烘干能力将进入粉磨系统的含水原料烘干粉磨至含水率小于 0.5%。如果生料水分含量达不到要求,则可能导致后续工艺如输送储存、均化和熟料烧成等出现困难,粉磨系统本身也会出现堵料频繁、产能下降等问题。正常五级悬浮预热器系统的废气温度为 300 ℃ 左右,可烘干的原料水分含量为 7%;如果配套余热发电系统,可用废气温度降低到 200 ℃ 左右,则烘干的原料水分含量为 4% 左右,这也能满足我国大部分地区原料烘干的需要;如果原料水分含量超过 8%,则应考虑引入箅冷机余风,或设置辅助供热系统。

任务 1　生料粉磨工艺流程的识读

任务描述　学习球磨机系统、立式磨系统和辊压机终粉磨系统工艺流程,绘制这三种粉磨系统的工艺流程图。

能力目标　能根据生料粉磨的要求绘制中卸磨系统、立式磨系统和辊压机终粉磨系统的生产工艺流程图。

知识目标　掌握生料中卸磨系统、立式磨系统和辊压机终粉磨系统的生产工艺流程。

1.1　球磨机(Ball Mill)系统工艺流程

1.1.1　开路粉磨工艺流程

开路粉磨对于粉磨的物料来讲就是直进直出式,即物料一次通过磨机粉磨即成为产品,具体流程如图 6.1 所示。它的流程简单,设备少,投资少,一层厂房就够用。不过它也有缺点,那就是要保证被粉磨物料全部达到细度要求后才能卸出,则被粉磨物料从入磨到出磨的流速就要慢一点(流速受各仓研磨体填充高度的影响),粉磨的时间延长,这样台时产量就降低了,相对电耗增大;而且部分已经磨细的物料颗粒要等较粗的物料颗粒磨细后一同卸出,大部分细粉由于不能及时排出(尽管磨内通风能带走一定量的细粉)而在磨内继续受到研磨,会出现"过粉磨"现象,并形成缓冲垫层,妨碍粗颗粒的进一步磨细。开路粉磨工艺多用于中小型磨机,其工艺流程立面图如图 6.2 所示。

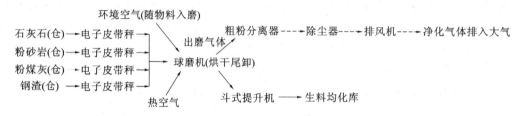

图 6.1　生料开路粉磨工艺流程(尾卸球磨机)

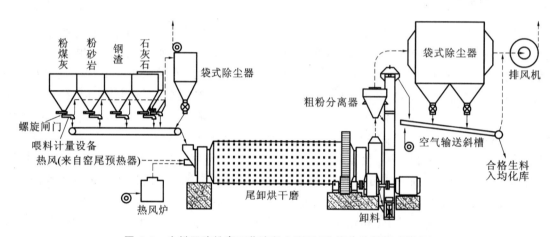

图 6.2　生料开路粉磨工艺流程立面图(边缘传动尾卸球磨机)

1.1.2　闭路(圈流)粉磨工艺流程

如果加快被磨物料在磨内的流速,就能把部分已经磨细的物料及时送到磨外,可以基本消除"过粉磨"现象和缓冲垫层,有利于提高磨机产量、降低电耗。这时需要加一台分级设备(也称选粉机),把出磨物料通过提升机送到分级设备中,将细粉筛选出来作为合格生料送到下一道工序(均化、煅烧),粗粉再送入磨内重磨,这个过程称为闭路粉磨,相应的粉磨系统可称为闭路粉磨系统。

简单地说,闭路粉磨是指被磨物料通过磨机粉磨后,进入选粉机,将粗、细粉分离,合格的细粉即成为产品,粗粉再送入磨内重磨。闭路粉磨系统的优点是可以基本消除"过粉磨"现象,产量高,比开路粉磨系统(同规格磨机)的产量高 15%～25%,电耗相对较低。图 6.3、图 6.5 所示是生料闭路粉磨尾卸和中卸烘干球磨机工艺流程,图 6.4、图 6.6 是它们的立面图。

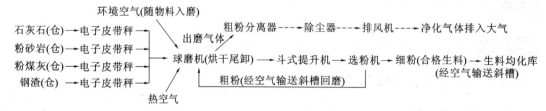

图 6.3　生料闭路粉磨工艺流程(尾卸球磨机)

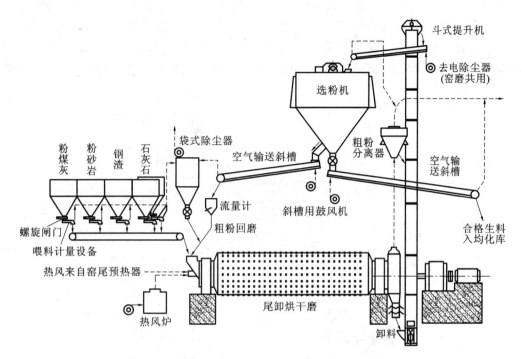

图 6.4 生料闭路粉磨工艺流程立面图（尾卸球磨机）

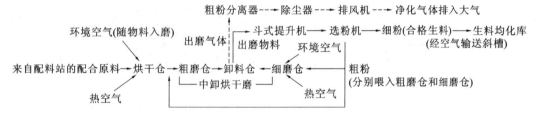

图 6.5 生料闭路粉磨工艺流程（中卸烘干球磨机）

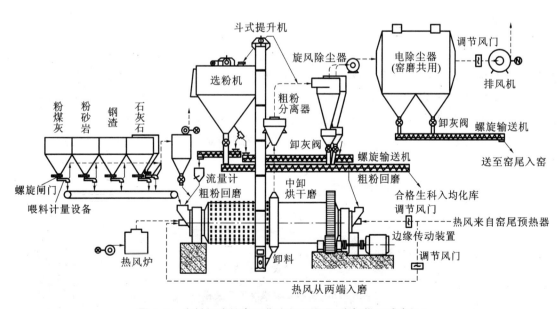

图 6.6 生料闭路粉磨工艺流程立面图（中卸烘干球磨机）

不论是尾卸球磨机还是中卸球磨机所构成的闭路粉磨系统,球磨机与选粉机都是分别设置的,二者之间用提升机、螺旋输送机或空气输送斜槽等输送设备联络构成循环粉磨工艺系统,与开路粉磨系统相比较,工艺比较复杂,占地面积比较大,因此投资大,操作、维护、管理等技术要求较高,但产量和质量都提高了,大型现代化水泥厂的球磨机系统都采用闭路粉磨流程。典型的生料中卸磨粉磨系统立体图如图6.7所示。

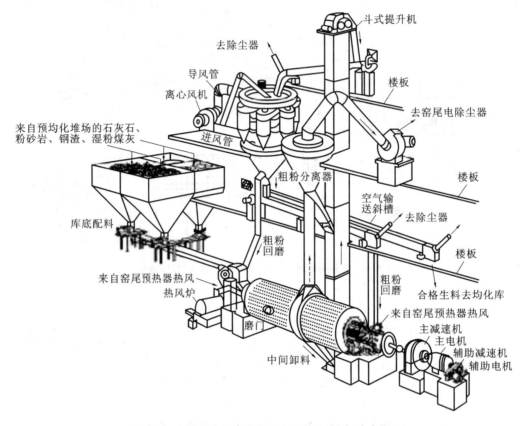

图6.7 生料闭路粉磨工艺流程立体图(中卸球磨机)

1.2 立式磨(Roller Mill)系统工艺流程

近些年来随着立磨技术的日趋成熟,我国新建的新型干法水泥厂的生料粉磨大多采用立式磨粉磨工艺。立式磨系统集烘干、粉磨、选粉及输送多种功能于一体,结构紧凑,占地面积小,系统简单,噪声与球磨机相比要小得多,产量可大大提高,是将来的发展趋势。当然立磨对辊套和磨盘的材质要求较高,对液压系统加压密封要求严格,对岗位工人的操作与维护技术的要求较高。图6.8所示是生料立磨粉磨系统工艺流程,图6.9所示是生料立磨粉磨系统的立面图。图6.10所示是生料立磨粉磨系统的立体图。

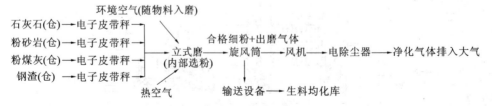

图6.8 生料立磨粉磨工艺流程

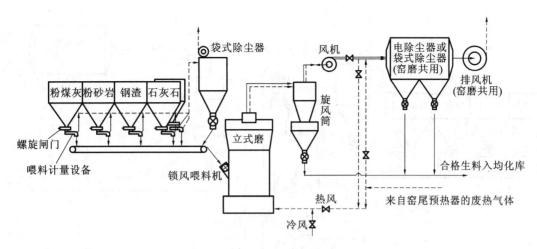

图 6.9　生料立磨粉磨流程立面图

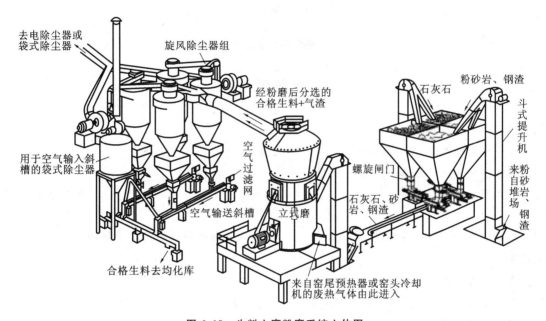

图 6.10　生料立磨粉磨系统立体图

1.3　辊压机终粉磨系统工艺流程

随着新型干法水泥生产技术的不断创新及新设备、新工艺的不断应用,现阶段推出的生料辊压机终粉磨系统比立式磨粉磨系统更节能(辊压机终粉磨系统的电耗 11~13 kW·h/t、立式磨粉磨系统的电耗一般为 18 kW·h/t)。图 6.11 所示是辊压机终粉磨系统工艺流程,图 6.12 是辊压机终粉磨系统的立面图。

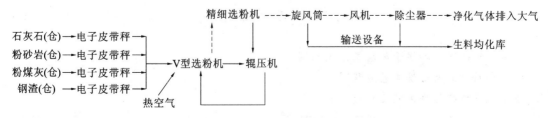

图 6.11　辊压机终粉磨系统工艺流程

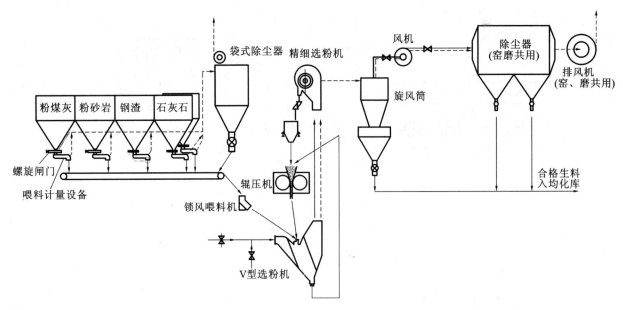

图 6.12　辊压机终粉磨系统立面图

◇ 知识测试题

一、填空题

1. 对于中卸磨来说,原料从磨机的_____入磨,回磨粗粉从磨机的_____入磨。

2. 闭路粉磨系统比开路粉磨系统产量_____,在于其消除了_____现象。

3. 立式磨系统集_____、_____、_____及_____多种功能于一体,结构紧凑,占地面积小。

4. 辊压机作为终粉磨设备,需要配备_____设备,以保证得到的产品为粉料。

二、判断题

1. 选粉机选粉效率越高,磨机产量越高。(　　　)

2. 开路粉磨系统改为闭路粉磨系统后,磨内物料流速增大。(　　　)

3. 辊压机比立式磨更省电。(　　　)

三、简答题

1. 试简述分级的作用和意义。

2. 试简述生料闭路中卸烘干粉磨工艺流程。

3. 试简述生料立磨粉磨工艺流程。

4. 试简述辊压机终粉磨工艺流程。

◇ 能力训练题

1. 绘制生料闭路中卸烘干粉磨工艺流程图。

2. 绘制生料立式磨粉磨工艺流程图。

3. 绘制辊压机终粉磨工艺流程图。

任务 2　球磨机系统设备的认知

任务描述　了解球磨机系统的主要设备配置,认识设备的构造、原理和主要参数。

能力目标　能根据生料粉磨要求选择中卸磨系统主机设备,能描述主要设备的构造及工作过程,能计算相应参数。

知识目标　掌握生料中卸磨系统的主要设备配置及其构造、工作原理和相应参数的计算。

2.1　工艺系统配置

中卸烘干磨的粉磨工艺流程参照"图 6.7 中卸磨闭路粉磨系统工艺流程图",磨机与选粉机、输送机、除尘器共同构成了闭路粉磨系统,主要设备见表 6.1。

表 6.1　2000 t/d 生产线中卸烘干磨主要设备配置实例

设备名称	旋风式选粉机配套系统	高效选粉机配套系统(2500 t/d)	
选粉机	$\phi 4.5$ m 旋风式选粉机 风量:240000 m³/h 功率:220 kW 产量:140 t/h	DSM-4500 组合式高效选粉机 风量:270000 m³/h 功率:160 kW 产量:190 t/h	TLS3100 高效选粉机 风量:290000 m³/h 功率:180 kW 产量:190 t/h
提升机	斗式提升机 B1250×3800 mm 调速电机功率:110 kW 输送能力:590 t/h	NSE700 电机功率:130 kW 输送能力:690 t/h	NSE700 电机功率:130 kW 输送能力:690 t/h
主排风机	9-28-01No.23F 风量:315000 m³/h 全压:6300 Pa 功率:800 kW	2400DI BBB50 风量:320000 m³/h 功率:1000 kW	2400DI BBB50 风量:320000 m³/h 功率:1000 kW
球磨机	中卸烘干磨:$\phi 4.6 \times 7.5 + 3.5$(m) 产量:150 t/h 功率:2500 kW	中卸烘干磨:$\phi 4.6 \times 13$(m) 产量:190 t/h 功率:3550 kW	中卸烘干磨:$\phi 4.6 \times 13$(m) 产量:190 t/h 功率:3550 kW
粗粉分离器	$\phi 6.5$ m,1 台 处理风量:71000 m³/h		

从表 6.1 中可以看出,高效选粉机的应用能简化工艺流程,降低设备投资。多家企业的粉磨经验表明,匹配高效选粉机的系统生产能力提高了 10% 左右。

2.2　球磨机

2.2.1　球磨机的构造及分类

球磨机主体是一个回转的筒体,两端装有带空心轴的端盖,空心轴由主轴承支撑,整个磨机靠传动装置驱动以 16.5～27 r/min 的转速(大磨转速低、小磨转速高)运转,把约 20 mm 的块状物料磨成细粉。筒体内被隔仓板分隔成了若干个仓,不同的仓里装入适量的、用于粉磨(冲击、研磨)物料的不同规格和种类的钢球、钢锻或钢棒等作为研磨体(烘干仓和卸料仓不装研磨体),筒体内壁还装有衬板,以保护筒体免受钢球的直接撞击和钢球及物料对它的滑动摩擦,同时又能改善钢球的运动状态、提高粉磨效率。

　　距进料端(磨头)近的那一仓称为粗磨仓,所装研磨体的平均尺寸(3~4 种不同球径的钢球配合在一起)大一些,这主要是由于刚喂入的物料是从前一道工序——破碎、预均化后送来的原料,其中绝大多数的物料属于块状石灰石,粒度可达 20 mm 左右,尺寸较大,在粗磨仓里首先要受到冲击和研磨的共同作用而粉碎,成为小颗粒状物料和粉状物料(粗粉),通过隔仓板的算孔进入下一仓(细磨仓)继续研磨。第二仓、第三仓或第四仓研磨体(钢球或钢锻)的平均尺寸逐渐减小,主要对小颗粒物料和粗粉进行研磨,从出磨端(磨尾)或磨中(中卸)卸出。

　　用于生料粉磨的球磨机一般按以下方式分类:

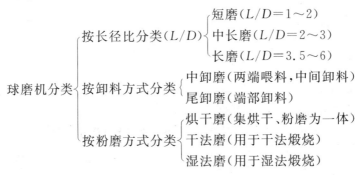

　　球磨机的规格用筒体的内径和长度来表示,如 $\phi 4.5 \times 13.86$(m),这里 $\phi 4.5$ m 是筒体的内径,13.86 m 是筒体两端的距离,不含中空轴。$\phi 5.6 \times 11 + 4.4$(m)中卸烘干球磨机,即带烘干仓、中部卸料的球磨机,磨机筒体直径为 5.6 m,烘干仓长度为 4.4 m,粉磨仓总长度为 11 m。球磨机短磨一般为两仓或单仓,中长磨设有两个仓或三个仓,长磨设有三到四个仓。生料粉磨多使用中长磨和长磨,统称管磨。下面介绍几种典型的球磨机。

　　(1)边缘传动中卸烘干磨

　　图 6.13 所示是边缘传动中卸烘干磨结构示意图,传动系统由套在筒体上的大齿圈和传动齿轮轴、减速机、电机组成。磨内设有 4 个仓,从左至右分别为:烘干仓(仓内不加衬板和研磨体,但装有扬料板,磨机回转时将物料扬起)、粗磨仓、卸料仓、细磨仓,待粉磨的物料从烘干仓(远离传动的那一端,

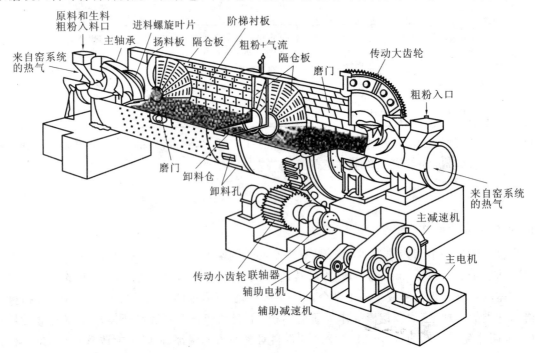

图 6.13　边缘传动中卸烘干磨结构示意图

人们习惯称之为磨头)喂入，经过粗粉磨，从卸料仓卸出，被提升到上部的选粉机去筛选，细度合格的即为生料，较粗的物料再从磨机的两端喂入，中间卸料，形成闭路循环。热风来自回转窑窑尾或窑头冷却机，从磨机的两端灌入，在烘干仓端部备有热风炉。卸料仓长约 1 m，在这一段的筒体上开设了一圈椭圆形或圆角方形的卸料孔。由于这些孔的开设会降低筒体强度，因此需把这一段筒体加厚，以避免运转起来使筒体拧成"麻花"。

(2)边缘传动尾卸烘干磨

图 6.14 所示是带有烘干仓的边缘传动尾卸烘干磨结构示意图，它的传动方式与图 6.13 相似，但筒体结构与中卸烘干磨不太一样，它从磨头喂料(远离传动的那一端)，磨尾出料(靠近传动的那一端)，烘干仓设在入料端，被磨物料先进入烘干仓，与来自窑尾的废气或热风炉(当回转窑未启动或立窑煅烧水泥熟料时采用热风炉)的热气体充分接触，让物料中的水分蒸发掉。磨内装有隔仓板，将磨内分为粗磨仓和细磨仓，磨尾卸料处装有一道卸料算板(结构与单层隔仓板基本相同)和提升叶片。

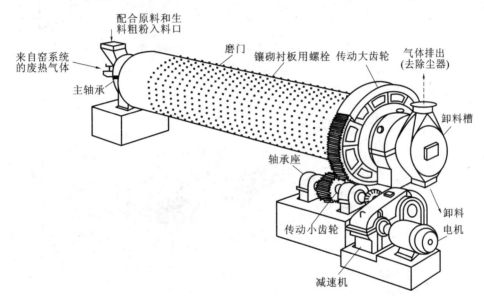

图 6.14　边缘传动尾卸烘干磨结构示意图

(3)中心传动中卸烘干磨

图 6.15 所示是中心传动的中卸烘干磨结构示意图，它的传动方式与前面的两种不同，减速机的输出轴与细磨仓的中空轴相连，省略了传动大齿轮。为了避免筒体运转时被拧成"麻花"(预应力的存在)，同边缘传动中卸烘干磨一样，需将筒体中间的卸料口部位的筒体加厚。

(4)中心传动主轴承单滑履中卸烘干磨

图 6.13～图 6.15 所示的三种典型球磨机，都是靠筒体两端的主轴承支承运转的，而图 6.16所示的磨机是中心传动，一端(传动端)靠主轴承支承，另一端由滚圈、托瓦支承，烘干仓较长(悬臂)，两端的进、出料口的直径较大，称为中心传动主轴承单滑履中卸烘干磨。这种结构对长径比(L/D)较大的磨机来说，可以降低筒体的弯曲应力，从而降低筒体钢板的厚度。

除此之外，还有中心传动尾卸烘干磨、中心传动双滑履中卸烘干磨，它们的筒体结构、传动、支承部分等与图 6.13～图 6.16 均有相似的地方，在此不再复述。

部分球磨机(原料磨)的规格及性能列于表 6.2。

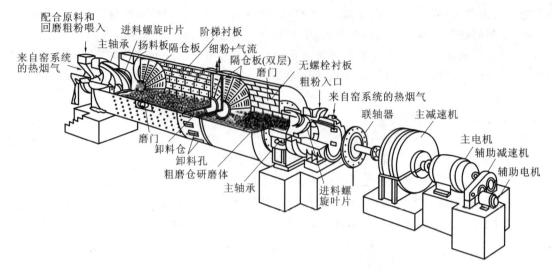

图 6.15　中心传动中卸烘干磨结构示意图

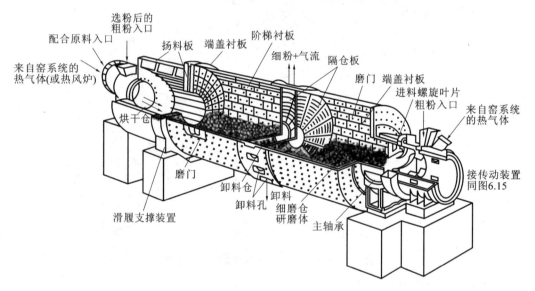

图 6.16　中心传动主轴承单滑履中卸烘干磨结构示意图

表 6.2　部分球磨机(原料磨)的规格及性能

磨机规格	$\phi 3.2\times 10$(m)	$\phi 3.5\times 10$(m)	$\phi 1.6\times 9.5+3.5$(m)	$\phi 4.8\times 10+4$(m)
粉磨系统	闭路中卸烘干磨	闭路中卸烘干磨	闭路中卸烘干磨	闭路中卸烘干磨
转速(r/min)		16.5	15.1	14.12
装球量(t)	65	80	175	190
有效容积(m³)	56.2			
入磨原料平均水分含量(%)	<5	<5		
产品细度 0.08 mm 方孔筛筛余(%)	10	10		
设计标定产量(t/h)	55	75	185	230
传动方式	边缘	中心	中心	中心

续表 6.2

磨机规格		$\phi 3.2\times 10(m)$	$\phi 3.5\times 10(m)$	$\phi 1.6\times 9.5+3.5(m)$	$\phi 4.8\times 10+4(m)$
减速机	型号	TSFP1150	JS110-A	S150-B-F;MFY350	JS150-B-F;MFY350
	速比		43.8	49.3	53.4
	质量(kg)				
电动机	型号	JEZ1000-s	YR1250-8/1430	YRKK900-8	YRKK900-8
	功率(kW)	1000	1250	3550	3550
	转速(r/min)				
	质量(kg)		132.4	352	361
设备质量(t)			132		
备注		烘干仓长 1.55 m	烘干仓长 1.5 m	双滑履	主轴承单滑履

2.2.2　球磨机的主要部件

（1）筒体

筒体是一个空心圆筒,由若干块钢板卷制焊接而成,筒体的两端用端盖与中空轴对中连接。筒体要承受衬板、研磨体、隔仓板和物料的重量,运转起来会产生巨大的扭矩,需要有很大的抗弯强度和刚度,因此筒体要有足够的厚度,这个厚度约为筒体直径的 0.01～0.015 倍,大磨机则更厚一些。筒体要开设 1～4 个磨门(与磨机的长度和仓数有关),用于更换衬板和隔仓板、倒装研磨体以及人员进入磨内检修。开设磨门会降低磨机筒体的强度,所以磨门不能开得过大,且磨门周围需焊接加强钢板,只要能满足零部件(衬板、隔仓板或卸料箅板散件、研磨体)和操作人员进出即可。

（2）端盖

端盖有焊接和铸造两种结构。焊接的端盖是钢板直接焊在筒体上,使其成为一体(图 6.17),这种结构的特点是用料少、机件质量小、制造简单、质量容易保证。铸造结构是把端盖和中空轴分别铸造,再把两部分组装在一起,用螺栓连接起来(图 6.18),这种结构材料消耗量较大、加工量较大。

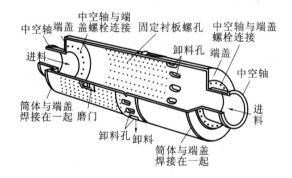

图 6.17　中卸烘干磨的筒体、磨门、端盖和中空轴

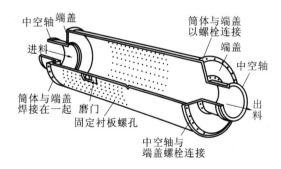

图 6.18　尾卸烘干磨的筒体、磨门、端盖和中空轴

（3）衬板

磨机在运转时要把研磨体带起、抛出,使研磨体砸碎物料,混入物料中。研磨体在被带起的同时,部分研磨体也会沿筒体内壁下滑,这会对筒体内壁造成严重的磨损,所以应该加上衬板,用来保护磨机内壁和磨头免受研磨体直接冲击及物料的研磨。如果把衬板的表面铸造成不同的形状,则衬板还可帮助提升研磨体,以改善粉磨效果、提高粉磨效率。

① 常用衬板的种类:平衬板、压条衬板、小波纹衬板、阶梯衬板、环沟衬板、端盖衬板、分级衬板、角螺旋衬板,如图 6.19 所示。此外,还有波形衬板、凸棱衬板、半球形衬板等。

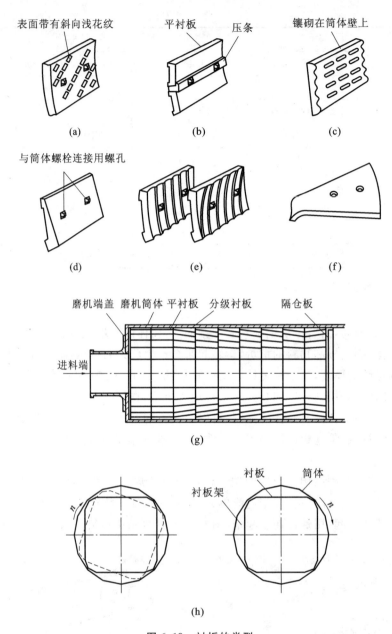

图 6.19　衬板的类型

(a)平衬板;(b)压条衬板;(c)小波纹衬板;(d)阶梯衬板;
(e)环沟衬板;(f)端盖衬板;(g)分级衬板;(h)角螺旋衬板

② 衬板的排列

整块的衬板长 500 mm,半块衬板长 250 mm,宽度为 314mm,平均厚度为 50 mm 左右,排列时环向缝隙应互相错开,不能贯通,以防止物料或铁插对筒体内壁的冲刷,如图 6.20 所示。为了找平,衬板与筒体内壁之间填充一些水泥等材料。考虑到衬板的整形误差,衬板之间可以留有 5 mm 左右的间隙。

③ 衬板的安装:衬板的安装方法有螺栓固定法、镶砌法,如图 6.21 所示。分级衬板、阶梯衬板的安装要注意物料的前进方向和磨机的旋转方向,如图 6.22 所示。

(4)隔仓板

① 隔仓板的作用:分隔研磨体、筛析物料、控制物料和气流在磨内的流速。

② 隔仓板的类型:双层隔仓板,如图 6.23 所示;单层隔仓板,如图 6.24 所示。

③ 隔仓板的安装:磨内各仓由隔仓板隔开,安装时一般在第一、第二仓之间装双层隔仓板,在第

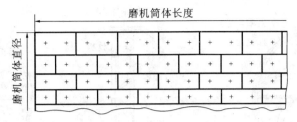

图 6.20　衬板排列示意图

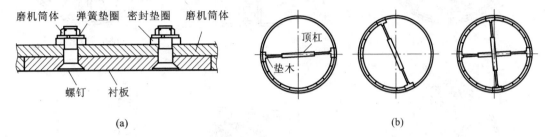

(a)　　　　　　　　　　　　　　　　(b)

图 6.21　衬板的安装示意图

(a)螺栓固定法；(b)镶砌法

图 6.22　阶梯衬板的安装示意图

二、第三、第四仓相互之间装单层隔仓板，如图 6.25 所示。

(5)进料装置

① 溜管进料装置(图 6.26)：物料经溜管进入磨机中空轴颈内的锥形套筒内，再沿旋转着的套筒内壁滑入磨中。

单滑履球磨机的进料装置参见图 6.16 中的磨头进料端。

② 螺旋进料(图 6.27)：物料由进料口进入装料接管，并由隔板带起溜入套筒中，被螺旋叶片推入磨内。

(6)卸料装置

中卸烘干磨(无论是边缘传动还是中心传动)在研磨体的粗磨仓与细磨仓之间专门设有一个卸料仓，与粗磨仓和细磨仓用隔仓板隔开，在卸料仓出口处的筒体上没有椭圆形卸料孔，筒体外设密封罩，罩底部为卸料斗，顶部与收尘系统相通，可以对照图 6.13、图 6.15、图 6.16 来观察，它们都是中间卸料。

(7) 传动装置

① 边缘传动

边缘传动是由传动齿轮轴上的小齿轮与固定在筒体尾部的大齿轮啮合带动磨机转动的，规格小的磨机不设辅助传动电机，如 $\phi 2.2 \times 6.5$(m)尾卸烘干磨，如图 6.28 所示，规格大的磨机，如 $\phi 3.5 \times$ 10(m)生料磨等设有辅助传动电机，如图 6.29 所示，磨机可以慢速运转，以满足磨机启动、检修和加球、倒球操作的需要。

② 中心传动

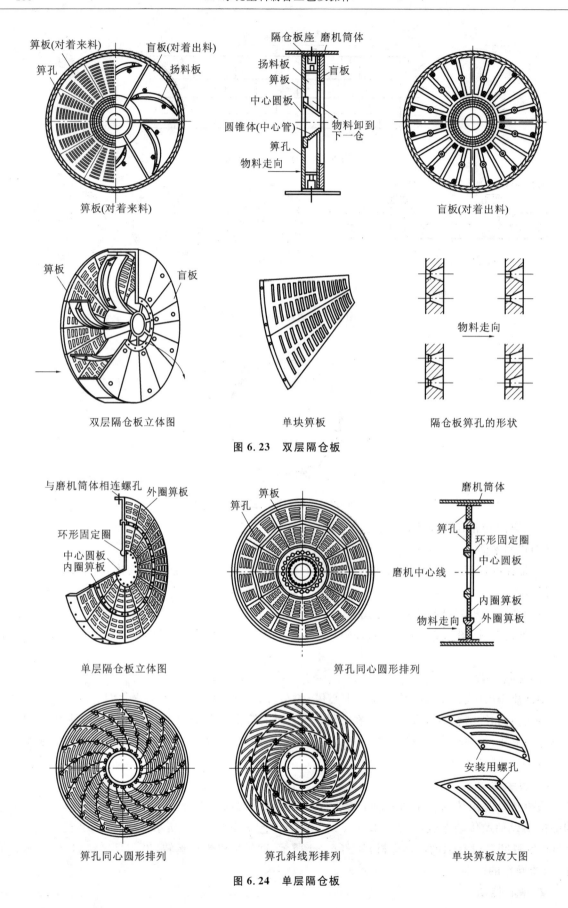

图 6.23　双层隔仓板

图 6.24　单层隔仓板

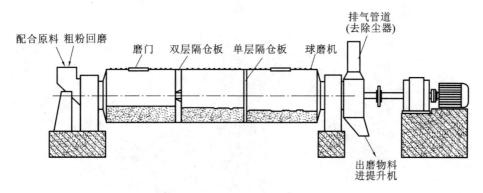

图 6.25　单层、双层隔仓板的安装

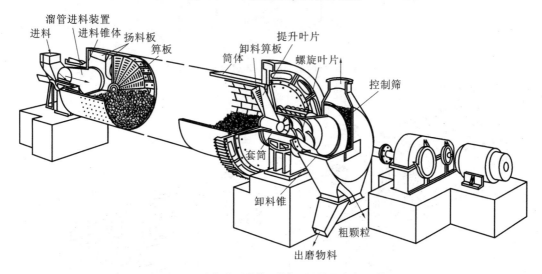

图 6.26　边缘传动的［溜管］进料装置和卸料装置

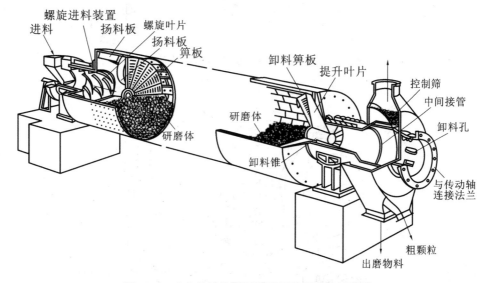

图 6.27　中心传动的［螺旋］进料装置和卸料装置

　　中心传动是以电动机通过减速机直接驱动磨机转动,减速机输出轴和磨机中心线在同一条直线上。规格大的磨机多采用中心传动,如图 6.30 所示。它可分为低速电机传动、高速电机(带减速机)传动,也有单传动和双传动之分。中心传动的效率高,但设备构造复杂,多用于大型磨机,如 $\phi3.5\times10(\text{m})$、$\phi2.4\times13(\text{m})$湿法棒球磨等,其增设有辅助传动装置。

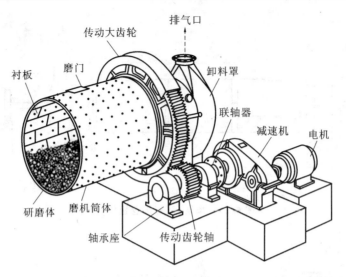

图 6.28　磨机的边缘传动（不设辅助传动电机）

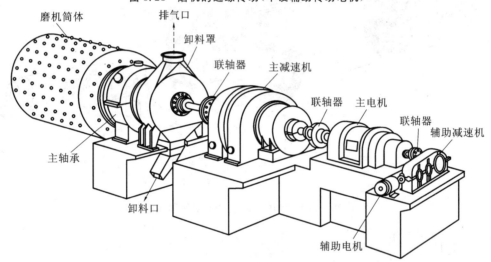

图 6.29　磨机的边缘传动（设有辅助传动电机）

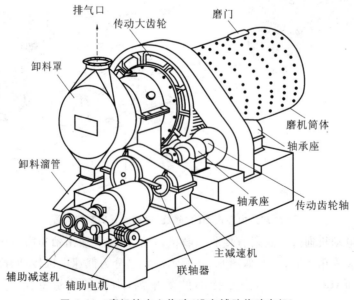

图 6.30　磨机的中心传动（设有辅助传动电机）

（8）支承装置

磨机本身的重量就很重，若把筒体及端盖、中空轴、衬板、隔仓板、研磨体、进出料装置、被磨物料等统统都加起来，大型磨机的质量足足有两百多吨。而且它要转动，因而需要有支承装置把这个庞然大物支承起来。

① 主轴承支承装置

在磨体两端的中空轴处，主轴承"兄弟俩"分别挑起了支撑磨体的重担，如图 6.31 所示。

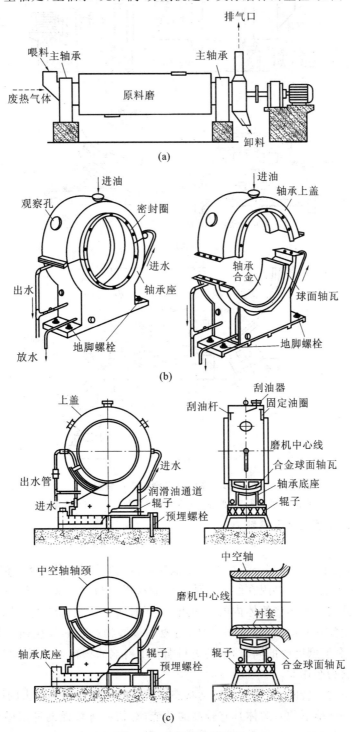

图 6.31　主轴承支承装置

（a）主轴承支承磨体两端；（b）不带辊子的主轴承结构（装在磨尾卸料端）；（c）带辊子的主轴承结构（装在磨头进料端）

② 滑履支承装置

磨机的两端或一端不常用的主轴承支承,有时采用滑履支承。如图 6.32 所示是一端由主轴承支承,而另一端是滑履支承的混合支承装置。

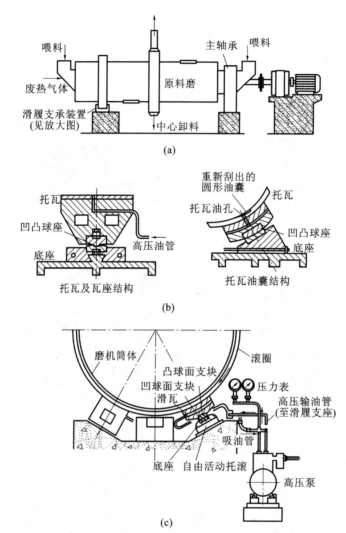

图 6.32　主轴承单滑履支承装置
(a)主轴承、滑履支承磨体两端;(b)滑履支承装置放大图;(c)滑履支承装置

2.2.3　球磨机的工作原理及主要参数

(1)工作原理

球磨机粉磨物料的主要工作部分发生在水平低速回转的筒体上,当筒体被传动装置带动回转时,研磨体由于惯性离心力的作用,贴附在磨机筒体内壁的衬板上与之一起回转,被带到一定高度后,借重力作用自由落下,此时研磨体将筒体内的物料击碎,同时研磨体在回转的磨机内除有上升、下落的循环运动外,还会产生滑动和滚动,致使研磨体、衬板和被磨物料之间发生研磨作用使物料被磨细。物料在受到冲击破碎和研磨磨碎的同时,借助进料端和出料端的物料本身料面的高度差,由进料端向出料端缓缓流动,完成粉磨作业。

很显然,磨机在正常运转时,研磨体的运动状态对物料的研磨作用有很大的影响。能被磨机带到较高处的,像抛射体一样落下的研磨体具有较高的动能,对物料有较强的冲击破碎能力;不能被磨机带到高处的研磨体,就和物料一起滑下,对物料具有较强的研磨能力。

　　磨机内研磨体的运动状态通常与磨机转速、磨内存料量及研磨体的质量有很大关系。筒体的转速决定着研磨体能产生的惯性离心力的大小,当筒体具有不同的转速时,研磨体的运动状态便会出现如图 6.33 所示的三种运动状态:

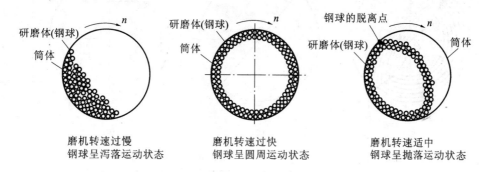

图 6.33　磨机转速不同时研磨体(钢球)的三种运动状态

　　① 当筒体转速过低时,不能将研磨体带到较高的高度,研磨体和物料随即因自身重力作用自然下滑,呈"泻落运动状态",对物料的冲击作用很小,只起到研磨作用,因而粉磨效果不佳,生产能力降低。

　　② 当筒体转速过高时,由于惯性离心力大于研磨体自身的重力,研磨体和物料贴附在筒体内壁上,随筒体一起旋转而不降落,呈"圆周运动状态"。研磨体对物料起不到任何冲击和研磨作用。

　　③ 当筒体转速适中时,研磨体被提升到一定高度后抛落下来,呈"抛落运动状态",此时研磨体对物料有较大的冲击和研磨作用,粉磨效果较好。

　　在球磨机筒体中,研磨体装填数量越少,筒体转速越高,则研磨体的滚动和滑动越少,由此引起对物料的研磨作用也就越少,当研磨体装填的数量很多时,分布在靠近筒体横断面中心部分的研磨体,不足以形成抛落运动,而产生较多的滚动和滑动,致使物料受到研磨作用而磨细。所以在粉磨粒度较大或较硬的物料时,研磨体的平均尺寸要大些,装填数量可少些,从而保证研磨体具有足够的抛落高度,加强冲击破碎作用。反之,在粉磨较小或易磨的物料时,研磨体平均尺寸可以小些,但装填数量应多些,这样可加强研磨作用。

　　在实际生产中,为了有效地利用研磨体能量,通常将磨机分为 2~4 个仓,用隔仓板隔开。磨机的前仓装钢球(或钢棒),主要对物料起冲击破碎作用;后仓一般装钢锻,主要对物料起研磨作用。

　　(2) 研磨体运动基本方程式

　　磨机的粉磨作用,主要靠研磨体对物料的冲击和研磨,钢球是应用最广泛的一种研磨体,因此有必要对它在球磨机内的运动情况加以分析,找出它的运动规律,以便掌握球磨机的一些主要参数,如转速、研磨体最适宜的装载量及消耗情况、影响磨机粉磨效率的因素等。

　　为了便于分析,对研磨体在磨内的运动状态可作如下假设:

　　① 研磨体在筒体内的运动轨迹只有两种,如图 6.34(a)所示,一种是以筒体横断面几何中心为圆心,按同心圆弧的轨迹贴附在筒壁上做上升运动;另一种是贴附在筒壁上升至一定高度后以抛物线轨迹降落下来,如此往复循环。

　　② 研磨体与筒壁之间及研磨体相互之间的滑动略去不计;筒体内物料对于研磨体运动的影响也略去不计。

　　研磨体开始离开圆弧轨迹而沿抛物线轨迹下落,此时的研磨体中心(A 点)称为脱离点,而通过 A 点的回转半径 R 与磨机中心的垂线之间的夹角 α 称为脱离角,各层研磨体脱离点的连线 AB 称为脱离点轨迹,如图 6.34(b)所示。

　　根据图 6.34 所示的研磨体运动情况,取紧贴筒体衬板内壁的最外层研磨体(质点 A)作为研究对象,研磨体所受的力为惯性离心力 F 以及重力 G 在直径方向的分力 $G\cos\alpha$,当研磨体随筒体被提升到

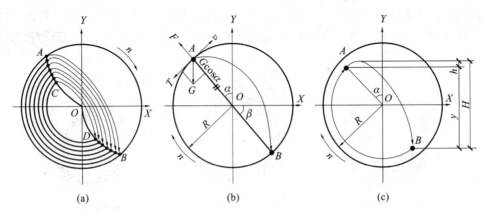

A—B 最外层轨迹；　C—D 最内层轨迹；　A—研磨体的脱离点；B—研磨体的降落点；

A—C 脱离点轨迹；　B—D 降落点轨迹；　α—研磨体的脱离角；β—研磨体的降落角

图 6.34　研磨体运动情况分析

(a)研磨体运动情况；(b)研磨体运动轨迹分析；(c)钢球的降落高度

A 点时,若在此瞬间研磨体的惯性离心力 F 小于 $G\cos\alpha$,则研磨体就离开圆弧轨迹,被抛射出去,按抛物线轨迹运动。由此可见,研磨体在脱离点开始脱离的条件为:

$$F \leqslant G\cos\alpha \tag{6.1}$$

将圆周运动公式 $F=\dfrac{mv^2}{R}$ 及 $m=\dfrac{G}{g}$ 代入上式得:

$$\frac{G}{g} \cdot \frac{v^2}{R} \leqslant G\cos\alpha,$$

则

$$\frac{v^2}{gR} \leqslant \cos\alpha \tag{6.2}$$

又 $v=\dfrac{\pi Rn}{30},\dfrac{\pi^2}{g}\approx1$

所以,式(6.2)可写为

$$\cos\alpha \geqslant \frac{Rn^2}{900} \tag{6.3}$$

式中　F——惯性离心力,N;

　　　　G——研磨体的重力,N;

　　　　v——研磨体运动的线速度,m/s;

　　　　R——研磨体层距磨机筒体中心的距离,m;

　　　　α——研磨体脱离角,°;

　　　　g——重力加速度,m/s²;

　　　　n——筒体转速,r/min。

式(6.3)为研磨体运动基本方程式,由此方程式可以看出:研磨体脱离角 α(或降落高度)与筒体转速 n 及研磨体所在层的半径 R(或筒体有效半径)有关,而与研磨体的质量无关。

(3)研磨体降落高度与脱离角的关系

研磨体从脱离点上抛到最高点后,从最高点到降落点之间的垂直距离 H 称为降落高度。它影响着研磨体的冲击能量。在回转半径 R 一定时,H 取决于脱离角的大小。$H=h+y$,如图 6.34(c)所示。

物体上抛公式 $v_y^2=2gh$,所以 $h=\dfrac{v_y^2}{2g}$;而 $v_y=v\sin\alpha$,又因为 $v^2=gR\cos\alpha$[由式(6.2)计算得到],故:

$$h = \frac{gR\sin^2\alpha\cos\alpha}{2g} = 0.5R\sin^2\alpha\cos\alpha \tag{6.4}$$

而 $y = 4R\sin^2\alpha\cos\alpha$，推导如下：

取脱离点 A（如图 6.34 中的 A 点）为坐标原点，则抛物线方程为：

$$\begin{cases} x = vt\cos\alpha \\ y = vt\sin\alpha - \dfrac{1}{2}gt^2 \end{cases}$$

将上式消去 t 得：

$$y = x\tan\alpha - \frac{gx^2}{2v^2\cos^2\alpha} \tag{6.5}$$

以 O 点为圆心，$X-X$ 轴、$Y-Y$ 轴为坐标基准，半径为 R 的圆的方程式为 $X^2 + Y^2 = R^2$

此圆对 $XX-YY$ 轴的方程式应为

$$(x - R\sin a)^2 + (y - R\cos a)^2 = R^2 \tag{6.6}$$

将式(6.5)和式(6.6)联立求解，得：

$$\begin{cases} x = 4R\sin^2\alpha\cos^2\alpha \\ y = -4R\sin^2\alpha\cos\alpha \end{cases}$$

式中"—"号表示降落点在横坐标之下。以绝对值表示为：

$$|y| = 4R\sin^2 a\cos a$$

则降落高度 $H = h + y = 0.5R\sin^2 a\cos a + 4R\sin^2 a\cos a$，即：

$$H = 4.5R\sin^2 a\cos a \tag{6.7}$$

这就是降落高度与脱离角的关系式，取不同脱离角 α，可以得到不同的降落高度 H。

例如：

当 $\alpha = 30°$ 时，$H \approx 0.97R$；

当 $\alpha = 45°$ 时，$H \approx 1.59R$；

当 $\alpha = 54°44'$ 时，$H \approx 1.72R$；

当 $\alpha = 60°$ 时，$H \approx 1.69R$。

选择一个合适的脱离角 α，就可以得到一个最大的降落高度 H。经过数学计算，当靠近筒壁的研磨体的脱离角为 $54°44'$ 时，研磨体具有最大的降落高度，从而使研磨体具有最大的粉碎力。

（4）磨机转速

钢球在磨内产生的离心力与磨机的转速有关。转速越快，离心力就越大，若转速过快，则钢球不脱落而随磨机筒体一起运转，无法粉碎喂入磨内的物料；若转速过低，则离心力过小，钢球处于泻落运动状态，只能研磨而不能冲击粉碎物料。因此必须要控制好磨机的转速，使产生的离心力能把钢球带到具有最大降落高度的位置。

① 临界转速 n_0

临界转速是指磨内最外层研磨体刚好随磨机筒体内壁做圆周运动的磨机转速。此时研磨体处于磨机筒体圆断面的顶点，即脱离角 $\alpha = 0$。将此值代入研磨体运动基本方程式 $\cos\alpha \geqslant \dfrac{Rn^2}{900}$ 中，对上式取等号，即 $\cos\alpha = \dfrac{Rn_0^2}{900}$，把 R 换为磨机筒体有效内径 D_0（$D_0 = 2R$），则有 $n_0^2 = \dfrac{900 \times 2}{D_0} \cdot \cos\alpha$，整理得：

$$n_0 = 42.4\sqrt{\frac{\cos\alpha}{D_0}} \tag{6.8}$$

可得临界转速：

$$n_0 = \frac{42.4}{\sqrt{D_0}} \tag{6.9}$$

以上公式是在一定假设条件的基础上推导出来的,事实上,研磨体与研磨体、研磨体与筒体之间是存在相对滑动的。因此,实际的临界转速比计算的理论临界转速要高,且与磨机结构、衬板形状、研磨体填充率等因素有关。

② 磨机的理论适宜转速 n_g

使研磨体产生最大冲击粉碎功的磨机转速称作理论适宜转速。当靠近筒壁研磨体层的脱离角 $\alpha = 54°44'$ 时,研磨体具有最大的降落高度,对物料产生的冲击粉碎功最大。将 $\alpha = 54°44'$ 代入式(6.8)中,可得理论适宜转速:

$$n_g = 42.4\sqrt{\frac{\cos 54°44'}{D_0}} \tag{6.10}$$

③ 转速比 ϕ

转速比 ϕ 是磨机的适宜转速与临界转速之比,即:

$$\phi = \frac{n_g}{n_0} = \frac{32.2/\sqrt{D_0}}{42.4/\sqrt{D_0}} \tag{6.11}$$

式(6.11)说明理论适宜转速为临界转速的 76%(或 78%)。一般磨机的实际转速为临界转速的 70%～80%。

④ 磨机的实际工作转速

磨机的理论适宜转速是在一定假设前提下推导出来的,而粉磨作业的实际情况很复杂,应该考虑的因素很多。一般认为,对于大直径的磨机,由于其直径大,研磨体冲击能力强,转速可以慢些;对于小直径的磨机,研磨体冲击能力较差,加之一般工厂的入磨物料粒度相差不大,所以转速可以快些。国内新型干法水泥生产线的磨机的工作转速多用下列公式计算:

当 $D > 2.0$ m 时

$$n = \frac{32.2}{\sqrt{D_0}} - 0.2D_0 \tag{6.12}$$

当 $1.8m < D \leqslant 2.0$ m 时

$$n = \frac{32.2}{\sqrt{D_0}} \tag{6.13}$$

当 $D \leqslant 1.8$ m 时

$$n = \frac{32.2}{\sqrt{D_0}} + (1 \sim 1.5) \tag{6.14}$$

式中　n——磨机的实际工作转速,r/min;

　　　D_0——磨机有效内径,m;

　　　D——磨机直径,m。

(5) 磨机功率

影响磨机需用功率的因素很多,如磨机的直径、长度、转速、研磨体装载量、填充率、内部装置、粉磨方式以及传动形式等。计算磨机需用功率的方法也很多,常用的磨机需用功率计算式有以下三种:

$$N_0 = 0.2VD_0 n\left(\frac{G}{V}\right)^{0.8} \tag{6.15}$$

式中　N_0——磨机需用功率,kW;

　　　V——磨机有效容积,m³;

　　　D_0——磨机有效内径,m;

　　　n——磨机工作转速,r/min;

　　　G——磨内研磨体装载量,t。

至于 $(G/V)^{0.8}$，如果知道了研磨体装载量 G 和磨机有效容积 V，就可以算出 (G/V)，然后在表 6.3 中查出 $(G/V)^{0.8}$ 的值。

表 6.3　G/V 和 $(G/V)^{0.8}$ 之间的关系

$\dfrac{G}{V}$	0.90	0.95	1.00	1.05	1.10	1.15	1.20	1.25	1.30	1.35	1.40	1.45
$\left(\dfrac{G}{V}\right)^{0.8}$	0.92	0.96	1.00	1.04	1.08	1.12	1.16	1.19	1.25	1.27	1.31	1.34

式（6.15）计算起来比较麻烦，把它简化一下，算出来的结果也很接近：

$$N_0 = 0.148GD_0nK_\varphi \tag{6.16}$$

式中　K_φ——钢球的装载量系数，$K_\varphi = \varphi^{-0.2}$，可以根据 φ 值查表 6.4 找出 K_φ 值。

表 6.4　K_φ 与 φ 的关系

φ	0.20	0.22	0.24	0.26	0.28	0.30	0.32	0.34	0.36	0.38	0.40
K_φ	1.38	1.36	1.33	1.31	1.29	1.27	1.26	1.24	1.23	1.21	1.20

磨机配套电动机功率：

$$N = K_1K_2N_0 \tag{6.17}$$

式中　K_1——与粉磨方式、磨机结构、传动效率有关的系数，见表 6.5；

　　　K_2——电动机储备系数，在 1.0～1.1 之间选取。

表 6.5　系数 K_1

传动方式＼磨机类型	干法磨	湿法磨	棒球磨	中卸磨
边缘传动	1.3	1.2	1.4	1.4
中心传动	1.25	1.15	1.35	1.35

（6）磨机的生产能力

① 磨机的小时生产能力

影响磨机生产能力的因素很多，主要有以下几个方面：粉磨物料的种类、产品细度；生产方法和流程；磨机及主要部件的性能；研磨体的填充率和级配；喂料形式、磨机的操作方法、物料在磨内的运动情况等。这些因素及其相互之间的关系是比较复杂的，究竟哪种因素起主导作用，还必须依据具体情况而定。磨机生产能力的经验计算式为：

$$Q = \frac{N_0q\eta}{1000} \tag{6.18}$$

式中　Q——磨机的小时生产能力，t/h；

　　　N_0——磨机需用功率，kW，按式（6.15）或式（6.16）计算；

　　　q——单位功率生产能力，kg/kW；

　　　η——流程系数，开路粉磨系统取 1.0；闭路粉磨系统取 1.15～1.5。

用式（6.18）计算磨机的小时产量太麻烦，有专门的研究人员将 $q\eta$ 数据进行了统计，见表 6.6。

表 6.6　生料磨的单位功率产量和流程系数

系统类别	湿法粉磨系统		系统类别	干法粉磨系统	
	$q\eta$	细度(0.08 mm 方孔筛筛余,%)		$q\eta$	细度(0.08 mm 方孔筛筛余,%)
开路长磨	60~70	8~10	开路长磨	55~65	10
开路棒球磨	75~85	10~12(入磨粒度可较大)	风扫磨	75~80	10
一级闭路长磨	80~85	10~12	一级闭路长磨	75~80	10
一级闭路棒球磨	85~95	10~12(入磨粒度可较大)	尾卸闭路烘干磨	80~85	10
二级闭路短磨	95~105	8~10	选粉烘干磨	80~85	10
			中卸闭路烘干磨	90~95	10

　　磨机的产量是随入磨物料的易磨性、入磨物料粒度和产品细度等的变化而变化的,在计算时要考虑这些因素的影响,对产量进行修正。

　　(a)当入磨物料粒度发生改变时,应按粒度校正系数 K_d 进行修正:

$$K_d = \frac{Q_1}{Q_2} = \left(\frac{d_2}{d_1}\right)^x \tag{6.19}$$

式中　d_1——当生产能力为 Q_1 时的喂料粒度,以80%通过的筛孔孔径表示;

　　　　d_2——当生产能力为 Q_2 时的喂料粒度,以80%通过的筛孔孔径表示;

　　　　x——与物料特性、成品细度、粉磨条件等有关的指数,一般在 0.1~0.25 之间变化,棒球磨一般取低值,开路粉磨、硬度大的石灰石取高值。

　　(b)入磨物料的易磨性发生变化时,可根据表 6.7 查出相对易磨性系数,再用下式计算:

$$\frac{K_{m1}}{K_{m2}} = \frac{Q_1}{Q_2} \tag{6.20}$$

式中　K_{m1},K_{m2}——磨机生产能力分别为 Q_1、Q_2 时的入磨物料易磨性系数。

表 6.7　物料的相对易磨性系数值 K_m

物料名称	易磨性系数	物料名称	易磨性系数	物料名称	易磨性系数
硬质石灰石	1.27	中硬质石灰石	1.5	软质石灰石	1.7

　　(c)当产品细度发生变化时,查表 6.8 得出不同细度时的细度系数 K_{c1}、K_{c2} 的数值,再用下式计算:

$$\frac{K_{c1}}{K_{c2}} = \frac{Q_1}{Q_2} \tag{6.21}$$

表 6.8　不同细度时的细度系数 K_c

细度(0.08 mm 方孔筛筛余,%)	2	3	4	5	6	7	8	9	10	11	12	13	14	15
K_c	0.59	0.66	0.72	0.77	0.82	0.87	0.91	0.96	1.00	1.04	1.09	1.13	1.17	1.21

　　② 磨机的年生产能力

$$Q_n = 8760\eta_n Q \tag{6.22}$$

式中　Q_n——磨机的年生产能力,t/年;

　　　　Q——磨机的小时生产能力,t/h;

　　　　η_n——磨机的年利用率,生料开路磨 $\eta_n < 80\%$,生料闭路磨 $\eta_n < 78\%$,所有粉磨系统的年利用率 η_n 不得低于 70%。

【例 6.1】　用 $\phi 3$ m×11 m 闭路粉磨系统粉磨干法回转窑熟料,磨制强度等级为 42.5 MPa 的普通水泥,入磨物料粒度小于 25 mm,水泥细度为 0.08 mm 方孔筛筛余小于 6%,该磨为中心传动,有效容积 $V=69$ m^3,装载量 $G=100$ t,填充率 $\varphi=0.31$,求:

(1)该磨机的各种转速;

(2)磨机功率;

(3)磨机生产能力。

【解】　设衬板厚为 0.05 m,则 $D_0=3-0.05\times2=2.9$(m)

(1)计算转速

临界转速　　　$n_0=\dfrac{42.4}{\sqrt{D_0}}=\dfrac{42.4}{\sqrt{2.9}}=24.9$(r/min)

理论适宜转速　$n_g=\dfrac{32.2}{\sqrt{D_0}}=\dfrac{32.2}{\sqrt{2.9}}=18.9$(r/min)

实际工作转速　$n=\dfrac{32.2}{\sqrt{D_0}}-0.2D_0=\dfrac{32.2}{\sqrt{2.9}}-0.2\times2.9=18.3$(r/min)

(2)计算磨机功率

根据表 6.5,$K_1=1.25$,取 $K_2=1.05$,则磨机需用功率为:

$$N_0=0.2VD_0n\left(\frac{G}{V}\right)^{0.8}=0.2\times69\times2.9\times18.3\times0.31\times\left(\frac{100}{69}\right)^{0.8}=985.5\text{(kW)}$$

或

$$N_0'=0.148GD_0nK_\varphi=0.148\times100\times2.9\times18.3\times0.31^{-0.2}$$
$$=785.436\times0.31^{-0.2}=992.7\text{(kW)}$$

电机功率为:

$$N=K_1K_2N_0=1.25\times1.05\times985.5=1293\text{(kW)}$$

或

$$N=K_1K_2N_0'=1.25\times1.05\times992.7=1303\text{(kW)}$$

实际电机功率为 1250 kW。

(3)计算磨机生产能力

查表 6.6,$q\eta=47$

$$Q=\frac{N_0q\eta}{1000}=\frac{985.5\times47}{1000}=46.3\text{(t/h)}$$

或

$$Q=\frac{N_0'q\eta}{1000}=\frac{992.7\times47}{1000}=46.7\text{(t/h)}$$

当粉磨情况发生变化时应进行修正。

2.3　研磨体的级配

(1)研磨体级配的意义

研磨体级配的优劣直接影响磨机的产量、产品的质量和研磨体消耗。级配的依据主要是被磨物料的物理化学性质、磨机的构造以及产品的细度要求等。物料在粉磨过程中,开始块度较大,需用较大直径的钢球进行冲击破碎。随着块度变小,需用小钢球粉磨物料,以增加对物料的研磨能力。在研磨体装载量不变的情况下,缩小研磨体的尺寸,就能增加研磨体的接触面积,提高研磨能力。选用钢球的规格与被磨物料的粒度有一定的关系。物料粒度越大,钢球的平均直径也应该越大。由此可见,磨内完全用大直径研磨体和完全用小直径研磨体都不适合,必须保证既有一定的冲击能力,又有一定的研磨能力,才能达到优质、高产、低消耗的目的。

(2)研磨体级配的原则

根据生产经验、研磨体级配一般遵循下述原则:

① 根据入磨物料的粒度、硬度、易磨性及产品细度要求来配合。当入磨物料粒度较小、易磨性较好、产品细度要求较细时,就需加强对物料的研磨作用,装入的研磨体的直径应小些;反之,当入磨物料粒度较大、易磨性较差时,就应加强对物料的冲击作用,研磨体的球径应较大。

② 大型磨机和小型磨机、生料磨和水泥磨的钢球级配应有区别。由于小型磨机的筒体短,因而物料在磨内停留的时间也短,所以在入磨物料的粒度、硬度相同的情况下,为延长物料在磨内的停留时间,研磨体的平均球径应较大型磨机小(但不等于不用大球)。在磨机规格和入磨物料粒度、易磨性相同的情况下,由于生料的细度较水泥粗,加之黏土和铁粉的粒度小,所以生料磨应加强破碎作用,在破碎仓应减少研磨作用。

③ 磨内只用大钢球,则钢球之间的空隙率大、物料流速快、出磨物料粗。为了控制物料流速,满足细度要求,经常是大小球配合使用,减小钢球的空隙率,使物料流速减慢,延长物料在磨内的停留时间。

④ 各仓研磨体级配,一般大球和小球都应较少,而中间规格的球较多,即所谓的"两头小,中间大"。如果物料的粒度大、硬度大,则可适当增加大球,而减少小球。

⑤ 单仓磨应全部装钢球,不装钢锻;双仓磨的头仓用钢球,后仓用钢锻;三仓以上的磨机一般是前两仓装钢球,其余装钢锻。为了提高粉磨效率,一般不允许钢球和钢锻混合使用。

⑥ 闭路磨机由于有回料入磨,钢球的冲击力由于"缓冲作用"会减弱,因此钢球的平均球径应大些。

⑦ 由于衬板的选择使带球能力不足、冲击力减小,应适当增加大球。

⑧ 研磨体的总装载量不应超过设计允许的装载量。

研磨体的级配是针对球磨机而言的(立磨不涉及这一问题),主要内容包括:各磨仓研磨体的类型、配合级数、球径(最大、最小、平均球径)、不同规格的球(棒、钢锻)所占的比例及装载量。级配确定后,需进行生产检验,并结合实际情况进行合理的调整。

(3)级配方案中的研磨体最大球径及平均球径

① 拉祖莫夫公式

最大球径:

$$D_{\max} = 28 \times \sqrt[3]{d_{\max}} \tag{6.23}$$

平均球径:

$$\overline{D} = 28 \times \sqrt[3]{\overline{d}} \tag{6.24}$$

式中　$D_{\max}$,$\overline{D}$——配球使用的最大钢球直径和平均钢球直径,mm;

$d_{\max}$,$\overline{d}$——入磨物料的最大粒径和平均粒径,mm。

② 我国水泥行业对拉祖莫夫公式的修正

在实际生产中发现,用拉祖莫夫公式计算出的 $D_{\max}$ 及 $\overline{D}$ 值偏小,我国水泥行业对该公式进行了修正。

(a)对于闭路磨机的粗磨仓

$$D_{\max} = 28 \times \sqrt[3]{d_{95}} \times \frac{f}{\sqrt{K_m}} \tag{6.25}$$

$$\overline{D} = 28 \times \sqrt[3]{d_{80}} \times \frac{f}{\sqrt{K_m}} \tag{6.26}$$

式中　d_{95},d_{80}——入磨物料最大粒度、平均粒度,mm,以 95%、80% 通过的筛孔孔径表示;

K_m——物料的相对易磨性系数,见表 6.7;

f——磨机单位容积物料通过量影响系数,根据磨机每小时的单位容积物料通过量 K 从表 6.9 查出。其中:

$$K = (Q + QL)/V \tag{6.27}$$

式中　Q——磨机小时产量,t/h;

L——磨机的循环负荷率,%;

V——磨机有效容积,m³。

表 6.9　单位容积物料通过量 K 与 f 值的关系

$K(\text{t/m}^3 \cdot \text{h})$	1	2	3	4	5	6	7	8	9	10	11	12	13	14	15
f	1.01	1.02	1.03	1.04	1.05	1.06	1.07	1.08	1.09	1.10	1.11	1.12	1.13	1.14	1.15

(b)对于细磨仓

$$D_{\max} = 46 \times \sqrt[3]{d_{95}} \times \frac{f}{\sqrt{K_m}} \tag{6.28}$$

$$\overline{D} = 46 \times \sqrt[3]{d_{80}} \times \frac{f}{\sqrt{K_m}} \tag{6.29}$$

式中　$D_{\max}, \overline{D}$——细磨仓最大粒度、平均粒度,mm;

d_{95}, d_{80}——细磨仓入口处物料最大粒度、平均粒度,mm 以 95%、80% 通过的筛孔孔径表示。

③ 邦德公式

$$D_{\max} = 36 \times \sqrt{d_{80}} \times \sqrt[3]{\frac{\rho \times \omega_i}{q \times \sqrt{D_0}}} \tag{6.30}$$

式中　$D_{\max}$——最大球径,mm;

d_{80}——物料粒度,mm,以 80% 通过量的筛孔孔径表示;

ρ——入磨物料的密度,kg/m³;

ω_i——邦德指数,对于生料 $\omega_i = 10.57$;

q——磨机适宜工作转速与临界转速之比(即转速比),%;

D_0——磨机的有效内径,m。

除上述公式之外,还有奥列夫斯基公式、戴维斯公式、托瓦路夫公式及见克公式等。但我国水泥企业经常用拉祖莫夫公式及其修正公式来计算研磨体球径。

④ 我国水泥行业经验公式

对于生料磨,第一仓的平均球径为:

$$\overline{D} = 1.83d_{80} + 57$$

式中　d_{80}——喂入石灰石 80% 通过的筛孔孔径,mm。

上式只适用于直径大于 2m 的开路磨机,对于闭路磨机,$\overline{D}$ 可适当加大 2～3mm,且要求原料中的石灰石为中等硬度。

⑤ 级配后的混合平均球径计算公式

$$D_{\max} = \frac{D_1 m_1 + D_2 m_2 + \cdots + D_n m_n}{m_1 + m_2 + \cdots + m_n} \tag{6.31}$$

式中　$D_1, D_2, \cdots, D_n$——质量为 $m_1, m_2, \cdots, m_n$ 的钢球的直径,mm;

$m_1, m_2, \cdots, m_n$——直径为 $D_1, D_2 \cdots, D_n$ 的钢球的质量,t。

(4)研磨体级配方案的制定

制定研磨体的级配方案,通常是从第一仓开始(即粗碎仓)。对多仓磨机而言,第一仓的钢球级配尤为重要,按照交叉级配的原则,即上一仓的最小球径决定下一仓的最大球径,依此类推,第一仓实际上主导了其他各仓的级配,目前,球磨机第一仓有代表性的级配方法有两种:一种是应用最普通的多级级配法,另一种是近年来开始采用的二级级配法。

① 二级级配法

二级级配法只选用两种直径相差较大的钢球进行级配,大球直径取决于入磨物料的粒度(以物料中占比例较大的物料的粒度来表示),采用公式可计算出要求的最大钢球的直径。小球的直径取决于大球间空隙的大小,据有关资料介绍,小球直径应为大球直径的 13%～33%,经换算得小球占大球重量的 3%～5%,而且原则上应保证小球的掺入不应影响大球的填充率。

② 多级级配法

多级级配法是一种传统的级配方法,通常选用 3～5 种不同规格的钢球,其具体的级配步骤是:

(a)计算钢球的最大球径 D_{max}:根据入磨物料的最大粒度 d_{max} 来确定,一般按公式 $D_{max}=28\sqrt[3]{d_{max}}$ 或 $D_{max}=28\sqrt[3]{d_{95}}\times\dfrac{f}{\sqrt{k}}$ 计算(钢球的平均球径 $\overline{D}$ 按公式 $28\times\sqrt[3]{d}$ 或 $28\times\sqrt[3]{d_{80}}\times\dfrac{f}{K_m}$ 计算)。

(b)确定钢球的级配数:即确定采用几种规格的钢球进行级配,若入磨物料的粒度变化较大则宜选多种规格进行级配;反之,可少选几种。钢球的级配数可参阅表 6.10 进行选择。

表 6.10　钢球级配数选用表

粉磨方式	双仓磨级配数		三仓磨级配数		
	第一仓[①]	第二仓	第一仓[①]	第二仓	第三仓
闭　路	4～5(球)	2～3(锻)	4～5(球)	3～4(球)	1～2(锻)
开　路	4～5(球)	3～4(球)	4～5(球)	3～4(球)	3～4(球)

注:① 当入磨物料的粒度大、硬度高、产品细度要求较细时,第一仓的级配数易取大值,必要时还可再加上一级级配。

(c)按照研磨体"中间大,两头小"的级配原则及物料粒度分布特征,设定出每种规格的钢球的比例。

(d)计算配球后混合钢球的平均球径,并与原先用公式确定的钢球的平均球径相比较,若两者偏差较大,则需要重新设定各种钢球的比例重新配球,直至两者的偏差较小为止。

(5)研磨体级配表的编制

研磨体级配方案的制定,对于三级或四级配球,当最大球径和平均球径确定之后,可从级配表中查取其他球径研磨体所占的百分比。那么级配表怎样编制呢?假设磨机的第二仓为 $\phi40$ mm、$\phi50$ mm、$\phi60$ mm 三级配球,经计算平均球径为 $\phi51$ mm,再对照级配表可得:$\phi60$ mm 球占 30%,$\phi50$ mm 球占 50%,$\phi40$ mm 球级占 20%,应用十分方便。

① 三级级配表的编制

从图 6.35 可以看出,三角图表中的横行与斜行的各数值表示的平均球径之间存在一定的公差,且与各百分比存在着以下关系:

$$\overline{D}=ax_1+bx_2+cx_3 \tag{6.32}$$

式中　$\overline{D}$——表中的任意平均球径,mm;

　　　a,b,c——表中用来级配的三种球径,mm;

　　　x_1,x_2,x_3——分别对应于 a,b,c 三种球径的百分数,%。

按照这种关系,可以根据原料的易磨性、入磨粒度、产品细度等条件大致确定三种球径的规格,用图 6.35(a)给定的 $\phi40$mm、$\phi50$mm、$\phi60$mm 球径的级配表编制方法为:

(a)画出等腰三角形,三角形各边分别表示 $\phi40$mm、$\phi50$mm、$\phi60$mm 三种球径规格,每边均分 10 等分,如图 6.35(b)所示,将百分比由 10% 至 90% 按顺时针(或逆时针)方向对应于各百分点。

(b)沿三角形各边作平行线,连接各边的百分点。

(c)以最上端的第一个倒三角形下角点为 B,则取如图 6.35(b)所示的 BD、BC、BE 互成 $120°$ 的三条线对应的百分数,按式(6.32)计算该点的平均球径为: $\overline{D} = \phi 60 \times 80\% + \phi 50 \times 10\% + \phi 40 \times 10\% = 57(\text{mm})$。

(d)用同样方法依次求得其他各点的平均球径,即得到图 6.32(a)的三级级配表。应用中为简便起见,横行与斜行各点的平均球径并不需要逐一计算,因为其具有一定的分布规律,可以按横行和斜行表现的规律直接填入,使编制过程更加简化。

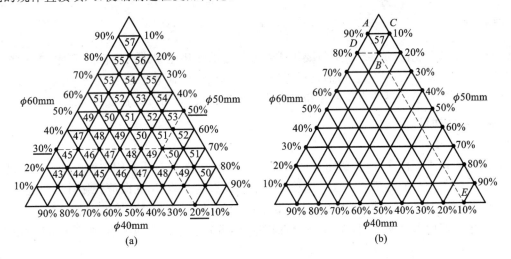

图 6.35　三级级配表

(a)球径 $\phi 40\text{mm} \sim \phi 60\text{mm}$ 三级级配表;(b)球径 $\phi 40\text{mm} \sim \phi 60\text{mm}$ 三级级配表的编制

② 四级级配表的编制

四级级配表比上述的三级级配表多了一条边,因为是四边形,如图 6.36(a)所示。根据图 6.35同样可以确定出平均球径的公式:

$$\overline{D} = ax_1 + bx_2 + cx_3 + dx_4 \tag{6.33}$$

式中各参数的含义与式(6.32)相同。

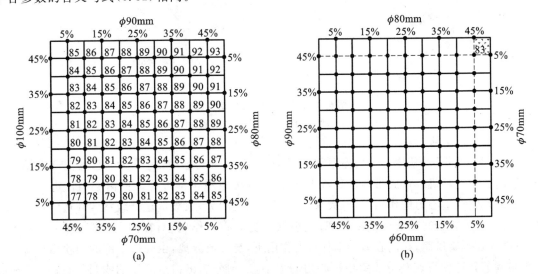

图 6.36　四级级配表

(a)选定四种钢球直径,如 $\phi 90\ \text{mm}$、$\phi 80\ \text{mm}$、$\phi 70\ \text{mm}$、$\phi 60\ \text{mm}$。

(b)画出正四边形,每边分成 10 等分,每两格为一等分,因为四种钢球中任意一种的最大添加量不会超过 50%,故按刻度单位 5,将 5%、最大 45% 的百分数顺时针依次对应于四边形的两条边。

（c）根据式（6.33），计算填入右顶角的小四边形左下角点的数值，就是该级配下的平均球径，即

$$\overline{D} = \phi 90 \times 45\% + \phi 80 \times 45\% + \phi 70 \times 5\% + \phi 60 \times 5\% = 83 \text{(mm)}$$

（d）其他各点的平均球径,同样也可依次求得。每一点与平均球径所对应的百分数即为其配比。

无论采用三级级配或是四级级配,级配表只是配球的基础,不能包含原料的硬度、水分、易磨性、入磨粒度以及粉磨工艺等所有影响粉磨的因素。故实际应用中,应在此基础上根据粉磨效率进行适当调整。

2.4　选粉机

选粉机是中卸磨闭路粉磨系统的重要组成部分。它的作用是将进入选粉机的混合料中细度合格的成品及时分选出来,将细度不合格的粗粉返回磨内继续粉磨,防止磨机发生"过粉磨"现象,提高磨机的粉磨效率。生料粉磨系统常用的选粉机有旋风式选粉机、粗粉分离器及组合式选粉机。

2.4.1　旋风式选粉机

（1）构造及主要部件

旋风式选粉机主要由壳体（分级室）、回转部分（小风叶和撒料盘一起固定在立轴上）、传动部分和壳体周围若干均匀分布的旋风筒组成。选粉机的下部设有滴流装置,它既能让循环气流通过,又便于粗粉下落,鼓风机与选粉机之间的连接管道上设有调节阀,用于调节循环风的大小以调节产品细度和产量。在进风管切向入口的下面,设有内、外两层锥体,分别收集粗粉和细粉,如图 6.37 所示。

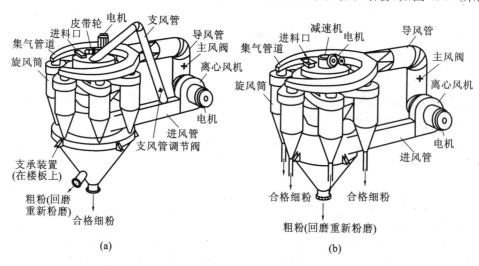

图 6.37　旋风式选粉机结构图
(a)普通型;(b)KHD 公司生产的 ZUB 型

（2）工作原理（分级过程）

外部专用风机供风,从中心分级室下部切线进入,由下向上运动,固定在中心室上部立轴上的小风叶和撒料盘由电动机经过胶带传动装置带动旋转,在分级室中形成强大的离心力。进入到分级室中的气粉混合物在离心力的作用下,较大颗粒受离心作用力大,故被甩至分级室四周边缘,自然下落,被收集下来,作为粗粉送回磨机重新粉磨;较小颗粒受离心力作用小,在向上气流的作用下,出分级室,切线进入外围旋风筒,在离心力和本身重力作用下,与气流分离,由壳体下部的细粉出口排出。通过变频器调节转速便可调整分级室中离心力的大小,达到分选出指定粒度的物料的目的,如图 6.38 所示。

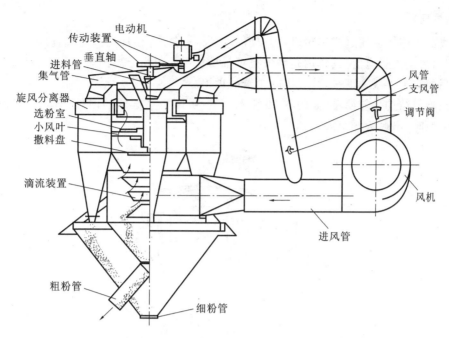

图 6.38　旋风式旋风机的选粉过程

（3）主要参数

（a）生产能力

生产能力一般按经验公式计算：

$$Q = 7.12D^2 \qquad\qquad (6.34)$$

式中　D——选粉室直径，m。

旋风式选粉机同样适用于水泥粉磨时的选粉。对于 42.5 强度等级的水泥，$Q=5.35D^2$；对于 52.5 强度等级的水泥，$Q=4.0D^2$。

（b）主轴转速

旋风式选粉机的主轴转速 n 和直径 D 的乘积在 300～500。直径越大，所取值也越大。

（4）规格及性能

旋风式选粉机的规格及性能列于表 6.11。

表 6.11　旋风式选粉机的规格及性能

选粉室直径（m）		$\phi2.0$	$\phi2.5$	$\phi2.8$	$\phi3.0$	$\phi4.0$
生产能力	生料（t/h）	28	44	55	65	114
	水泥（t/h）	21	33	42	48	86
主轴转速（r/min）		190	180	152～228	165	87～174
电动机	型号	Y160L-8	Y180L-8	Z_2-81	Y200L$_1$-6	JZTS-92-4
	转速（r/min）	720	730	750	970	440～1320
	功率（kW）	7.5	11	13	18.5	75
配用风机	型号	4-72-11No.10C	4-72-11No.12C	4-72-12No.12C	4-72-11No.16C	G4-73-11No.16D
	风量（m³/h）	37850	68020	72760	91200	168000
	风压（kPa）	2.36	2.49	2.36	2.51	2.70
	功率（kW）	40	75	75	75	155

2.4.2　粗粉分离器

粗粉分离器又称气流通过式选粉机,为空气一次通过的外部循环式分级设备,主要用于处理出磨废气,安装在出磨气体管道上,其作用是将气流携带粉料中的粗粉分离出来,送回磨内重新粉磨,细粉随流体排出后经收尘器收集下来,减轻了除尘器的负担。

粗粉分离器的结构比较简单,如图6.39所示,一般由两个呈锥形的内外壳体、反射棱锥、导向叶片、粗粉出料管和进出风管等组成。

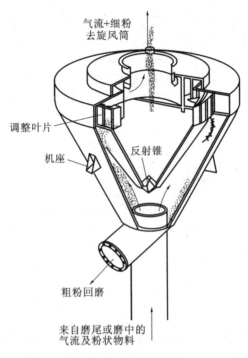

图 6.39　粗粉分离器

工作时,含尘气体(颗粒流体)以15~20 m/s的速度从进气管进入内、外壳体之间的空间,大颗粒受惯性作用碰撞到反射锥体,落到外壳体下部。气流在内外壳体之间继续上升,由于上升通道截面积的扩大,气流速度降至4~6 m/s,又有一部分较大颗粒在重力作用下陆续沉降,顺着外壳体内壁滑下,从粗粉管道排出。气流上升至顶部后经过导向叶片进入内壳中,运动方向突变,部分粗颗粒撞到叶片落下。同时气流通过与径向成一定角度的导向叶片后,向下做旋转运动,较小的粗颗粒在惯性离心力的作用下甩向内壳体的内壁,沿着内壁落下,最后也进入粗粉管。细小的颗粒随气流经排气管送入收尘设备,将这些颗粒(细粉)收集下来。

粗粉分离器存在两个分离区:一是在内外壳体之间的分离区,颗粒主要在重力的作用下沉降;二是在内壳体里面的分离区,颗粒在惯性离心力的作用下沉降。它们沉降下来的颗粒均作为粗粉由粗粉管排出。

2.4.3　组合式选粉机

组合式选粉机是集粗粉分离、水平涡流选粉(上部为平面涡流选粉机,下部为粗粉分离器,由于出磨含尘气体直接进入选粉机处理,省掉了粗粉分离器等一套设备)和细粉分离为一体的高性能选粉机(同时兼有除尘功能)。该设备主要由四个旋风子和一个分级筒组成。其分级过程是:来自磨机的高浓度含尘气体从下部进入,经内锥整流后沿外锥体与内锥体之间的环形通道减速上升,在分选气流和转子旋转的共同作用下,粗粉在重力作用下(重力分选)沿外锥体边壁沉降滑入粗粉收集筒。合格的生料随气流进入转子内,经由出风口进入旋风筒,由旋风筒将成品物料收集,经出口排出,送往均化库;废气由旋风筒顶部出口进入下一级收尘器内,进一步做除尘处理,如图6.40所示。

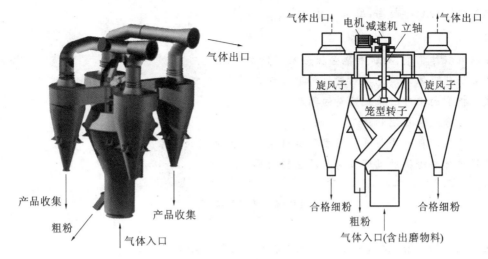

图 6.40　组合式选粉机

✥ 知识测试题

一、填空题

1. 球磨机主要是靠_____对物料产生_____和_____作用实现粉磨的,规格用_____表示,一台完整的球磨机由_____、_____、_____、_____、_____五部分组成。

2. 对于中卸磨来说,原料从磨机的_____入磨,回磨粗粉从磨机的_____入磨。

3. 电机功率在 2500 kW 以上的球磨机的传动方式选择_____。

4. 磨机产量高、产品细,说明研磨体级配_____。

5. 磨机运转过程中,应勤听_____音,根据_____音变化及时调节喂料量。

二、选择题

1. 当球磨机转速过低时,磨内研磨体运动状态为(　　)。

A. 周转状态　　　　　　B. 抛落状态　　　　　　C. 倾泻状态

2. 风扫磨系统可广泛地用于粉磨(　　)。

A. 生料　　　　B. 煤　　　　C. 水泥　　　　D. 混合材

3. 只对筒体起保护作用的是(　　)。

A. 阶梯衬板　　　　　　　　B. 沟槽衬板

C. 平衬板　　　　　　　　　D. 分级衬板

4. 如下分级设备选粉效率最高的是(　　)。

A. 粗粉分离器　　　　　　　B. 离心式选粉机

C. 旋风式选粉机　　　　　　D. 高效选粉机

5. 对于中卸磨来说,原料从磨机的(　　)进入,中部卸出。

A. 磨头　　　　　　B. 磨尾　　　　　　C. 两端

三、判断题

1. 同一磨仓内几种不同规格的研磨体在级配时,采用"两头小,中间大"的原则。(　　)

2. 闭路粉磨系统的循环负荷率是指回磨粗粉与产品的比值。(　　)

3. 球磨机加强磨内通风,可提高粉磨效率。(　　)

4. 不同种类和规格的研磨体可用在同一磨仓中。(　　)

5. 选粉机选粉效率越高,磨机产量越高。(　　)

四、简答题

1. 在球磨机结构中,衬板和隔仓板分别起什么作用?
2. 试分析研磨体的填充率对磨机粉磨过程的影响。
3. 试分析影响中卸磨系统产量的因素。
4. 试简述分级的作用和意义。
5. 试简述循环负荷率与选粉效率和磨机生产能力之间的关系。
6. 怎样计算选粉机的循环负荷率及选粉效率?

◇ 能力训练题

1. 把实训室的球磨机打开,将轴承加润滑油保养后安装好。
2. 用计算机绘制球磨机、组合式选粉机的三维立体结构图。
3. 改变物料种类和产品细度要求,对实训室的球磨机进行钢球级配的调整。

任务3　立式磨系统设备的认知

任务描述　了解立式磨系统的主要设备,了解设备的构造、原理和主要参数。

能力目标　能根据生料粉磨要求选择立式磨系统主机设备,能描述主要设备的构造、工作过程,能计算相应参数。

知识目标　掌握生料立式磨系统的主要设备配置及其结构、工作原理和相应参数的计算。

3.1　立式磨

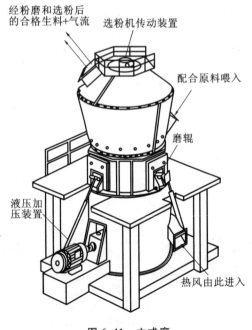

图 6.41　立式磨

立式磨(立磨)又称辊式磨(辊磨),是水泥、化工、煤炭、电力等部门广泛使用的一种粉磨机械,如图 6.41 所示。具有占地面积小、能耗低、噪声小,流程简单、布置紧凑,集中碎、烘干、粉磨、选粉为一体等优点,成为现代化水泥厂生料粉磨的首选设备(且也正逐渐应用于水泥粉磨工艺系统之中)。

世界上最早开发立式磨的是联邦德国的 Loesche(莱歇)公司,1925 年就拥有了比较成熟的设计。经过不断发展和完善,目前最大的 LM63.4,产量达到 840t/h,磨盘直径 6.3m,装机功率为 5600kW,4 个磨辊。

目前国外生产立式磨的厂家及产品主要有:Loesche(莱歇)公司、Fuller(富勒)公司、UBE 公司生产的 LM 磨,FLS(史密斯)公司生产的 Atox 磨、KHD 洪堡公司生产的 RM 磨和 Pfeiffer 公司的 MPS 型立式磨。国内生产立式磨的厂家及产品有沈阳的 MLS 立式磨、天津的 TRM 立式磨、合肥的 HRM 立式磨等。

与其他粉磨设备相比,立式磨具有以下特点。

(1)粉磨效率高,采用料床挤压粉碎原理,物料在磨内受碾压、剪切、冲击作用。磨内气流可将磨细物料及时带出,避免过粉磨;物料在磨内停留时间一般为 2~4 min,粉磨效率为球磨机的 165%,电耗可降低 30%左右。

(2)烘干效率高,热风从环形缝喷入,风速高,磨内通风截面大,阻力小,利用窑尾预热器废气可烘干含水 8%的物料,若有热风炉可烘干含水 15%~20%的物料。

(3)入磨物料粒度大,一般可达磨辊直径的 5%,大型磨入料粒度可达 150~200 mm,设备工艺性能优越,单机产量大,设备运转率高,金属磨损比球磨机低。

(4)对粉磨物料适应性强,可用于粉磨各种原燃料,如石灰石、砂岩($SiO_2 > 90\%$)、煤、水泥熟料、高炉矿渣等。无论其易磨性、磨蚀性有多大差异,通过对立磨内部结构调整和合理操作,均能生产出不同细度、不同比表面积的合格产品。

(5)工艺流程简单、布置紧凑,日常维护费用低,可露天设置,基建投资约为球磨机的 70%。

(6)整体密闭性能好、扬尘小、噪声低,环境优越。

(7)成品质量控制快捷,调整产品灵活,便于实现操作智能化、自动化。

(8)立式磨的缺点在于不适于粉磨硬质和磨蚀性大的物料,衬板使用寿命较短,维修较频繁。磨损件比球磨机的贵,但与其所取代的球磨机、提升机、选粉机等设备的总维修量相比,仍显得维修简单、容易和工作量小。

3.1.1　立式磨粉磨系统

国内应用立式磨粉磨生料在近 20 年达到高潮,5000 t/d 以上规模的生产线中,立式磨所占比超过 60%。常用的工艺流程大致为一级和二级收尘两种粉磨系统(如图 6.42 所示)。

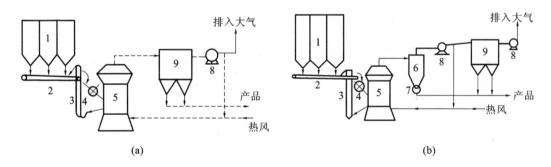

(a)　　　　　　　　　　　　　　　　　　　　(b)

图 6.42　磨外循环立式磨粉磨系统
(a)磨外循环一级收尘粉磨系统;(b)磨外循环二级收尘粉磨系统
1—配料仓;2—喂料皮带机;3—提升机;4—锁风喂料机;5—立式磨;6—旋风筒;7—分隔轮;8—风机;9—收尘器

在长期使用过程中,二级收尘系统日益暴露出以下弊端:(1)工艺复杂,需占用较多的面积和空间;(2)第一级收尘设备磨损严重,系统漏风系数增大,产量随之降低,维护工作量增加;(3)系统主风机叶轮的耐磨寿命不超过一年,磨损后产生动态不平衡,噪音增大,且系统工艺参数控制难以达到最佳化。随着高效收尘技术的发展,现在的高浓度气箱脉冲袋式收尘器等设备已能处理含尘浓度高达 $1000 g/m^3$ 的废气。因此,一级收尘粉磨系统对于改善上述状况已不再困难,成为目前应用的主流工艺。

图 6.42 中仅给出磨外循环立式磨粉磨系统的两种基本流程。此外,也可采用无粗粉循环的立式磨粉磨工艺,但与之相比,其系统压力损失和电耗都明显偏大,故应用开始减少。

立式磨的工艺形式不同,但粉磨过程基本相似,即:含水物料入磨,通过引入的热风烘干,经磨辊研磨后被风环处高速气流带起,合格细粉由收尘器收集为成品,收尘器排出的部分气体随热风再次入磨使用。烘干热源由热风炉提供,或者直接利用窑废气余热。因此,生产中对立式磨粉磨工艺流程的

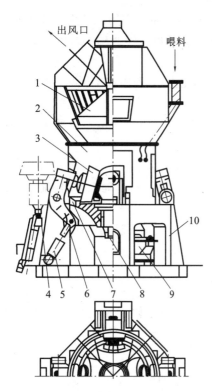

图 6.43　立式磨的基本结构示意图

   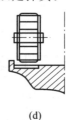 

　　(a)　　　　　　(b)　　　　　　(c)　　　　　　(d)　　　　　　(e)

图 6.44　几种主要立式磨磨盘磨辊形状

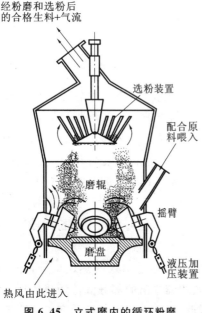

图 6.45　立式磨内的循环粉磨

选择,通常根据供热条件而定。

3.1.2　立式磨的结构及工作原理

（1）结构

立式磨的结构如图 6.43 所示,由分离器 1、壳体 2、磨辊 3、翻辊装置 4、液压加压装置 5、摇臂 6、圆柱销 7、磨盘 8、传动装置 9、机座 10 等部分组成。

立式磨的形式不同,主要区别在磨辊与磨盘的结构组合不同。磨辊沿水平圆形轨迹在磨盘上运动,通过外部施加在磨辊上的垂直压力,使磨盘上物料受到挤压和剪切作用,得以粉碎。主要的几种立式磨磨辊、磨盘形状如图 6.44 所示。

分离器是保证产品细度的重要部件,它由传动系统、转子、导风叶、壳体、粗粉落料锥斗、出风口等组成。磨辊是对物料进行碾压粉碎的主要部件,它由辊套、辊心、轴、轴承及辊子支架等组成。每台磨有 2～4 个磨辊。磨盘固定在减速机的立轴上,由减速机带动磨盘转动。不同类型立磨的磨盘形状各有不同,磨盘由盘座、衬板、挡料环等组成。

加压装置是提供碾磨压力的重要部件,它由高压油站、液压缸、拉杆、蓄能器等组成,能向磨辊施加足够的压力使物料粉碎。加压装置也可以是弹簧。

减速机既要起到减速和传递功率、带动磨盘转动的作用,又要承受磨盘、物料的重力以及碾磨压力。

（2）工作原理

如图 6.45 所示,被磨物料是从磨体中部喂入落在靠近磨盘中心的磨床,由于磨盘的转动,物料在离心力的作用下甩向靠近边缘的辊道(一圈凹槽),磨辊在自身重力和加压装置(液压系统)作用下逼近辊道里的被磨物料,对其碾压、剪切和研磨。这样被磨物料不断地喂入,又不断地被粉磨,直至细小颗粒被挤出磨盘而溢出。

热风从磨机底部进入,靠排风机的抽力在机体内腔形成较大的负压,对粉磨后但仍含有一定水分的物料进行悬浮烘干并将它们吸到磨机顶部,经选粉机的分选,粗粉(较大颗粒)又回到磨盘与喂入的物料一起粉磨,细粉随气流(此时物料基本被烘干,热气体也降温了)出磨进入除尘器,实现料、气分离,料就是合格的生料了,气体经除尘净化后排出,如图 6.44 所示。

图 6.45 中标注：
经粉磨和选粉后的合格生料+气流
选粉装置
配合原料喂入
磨辊
摇臂
热风由此进入
液压加压装置
磨盘

3.1.3　立式磨的主要部件

（1）磨辊和磨盘

表 6.12 列出了当今主流的立式磨的结构特点。将石灰石、黏土或砂岩、铁粉或钢渣等原料（或熟料、石膏、混合材等）碾碎并制成细粉，靠的是 2～4 个磨辊和一个磨盘所构成的粉磨机构，设计者使它具备了两个必要条件：能形成厚度均匀的料床、接触面上具有相等的比压。磨辊衬套和磨盘衬板采用高强耐磨金属材料，磨损后用慢速转动装置转到便于维修的位置对其进行修复。

表 6.12　各种立式磨结构特点

项目 ＼ 型号	莱歇磨（LM）	非凡磨（MPS）	史密斯磨（ATOX）	伯利休斯磨（RM）	沈重磨（MLS）	天津磨（TRM）	合肥磨（HRM）
图例							
磨辊形式	圆锥形	轮胎形	多边形	轮胎形	轮胎形	圆锥形	轮胎形
磨辊与水平倾角	（夹角 $\alpha=15°$）	（夹角 $\alpha=15°$）	（夹角 $\alpha=90°$）	（夹角 $\alpha=90°$）	（夹角 $\alpha=12°$）	（夹角 $\alpha=12°$）	（夹角 $\alpha=12°$）
磨辊数及加压方式	两辊（弹簧）2～4辊（液压）	三辊（液压）同时施压	三辊（液压）分别施压	两对窄辊分别施压	三辊（鼓形）统一施压	四辊，可同时或分别施压	两辊或四辊双辊分别施压
磨盘形式	水平盘，扇形衬板	曲面盘，分片衬板	水平盘，段节衬板	双弧形盘	沟槽形盘	水平盘	槽弧形盘
磨机检修	磨辊外翻磨外检修	大型磨辊外翻检修	磨辊不外翻磨内检修	不可外翻边门抽出检修	磨辊可翻出磨外检修	磨辊可翻出磨外检修	磨辊可翻出磨外检修
磨机启动	无辅传，液压抬磨	有辅传，磨辊不能抬	液压抬辊	有辅传	有辅传，抬辊空载启动	空载启动加压为液压-平动联控	加压为液压-水平联动
轴承密封	风机	风机	风机	风机	风机	无	无
其他特征	操作稳定适应性强	粉磨区断面大，阻力小，允许最大通风量，磨辊可翻转用	喷嘴可以调节，气流佳，圆拱形磨，防止积灰	磨内充气需要量少，喷嘴风速小，阻力小	动、静态组合式选粉机，电动控制运行显示	可空载启动，磨内通风环调节灵活	辊盘间有限位布置，辊式磨可翻面使用，方便调控，磨耗小
制造商	德国：莱歇 美国：福乐 日本：神钢	德国：非凡 美国：爱立新、查莫尔斯	丹麦：F.L.S	德国：伯利休斯	中国沈阳重型机械有限责任公司	天津院仕名粉磨技术设备有限公司	合肥院中亚建材设备有限责任公司

（2）加压装置

辊磨与球磨的粉磨作业原理不同，需要借助于磨辊加压机构施压来对块状物料进行碾碎、研磨，直至磨成细粉。现代化大型立式磨是由液压装置或液压气动装置通过摆杆对磨辊施加压力。磨辊置于压力架之下，拉杆的一端铰接在压力架之上，另一端与液压缸的活塞杆连接，液压缸带动拉杆对磨辊施加压力，将物料碾碎、磨细。

（3）分级机构

立式磨自身已经构成了闭路粉磨系统，分级机构装在磨内的顶部，构成了粉磨—选粉闭路循环，简化了粉磨工艺流程，减少了辅助设备，同时也节省了土建投资。分级机构分为静态选粉机、动态选粉机和高效组合式选粉机三大类。

① 静态选粉机

其工作原理类似于旋风筒,不同的是含尘气流经过内、外锥壳之间的通道上升,并通过呈圆周均匀分布的导风叶切向折入内选粉室,回转的同时再次折入内筒。其结构简单,无可动部件,不易出故障;但调整不灵活,分离效率不高。

② 动态选粉机

它是一个高速旋转的笼子,含尘气体穿过笼子时,细颗粒由空气摩擦带入,粗颗粒直接与叶片碰撞被拦下,转子的速度可以根据要求来调节,转速越高,出料细度就越细,与离心式选粉机的分级原理是一样的。它有较高的分级精度,细度控制也很方便。

③ 高效组合式选粉机

将静态选粉机(导风叶)和动态选粉机(旋转笼子)结合在一起,即圆柱形的笼子作为转子,在它的四周均布了导风叶片,使气流上下均匀地进入选粉区,粗细粉分离清晰,选粉效率高。不过这种选粉机的阻力较大,叶片的磨损也大。

3.1.4　立式磨的主要类型

立式磨种类较多,如伯利休斯磨、莱歇磨、雷蒙磨、彼特斯磨、培兹磨、MPS 磨、ATOX 磨、OK 系列磨等。不管是哪一种,它们的结构和粉磨原理基本相同,所不同的是磨盘的结构、磨辊的形状和数目上的差别。

(1)LM 型立磨(莱歇磨)

LM 型立磨由德国莱歇(Loesche)公司制造,见图 6.46 所示。该磨采用圆锥形磨辊和水平磨盘,有 2~6 个磨辊(一般为 4 辊),磨辊轴线与水平夹角成 15°,无辊架,各磨辊可以由液压系统单独加压,在检修时可以用液压系统将磨辊翻出磨外。其优点是对粉磨物料的适应性强,操作稳定。

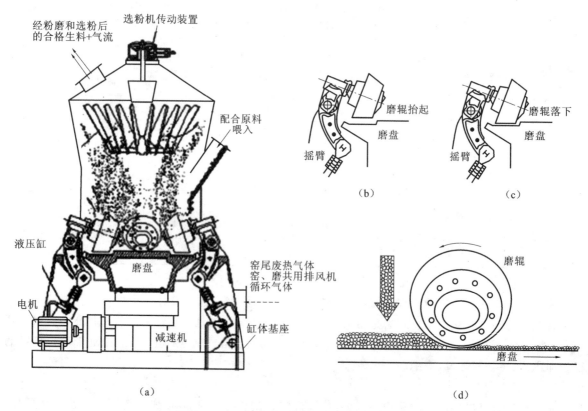

图 6.46　LM 型立磨(莱歇磨)磨辊和摇臂结构

LM 型立磨主要由以下几个部分组成:分离器、壳体、磨辊、翻辊装置、液压加压装置、摇臂、磨盘、传动装置、机座、摇臂运动监视装置、磨机振动监测装置和喷水系统等。

① 磨盘　磨盘是立式磨的主要部件之一,如图 6.47 所示,包括导向环 1、风环 2、挡料圈 3、衬板 4、压块 5、盘体 6、圆柱销 7、提升装置 8、螺栓 9 和刮料装置 10 等。

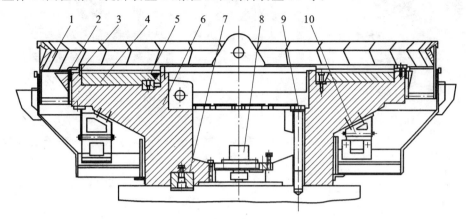

图 6.47　磨盘结构示意图

来自风环处的热风由导向环引入磨机中心,风环上焊有耐磨导向叶片,可以承受从磨盘上溢出的大块物料、铁块及杂质的冲刷,随后这些异物由刮料装置送入排渣口。磨盘周边设置有挡料圈,挡料圈的高度通常都是根据生产实践经验按需要进行调整的。

② 分离器　分离器位于磨机的上部,其传动装置的转速是可调的,以便根据需要来调整产品的细度。分离器内的转子上布有一圈叶片,用于撞击随气流上升的粗颗粒物料,并把它们抛向壳体,然后沿壳体内壁滑落返回磨盘上,为防止壳体磨损,其内装有可更换的衬板。喂料溜子的壳体底部通有热风,以防潮湿物料黏附其上,从而保证下料通畅。转子轴装有两个可承受较大径向力和少量轴向力的滚动轴承。由于磨内温度较高,为避免轴承发热,在其外部设有倒锥形水箱,以进行循环冷却。

③ 磨辊(图 6.48)　磨辊的辊套是易磨损件,它的使用寿命将直接影响着磨机的运转率,特别是对于大规格的辊套来讲,既要有足够的韧性,又要有良好的耐磨性能,它所采用的材料也是镍硬合金铸钢。

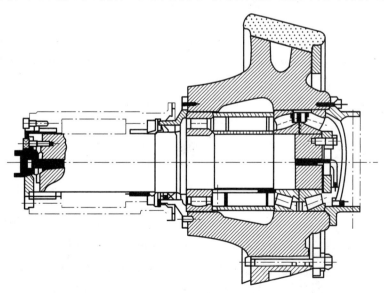

图 6.48　磨辊

④ 液压加压装置　这种装置也被称为液-气弹簧系统,其压力可根据需要进行调整,保证磨机在运转中辊压波动小,磨机运转平稳。磨辊与液压缸连接结构如图 6.49 所示。

莱歇磨在运行中,磨辊对物料的碾压力来自液压缸产生的拉力,通过活塞杆和连杆头作用在摇臂

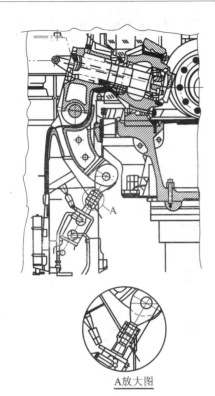

图 6.49　磨辊与液压缸连接结构

上。整个摇臂作为一个杠杆,支点在中轴处,把液压缸产生的拉力传递给磨辊。液压缸的活塞杆和连杆头的连接是通过两个半圆外套来实现,两个半圆外套由螺栓连接成圆筒套,其内孔有内螺纹,活塞杆与连杆的外表面有外螺纹。运行中,磨辊在物料的影响下,做上下频繁运动,活塞杆和连杆头在长期突变应力作用下,螺纹处产生应力集中,发生疲劳断裂。

⑤ 传动装置　磨机由电动机通过立式行星减速器驱动,结构紧凑、体积小、质量小、效率高、噪声低。

⑥ 壳体　磨机中间壳体为焊接件,在安装现场与机座焊成一体,壳体上开设有与磨辊相对应的检修孔,以便检修时将磨辊翻出。壳体与摇臂之间的缝隙采用耐热橡胶板密封,壳体内壁设有波形衬板,以防物料冲刷。另外壳体还设置了用于检修和维护的磨门。

⑦ 机座　机座是一个将基础框架、减速机底板、轴承座、环形管道、风管以及废料闸门集结为一体的焊接件。其主要作用:一是支撑整个磨机的重力和承受动力的作用,二是接纳回转窑窑尾废气,作为磨内烘干与输送物料之用。

⑧ 摇臂监视装置　摇臂的运动情况是靠安装在下臂附近托架上的电传感器来反映的,当导轨移入或移出传感器前的感应区时,传感器便会及时发出相应的信号,以显示"磨辊抬起"或"磨辊下料层太薄"等情况,料层的厚度也可直观地由摇臂的刻度上读出。

⑨ 磨机的振动监视　辊式磨的振动是用振动传感器监测的,它所测量出的数值将被转换成电信号,然后再通过电缆传送到电控柜中的指示器上,振动一旦超出预定值,就会自动报警直至停磨。

⑩ 喷水系统　设置喷水系统的目的在于通过水分来消耗部分窑尾废气的热能,使静电收尘器能正常工作,产品中含有 1%～2% 的水分是不够的,为此必须向磨内喷水,而喷水量则取决于热风的温度。喷水系统由喷嘴、水管、控制装置和固定元件所组成。

⑪ 翻辊装置　此套装置是为检修而配备的一套专用移动式工具,使用时只要与液压系统接通,即可将磨辊翻出磨外,不但便于检修,还可大大缩短停磨时间。

莱歇磨磨辊加压装置设在壳体外,壳体的密封设计要求高,外形尺寸比同等生产能力的 MPS 型辊式磨小,磨用风机功率比 MPS 磨高,锥形辊套不能翻转重复使用,而磨盘衬板可以翻面使用,磨内设有磨辊与磨盘间隙限位装置,磨机可空载启动,不需要另设高转矩辅助启动装置。莱歇磨的停机没有任何特殊要求,开机启动也无须进行磨盘布料操作,磨辊可以翻出机外,检查、维修和更换辊套方便,可节省时间。

UBE 公司制造的立磨最初是从 Loesche 公司引进技术制造的,与 Loesche 公司的辊磨有相同的特点,相对其他磨型来说磨盘转速快、辊压大,一定产量条件下,盘径小、风速高、单辊施压,其优点是调整灵活,可根据需求改变产量,双辊加压时,可方便地降低到产量的 70% 生产。启动时,可抬起磨辊,空载启动,降低启动力矩,减少磨损,降低噪声。在操作中断时,亦能自动抬辊。由于上部没有压架,检修时可以将磨辊翻出机外,方便检修。

工艺流程上采用带有粗粉外循环系统,将掉入风环中粒度较大的未被热风带起的物料及时排出,并通过提升机提升至顶部后回磨。可以降低风环风速,使磨机阻力减小,风量降低,从而减小通风电耗。

UBE 的磨机外循环量较大,一般为喂料量的 50%～100%。为了处理易磨性很差的物料,降低通风电耗,UBE 还开发了全部外循环的新流程。该流程类似于球磨机的提升循环系统。磨内的物料粉磨后大部分落至机外,由提升机提升至外部选粉机分选。磨内通风的目的主要是在高水分时,通入热风起烘干作用,水分含量小于 3％时仅起通风排尘作用,而不是为了风扫操作,磨机阻力大幅降低。该系统不但保留了辊磨粉磨效率高的特点,而且克服了辊磨通风电耗大的缺点,使辊磨系统在节电方面的特点更为突出。

　　某厂 LM43.4 辊磨设计产量 280t/h,实际达到 294t/h,电动机负荷率达 93％,说明 UBE 的辊磨在动力配置上富余系数较小。尽管系统设有外循环,但磨盘风速 10.7m/s,磨机压损近 9000Pa,属较高水平。

　　(2)MPS 型立磨

　　MPS 型立磨由德国非凡公司生产,如图 6.50 所示。采用沟槽形磨盘,轮胎形斜辊。磨辊轴与水平夹角为 12°。磨辊可以翻转 180°使用,使用寿命长,3 个磨辊在磨盘上容易平衡稳定。3 个磨辊统一由支架固定,并同时加压。在启动时磨辊不能抬起,必须用辅助传动先在磨盘上铺料,形成粉磨料床,以防止辊、盘直接接触。检修时磨辊不能翻出磨外,需从磨中将磨辊吊出机外。磨辊与加压部件都在机壳内,磨机的密封性能较好,漏风量少,磨机的外形尺寸比同等生产能力的莱歇磨要大,磨用风机功率比莱歇磨低约 20％;3 个磨辊使用一个加压装置,每个辊子受力均匀,运转平稳。

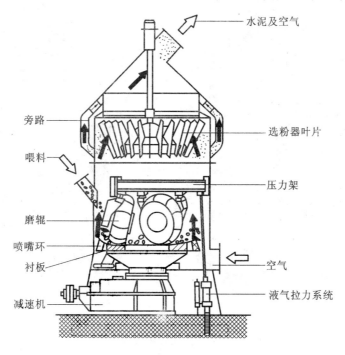

图 6.50　MPS 立磨

　　启动时需要一套高启动转矩(150％～200％静启动转矩的高启动电动机)的辅助传动设施,正常运行时需带料停机,要求前置输送设备能带负荷启动,操作烦琐,但辊压低,磨盘转速慢,盘径大,相对风速低。

　　MPS 磨盘直径较 LM 磨大,使得磨盘周围有更多的通风孔,为粉磨区提供了一个相当大的自由空间(断面),并允许在一定的风速下有较大的通风量,烘干能力强,从而使磨内压降比 LM 磨低 20％左右,可充分利用低热气体。

　　当磨辊辊套或磨盘衬板磨损后,通常在磨内将磨损部位慢转到便于维修的位置进行更换或检修。镶嵌式衬板(辊套)受热应力和机械应力较小,一旦其中的一片受到损坏,整个辊套将受到影响,使用寿命大大缩短。

　　原来的 MPS 磨机的盘径是以辊道中径计算,现在以 B 表示,指外径,例如,5000B 指磨盘外径为 5m。

某厂采用 MPS5000B 立磨粉磨生料,产量达到 420t/h,成品细度 R90 为 12%。当产量达到 380t/h 时,磨机的运行功率为 2655kW,达到装机功率的 88.5%,瞬时功率有时已接近额定功率,说明操作过程中不能再增加压力。实际磨盘风速 8.4m/s,因设有外循环,风速属正常水平,但是磨机阻力 8650Pa,仍然偏高。系统设计为双风机系统。出磨含尘气体直接入窑尾电收尘器,不设中间旋风筒,降低了整个系统的阻力。排风机单位电耗 6.6kW·h/t。正常情况下,预热器废气全部入磨(一部分入煤磨),磨内通过喷水调节出磨气体温度,与磨机并列的增湿塔停运。当磨机停止运转时,预热器废气通过增湿塔增湿降温后入电收尘器。

(3)RM 型立磨

德国 Polysius 公司生产,如图 6.51 所示。RM 磨经历了三代技术改造,目前的结构和功能与其他类型立磨有较大区别,其特点如下。

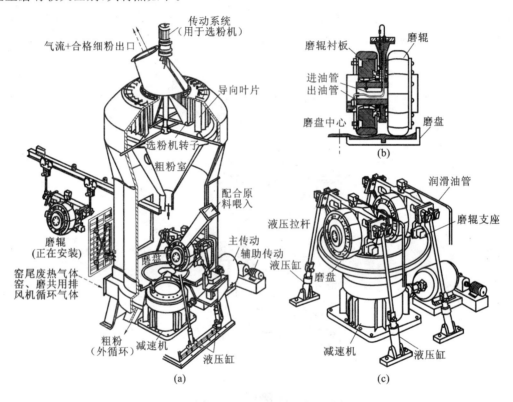

图 6.51　RM 型立磨

① 双磨辊磨盘装有双凹槽的磨辊轨道,形成双重挤压粉磨系统,RM 立磨结构中最重要的部件首推带有双凹槽的粉磨磨盘和两套对辊。两套对辊在料床上可进行垂直方向位移的单独调整,并围绕其自身的转轴运转。双凹槽磨盘和双鼓面磨辊的采用优化了被磨物料的啮入条件,提高了粉磨效率(图 6.52)。

② 双重粉磨系统　两对磨辊在磨盘上相对独立运转,对辊的设计使磨辊和磨盘之间的速度差降低。在两组相对独立的对辊下,物料先被内辊挤压粉磨,然后物料移到外侧,经外辊再次挤压粉磨。内外辊在磨盘上以不同的转速运行,使磨辊和磨盘间的速度差(滑动摩擦)最小(图 6.53),实际发生的磨损减小。磨辊可上下移动补偿了由于磨损造成磨辊辊套金属表面的残缺,保持被磨物料和粉磨组件表面间的良好啮合,防止产品当中的尾渣出现,并防止了一般情况下辊套磨损后出现的电耗增加现象。

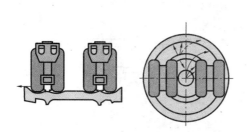

图 6.52 物料在双凹槽磨盘上的移动轨迹

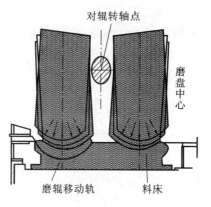

图 6.53 双凹槽轨道粉磨系统

在工作中,当一个磨辊被料床抬高时,另一个磨辊会被强迫压下。内外磨辊不同的磨损情况可通过施加到磨辊托架上力的作用点的调整来达到接近均衡。使辊压的分布与磨损一致,磨辊元件可最大限度被利用。也可将对辊托架旋转 180°,使外辊和内辊实现对换,使被磨后的边际线相同,延长使用寿命。根据粉磨要求情况,磨辊辊套可为整体形式或分块形式。磨辊在磨盘的双凹槽辊道中运行,使被粉磨物料在磨盘上的停留时间延长。特别是在物料难磨的情况下,更能体现出它的优越性,更易于形成稳定的料床。双凹槽辊道可以确保料床不过厚,避免物料"短路"(未经充分粉磨就到达磨盘边缘),能量消耗显著降低。

③ 高效分离器 采用 SEPOL 高效选粉机(图 6.54),根据生产需要可对操作参数,如转速、风翅角度等进行调整。可生产高细度、比表面积为 $530m^2/kg$ 的矿渣,并降低粉磨系统的电耗。与第二代立磨相比,装有高效选粉机后,可使产量增加 25%,电耗降低 16%,并改善产品的颗粒分布曲线。

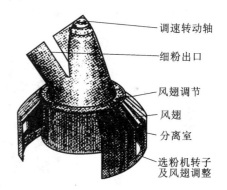

图 6.54 高效选粉机转子及外罩

④ 喷嘴环 烘干和提升磨内物料所需的热气流通过喷嘴环,改进后的喷嘴环可以调节优化气流的速度和分布。该喷嘴环由定位销挡板调节通风截面(见图 6.55),因为不改变气流方向,不增加气流通过的路径长度,所以系统的单位耗气量和系统压损值相当低,磨损减少,气流速度可以从 70 mm/s 调节到 30 mm/s。

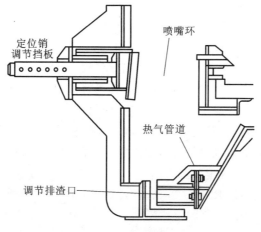

图 6.55 由定位销挡板调节通风截面

⑤ 料层厚度的调节 磨盘边缘的挡料圈高度可以调节（图 6.56），在调试期间根据被粉磨物料的特性和产品的需要进行调整。挡料圈的设计易于拆换和调整，保证了系统生产对产品品种变化的适应性。

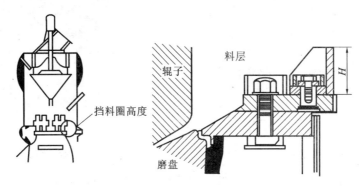

图 6.56 调节挡料圈高度

⑥ 物料的外循环系统 系统配有外循环提升机，外部循环的物料量一般为磨机产量的 1～2 倍。在具有外部物料循环回路的系统中，喷嘴环处的风速可以显著降低，气流并不将全部物料带入选粉机，较大比例进入喷嘴环的物料到达与磨盘一起旋转的卸料圈，物料通过卸料溜子和提升机进入高效选粉机，大大降低系统电耗和阻力，使系统操作简便。

⑦ 磨辊轴承的密封 轴承的密封防尘是保证立磨长期运转的关键，对新设计的磨辊轴承安装了防磨损密封装置，增加了润滑油循环系统（图 6.57），并装有自动测试系统，为安全运转提供保证。

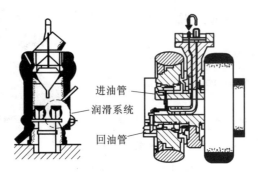

图 6.57 磨机润滑油循环系统

⑧ 加压系统 磨辊与磨盘之间的加压由液压系统调整。磨辊托架通过拉杆直接与磨基础联结，因此磨辊对磨盘的压力是平行垂直向下的，拉杆通过两个接口分别与磨基础、磨辊托架联结，可以传递不同方向的拉力，使磨辊对磨盘的压力分布均匀平衡。

⑨ 工艺生产过程控制 采用自控系统（POLICID 工艺生产过程控制系统和 POLEXPERT 智能化的工艺控制专家系统），实现粉磨系统的监测、调节控制和操作优化。通过现场操作值与专家系统知识库的联系，专家系统可确保通过优化原料喂料、粉磨物料料床、气体风量等措施使系统在可达到的最大能力下经济运行，在最大荷载下（满载运行战略）及给定荷载下（部分荷载运行战略）以最低电耗运行。自控系统可设计的控制回路包括均衡风量的调节和控制、磨机进出口压差控制喂料量、循环风流量控制、出口气体温度控制以及外循环回路控制等，可在不同阶段协助操作人员，如开车阶段、正常操作过渡阶段等，进行即时、合理地生产控制。

RM 型立磨规格表示方法：以 RM46/23 为例（设计生产能力 340t/h，磨辊 2 对 4 个）：磨盘直径为 4600 mm，磨辊直径为 2300 mm。

（4）Atox 型立磨

Atox 型立磨由丹麦史密斯（F. L. Smith）公司设计并制造，如图 6.58 所示。采用圆柱形磨辊和平面轨道磨盘,磨辊辊套为拼装组合式,便于更换。磨辊一般为 3 个,相互成 120°分布,相对磨盘垂直安装。

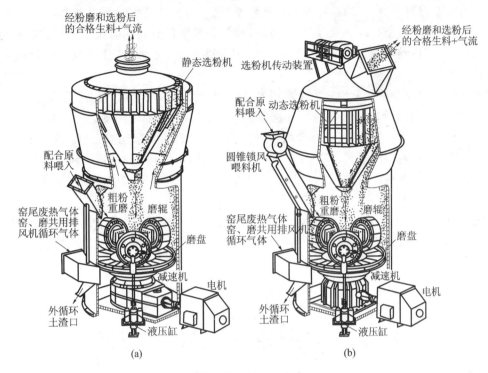

图 6.58　Atox 立式磨

A. 主要结构部件

① 磨盘　磨盘主要由盘毂、衬板、风环、挡料圈、刮料装置、液压缸等部分组成如图 6.59 所示,是通过两个大直径的圆柱销和几个大直径螺栓与立式出轴减速机连接。

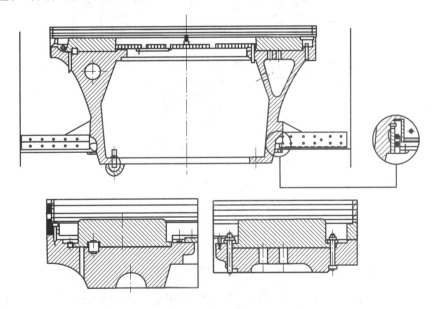

图 6.59　Atox 型立磨磨盘结构

② LVT 动态选粉机　由机壳、转子、导向叶片、锥斗形粗粉仓、锥阀和驱动装置组成。转速可无级调节,可将不合格的粗粒子分离出来进行再粉磨。选粉机转子内有 3 个轴承,它们由自动干油润滑装置提供润滑脂。该系统安装时应注意必须在管路系统安装完成后,由人工向系统内注入润滑脂,待回油管返回油脂后将管路与油站相连。连接前,泵系统要启动,在出口流出油脂后再与管路连接。上

部 2 个轴承润滑脂的需用量为 0.8 cm³/h,下部为 0.6 cm³/h,安全阀的设定压力为 15 MPa。

本系统有 2 个报警装置,在油脂罐内有最低液位报警,当报警发生时要及时向罐内添加润滑脂。另一个是堵塞报警,该报警有以下原因:供油系统渗漏,润滑脂没有到达分配器中;管路系统堵塞,这时管路压力增加,当达到 15MPa 时安全阀打开。当报警发生后,必须在 24h 内将问题处理完,否则辊磨系统将停止运转。

选粉机主轴上的 3 个轴承分别有 1 个测温装置,正常情况下,轴承运行温度应保持在 70℃左右,不能超过 100℃。另外 2 个极限报警温度分别为 110℃和 120℃。如果温度达到 130~140℃时,轴承也可以承受,但此温度下不能长期运转,会增加轴承的损害。选粉机减速器上有油泵、加热器、冷却器和测温装置,当减速器内油温降到 25℃时开加热器,加热到 100℃时停加热器,油温达到 70℃时风扇和油泵电动机启动,当油温降到 55℃时停风扇和油泵电动机。如果运转中油温高于 90℃报警,100℃时停选粉机主电动机。

③ 磨辊　如图 6.60 所示,Atox 磨磨辊主要由辊套、辊轴、轮毂、轴承、润滑、密封结构等部分组成,辊套由耐磨材料制造而成,它的使用寿命和磨损速度与衬板一样将直接影响到辊磨的运转率、粉磨效率和操作费用。

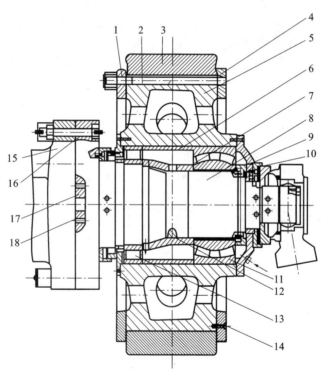

图 6.60　Atox 磨磨辊

1—固定卡铁(A);2—双头螺杆;3—弧形衬板;4—固定卡铁(B);5—轮毂;6—外圈定位环;
7—内圈定位环;8—转轴;9—胀套;10—空气密封圈;11—轴承;12—锁紧螺栓;
13—圆柱滚子轴承;14—螺钉;15—中心架法兰;16—螺栓;17,18—O 形密封圈

磨辊轴承采用集中润滑,3 个磨辊分别由 3 个供油泵和 3 个回油泵供油和回油。它们的开停由真空压力控制,以保证磨辊内的油位。油箱有 1 个循环泵与加热器和冷却器配合使用,以保证润滑油的温度。润滑系统的控制过程为:当油箱温度达到 30℃时可以启动循环泵,当温度达到 53℃时停加热器。当温度降到 52℃时加热器重新工作。当温度达到 60℃时接通冷却水,温度降到 57℃时停冷却水。当油温达到 65℃时预报警,达到 67℃时调停。在运转中,如油温降到 40℃,润滑系统将马上停止。当油箱温度降到 28℃时,循环泵停止。在油箱温度大于 50℃时发出允许启动的命令。

正常情况下,磨辊内润滑油的压力将随供油泵的供油而逐渐增大,当压力开关检测的压力达到－0.045 MPa 时供油泵停,当压力升到－0.025 MPa 时供油泵重新开启。磨辊内的负压维持在－0.045~－0.025 MPa 之间。如果在运转中,供油负压过高超过 600 s 将报警,超过 1200 s 停供油泵,这表明磨辊内油位过高或管路堵塞。由于各种原因,有时会造成供油泵连续工作而压力提升过慢的情况,有时甚至会导致油箱打空,建议调整压力设定值。在 3 条供油管路上装有流量控制器,当流量下降到额定流量的 70% 时报警并延时 15 s 停润滑系统。

磨辊与中心架之间采用 O 形密封圈密封,安装前要检查 O 形密封圈的规格,若不合格及时处理。磨辊液压缸拉杆与壳体之间密封螺栓的拧紧非常关键,该处由于受空间限制,操作困难。如不注意将会发生掉螺栓和密封脱落事故。安装磨辊中心架时要保证与磨盘同心,同时要检查各磨辊边缘到磨盘边缘的距离,保证其偏差在 5 mm 内。

④ 液压加压系统　液压加压系统的主要作用是维持粉磨压力在设定范围内,同时控制磨辊的升降。液压系统包括 3 个液压缸及 9 个蓄能器、1 个液压站。粉磨压力和磨辊的位置由启动液压泵和阀门的开、关来控制。

3 个液压缸的支座呈 120°布置,在安装壳体前首先要安装支座,若先装壳体将不便于支座位置的精确找正。要严格控制支座的相互位置,否则会给磨辊的安装和找正带来麻烦。液压管路法兰的连接相当重要,连接方法不正确将会造成漏油和损害密封件。在液压系统使用前,应打开液压缸顶部的放气孔,将液压缸内的空气排尽。还要向蓄能器中充氮气,氮气压力随粉磨压力的变化而调整。

液压站是辊磨的关键设备,其主要控制过程如下:当加热器开启使油箱温度大于 10℃ 时就可以启动循环泵。油温大于 40℃ 后停加热器,油温降到 35℃ 后加热器重新启动。当油温达到 50℃ 时,冷却水接通。油温降到 47℃ 停冷却水。如果油温低于 10℃,循环泵停。液压系统启动前,油温要大于17℃。此时磨辊处于提升位置。当过滤器发出预堵塞报警时,循环泵停,这时可以开始更换过滤器。切记更换过滤器的时间只有 1 h,超过时间系统停止。

液压系统的正常工作压力在 6~15 MPa 之间。当液压力小于 5 MPa 时预报警,低于 4.5 MPa时系统跳停,超过 17 MPa 时预报警。实际的压力值要根据喂料量进行调整。当液压压力设定完成后,它的上下各有 2 个压力控制要求,当压力高于设定值 0.2 MPa 时,液压泵停;当压力高于设定值0.7 MPa 时,溢流阀打开;当压力低于设定值 0.1 MPa 时,溢流阀关闭;当压力值低于设定值 0.5MPa 时,液压泵重新启动。

该辊磨的液压缸上下均有控制装置,它们可以监测磨辊与磨盘之间的料位。

⑤ 磨机主减速器　减速器油站分别装有高、低压润滑装置,掌握油站内部联锁关系对判断事故性质非常重要。正常情况下,油箱油温应维持在 32~38℃ 之间。当油温达到 45℃ 时,冷却水阀接通对润滑油进行冷却,油温过高将降低减速器内摆动瓦上油膜的承载能力。油温降到 35℃ 时关冷却水阀,当油温低于 32℃ 时,加热器投入运转,温度达到 38℃ 时停止。当油温低于 20℃ 时,低压泵不能运转。运转中油温高于 47℃ 时报警,高于 49℃ 时停磨;油温低于 18℃ 时报警,低于 16℃ 时停机,减速器排油温度高于 49℃ 时报警,高于 60℃ 时停磨。减速器出轴上的摆动瓦温度高于 75℃ 时报警,高于 85℃ 时停磨。

减速器入口低压油的压力应控制在 0.25~1.4 MPa 之间,低于 0.28 MPa 报警,低于 0.25 MPa停辊磨主电动机。低压泵工作 60 s 后允许高压泵启动。高压油压控制在 2.4~15 MPa 之间。提升磨辊时,系统不检测高压油压。当磨辊降到最低位置 5 s 后开始检测高压油压。高压泵工作 10 min后允许辊磨主电动机运转。主电动机停转后,高、低压泵还要继续工作 2 h。

为保护辊磨,在下列情况下磨辊将被抬起:润滑站启动后,高压油压小于 2.4 MPa;运转中,当检测到高压油压低于 2.4 MPa 时,延时 60~120 s 后辊磨主电动机停车。当过滤器进出油口的压差达到 0.25 MPa 时报警。振动达到 3 mm/s 时报警,达到 10 mm/s 时停磨。

⑥ 磨机工艺联锁关系　为了保护磨机及系统设备,要建立联锁关系。与磨机主电动机联锁的设

备有:辊磨排渣振动筛、磨辊的密封风机、磨内选粉机、主减速器和液压系统油站及电动机油站、磨辊提升后的备妥信号、循环风机、辊磨减速器的振动。当这些设备停转和测量值超标时,磨机主电动机自动停转。与选粉机联锁的设备有选粉机转子轴承的自动干油站、选粉机减速器的循环油泵、选粉机转子轴承和减速器的油温。此外,减速器的油温与减速器的冷却风机有联锁关系。磨辊密封风机由中控室控制,辊磨运转时,如风机电动机停车,则辊磨主电动机停车。辊磨主电动机停车后,密封风机还要转 2 h。辊磨主减速器和液压系统油站与辊磨主电动机联锁。需要说明的是,当磨辊油站发生过滤器堵塞时,如在 1 h 内更换完成,不会造成系统设备停车。当系统循环风机停车后,辊磨选粉机自动停车。电收尘器风机停后辊磨系统停车。窑尾高温风机是保证辊磨内风量的关键设备,如果停转辊磨系统将无法运转。辊磨喷水系统的水泵停转,系统将停止。

在辊磨系统中,设有 3 个自动调节回路:循环风机电流与其入口阀门开度的自动调节;辊磨进出口压差与喂料量自动调节;电收尘器风机与增湿塔进口压力的自动调节。3 个自动调节回路可保证辊磨在自动状态下连续工作。

B. Atox 磨的结构设计特点

① 3 个磨辊由一个刚性的连接块连接在一起,每个磨辊的外端连接一根扭力杆,扭力杆通过橡胶缓冲装置固定在磨机壳体上。调整 3 根扭力杆的长度可对磨辊进行精确定位,使 3 个磨辊的中心与磨盘中心重合。每个磨辊的轴端均与一个双向液压缸相连,用以将磨辊压向磨盘,调节粉磨力,或者将磨辊抬起,脱离磨盘以利磨机空载启动。

② 磨辊依靠本身的重力放置在磨盘上,只做上下运动,只受垂直方向力(不受轴向力),磨辊外套的磨损均匀。磨辊的直径比其他立磨大,对料层变化以及喂料大块(100～150 mm)、异物的适应性强。磨辊为空心结构,质量小、刚性好,内部可装大型重载轴承,磨辊外套分成弧形片状,可避免高硬度脆性合金材料因残余应力、热处理应力和热胀冷缩应力而引起开裂。磨辊采用稀油循环润滑,可对润滑油量、油压和油温进行控制,润滑效果好,确保磨辊轴承始终处于最佳润滑状态。润滑油采用在线过滤,确保不被污染。轴承腔双唇边油封,采用正压保护。

③ 磨盘呈水平,磨辊为垂直状,粉磨区为一平面。磨辊系统的重心在磨盘上只有垂直方向的运动,所有的冲击力和压力都是垂直方向的,易于处理。

④ 三辊一体的磨辊悬浮系统与其他形式相比,具有质量小、惯性小、所需动力小、运动平稳的优点。3 个辊轴内端为刚性连接,但轴外端分别与液压缸相连。某一辊的运动相对另外两辊的影响很小,仅为 2%。各辊的上下运动基本互不影响。

⑤ 磨辊轴线与磨盘直径之间有一夹角,使磨辊轴承只受圆周方向的力,无轴向推力,振动小,利于减小轴承负载和延长轴承寿命。

⑥ 采用双向液压缸,启动前可将磨辊顶起,空载启动,不需辅助传动装置。待喂入一定物料,料层厚度触及磨辊时,液压缸向另一方向施压,逐渐转入粉磨作业,磨机启动简单、平稳。正常运行遇到金属异物时,磨辊会自动抬起,保护设备。

(5)OK 型立磨

日本 Kobe Steel 公司生产,如图 6.61(a)所示。OK 型立磨的辊、盘结构为带凹槽的轮胎型磨辊和浅盆形磨盘。有 6 个磨辊,磨辊与水平的夹角约 19°～20°。带凹槽的轮胎型磨辊其专利技术要点是磨盘上的料层经磨辊内侧的压研时,将料层内的空气挤向外侧,到磨辊中央凹槽处逸出料层,紧密的料层为下一次磨辊加压做好准备,以提高粉磨效率。其最大的优点是不仅能粉磨高炉炉渣和波特兰水泥,并能粉磨各种混有矿渣、粉煤灰或石灰石的水泥,能满足对产品细度的特殊要求。

日本 Kawasaki 的 CK 磨与 OK 磨有很多相同的地方,如图 6.61(b),CK 立磨开始是为粉磨混合水泥或矿渣而研制的,易于控制颗粒大小分布,目前也适应于原料粉磨。

OK/CK 型立磨规格表示方法:以 OK19-3 为例:磨盘直径 φ1900 mm,设计生产能力 450 t/h,磨

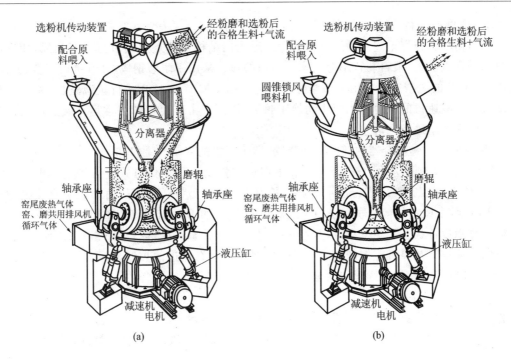

图 6.61　OK 磨和 CK 磨

辊 3 个。以 CK450 为例：磨盘直径 ϕ4500 mm；设计生产能力 450 t/h，磨辊 4 个。

（6）MLS 立磨

沈阳重型机械集团有限责任公司生产，主要由主电动机、主减速机、磨盘、磨辊组、架体、张紧装置、分离器、三道闸门、安装与检修装置、辅助传动装置及密封空气管路等部分组成。MLS 立磨的优点：允许入磨的水分含量最高可达 20 %；入磨粒度大，正常情况下小于 110 mm，最大可达 200 mm 左右；流程简单，占地面积小，建筑空间小；控制方便，物料在磨内停留时间短，成分、细度调整方便；噪声低，漏风少。但存在不少问题，运行情况不是太好。MLS 立磨具有如下特点：

① 磨盘为沟槽形状，磨辊为轮胎形状，研磨曲率经过优化设计。采用统一施压的方式，磨辊能实现摆动，因而磨盘上的料流平稳，始终保持良好的接触表面，磨损均匀，磨损后期对产量的影响小。

② 磨机的加压采用液压加载，调整液压缸的压力大小进行压力控制，蓄能器缓和冲击波动，吸收事故过载压力。液压系统能实现研磨过程中的自动张紧、系统自动卸荷、系统手动卸荷、维修中压力框架的手动提升和自动下降五个功能。

③ 磨辊的润滑为油池润滑，磨辊轴承的密封采用单独的风机，对磨辊轴承的温度进行监测，轴承的温度显示在中央控制室，保证了磨辊的使用。

④ 磨盘与磨辊的研磨衬板材料采用硬镍铸铁，磨盘与磨辊衬板数量为偶数，便于检修更换，衬板寿命设计周期超过 10000 h。喷嘴环衬及空气导向锥采用耐磨钢板，使衬板寿命大大提高。

⑤ 分离器为 SLS 型动态组合式高效选粉机。此选粉机选粉效率较高，颗粒级配更加合理，利于烧成，分选效果好，降低了磨内的循环负荷，提高了磨机产量。

分离器的传动方式采用变频调速电动机经直交空心轴减速器驱动方式，细度调节迅速，运行可靠。与液压驱动调速相比，减少了现场维修保养的工作量。分离器的动态旋转叶片采用耐磨钢板，保证了衬板具有足够的寿命。

⑥ MLS 立磨的磨辊安装与检修装置采用了先进的技术。检修时，先利用液压缸提升被检修的磨辊或磨盘衬板，然后由电动机驱动经大速比减速机减速，将磨辊平稳水平旋出磨外。磨盘衬板也能利用此装置水平旋出磨外。先进的检修技术缩短了检修周期，提高了设备运转率。

⑦ MLS立磨的喂料装置采用了三道闸门,既保证了喂料,又有锁风功能。三道闸门的一个动作周期为5.1 s,使喂料较好地连续地进行。由于三道闸门结构的特点及其自身通有热风,使立磨机允许的进料水分含量较大,喂料装置不易堵塞。闸门的衬板采用了耐磨钢板,并且更换安全、方便。

⑧ MLS立磨的主减速机采用了弗兰德公司生产的KMP710型立式行星减速机,主电动机采用国产电动机。主减速机的润滑采用液体动静压润滑,保证了主减速机的正常运行。主电动机的轴承由一台专用的润滑站进行润滑。

⑨ 磨机设有带超越离合器的辅助传动装置,利于磨机的启动和维修。

⑩ MLS立磨具有机旁手动、机旁自动和中控远程控制三种操作方式。信号全部由现场控制柜PLC进行处理,根据工艺要求进行显示、调节、控制及报警,变频器的调速由中控室直接控制。机旁控制系统PLC与中控室的信号联系采用了点对点的方式,并预留有PROFIEBUS总线接口。机旁控制系统模拟显示设备状态和测量参数,并可根据设备异常状态程度进行故障指示、操作错误指示、显示报警点的具体位置及停机等控制功能。机旁控制系统具有先进的控制显示方式,操作面板的功能齐全,必要的控制和监测信号远程传输至中控室计算机系统。

(7)HRM立磨

由合肥水泥设计研究院研制开发的,目前HRM型立式磨已经形成四大系列、30多个规格的产品,不仅能够用于粉磨水泥原料,而且也适合煤粉磨以及高炉矿渣、水泥熟料等,如图6.62所示,其特点如下。

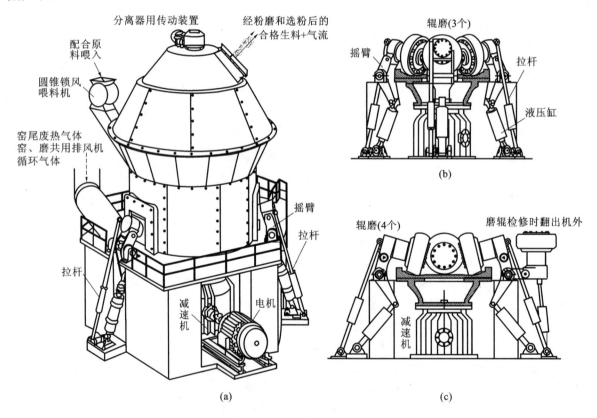

图6.62　HRM磨结构

① 碾磨部分采用磨形磨盘,磨辊可用液压装置翻出机外检修的轮胎型的结构形式,更换辊套衬板及磨机检修空间大,检修作业方便。

② 磨辊辊套能翻面使用,延长了耐磨材料的使用寿命。在断料时能将磨辊抬起,使磨机处于等待状态。为保证磨辊不与磨盘直接接触,设有机械限位装置。磨辊轴承不需要采用密封风机,就能保

证磨辊轴承不进粉尘;磨辊能抬起使磨机轻载启动,不需要辅助传动装置。而且在某只磨辊发生故障时,可以在将磨辊翻出机外检修的同时,用对称的另外两只磨辊继续生产,产量达到正常产量的 60 %左右,能避免回转窑断料停窑。

③ 开机前无须在磨盘上布料,并且磨机可空载启动,免除开机难的烦恼。

④ 采用磨辊限位装置,能保证磨辊与磨盘之间有一定间隙,不会产生金属间的直接接触,避免磨机工作时因断料而产生的剧烈震动。

⑤ 采用新型磨辊密封装置,密封更加可靠,并且无须密封风机。

⑥ 分离器采用动态分离器。

⑦ 传动部分采用螺伞-行星齿轮减速机,减速机的推动盘与轴瓦间采用高压油强制润滑。

⑧ 磨辊研磨压力采用液-气加压,远程控制加压、抬辊动作及调整压力,实现了现场无人操作。液压系统的设计主要考虑发挥 HRM 型立磨在启动时能将磨辊抬起轻载启动的优点,同时要求能够远程操作,在粉磨系统运行时对物料施加研磨压力以粉磨物料,同时又要具备缓冲减震的作用,在磨辊压力达到设定值、磨机正常运行后,停止加压油泵,仍能使磨辊压力保持不变。

（8）TRM 辊磨

天津水泥设计研究院(天津院)研制开发,如图 6.63 所示。

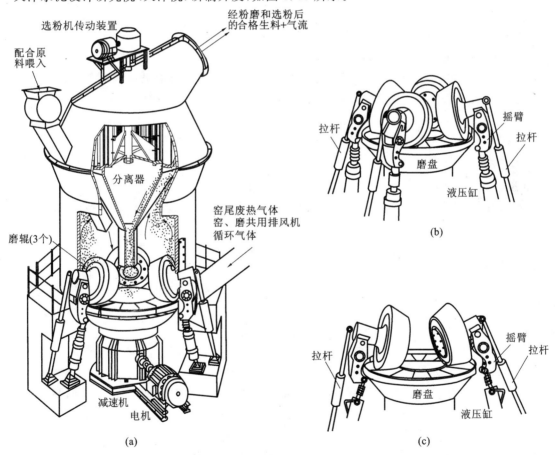

图 6.63　TRM 辊磨

① 主要部件

(a)分离器　在磨内上部设有笼型选粉机,进一步提高选粉效率,转速可无级调节,其作用是将不合格的粗粒子分离出去进行再粉磨。分离器由转子、壳体和传动装置等部分组成。

(b)磨盘　磨盘是辊磨的主要粉磨部件之一,物料被粉磨成合格细度的产品将在这上面完成。

它是通过两个大直径的圆柱销和几个大直径螺栓与立式出轴减速机连接,主要由盘毂、磨盘衬板、风环、挡料圈、刮料装置、单作用油缸等部分组成。

(c)磨辊　物料的粉碎主要是通过磨辊的压力来进行,主要是由辊套、辊轴、轮毂、轴承、润滑、密封结构等部分组成,辊套是用耐磨材料制造,它的使用寿命和磨损速度和衬板一样将直接影响到辊磨的运转率、粉磨效率和操作费用。

(d)摇臂装置　摇臂装置主要是磨辊加压传递力矩的部分,它包括摇臂、心轴、滑动轴承和胀套等。摇臂上部与辊轴相连接,下部通过胀套、心轴、胀套支撑两个滑动轴承上。向前伸出的摇臂杆与液压缸接杆连接。

(e)液压加压系统　加压装置是磨辊压力的来源。主要是由液压站和每个磨辊配套的两组加压装置(每组包括一个液压缸、两个蓄能器及接杆、液压缸底座和缓冲装置等)组成。

② 特点

(a)为防止磨辊与磨盘直接接触产生金属撞击引起振动,磨机设有特殊的磨辊与磨盘之间间隙定位调节缓冲装置。当突然停料时,通过它缓冲磨辊压力,减缓磨机振动。

(b)磨机采用了液-气弹簧系统的加压装置,并选择了适当的系统压力,每个液压缸都配置容量和内部气体压力合适的蓄能器。克服了老式金属弹簧加压装置在生产中无法改变辊压的缺点,缓冲性能好,使辊压波动为最小,减轻了振动。

辊轴与壳体间采用了弧形板密封结构,克服了老式圆形孔橡胶密封板由于摇臂摆动而易损坏的弱点,改善了密封性能,减小了磨机漏风。

(c)专门配备了液压式三道锁风进料装置,翻板周期可根据喂料量变化任意调节,喂料过程中,任何时间都有两块翻板关闭着,有效地减小了漏风。

(d)磨机磨辊具有自动抬起和落下的功能,可实现磨机空载或轻载启动,无须设置慢速驱动装置。

(e)磨机设有一套液压翻辊装置,可将磨辊翻出机外,检修方便又省时。

3.1.5　立式磨的粉磨特性

根据立式磨的工作原理及结构特点,其粉磨特性如下:

① 立式磨必须保持磨辊与磨盘对物料层产生足够大的粉磨压力,使物料受到碾压而粉碎。粉磨压力亦即辊压力,它与物料的易磨性、物料的水分、产量、磨内风速以及立磨型式和规格等因素有关。易磨性好和水分含量小的物料,以及产量要求低时,辊压力就可以小些。辊压力依赖液压系统对加压装置(拉杆)施加的压力和磨辊自重而产生,并可在操作中加以调整。

此外,磨盘上的物料层必须具有足够的稳定性和保持一定的料层高度,大块物料将首先受到磨辊的碾压,辊压力集中作用在大颗粒物料上,当辊压力增加到或超过物料的抗压强度时,物料即被压碎。其他物料接着被碾压使粒度减小,直到细颗粒被挤出磨盘而溢出。

② 立式磨的粉磨效率不但与磨辊压力有关,也与料层的厚度有关。必须保持磨辊与磨盘之间有足够多的物料面,并且要保持一定的物料层厚度,使物料承受的辊压力不变。对于形成稳定料层较困难的物料,必须采取措施加以控制。如干燥物料或细粉较多的物料在磨盘上极易流动,料层不稳定,所以有时要采取喷水增湿的方法来稳定料层。也可通过自动调整辊压力来适应不稳定的料层变化。

③ 立式磨是一种烘干兼粉磨的风扫型磨机,机体内腔较大,允许通过较大的气流,使磨内细颗粒物料处于悬浮状态,因此立式磨用于粉磨生料或煤时,其烘干效率较高。

立式磨与干法水泥窑配套使用,可以将预热器排出的热废气通入磨内烘干物料。一般立式磨可以烘干水分含量高达15%的原料。

④ 立式磨集粉磨与选粉于一体。如图6.45所示,当物料颗粒离开磨盘边部时,被气环口的高速气流吹起而上升,细颗粒物料被带至选粉机,较细的颗粒被选出,较粗的颗粒则从气流中沉降返回到磨盘上,也有部分粗颗粒以较低的速度进入分级区,可能被转子叶片撞击甩开而跌落至磨盘上,形成

循环粉磨。

3.1.6　立式磨的主要工艺参数

（1）生产能力

立式磨的生产能力与从料层厚度、磨辊碾压物料的速度和磨辊宽度成正比，与物料在磨内的循环次数成反比。

$$Q = 3600 \frac{1}{K} \gamma v b h Z \tag{6.35}$$

式中　Q——立式磨生产能力，t/h；

　　　K——物料在磨内的循环次数；

　　　γ——物料在磨盘上的堆积体积密度，t/m³；

　　　v——磨辊（外侧）圆周速度，m/s；

　　　b——磨辊宽度，m；

　　　h——料层厚度，m；

　　　Z——磨辊个数。

由于式（6.35）中的 $v = \dfrac{\pi D n}{60}$，故该式可改写为：

$$Q = 60 \frac{1}{K} \pi y D n b h Z \tag{6.36}$$

式中　D——磨盘有效直径，m；

　　　n——磨盘转速，r/min。

立式磨的生产能力还与物料的易磨性、物料水分含量、辊压力等有关，实际生产能力波动较大。

（2）功率

立式磨的功率与磨辊对料层的辊压力、磨盘转速和磨辊个数成正比。

实际上立式磨功率的确定，需要根据原料的功耗试验和磨耗试验的结果确定。按功耗值计算装机功率，即：

$$N = K D^{2.5} \tag{6.37}$$

式中　N——立式磨的功率，kW；

　　　K——储备系数；

　　　D——磨盘外径，m。

不同型式的立式磨正常配备功率的计算式见表 6.13。

表 6.13　不同型式的立式磨的功率与磨盘外径的关系

立式磨型式	配备功率计算式
LM	$N = 87.8 D^{2.5}$
ATOX	$N = 63.9 D^{2.5}$
RM	$N = 42.2 D^{2.5}(D < 51), N = 49.0 D^{2.5}(D > 54)$
MPS	$N = 64.5 D^{2.5}(D_m < 3150), N = 52.7 D^{2.5}(D_m > 3450)$

注：D_m——辊道平均直径。

（3）磨盘转速

立式磨磨盘的转速取决于磨盘直径。其近似计算式为：

$$n = C \frac{1}{\sqrt{D}} \tag{6.38}$$

式中　n——磨盘转速，r/min；

D——磨盘外径，m；

C——修正系数。

不同形式立式磨的转速与磨盘直径的关系列于表 6.14。

表 6.14 转速与盘径的关系

立磨名称	n 与 D 的关系	相当于球磨的比例(%)	立磨名称	n 与 D 的关系	相当于球磨的比例(%)
LM	$n=58.5D^{-0.5}$	182.8	MPS	$N=51.0D^{-0.5}$	159.4
ATOX	$n=56.0D^{-0.5}$	175.0	球磨	$n=32.0D^{-0.5}$	100.0
RM	$n=24.0D^{-0.5}$	168.5			

3.2 立式磨系统工艺配置

用于生料粉磨的 HRM、TRM、MPS 及 ATOX 立磨的规格及技术参数列于表 6.15、表 6.16 和表 6.17，主要配置实例见表 6.18。

表 6.15 HRM、TRM 立式磨的规格、主要技术参数

技术参数 / 型号	HRM1900	HRM2200	TRM2300	TRM2500
磨盘中径(mm)	1900	2200	2300	2500
产量(t/h)	50～60	70～90	40～45	50～58
主电机功率(kW)	500	710	400	450
入磨物料粒度(mm)	0～40	0～40	0～50	0～50
产品细度(80 μm 筛筛余)	＜12%	＜12%	＜12%	＜12%
入磨物料水分含量(%)	＜10	＜10	＜10	＜10
产品水分含量(%)	≤1	≤1	≤1	≤1
入磨风温(℃)	≤350	≤350	≤350	≤350
出磨风温(℃)	70～95	70～95	70～95	70～95
出磨风量(m³/h)	～120000	～180000	～80000	～1000000
磨机压差(Pa)	～5000	～5000	～5000	～5000
设备总重(×1000kg)	120	170	192	230

表 6.16 MPS 立式磨的技术参数

技术参数 / 型号	MPS2450	MPS2650	MPS3150	MPS3450
产量(t/h)	75	90	150	180
磨盘直径(mm)	2450	2650	3150	3450
磨辊直径(mm)	1750	1900	2300	2450
磨盘转速(r/min)	29.2	28.1	25	24.2
磨辊碾磨力(kN)	480	570	810	960
入口风量(m³/s)	23.5	29	42.5	52.1
压差(Pa)	5200	5400	5600	5700

续表 6.16

技术参数 \ 型号	MPS2450	MPS2650	MPS3150	MPS3450
密封风量(m^3/s)	0.36	0.37	0.44	0.36
主电机(kW)	610	690	1075	1300
主减速机(r/min)	980	980	980	980
辅助电机(kW)	15	22	30	29
辅助减速机(r/min)	1480	1480	1480	1480
设备总重($\times$1000kg)	142	157.1	266	315

注:mbar 即毫巴(百帕);"入口风量"和"标准风量"均为标准状态(273K,1×10^5Pa)下测得的数值。

表 6.17　ATOX 立磨系统相关设备参数

技术参数/型号	ATOX37.5	ATOX42.5	ATOX50
磨盘直径(mm)	3750	4250	5000
磨盘转速(r/min)	24.2	27.2	25.0
生产能力(t/h)	160	370	390
磨辊个数(个)	3	3	3
入磨粒度(mm)	($\geqslant$95 mm)<2%	($\geqslant$110 mm)<2%	($\geqslant$110 mm)<2%
成品细度(80μm 筛筛余)	$\leqslant$12	$\leqslant$12	$\leqslant$12
入磨物料水分含量(%)	$\leqslant$5.2	$\leqslant$5.0	$\leqslant$5.0
成品水分含量(%)	$\leqslant$0.5	$\leqslant$0.5	$\leqslant$0.5
磨机通风量(m^3/min)	9500	11000	14000
主电动机功率(kW)	1800	2500	3500
选粉机电机功率(kW)	140	170	250

表 6.18　2000～2500 t/d 生产线立式生料磨系统工艺配置实例

工艺设备	ATOX 立磨系统	HRM 立磨系统	MPS 立磨系统
生产能力(t/h)	160	180～210	150
入料粒度(mm)	<80	<40	<80
入磨/出磨水分含量(%)	$\leqslant$6/—	$\leqslant$10/$\leqslant$1	$\leqslant$7/$\leqslant$0.5
立式磨规格	型号:ATOX-32.5 主电机功率:1250 kW 磨辊直径:1950 mm 磨盘直径:3250 mm 磨盘转速:31.6 r/min	型号:HRM3400 主电机功率:1800 kW 磨盘直径:3400 mm 出磨风量:<420000 m^3/h 磨机压差:5000～6000 Pa	型号:MPS3450 主电机功率:1300 kW 磨辊直径:2450 mm 磨环直径:3450 mm 磨盘转速:24.2 r/min
旋风分离器	S-5000/500 (2 台)	4-ϕ3200 mm 处理风量:5800～7000 m^2/min	ϕ4250 mm 处理风量:5800～6000 m^2/min
主风机	风量:4680 m^3/min 风压:9350 Pa 功率:1100 kW	2888DI BB24 风量:7000 m^3/min 风压:10000 Pa 功率:1600 kW	风量:6000 m^3/min 风压:8800 Pa 功率:1600 kW

3.3 旋风除尘器

旋风除尘器是利用含尘气体高速旋转产生的离心力将粉尘从气体中分离出来的除尘设备。它结构紧凑简单,没有运动部件,操作可靠,适应高温、高浓度的含尘气体。这种除尘器对较大颗粒粉尘的处理效果较好,但对微小粉尘的处理效果甚微,一般除尘效率为 $60\%\sim90\%$。

3.3.1 旋风除尘器的结构及工作原理

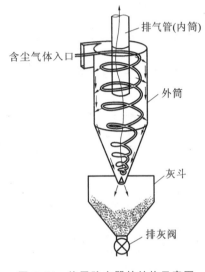

排气管(内筒)
含尘气体入口
外筒
灰斗
排灰阀

图 6.64　旋风除尘器的结构示意图

旋风除尘器由带有锥形底的外圆筒、进气管、排气管(内圆筒)、储灰箱和排灰阀组成,如图 6.64 所示。从图中可以看到,排气管是插入外圆筒顶部中央,与外圆筒、排灰口中心在同一条直线上的,含尘气体由进气管以高速($14\sim24$ m/s)切向进入外圆筒内,形成离心旋转运动,由于内、外圆筒顶盖的限制,迫使含尘气体由上向下离心螺旋运动(称为外旋流),气体中的颗粒由于旋转产生的惯性离心力要比气体大得多,因此它们被甩向筒壁,失去能量而沿筒壁滑下,外圆筒下部又是锥形的,空间越往下越小,到排灰口处就形成了料粒浓集区,经排灰口进入储灰箱中。那么气体是否也跟着进储灰箱了呢? 不是的,外旋流向下离心螺旋运动时,随着圆锥体的收缩而向收尘器的中心靠拢,又由于靠近排灰口处形成的料粒浓集区呈封闭状态,所以迫使气流又开始旋转上升,形成一股自下而上的螺旋线运动气流,称为核心流(也称内旋流)。最后经过除尘处理的气体(仍含有一定的微粉)经排气管排出。

3.3.2 旋风除尘器的规格及类型

旋风除尘器主要有 CLT、CLT/A、CLP、CLK 等型号,其代号所表示的含义如下:

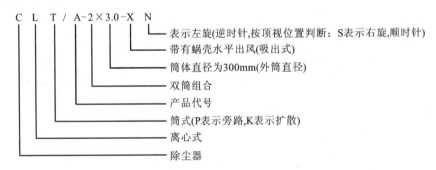

C L T / A-2×3.0-X N

表示左旋(逆时针,按顶视位置判断;S表示右旋,顺时针)
带有蜗壳水平出风(吸出式)
筒体直径为300mm(外筒直径)
双筒组合
产品代号
筒式(P表示旁路,K表示扩散)
离心式
除尘器

3.3.3 密封排灰装置

旋风除尘器常用的密封排灰装置有重力式和机械驱动式两种,如图 6.65 所示。重力式又分翻板阀式和闪动阀式。靠重锤压住翻板式锥形阀,当上面积灰的重力超过重锤平衡力时,翻板式锥阀动作,将灰放出,之后又回到原位,将排灰口密封。

3.3.4 旋风筒的串联、并联使用

旋风除尘器可以安装在楼板上,也可以安装在单独做成的支架上。旋风除尘器可以一台(单筒)独立使用,但更多的是双筒组合(并联)和多筒组合(串联、并联)在一起使用,这样能获得较高的除尘效率或处理较大的含尘气体量(如立磨系统中的料气分离器,如图 6.66 所示)。

(1)串联使用

当要求除尘效率较高,采用一次除尘方式不能满足要求时,可考虑两台或三台旋风除尘器串联使

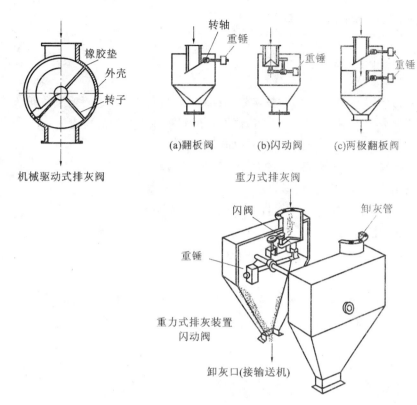

图 6.65   密封排灰装置

用,这种组合方式称为串联式旋风除尘器组,它们可以是同类型的也可以是不同类型的,直径可相同也可不同,但同类型、同直径的旋风除尘器串联使用效果较差。

为了提高处理高粉尘浓度废气的除尘效率,旋风除尘器也可以与其他除尘设备串联使用,如与袋式除尘器、电除尘器或湿式除尘器串联使用,作为一级除尘。

(2)并联使用

当处理较大的含尘气体量时,可将若干个小直径旋风除尘器并联使用,这种组合方式称为并联式旋风除尘器组。

并联使用的旋风除尘器的气体处理总量为:

$$Q = nQ_单 \qquad (6.39)$$

式中 Q——气体处理总量,m^3/h;

　　　　$Q_单$——单个旋风除尘器的气体处理量,m^3/h;

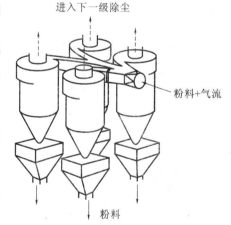

图 6.66   旋风除尘器的串联、并联应用

　　　　n——旋风除尘器的个数。

并联式旋风除尘器组的阻力损失约为单个旋风除尘器的阻力损失的 1.1 倍。

3.3.5   旋风除尘器的操作与维护

(1)运行中的维护要点

① 检查管路系统有无漏风(如管道破裂、法兰密封不严等)。

② 检查卸料阀运行是否正常,灰斗有无堵塞现象。

③ 检查相关设备(风机、电机等)的温度、声音、振动是否正常。

④ 注意旋风除尘器最易被粉尘磨损部位的磨损情况。

⑤ 注意检查气体温度的变化情况,气体温度降低易造成粉尘的黏附、堵塞和腐蚀现象。

⑥ 注意旋风除尘器气体流量和含尘浓度的变化情况。

⑦ 要经常检查除尘器有无因磨穿而出现漏气现象,并及时采取修补措施。

⑧ 防止气流流入排灰口处。

(2)停机时的维护要点

为了保证旋风除尘器的正常工作和技术性能的稳定,在停机时应进行下列维护工作:

① 消除内筒、外筒和叶片上附着的粉尘,清除烟道和灰斗内堆积的粉尘。

② 修补磨损和腐蚀引起的穿孔,并将修补处打磨光滑。

③ 检查各结合部位的气密性,必要时更换密封圈。

④ 检查、修复隔热保温设施,以保证废气中的水汽不致凝结。

⑤ 检查排风锁风装置的动作和气密性,并进行必要的调整。

3.3.6　影响除尘效率的因素

影响旋风除尘器除尘效率的因素主要是气体操作参数和粉尘的性质。

(1)气体操作参数

当固体粉尘的性质一定时,气体操作参数对除尘效率有很大的影响,最重要的是要保证符合设计流量。若风速过小,则粉尘不能获得必要的离心惯性力,会降低除尘效率;若风速过大,则效率提高不明显,反而会造成阻力急增,得不偿失。

气体的湿含量对除尘器的运行也有很大影响。当气体的相对湿度较高时,水分可能凝结在除尘器内壁而黏结粉尘,严重时造成堵塞。所以当气体的湿含量高、操作温度与气体的露点温度又相差不大时,应采取保温措施。

气体含尘浓度对除尘效率及阻力均有影响,随着含尘浓度的增加,粉尘凝聚的概率增加,除尘效率提高。但含尘浓度过高会使除尘器堵塞,尤其是小直径小锥角旋风除尘器更易堵塞。通常直径600 mm 的除尘器,允许的气体最高含尘浓度不大于 $300g/m^3$;直径 250 mm 的除尘器允许的气体最高含尘浓度不大于 $75\sim100g/m^3$ 。

由于气体温度影响气体的黏度和密度,从而影响除尘效率。当其他条件一定时,气体的温度高,其黏度也高,可使分离临界粒径增大。但气体温度增高,其密度降低,又可以减小临界粒径。因此,温度对除尘效率的影响不大。

(2)粉尘的性质

旋风除尘器的除尘效率受粉尘的粒径及其分布、密度及含尘浓度的影响。从理论上讲,在一定操作条件下旋风除尘器有一个最小分离粒径即临界粒径,大于这一粒径则除尘效率高;小于这一粒径则除尘效率低甚至大部分分离不出来。通常 5 μm 以下的颗粒除尘器就很难收捕了,粒径大于 $20\sim30$ μm 时,除尘效率可达 90% 以上。在粉尘的粒度分布中,粗颗粒越多,除尘效率越高。粉尘的真实密度愈大,分离的临界粒径愈小,因而除尘效率愈高。含尘浓度增加,小颗粒相互凝聚的概率增大,除尘效率提高,但含尘浓度过高,除尘器易堵塞。

粉尘的黏结性主要影响操作过程。黏结性强的粉尘易团聚,这对提高除尘效率是有利的,但易造成除尘器内部"挂壁"、"积角"甚至堵塞。相反,黏结性差的粉尘(如矿渣),旋风除尘器操作稳定可靠,允许气体最大含尘浓度可放宽 $1\sim2$ 倍。中等黏结性粉尘(如水泥窑灰、干空气中的水泥粉、石灰石粉及未完全烧尽的煤灰等),允许的气体最大含尘浓度应取小值或减半。对强黏结性粉尘(如石灰粉、石膏、60 ℃矿渣粉、相对湿度大的空气中的水泥粉等),因易于堵塞,不宜采用旋风除尘器。

粉尘的磨剥性能影响除尘器的使用寿命。对坚硬多棱角的粒状粉尘(如矿渣等)或粗大颗粒,除尘器内壁应增加耐磨材料加以保护。

对有爆炸危险性的粉尘(如煤粉等),在除尘器上适当位置还应设防爆门,保障安全。

3.3.7　常见故障及其处理方法

旋风除尘器在运行中可能会出现壳体及管道磨损、漏风、排灰口堵塞、进出口压差超过正常值等，一旦发现要及时做出处理，表6.19是常见故障及其处理方法。

表6.19　旋风除尘器常见故障及其处理方法

常见故障现象	发生原因	处理方法
壳体磨损	①壳体过度弯曲造成局部凸起； ②内部焊接处未打磨光滑	①矫正，消除凸形； ②打磨光滑
圆锥体下部和排尘口磨损，排尘不良	①倒流入灰斗的气体增至临界点； ②排灰口堵塞或灰斗粉尘装得太满	①防止气体漏入灰斗； ②清理积灰
排尘口堵塞	①大块物料或杂物进入； ②灰斗内粉尘堆积过多	①及时清除； ②人工或采用机械方法清理排灰口，保持排灰畅通
排气管磨损	排尘口堵塞或灰斗积灰太多	疏通堵塞，减少灰斗的积灰高度
进气和排气管道堵塞	积灰	查看压力变化，定时进行吹灰处理或利用清灰装置清除积灰
壁面积灰严重	①壁表面不光滑； ②微细尘粒含量过多； ③气体中水汽冷凝	①磨光壁表面； ②定期导入含粗粒气体，擦清壁面，定期将大气或压缩空气引进灰斗，使气体从灰斗倒流一段时间，清理壁面； ③隔热保温或对器壁加热
进出口压差超过正常值	①含尘气体状况变化或温度降低； ②筒体积灰； ③内筒被粉尘磨损而穿孔； ④外筒被粉尘磨损而穿孔，漏风； ⑤灰斗下端气密性不良，空气漏入	①适当提高含尘气体的温度； ②清除积灰； ③修补穿孔，加强密封； ④修补穿孔，加强密封； ⑤加强密封

❖ 知识测试题

一、填空题

1. 立式磨的结构包括_____机构、_____机构、_____机构和_____机构。

2. LM磨指的是_____。

3. 立式磨加压系统的加压方式有_____和_____。

4. 立式磨粉磨系统的产品需要通过_____才能收集。

二、选择题

1. 立式磨系统可广泛地用于粉磨（　　　）。

A. 煤　　　　　　　B. 生料　　　　　　　C. 水泥　　　　　　　D. 混合材

2. （　　　）的立式磨粉磨系统适用于现代化水泥厂的生料粉磨。

A. 设有旋风筒和循环风　　　　　　　B. 不设旋风筒和循环风

3. 风量（　　　），气体携带能力较弱，"过粉磨"现象严重，粉磨效率下降。

A. 过大　　　　　　　　　　　　B. 过小

三、判断题

1. 各类立式磨的主要差别在于磨辊、磨盘的形状不同。（　　）
2. 立式磨开车和停车时,磨盘上无料。（　　）
3. 立式磨磨辊压力越大,产品粒度越细。（　　）
4. 设有磨外提升循环系统的立式磨系统适用于易磨性差别大的物料的粉磨。（　　）
5. 立式磨对物料的适应性强。（　　）

四、简答题

1. 与球磨机相比较,立式磨的优越性体现在哪些方面?
2. 试简述莱歇磨粉磨物料的过程。
3. 确定立式磨的辊压力时,要考虑哪些因素?
4. 试简述立式磨辅助传动系统的作用。
5. 试分析立式磨的转速对粉磨过程的影响。
6. 试简述旋风除尘器的工作原理。

◈ 能力训练题

1. 为 5000 t/d 生产线选择立式磨工艺和设备配置,绘制工艺图,列出设备表。

任务4　辊压机终粉磨系统设备的认知

任务描述　了解辊压机终粉磨系统的主要设备配置,了解设备的构造、工作原理及主要参数。

能力目标　能根据生料粉磨要求选择辊压机终粉磨系统主要设备配置,能描述主要设备的构造和工作原理,能计算相应参数。

知识目标　掌握辊压机终粉磨系统的主要设备配置、主要设备及其结构、工作原理和相应参数的计算。

4.1　辊压机终粉磨系统工艺配置

表6.20 是 2500 t/d 规模生产线辊压机终粉磨系统设备配置方案。表6.21 是不同规模生产线生料辊压机终粉磨系统配置方案。

表 6.20　辊压机终粉磨系统设备配置方案

设备名称	设备描述	备注
辊压机	型　　号:CLF180-100 轧辊直径:1800 mm 轧辊宽度:1000 mm 通过量:553~844 t/h 料片厚度:45~50 mm 电机功率:2×900 kW	
选粉机	型　　号:XR3200 处理风量:300000~340000 m³/h 电机功率:75 kW	粗粉及生料成品分选

设备名称	设备描述	备注
板链斗式提升机	型　　号：NSE700 料斗速度：1.1 m/s 电机功率：110 kW	提升料饼入 V 型选粉机
板链斗式提升机	型　　号：NSE700 料斗速度：1.1 m/s 电机功率：90 kW	V 型选粉机物料入恒重仓
旋风收尘器	规　　格：2-φ4500 mm 处理风量：310000～400000 m³/h 设备阻力：1～1.5 kPa	料气分离，收下合格生料粉
风机	型号：3222DIBB24 双吸入单出 风量：400000 m³/h 风压：6200 Pa 转速：700 r/min 功率：1000 kW 调速方式：液力耦合器调速	用于 V 型选粉机及选粉机通风
稳流恒重仓	规格：φ3000 mm	储存循环料，稳定物料过饱和喂入辊压机

表 6.21　不同规模生产线生料辊压机终粉磨系统配置方案

规模（t/d）		2500	3200	4000	5000
产量要求（t/h）		200～220	260～280	320～350	400～440
细度 R_{80}（%）		14（R_{200}<2%）			
原始条件		水分含量 6%，中等易磨性			
系统电耗（kW/h）		12～14			
辊压机	型号	RP180/120	RP180/140	RP180/170	RP220/160
	功率	2×1120 kW	2×1250 kW	2×1600 kW	2×2000 kW
	通过量	780 t/h	900 t/h	1300 t/h	1500 t/h
组合式选粉机	型号	TVSu340	TVSu360	TVSu430	TVSu520
	风量	350000 m³/h	380000 m³/h	500000 m³/h	700000 m³/h
	功率	90 kW	110 kW	132 kW	200 kW
风机	型号	420000 m³/h	450000 m³/h	600000 m³/h	850000 m³/h
	风量	7000 Pa	7000 Pa	7000 Pa	7000 Pa
	功率	1120 kW	1250 kW	1600 kW	2000 kW

4.2　辊压机

　　辊压机又名挤压磨、辊压磨，是 20 世纪 80 年代中期发展起来的新型水泥节能粉磨设备，可替代（或者协同）能耗高、效率低的球磨机组成终粉磨系统，并且具有降低钢材消耗量及噪声的功能，适用于粉磨水泥熟料、粒状高炉矿渣、水泥原料（石灰石、砂岩、页岩等）、石膏、煤、石英砂、铁矿石等。目前新建的新型干法水泥厂大多采用辊压终粉磨系统进行生料粉磨。

4.2.1 辊压机的结构及工作原理

辊压机与立式磨的粉磨原理类似,都有料床挤压粉碎特征。但二者又有明显差别,立式磨是借助于磨辊和磨盘的相对运动碾碎物料,属非完全限制性料床挤压物料;辊压机是利用两个磨辊(速度相同,相向转动),对物料实施的是纯压力,被粉碎的物料受挤压形成密实的料床,颗粒内部产生强大的应力,使之产生裂纹而粉碎。出辊压机后的物料形成了强度很低的料饼(图 6.67),经打散机(图 6.69)打碎后,产品中的粒度 2 mm 以下的颗粒占 80%~90%。辊压机在与球磨机共同组成的联合粉磨系统中,起到的是预粉碎作用。另外,辊压机还可以独立组成终粉磨系统,完成生料(或水泥)的终粉磨任务。

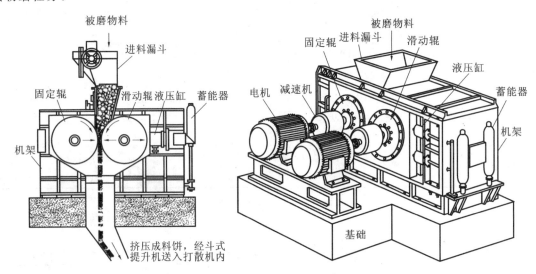

图 6.67　辊压机的构造及挤压破碎过程

4.2.2 主要部件

(1)挤压辊

磨辊是辊压机的关键部件。它主要由装有耐磨材料辊面的挤压辊、双列向心球面轴承、可以水平移动的轴承座等组成。有两种结构形式:镶套压辊和整体压辊。辊面有光滑辊面和沟槽辊面两种,光滑辊面在制造或维修方面的成本都比较低,辊面一旦腐蚀也容易修复。它的主要问题是:当喂料不稳定时,出料流量也随之波动,容易引起压辊负荷波动超限,产生振动和冲击,进而影响辊压机的安全稳定运转;光滑辊面咬合角小,挤压后的料饼较薄,与相同规格的沟槽辊压机相比,其产量较低。

为克服上述缺点,辊面采用了多种形式的带有一定沟槽的纹棱辊面,如图 6.68 所示,既提高了对物料的挤压效率,同时也延长了使用寿命。

(2)挤压辊的支承

磨辊轴支承在重型双列自动调心滚子轴承上(也有的辊压机的挤压辊轴采用多列圆柱滚子轴承与推力轴承相结合的支承结构),一个挤压辊的两个轴承分别装入用优质合金钢铸成的轴承箱内,作为固定轴承(即轴承在轴承箱内不可轴向移动)。由于温度变化引起的挤压辊轴长度的变化,通过轴承箱在框架内的移动得以补偿。为了减小滑动摩擦,在机架导轨面上固结有聚四氟乙烯面层。在轴承设计时,辊子轴向力按总压力的 4% 考虑,并允许一侧的轴承箱留有轴向移动量。通过这些措施确保了轴承箱的精确导向。

(3)传动装置

为了满足活动辊子的水平移动,又要保持两辊平行,常用的辊压机传动系统有两种:一种是双传动系统;另一种是单传动系统。

图 6.67 所示为双传动系统,两挤压辊分别由电动机经多级行星齿轮减速机带动,两端采用端面

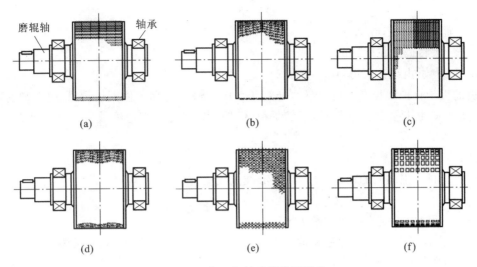

磨辊轴　　　轴承

(a)　　　　　　(b)　　　　　　(c)

(d)　　　　　　(e)　　　　　　(f)

图 6.68　辊压机的磨辊护层形状

(a)一字形纹棱护层;(b)人字形纹棱护层;(c)环形向纹棱护层;
(d)双锯齿型纹棱护层;(e)方格网状护层;(f)方钢型护层

键(扁销键)连接起来。有的电动机与减速机间的转矩是经万向轴来传递的,在这种情况下,为了防止传动系统过载,装有安全联轴器。在驱动功率较小的装置中,也有采用三角带传动的。只要没有特殊要求,辊压机就可采用鼠笼式电动机,作恒转速驱动。

把两挤压辊由一台电动机经一台双路圆柱齿轮减速机及中间轴和圆弧齿轮联轴器驱动,是单传动系统,目前用得很少。

(4)液压系统

辊压机所需压力由液压系统提供,并保持两辊之间有一定的间隙,保证物料在高压下通过。当辊缝中进入铁件类异物时,在 PLC 控制下的辊子能自动后退,当异物掉下去后,两辊子重新保持原来的间隙,辊压机可继续工作,以保护辊面,延长其使用寿命。

液压系统由油泵装置、电磁球阀、安全球阀、单向阀、油缸、蓄能器、压力传感器、耐震压力表及回油单向节流阀等液压元件组成。

液压系统采用四个液压缸(小型辊压机采用两个液压缸),操作压力为 17~25 MPa,试验压力为 32 MPa。活动辊的两端各设两个液压缸,上下毗邻。虽然由一个液压站供油,但分两个系统驱动,这样,当喂料的物理性能不均齐而使活动辊发生偏移时,它能使其尽快恢复到与固定辊保持平行的状态。液压系统的显著特点是采用两个大的及两个小的充氮蓄能器。小蓄能器承受活动辊因物料硬度不同而产生的压力变化;当磨辊间有异物,工作压力骤增至很大值时,则大的蓄能器工作,避免了频繁开启,也克服了单一蓄能器突然关闭时产生巨大峰值压力。

(5)喂料装置

喂料装置是弹性浮动的料斗结构,内衬采用耐磨材料,料斗围板(辊子两端面挡板)用碟形弹簧机构使其随辊子滑动面浮动。用一丝杆机构随料斗围板上下滑动,可使料饼厚度发生变化,适应不同物料的挤压。

(6)主机架

主机架采用焊接结构,由上下横梁及立柱组成,相互之间用螺栓连接。固定辊的轴承座与底架端部之间有橡皮起缓冲作用,活动辊的轴承底部衬以聚四氟乙烯,支撑活动辊轴承座外铆有光滑镍板。

4.2.3　主要参数

(1)辊子的直径和长度

$$D = K_d d_{max} \tag{6.40}$$

式中　D——辊子的直径，mm；

　　　d_{max}——喂料最大粒度，mm；

　　　K_d——系数，由统计所得，$K_d = 10 \sim 24$。

辊压机的辊子直径和长度之比 $D/L = 1 \sim 2.5$，D/L 大时，容易咬住大块物料，向上弹的可能性不大，压力区高度大，物料受压过程较长，运转平稳，但是运转时会出现边缘效应。D/L 小时，情况与上述相反。

（2）辊隙

辊隙即辊压机两辊之间的空隙，在两辊中心线连线上的辊隙最小：

$$S_{min} = K_s D \tag{6.41}$$

式中　S_{min}——两辊中心线连线上的最小辊隙；

　　　K_s——最小辊隙系数，水泥原料取 $0.020 \sim 0.030$，水泥熟料取 $0.016 \sim 0.024$；

　　　D——辊子外直径，mm。

（3）辊压力

对于石灰石和熟料，工作压力控制着辊子的间隙和物料的压实度，一般控制在 $140 \sim 180$ MPa 之间，设计最大压力为 200 MPa。辊压机出料中的细粉含量随着辊压力的增加而增加，但增加程度在不同的压力范围内是不同的。到临界压力时细粉含量急剧增加，超过临界压力后，细粉含量则无明显增加。

（4）辊速

辊压机的转速用圆周速度 v 和转速 n 表示，转速与辊压机的生产能力、功率、运行稳定性有关。转速高，生产能力大，但是辊子与物料之间的相对滑动也增加，咬合不良，辊面磨损加剧，对产量和细度也会产生不利影响，转速确定公式为：

$$n = \sqrt{\frac{K}{D}} \tag{6.42}$$

式中　n——辊子的转速，r/min；

　　　K——系数，与物料种类有关，试验得出，对于回转窑熟料，$K = 660$；

　　　D——辊子外直径，m。

生产实践表明，辊子的圆周速度在 $1.0 \sim 1.75$ m/s 为宜。

（5）生产能力

$$Q = 3600 L s v \rho \tag{6.43}$$

式中　Q——辊压机的生产能力，t/h；

　　　L——辊子的宽度，m；

　　　s——料饼厚度，也即辊间的间隙，m；

　　　v——辊子的圆周速度，m/s；

　　　ρ——产品（料饼）堆积密度，t/m³，试验得出，生料为 2.3 t/m³，熟料为 2.5 t/m³。

（6）功率

$$N = \mu F v \tag{6.44}$$

式中　N——辊压机的功率，kW；

　　　F——辊压力，kN；

　　　μ——辊子的动摩擦系数，试验得出，对于回转窑熟料 $\mu = 0.05 \sim 0.1$。

电机功率可用实测单位电耗来确定，一般辊压熟料为 $3.5 \sim 4.0$ kW·h/t；辊压石灰石为 $3.0 \sim 3.5$ kW·h/t。

4.2.4　规格表示及性能指标

辊压机的规格一般以磨辊直径和宽度表示。例如：HFC1000/300，"HFC"代表合肥水泥研究设计院，辊压机的磨辊直径为 1000 mm，磨辊宽度为 300 mm；RPV 辊压机，RP 是英文辊压机 Roller Press 的缩写。表 6.22 是我国引进德国 KHD 公司制造技术研制的第三代 HFC 系列辊压机及引进 RPV 辊压机为日产熟料 500 t、700 t、900 t、1000 t、2000 t、4000 t 的新型干法水泥生产线配套的部分辊压机的技术性能。

表 6.22　辊压机的技术性能

项目		型号(国内开发)			型号(国外引进)		
		HFCK800/200	HFC1000/300	HFCK1000/300	RPV100-40	RPV100-63	RPV115-100
配套规格熟料(t/d)		500	700	900	1000	2000	4000
辊压机规格(mm)		$\phi 800 \times 200$	$\phi 1000 \times 300$		$\phi 1000 \times 400$	$\phi 1000 \times 630$	$\phi 1150 \times 1000$
压辊直径(mm)		800	1000		1000	1000	1150
压辊宽度(mm)		200	300		400	630	1000
压辊长径比(L/D)		0.25	0.30		0.40	0.63	0.87
压辊圆周速度(m/s)		1.25	1.24	1.40	1.20	1.30	1.30
最小辊隙(mm)		16~21	16~23		18~23	18~23	20~26
粉磨力(kN)		1600	3000		4000	6300	10000
单位辊宽粉磨力(kN/cm)		80	100		100	100	100
压辊压力(MPa)		140	150		150	150	150
辊压系统压力	bar	90	160		185	165	160
	MPa	9.0	16.0		18.5	16.5	16.0
喂料粒度(mm)		≤40	≤60		≤60	≤60	≤60
通过量保证值		25~32	40~60	45~70	60	120	240
电机功率(kW)		2×90=180	2×132=264	2×160=320	2×200=400	2×300=600	2×500=1000
单产装机功耗(kW·h/t)		5.00~6.00	5.00~6.00		6.67	5.00	4.17
外形尺寸 (长×宽×高)(m)		3.94×3.46 ×1.46	4.6×3.84×1.8		4.1×4.6 ×2.4	4.6×5.2 ×3.1	5.6×6.7 ×3.6

4.3　打散分级机

打散分级机是与辊压机配套使用的新型料饼打散分选设备，如图 6.69 所示。从辊压机卸出的物料已经被挤压成了料饼，打散机集料饼打散与颗粒分级于一体，与辊压机闭路，构成独立的挤压打散回路。由于辊压机在挤压物料时具有选择性粉碎的倾向，因此经挤压后产生的料饼中仍有少量未挤压好的物料，加之辊压机固有的磨辊边缘漏料的弊端和因开停机产生的未被充分挤压的大颗粒物料将对承担下一阶段粉磨任务的球磨机系统产生不利影响，制约系统产量的进一步提高。打散分级机介入挤压粉磨工艺系统后与辊压机构成的挤压打散配置可以消除上述不利因素，将未经有效挤压、粒度和易磨性未得到明显改善的物料返回辊压机重新挤压，这样可以将更多的粗粉移至磨外由高效率的挤压打散回路承担，使入磨物料的粒度和易磨性均获得显著改善。

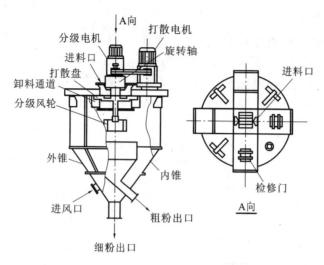

图 6.69　打散分级机

4.3.1　打散分级机的构造及工作原理

　　打散分级机主要由回转部件、顶部盖板及机架、内外筒体、传动系统、润滑系统、冷却及检测系统等组成。主轴(旋转轴)通过轴套固定在外筒体的顶部盖板上,并由外加驱动力驱动旋转。主轴吊挂分级风轮,中空轴吊挂打散盘,在打散盘和风轮之间通过外筒体固定有挡料板,打散盘四周有反击板固定在筒体上,粗粉通过内筒体从粗粉卸料口排出,细粉通过外筒体从细粉卸料口排出,来自辊压机的料饼从进料口喂入。其打散方式为:采用离心冲击粉碎的原理,经辊压机挤压后的物料呈较密实的饼状,连续均匀地喂入打散机内,落在带有锤形凸棱衬板的打散盘上,主轴带动打散盘高速旋转,使得落在打散盘上的料饼在衬板锤形凸棱部分的作用下得以加速并脱离打散盘,料饼沿打散盘切线方向高速甩出后撞击到反击衬板上后被粉碎。经过打散粉碎后的物料在挡料锥的导向作用下通过挡料锥外围的环形通道进入在风轮周向分布的风力分选区内。物料的分级应用的是惯性原理和空气动力学原理,粗颗粒物料由于运动惯性大,在通过风力分选区的沉降过程中,运动状态改变较小而落入内锥筒体被收集,由粗粉卸料口卸出,同配料系统的新鲜物料一起进入辊压机上方的称重仓。细粉由于运动惯性小,在通过风力分选区的沉降过程中,运动状态改变较大而产生较大的偏移,落入内锥筒体与外锥筒体之间被收集,由细粉卸料口卸出,送入球磨机继续粉磨或进入选粉机直接分选出成品。

4.3.2　打散分级机的主要部件

　　(1)回转部分

　　回转部分主要由主轴、中空轴、打散盘、风轮、轴承、轴承座、密封圈等组成,由中空轴带动打散盘回转,产生动力来打散经挤压过的物料,主轴带动风轮旋转产生强大有力的风力场用来分选经打散过的物料。打散盘上安装带有锤形凸轮的耐磨衬板,在衬板严重磨损后需要换新的衬板。风轮在易磨损部位堆焊有耐磨材料以提高风轮的使用寿命。随着使用期的加长,密封圈的磨损、润滑油的溢漏是难免的,所以该系统中还设有加油口,通过润滑系统自动加油或手动加油,以使各轴承在良好的润滑状态下运转。系统中还设有轴承温度检测口,用于安装端面热电阻,保证可连续检测温度并具有报警功能。

　　(2)传动部分

　　传动部分由主电机、调速电机、大皮带轮、小皮带轮、联轴器、传动皮带等组成,采用双传动方式,主电机通过一级皮带减速带动中空轴旋转,调速电机通过联轴器直接驱动主轴旋转,具有结构简单、体积小、安装制作方便的优点。双传动系统满足了打散物料和分级物料时需消耗不同能量和不同转速的要求,调速电机可简捷灵活地调节风轮的转速,从而实现了分级不同粒径物料的要求,同时也可以有效地调节进球磨机和回挤压机的物料量,对生产系统的平衡控制具有重要意义。

打散分级机的规格一般以"外锥体圆柱筒体的直径/打散盘直径"(cm)表示。"S"和"F"是打散的"散"字和分级的"分"字汉语拼音的首字母。例如:SF500/100,表示打散分级机外筒体直径为5000 mm,打散盘的直径为1000 mm。该打散分级机的处理能力为110 t/h,打散电机功率为45 kW,分级电机功率为30 kW,具体见表6.23。

表 6.23　SF 打散分级机的规格性能

设备规格	处理量(t/h)	装机功率(kW)	调速电动机功率(kW)	设备质量
SF400/100	40～70	30	22	18
SF450/100	50～90	37	22	22
SF500/100	60～110	45	30	25
SF550/120	90～150	45	30	30
SF600/120	120～200	55	37	37
SF650/140	180～280	75	45	45

4.4　V 型选粉机

V 型选粉机是一种静态两相流折流装置,兼具打散、分离、选粉等多种功能,结构简单,无回转运动部件,物料靠重力作用下落,在选粉机内被阶梯式导流板冲散,带料气流进入磨机的选粉机被分选。该机完全靠风力提升、输送,分级精度高,但电耗也高,V 型选粉机对物料细度无法调节,半成品的细度通过风量来调节,风速降低,半成品变细。因此,对风机的风量、风速控制至关重要。V 型选粉机与辊压机组成粗料循环闭路系统,可提高辊压后的料饼质量,但要求辊压机的磨辊长径比大,并采用低压循环的操作方式。

经 V 型选粉机分级后的物料颗粒切割粒径一般在 0.5 mm 左右,比打散分级机的分级精度更高,物料粒径分布更细、更均匀,入磨物料比表面积可达 180 m²/kg 及以上,粒径小于 1.0 mm 的物料比例占 95% 以上,粒径小于 80 μm 的细粉颗粒可达 6.5%～8.5%,系统产量大约提高 80%～100%,节电大约 20%～30%。

V 型选粉机是一种不带动力的打散分级设备,具有结构简单、分级效率高、磨损少、检修方便、使用可靠、分级粒度容易调节等优点,广泛用于带辊压机的粉磨系统。

V 型选粉机的结构如图 6.70 所示,其内部结构可以分为 4 个区域:布风区、分散区、分级区和出风区。

(1)布风区:通过设计合理的气流通道和安装布风板,使得进入到分散区的气流分布均匀。这一点非常重要,如果流速分布不均匀,就可能出现粗颗粒被高速气流带出,细颗粒由于所处低速气流而不能被选出来,使得整机设备的分级性能降低。

(2)分散区:由一组分布打散板组成,进入分级机的混合物料在下落过程中撞击到分布打散板上从而散落开来,细颗粒随气流被带入分级区,大颗粒和没有分散开来的物料继续下落,被多次分散和分离,最后不能被气流带走的物料由粗料出口排出。

(3)分级区:由一组大倾角的分级板组成,随气流进入分级区的颗粒在重力的作用下自由沉降,颗粒的自由沉降速度与颗粒的大小有关。在通过分级区前,沉降到分级板上的颗粒沿分级板下滑至分散区;随气流带出的颗粒即为细粉。

(4)出风区:通过分级区的气流必须保持一定的风速,才能使气流中的颗粒被带走。出风区为渐缩结构,风速逐渐增大,达到输送物料的目的。

　　分级区内的气流速度是控制分级粒度的关键,稳定的气流分布是获得高效分级的前提。分级区内的气流速度只能是各分级板间的最高流速,在分级粒度确定的情况下,其最高流速是确定的。当气流分布不均匀时,分级机的通风量必然下降,造成部分的合格颗粒由于风速降低而不能被分离出来,因此设备的分级效率降低。

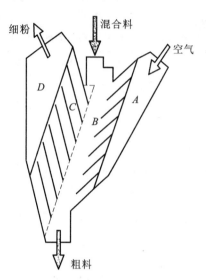

图 6.70　V 型选粉机的结构
A—布风区;B—分散区;C—分级区;D—出风区

❖ 知 识 测 试 题

一、填空题

　　1. 辊压机又称_____或_____,是继_____之后,20 世纪 80 年代发展起来的一种新型节能增产的粉磨设备。

　　2. 辊压机工作时,物料在磨内经历_____、_____、_____三个阶段而被粉碎。

　　3. 打散机既能将来自辊压机的料饼_____,又能起到_____的作用。

　　4. 辊压机与立式磨的粉磨原理类似,都有_____特征。

二、选择题

　　1. 大型辊压机的滑动辊一般需要采用(　　)个液压缸来提供足够的挤压力。

　　A.4　　　　　　　　　　B.2　　　　　　　　　　C.3

　　2. 辊压机的粉碎方式以(　　)为主。

　　A.剪切　　　　　　　　B.摩擦　　　　　　　　C.挤压

　　3. 减速器输出轴与主轴以(　　)连接。

　　A.联轴器　　　　　　　B.万向联轴器　　　　　C.缩套联轴器

　　4. 粉磨生料时,应选择带有辊压机的(　　)。

　　A.预粉磨系统　　　　　B.终粉磨系统　　　　　C.联合挤压粉磨系统

　　5. 与辊压机配套的打散设备有(　　)。

　　A.打散分级机　　　　　B.V 型选粉机　　　　　C.破碎机

三、判断题

　　1. 辊压机液压系统的显著特点是采用两个大的及两个小的充氮蓄能器。(　　)

2. 辊压机出料中的细粉含量随着辊压力的增加而增加,增加程度在不同的压力范围内是相同的。(　　)

3. 辊压机辊子的转速越高,生产能力越大,得到的产品越细。(　　)

4. 辊间隙过大,料饼密实性差,内部微裂纹少,而且容易造成冲料,辊压机的运行效果得不到保证。(　　)

5. 正确的液压力传递过程:液压缸→活动辊→料饼→固定辊→固定辊轴承座,最后液压缸的作用力在机架上得到平衡。(　　)

四、简答题

1. 辊压机由哪几个主要部分组成?

2. 辊压机进料装置的组成及作用是什么?

3. 试简述打散分级机的工作原理。

4. 辊压机终粉磨系统的产品细度如何调节?

5. 试简述辊压机液压系统构造及充氮蓄能器的作用。

◇ **能力训练题**

1. 查阅资料,撰写当今生料辊压机终粉磨系统应用的综述报告。

2. 为某 5000 t/d 新型干法水泥生产线选择辊压机工艺和设备配置,绘制工艺流程图,编制设备表。

项目实训

实训项目　选择生料粉磨系统

任务描述:为 5000 t/d 规模的新型干法生产线选择生料粉磨系统(备注:可以选择中卸磨系统、立式磨系统、辊压机终粉磨系统)。

实训内容:(1)绘制工艺流程图;(2)选出主要设备,列出配置表。

项目拓展

拓展项目　做三种粉磨流程模型比赛

任务描述:小组之间、班级之间制定规则,做三种粉磨流程模型比赛。

项目评价

项目 6　生料粉磨工艺及设备选型	评价内容	评价分值
任务 1　生料粉磨工艺流程的识读	能读懂三种粉磨系统的工艺流程图,能绘制工艺流程图	20
任务 2　中卸磨系统设备的认知	能合理配置中卸磨系统的主要设备,能描述设备构造及工作过程,能计算主要参数	20

续表

项目 6　生料粉磨工艺及设备选型	评价内容	评价分值
任务 3　立式磨系统设备的认知	能合理配置立式磨系统的主要设备,能描述设备构造及工作过程,能计算主要参数	20
任务 4　辊压机终粉磨系统设备的认知	能合理配置辊压机终粉磨系统的主要设备,能描述设备构造及工作过程,能计算主要参数	20
项目实训	能配置主要设备,能绘制出工艺流程图	20
项目拓展	师生共同评价	20(附加)

项目 7 生料粉磨系统的操作

项 目 描 述

本项目的主要任务是生料粉磨系统的中控操作。通过学习与训练,要求学生掌握生料粉磨系统运行的相关知识;能利用中控室仿真系统模拟进行组启动与组停车以及生产参数的调节;能利用中控室生产故障模拟系统对常见故障进行及时判断、准确分析和正确处理;基本达到生料磨中控操作员的任职要求,为考取生料粉磨中控操作员技能等级证书奠定基础。

学 习 目 标

能力目标:能利用中控室仿真系统模拟进行组启动、组停车以及生产参数的调节;能利用中控室生产故障模拟系统对常见故障进行及时判断、准确分析和正确处理。

知识目标:掌握水泥企业生料粉磨操作岗位职责,掌握生料粉磨中控操作理论知识和故障处理方法。

素质目标:遵守操作规程和作业指导书,遵守各项规章制度,保护自我、保护他人和保护设备。

项目任务书

项目名称:生料粉磨系统的操作

组织单位:"水泥生料制备及操作"课程组

承担单位:××班××组

项目组负责人:×××

项目组成员:×××

起止时间:××年 ××月××日 至 ××年××月××日

项目目的:掌握生料粉磨系统运行的相关知识,重点掌握仪表读数、DCS控制系统,能利用仿真系统进行生料粉磨的正常操作、运行过程中故障的处理。

项目任务:根据现场原料的性能和对生料的质量要求,选择合理的粉磨系统参数控制方案,磨制合格的水泥生料。

项目要求:①合理选择粉磨系统参数控制方案;②合理组织和安排人员;③合作制备出合格的水泥生料;④项目组负责人先拟定《生料粉磨系统的操作项目计划书》,经项目组成员讨论通过后实施;⑤项目完成后撰写《生料粉磨系统的操作项目报告书》一份,提交给"水泥生料制备及操作"课程组,并准备答辩验收。

项目考核点

本项目的验收考核主要考核学员相关专业理论、专业技能的掌握情况和基本素质的养成情况。具体考核要点如下。

1. 专业理论

(1)生料粉磨控制流程；

(2)生料粉磨操作的原则；

(3)生料粉磨操作的控制参数；

(4)生料粉磨操作的控制方法。

2. 专业技能

(1)生料磨机工艺参数的控制；

(2)生料磨机的正常操作；

(3)生料磨机运行过程中故障的处理。

3. 基本素质

(1)纪律观念(学习、工作的参与率)；

(2)敬业精神(学习工作是否认真)；

(3)文献检索能力(收集相关资料的质量)；

(4)组织协调能力(项目组分工合理、成员配合协调、学习工作井然有序)；

(5)应用文书写能力(项目计划、报告的撰写质量)；

(6)语言表达能力(答辩的质量)。

项目引导

1. 生料粉磨技术的发展

生料粉磨技术随着粉磨装备的技术进步而不断发展,经历了从球磨到立式辊磨和辊压机的发展过程,各种装备技术各有优缺点,总体上朝着提高粉磨效率、降低粉磨电耗的方向发展。早期的小规模水泥熟料生产线多采用风扫和尾卸球磨系统,2000 t/d 熟料生产线推广以后逐步采用 $\phi 3.5$ m×10 m、1250 kW 或 $\phi 4.6$ m×(7.5 m+3.5 m)、2500 kW 和 $\phi 4.6$ m×(8.5 m+3.5 m)、2800 kW 的中卸烘干磨系统,2000 t/d 熟料生产线升级到 2500 t/d 熟料生产线以后即从鹿泉东方鼎鑫水泥熟料项目开始,全面采用 $\phi 4.6$ m×(10 m+3.5 m)、3550 kW 中卸烘干磨系统,包括部分 5000 t/d 熟料生产线配套了两套该中卸烘干磨系统。在北水二线 3200 t/d 熟料生产线上,开发设计了 $\phi 5.0$ m×(10 m+2.5 m)、4000 kW,设计产量为 250 t/h 的中卸烘干磨系统,此前也开发设计了 $\phi 5.0$ m×10.5 m,4000 kW 的大型风扫磨,在部分 3200 t/d 生产线上配套使用,国产生料球磨系统的发展基本结束。球磨系统的优点是操作简单,对原料的适应性强,运转率有保障,但粉磨效率低、电耗高,其中粉磨效率最高的中卸磨系统电耗也在 23 kW·h/t 左右或更高。

国际上从 20 世纪 80 年代开始大量采用现代立式辊磨粉磨生料,至今仍占主导地位。代表公司有德国的莱歇公司、非凡公司、伯利休斯公司,丹麦的史密斯公司,日本的宇部公司、神户制钢和川崎重工等。最大规格的辊磨是 LM69.6,装机功率为 6700 kW,设计产量为 800 t/h,可以满足 10000 t/d 生产线的单机配套需要。与球磨机相比,辊磨粉磨水泥生料的主要优点是节电效果明显,系统电耗为 16 kW·h/t 左右,节电幅度达 30%。另外辊磨的烘干能力强,可以通入大量的窑尾和窑头余风,如果设置辅助热源,可以烘干兼粉磨含水分 20% 的原料;辊磨允许的喂料粒度也大幅度放宽,控制喂料粒度 D90 为 80 mm 即可,极限粒度允许到 150 mm,这对原料的前置破碎工段是一大好处。国内水泥行业也非常重视辊磨技术的研究开发,目前已解决了配套 6000 t/d 生产线的辊磨装备国产化问题,代表公司有中材装备、合肥中亚、沈阳重机和中信重机等。

辊压机自 1985 年问世以来,也有不少用于生料粉磨的案例,主要形式有两种:一种是部分终粉磨系统,辊压机出料先进选粉机,分选出部分成品后入磨,大大减轻了后续球磨机的负荷,如北水、启新、新疆水泥厂等的原料粉磨即采用了这种系统;另一种是终粉磨系统,全部成品由辊压机产生,取消了球磨机,因此节电幅度更大。德国洪堡(KHD)公司是世界著名的辊压机生产商,该公司不生产辊磨,因此历来特别推崇辊压机生料终粉磨系统,福建三德、江西亚东 1#~3# 线和四川亚东 1# 线等均采用了 KHD 公司提供的辊压机生料终粉磨系统。伯利休斯公司也是世界著名的辊压机生产商,也有不少生料辊压机应用案例。

国内辊压机主要的生产商包括中材装备集团、合肥水泥研究设计院、中信重工机械股份有限公司和成都利君实业股份有限公司等,而在生料辊压机终粉磨系统技术的开发和推广方面走在最前列的当属成都利君,其于 2007 年在山西智海投产的首套生料辊压机终粉磨系统在业内引起了重大反响,不少新建项目纷纷采用辊压机终粉磨系统制备生料,目前占比约达到 30%,主要原因是辊压机系统比辊磨系统进一步降低了系统电耗。

2. 中央控制室操作员岗位职责

(1)遵守厂规厂纪,工作积极主动,听从领导的调动和指挥,保质保量完成生料制备任务;

(2)认真交接班,把本班运转和操作情况以及存在问题以文字形式交给下一个班,做到交班详细,接班明确;

(3)及时准确地填写运转和操作记录,按时填写工艺参数记录表,对开停时间和原因要填写清楚;

(4)坚持合理操作,注意各参数的变化,及时调整,在保证安全运转的前提下力争优质高产;

(5)严格执行操作规程及作业指导书,保证和现场的联系畅通,减少无负荷运转,保持负压操作,以降低消耗;

(6)负责记录表、记录纸、质量通知单的保管,避免丢失。

3. 中控室操作员的操作依据

操作员在中央控制室内对窑磨系统进行正确操作,必须有三大依据,如图 7.1 所示,即显示仪表数据、现场设备状态、取样检验数据。

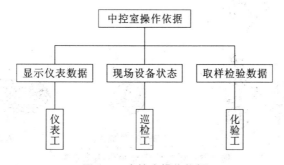

图 7.1　中控室操作依据

任务 1　生产运行准备

任务描述　了解中控室生料磨操作员岗位职责,认识水泥生产自动控制系统,熟悉生产工艺流程。

能力目标　能表述水泥生产中央控制室生料制备操作站操作员的工作职责,能认识生产自动控制系统设备,会识读仪表参数。

知识目标　掌握生产自动控制系统设备、仪表的结构与工作原理。

1.1　水泥生产过程中的测量仪表

1.1.1　温度测量仪表

温度是表征物体冷热程度的一个物理量。在水泥生产过程中,粉磨、煅烧等环节必须控制温度在一定范围内才能有效进行。因此,温度是水泥生产过程中的主要工艺参数之一。

① 热电阻

热电阻是由导体或半导体制成的感温器件。热电阻测温是基于导体或半导体的电阻值随温度变化而变化的特性,其优点是信号能远传、灵敏度高、无须参比温度;缺点是需要电源激励,有自热效应。

工业用热电阻主要有铂热电阻和铜热电阻两种。铂热电阻精度高、体积小、测温范围宽($-200\sim$850 ℃)、稳定性好、再现性好,但价格较贵,分度号分别为 Pt10 和 Pt100。铜热电阻线性好、价格低,但体积大、测温范围小($-50\sim150$ ℃)、热响应慢,分度号分别为 Cu50 和 Cu100。工业用热电阻的结构有普通型和铠装型两种,其结构分别如图 7.2 和图 7.3 所示。热电阻引线方式有二线制、三线制和四线制三种。

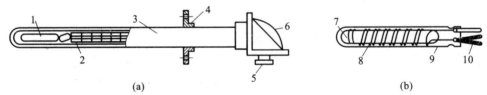

(a)　　　　　　　　　　　　　　　　(b)

图 7.2　普通热电阻的结构示意图

1—电阻体;2—陶瓷绝缘套管;3—不锈钢套管;4—安装固定件;5—引线口;
6—接线盒;7—芯柱;8—电阻丝;9—保护膜;10—引线端

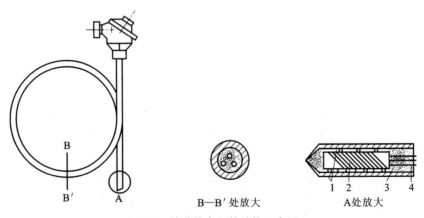

B—B′处放大　　　　　　A处放大

图 7.3　铠装热电阻的结构示意图

1—金属套管;2—感温元件;3—绝缘材料;4—引出线

② 热电偶

热电偶是应用最普遍的测温器件之一,它是根据热电效应原理设计而成的,由两种不同的金属导体或半导体组成。它具有测温范围宽、性能稳定、测量精度高、结构简单、动态响应好、可以远传及便于集中检测和自动控制等特点,能满足水泥生产过程中温度测量的需要。实际测量温度时,热电偶的测温端(热端)置于被测温处,参比端(冷端)要求保持恒定温度。在参比端温度为 0 ℃时,用实验的方法测出不同热电偶在不同测温端温度下所产生的热电势,可得到对应的分度表,热电偶的分度表是热电偶测温的依据。工业用热电偶的分类及性能见表 7.1。

表 7.1　工业用热电偶的分类及性能

名称	分度号	测量范围(℃)	适用气氛	稳定性
铂铑$_{30}$铂铑$_6$	B	$-200\sim1800$	N、O	<1500 ℃优;>1500 ℃良
铂铑$_{13}$铂	R	$-40\sim1600$	O、N	<1400 ℃优;>1400 ℃良
铂铑$_{10}$-铂	S			
镍铬-镍硅(铝)	K	$-270\sim1300$	O、N	中等
镍铬硅-镍硅	N	$-270\sim1260$	O、N、R	良
镍铬-康铜	E	$-270\sim1000$	O、N	中等
铁-康铜	J	$-40\sim760$	O、N、R、V	<500 ℃优;>500 ℃良
铜-康铜	T	$-270\sim350$	O、N、R、V	$-170\sim200$ ℃优

注:"适用气氛"一栏中,O 为氧化气氛,N 为中性气氛,R 为还原气氛,V 为真空。

工业用热电偶的结构有普通型和铠装型两种,热电偶参比端温度补偿的方法有补偿导线法、参比端温度测量计算法、参比端恒温法及补偿电桥法四种。

1.1.2　流量测量仪表

(1)流量的概念

流量是指单位时间内流过某一流通截面的流体数量。流体数量用体积表示称为体积流量,单位为 m³/s;流体数量用质量表示称为质量流量,单位为 kg/s。在某段时间内流体通过的体积或质量总量称为累积流量或流过总量。测量流量的仪表称为流量计,测量总量的仪表称为计量表。

(2)常用流量测量仪表

① 差压式流量计

差压式流量计是利用流体流经节流装置时产生压力差的原理进行压力测量的。此压力差与流体流量之间有确定的数值关系,通过测量压差值可以求得流体流量。差压式流量计由产生压差的装置和差压计组成,产生压差的装置有节流装置、动压管、均速管等,如图 7.4 所示。节流装置的取压方式有角接取压、法兰取压、理论取压和径距取压等。

② 转子式流量计

转子式流量计是一种比较常用的流量测量仪表,适用于 150 mm 以下的中小管径、中小流量、低雷诺特征数的流量测量。它具有结构简单、直观、压力损失小、测量范围大、维修方便等优点。转子式流量计主要由一根自下向上扩大的垂直移动的转子(浮子)组成,如图 7.5 所示。转子式流量计分为采用玻璃锥形管的直读式转子流量计和采用金属锥形管的远传式转子流量计两种。

③ 椭圆齿轮流量计

椭圆齿轮流量计是容积式流量计的一种,主要用来测量不含固体杂质的流体流量,适宜于测量黏度较高的介质,其测量精度较高,可达 0.5%,如图 7.6 所示。

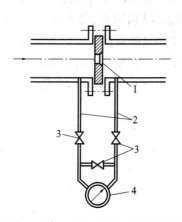 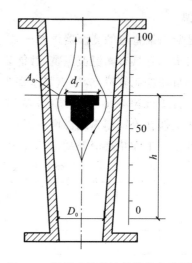

图 7.4　压差式流量计的结构示意图　　　　　　　　**图 7.5　转子式流量计的结构示意图**

1—节流元件;2—引压管;3—三阀组;4—差压计　　　　h—转子高度;D_0—锥线管下口直径;d_f—转子直径

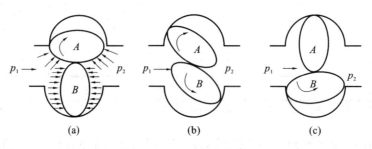

图 7.6　椭圆齿轮流量计

A,B—椭圆齿轮

④ 电磁流量计

电磁流量计是利用电磁感应定律工作的一种流量计。它用于测量导电液体的流量,优点是压力损失小;可以测量脉动流量和双向流量;流量计读数不受介质密度、黏度、压力等的影响,抗干扰能力强。

1.1.3　压力测量仪表

压力是水泥生产过程中的重要工艺参数之一,正确地测量和控制压力是保证生产过程良好运行的重要环节。

除测量压力外,压力测量仪表还广泛应用于流量和物位的间接测量。

(1)压力的概念及表示方法

① 压力的概念

垂直均匀作用于单位面积上的力称为压力,通常用 p 表示,单位为 Pa,常用单位为 MPa(兆帕),$1\ Pa = 1\ N/m^2$。

② 压力的表示方法

(a)绝对压力:被测介质作用在容器表面积上的全部压力;

(b)大气压力:由地球表面空气柱重量形成的压力;

(c)表压力:绝对压力与大气压力之差;

(d)真空度:绝对压力小于大气压力时,绝对压力与大气压力差值的绝对值;

(e)压差:两不同位置处的压力之差。

(2)常用压力测量仪表

① 弹性压力计

弹性压力计利用弹性元件受压变形的原理进行测量。弹性元件在弹性限度内受压变形,其变形量的大小与外力成比例,外力取消后,元件将恢复原有形状。利用变形量与外力的关系,对弹性元件的变形量进行测量,可以求得被测压力的大小。弹性压力计主要有弹簧管压力计和波纹管差压计,弹簧管压力计的结构如图 7.7 所示。

② 活塞式压力计

活塞式压力计是基于静力平衡原理进行压力测量的,是负荷式压力计。它是校验、标定压力表和压力传感器的标准仪器,也是一种标准压力发生器,其结构如图 7.8 所示。

③ 应变片式压力传感器

能够检测压力并提供远传信号的装置称为压力传感器。应变元件与弹性元件组成应变片式压力传感器。应变元件的工作原理是基于导体或半导体的"应变效应",即当导体或半导体材料发生机械变形时,其电阻值将发生变化。应变片或应变丝粘贴在弹性元件上,在弹性元件受压变形的同时应变元件亦发生应变,其电阻值将有相应的改变,如图 7.9 所示。

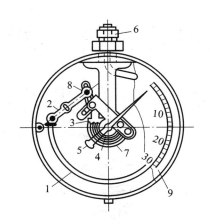

图 7.7　弹簧管压力计的结构示意图

1—弹簧管;2—拉杆;3—扇形齿轮;
4 -中心齿轮;5—指针;6—接头;7—游丝;
8—调整螺钉;9—面板

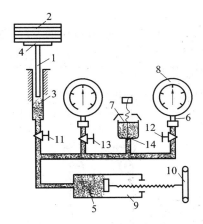

图 7.8　活塞式压力计的结构示意图

1—活塞;2—砝码;3—活塞柱;4—承重盘;5—工作液;
6—表接头号;7—油杯;8—被校压力表;9—加压泵;
10—手轮;11,12,13—切断阀;14—进油阀

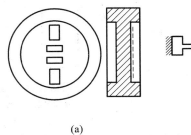 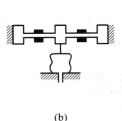 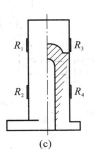

(a) 　　　　　　　(b) 　　　　　　　(c)

图 7.9　应变片式压力传感器的结构示意图

(a)密封膜片;(b)弹性梁;(c)应变筒

1.1.4　物位测量仪表

(1)物位的概念

物位统指设备和容器中液体或固体物料的表面位置。其对应不同性质的物料,具体可以分为液位、料位、界位。液位指仓、槽等容器里存在的液体的表面位置;料位指堆场、仓库等所存储的固体块、颗粒、粉料等的堆积高度和表面位置;界位指两种互不相溶的物质间的界面。

（2）常用物位测量仪表

① 差压（压力）式液位计

差压（压力）式液位计能将液位的检测转换为静压力或压差的测量，其测量原理如图7.10所示。

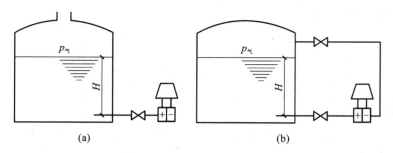

图 7.10　差压（压力）式液位计测量原理

（a）敞开容器；（b）密闭容器

（H—液位高度）

② 浮标式液位计

浮子漂浮于液面上，随着液位的升降，浮子的位置随之发生变化，并经过钢丝直接由标尺及指针读出。常见的重锤式直读浮标液位计的测量原理如图7.11所示。

③ 浮筒式液位计

浮筒式液位计中，作为检测元件的浮筒为圆柱形，部分沉浸在液体中，利用浮筒被浸没高度不同引起的浮力变化来测量液位，其测量原理如图7.12所示。

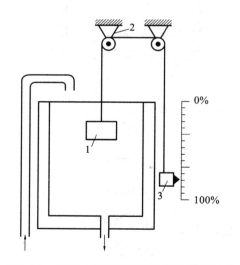

图 7.11　重锤式直读浮标液位计的测量原理

1—浮子；2—滑轮；3—平衡重锤

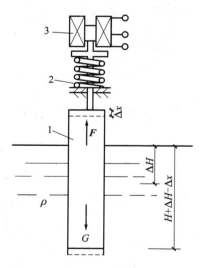

图 7.12　浮筒式液位计的测量原理

1—浮筒；2—弹簧；3—差动变压器

（F—浮力；G—重力；H—浮筒浸入深度；Δx—浮筒位置变化量或弹簧的位移量；ρ—液体密度；ΔH—液位变化量）

④ 电容式液位计

任何两个相互绝缘的导电材料做成的平行板、平行圆柱面，甚至不规则面，中间隔以不导电介质，就能组成电容器。中间隔以不同的不导电介质时，电容量也随之变化。因此，可以通过测量电容量的变化来测量液位、料位和界位，其测量原理如图7.13所示。

⑤ 核辐射式物位计

射线射入一定厚度的介质时，其强度会随所通过介质厚度的增加呈指数规律衰减，测量射线的强度可以确定穿过物料的厚度。核辐射式物位计就是利用这一原理设计的，其测量原理如图7.14所示。

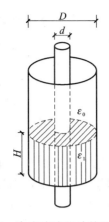

图 7.13　电容式液位计的测量原理

（D—外电极的内径；d—内电极的外径；

H—液位高度；ε_0—气体的介电常数；

ε_1—液体的介电常数）

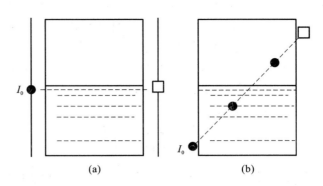

图 7.14　核辐射式物位计测量方式

（a）线线结构；（b）点点结构

（I_0—通过物料前的射线强度）

1.1.5　常用气体温度和物料水分测量仪表

（1）干湿球湿度计

干湿球湿度计应用十分广泛,常用于测量空气的相对湿度。

（2）光电露点湿度计

在一定的压力下,气体中水汽达到饱和和结露时的温度称为露点温度,简称露点。露点温度与空气中的饱和水汽量存在一定的函数关系,光电露点湿度计正是利用这种函数关系制成的。

（3）湿敏传感器

湿敏传感器是由利用材料的吸湿特性制成的湿敏元件构成的传感器。

1.2　生料制备过程自动控制系统

（1）原料配料控制系统

原料配料控制系统一般采用定量给料机对各种原料进行计量与给料控制,中控室通过对不同原料的定量给料机的流量按比例进行设定,实现原料配料控制。

（2）生料质量控制系统（QCS 系统）

生料质量控制系统（QCS 系统）在水泥生产中被广泛应用,它由智能在线钙铁荧光分析仪、计算机、调速电子皮带秤等组成。智能在线钙铁荧光分析仪可进行自动取样、制样并连续测定,由 QCS 系统进行配料计算,并通过 DCS 系统对调速电子皮带秤的下料量进行比例调节和成分控制,使生料的"三率值"保持在目标值附近波动,从而大幅度提高生料的成分合格率和质量稳定性。DCS 系统可实现与 QCS 系统的互联,对生料质量进行有效的控制。

（3）生料粉磨负荷控制系统

生料粉磨控制的难点在于磨机的负荷控制。当入料水分含量、硬度发生变化时,磨机会产生振动,同时主电机的电流会产生波动,影响磨机系统的稳定运行。生料粉磨负荷控制系统能通过调节入磨物料量及进口热风、冷风阀门,或采用喷水等措施控制生料磨内的压差及出口温度,来保证磨机处于负荷稳定的最佳粉磨状态,防止磨机振动过大。调节磨机负荷的方法有：一是设置一个入磨量常数,通过 QCS 系统自动设定喂料配比,通过建立数学模型对喂料进行自动控制；二是以提升机功率作为主控或监控信号,适时调节喂料量。现在还有部分管磨系统主要通过电耳信号来自动调节磨机的喂料量,防止出现"饱磨"或"空磨"现象。

（4）生料均化系统

生料均化系统利用具有一定压力的空气对生料进行吹射,形成流态并进行下料。通常在库底划分不同区域,每个区域安装有电磁充气阀,采用时间顺序控制策略,依据时序开、停库底的充气电磁阀,使物料流态化并翻腾搅拌,达到对生料库内不同区域的生料进行均化的目的。

（5）计量仓料量自动控制系统

计量仓料量自动控制系统利用计量仓的仓重信号自动调节生料库侧电动流量阀的开度,使称重仓的料量保持稳定,从而保证计量仓下料量的稳定。

（6）生料均化库下料控制

在生产过程中,烧成带的温度一般要求控制在合适的范围内,因为它对熟料的质量至关重要。将生料量、风机风量与烧成带温度结合起来设定生料下料量后,该系统利用固体流量计的反馈值自动调节计量仓下电动流量阀的开度,使入窑的生料量保持稳定,最终保障窑系统的稳定运行。

1.3 DCS 系统

1.3.1 DCS 系统概况

计算机集散控制系统,又称计算机分布式控制系统(Distributed Control System),简称 DCS 系统。它综合了计算机技术、控制技术、通信技术和 CRT 技术(即 4C 技术),实现了对生产过程集中监测、操作、管理和分散控制。计算机集散控制系统既不同于分散的仪表控制,又不同于集中的计算机控制系统,它克服了二者的缺陷同时集中了二者的优势。与模拟仪表控制相比,它具有连接方便、采用软连接的方法连接、容易更改、显示方式灵活、显示内容多样、数据存储量大、占用空间少等优点;与计算机集中控制系统相比,它具有操作监测方便、危险分散、功能分散等优点。另外,计算机集散控制系统提高了生产自动化水平和管理水平,成为过程自动化和信息管理自动化相结合的管理与控制一体化的综合集成系统。这种系统通用性强,规模可大可小,既适用于中小型企业,也适用于大型企业。

1.3.2 DCS 系统结构

计算机集散控制系统是采用标准化、规模化和系列化设计,其体系结构从垂直方向可分为 3 级,第 1 级为分散过程控制级;第 2 级为集中操作监控级;第 3 级为综合信息管理级。各级相互独立又相互联系,每一级又分为若干子级,各级之间由通信网络连接。DCS 系统的结构示意图如图 7.15 所示;DCS 系统控制示意图如图 7.16 所示。

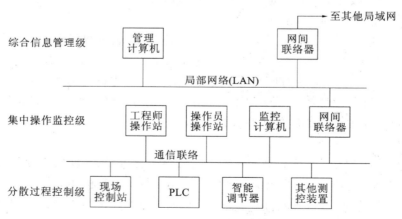

图 7.15 DCS 系统结构示意图

（1）分散过程控制级

分散过程控制级直接面向生产过程,是计算机集散控制系统的基础。它具有数据采集、数据处理、回路调节控制和顺序控制等功能,能独立完成对生产过程的直接数字控制。其过程输入信息是面向传感器的信号,如热电偶、热电阻、变送器(温度、压力、液位、电压、电流、功率等)及开关量的信号,

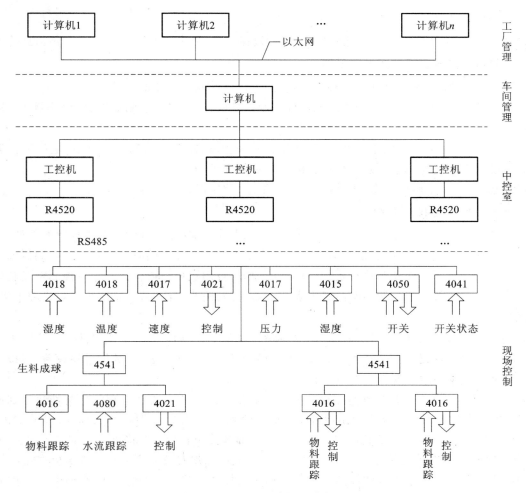

图 7.16　DCS 系统控制示意图

其输出是作用于驱动执行机构。同时,通信网络可实现与同级之间的其他控制单元、上层操作站通信,实现更大规模的控制与管理。它可传送集中操作监控级所需的数据,也能接受集中操作监控级发来的各种操作指令,并根据操作指令进行相应的调整或控制。构成这一级的主要装置有现场控制站(工业控制机)、可编程控制器 PLC、智能调节器、其他测控装置等。各控制器的核心部件是微处理器,可以是单回路的,也可以是多回路的。

　　(2)集中操作监控级

　　这一级以操作监控为主要任务,兼有部分管理功能,面向操作员和系统工程师。这一级配备有技术手段齐备、功能强大的计算机系统及各类外部装置,特别是 CRT 显示器和键盘、具有较大存储容量的存储设备以及功能强大的软件,确保工程师和操作员对系统进行组态、监测和操作,对生产过程实现高级控制策略、故障诊断、质量评估等。集中操作监控级的主要设备包括:

　　①监控计算机,即上位机,综合监视全系统的各工作站,具有多输入、多输出控制功能,用以实现系统的最优控制或最优管理。

　　②工程师操作站,主要用于系统的组态、维护和操作。

　　③操作员操作站,主要用于对生产过程进行监视和操作。

　　(3)综合信息管理级

　　这一级由管理计算机、办公自动化软件、工厂自动化服务系统构成,实现整个企业的综合信息管理。综合信息管理主要包括生产管理和经营管理。

（4）通信网络系统

通信网络系统将计算机集散控制系统的各部分连接起来，完成各种数据、指令及其他信息的传递。

1.3.3　计算机集散控制系统的软件技术

计算机集散控制系统的软件可分为控制软件、操作软件和组态软件三类。

（1）控制软件：实现分散过程控制级的过程控制设备的数据采集、控制输出、自动控制和网络通信等功能。

（2）操作软件：完成实时数据管理、历史数据存储和管理、控制回路调节和显示、生产工艺流程画面显示、系统状态和趋势显示以及产生记录的打印和管理等功能。

（3）组态软件：包括画面组态、数据组态、报表组态、控制回路组态等。

1.3.4　计算机集散控制系统的特点

（1）实现了真正的分散控制。在该系统中，每个基本控制器（在系统中起基本控制的部件）只控制少量回路，故在本质上是"危险分散"的，从而提高了系统的安全性。同时可以将基本控制器移出中央控制室，安装在距现场变送器和执行机构比较近的地方，再用数据通道将其与中央控制室及其他基本控制器相连。这样，每一个控制回路的长度大大缩短，不仅简化了线路，而且减少了噪声和干扰，提高了系统的可靠性。

（2）利用数据通道实现综合控制。数据通道将各个基本控制器、监控计算机和 CRT 操作站有机地联系在一起，以实现复杂控制和集中控制。一些装置如输入/输出装置、数据采集设备、模拟调节仪表等，都能通过数据通道实现综合控制。

（3）利用 CRT 操作台实现集中监控和操作。在该系统中，生产过程的全部信息都能集中到操作站并在 CRT 屏幕上显示出来。CRT 显示器可以显示多种画面，取代大量的显示仪表，缩短操作台的长度，实现对整个生产过程的集中显示和控制。同时，为了保证安全操作以及与高度集中的显示设备相适应，它应具有微处理器的"智能化"操作台，操作人员通过键盘进行简单的操作，就可以实现复杂的高级功能。

（4）利用监控计算机实现最优控制和管理。利用监控计算机（上位机）可以实现生产过程的管理功能，包括存取生产过程中的所有数据和控制参数，按照预定要求打印综合报表，进行运行状态的趋势分析和记录，及时实行最优化监控等。

1.3.5　水泥企业现场控制站的设置

水泥厂除了需设置工程师站、中控室以外，还需要设置若干个现场控制站，但设置多了会增加成本，设置少了又达不到控制的要求，那么如何才能做到既合理又经济呢？下面以一条 5000 t/d 水泥熟料生产线为例进行说明。

根据生产工艺流程可以设置 LCS00～LCS06 七个现场控制站，RCS3.1、RCS6.1 两个远程控制站，它们各自的控制和检测范围分别为：

（1）LCS00 现场控制站设置在原料处理电气室，其控制和检测范围包括石灰石破碎、石灰石预均化、辅助原料预均化、原料处理配电站。

（2）LCS01 现场控制站设置在原料粉磨电气室，其控制和检测范围包括原料配料站、原料粉磨及废气处理、均化库顶、原料磨配电站。

（3）LCS02 现场控制站设置在窑尾电气室，其控制和检测范围包括生料均化库、生料入窑、烧成窑尾及窑中、空压机房。

（4）LCS03 现场控制站设置在窑头电气室，其控制和检测范围包括烧成窑头、熟料输送及储存、窑头配电站。

（5）LCS04 现场控制站设置在水泥粉磨电气室，其控制和检测范围包括水泥配料站、水泥粉磨及输送、水泥储存、石膏破碎及混合材输送、粉煤灰储存、空压机房、水泵房水塔、水泥磨配电站。

（6）LCS05 现场控制站设置在煤粉制备电气室，其控制和检测范围包括原煤输送、煤粉制备及煤粉计量输送。

（7）LCS06 现场控制站设置在水泥包装控制室，其控制和检测范围包括水泥输送及散装、水泥包装。

（8）RCS3.1 远程控制站设置在熟料输送控制室，其控制和检测范围包括熟料库底、熟料输送至水泥配料站。

（9）RCS6.1 远程控制站设置在水泥储存控制室，其控制和检测范围包括水泥库底水泥输送。

1.4　新型干法水泥生产过程控制流程

1.4.1　原料破碎及预均化

（1）破碎

水泥生产过程中，大部分原料要进行破碎，如石灰石、黏土、铁矿石及煤等。石灰石是生产水泥时用量最大的原料，开采后的粒度较大，硬度较高，因此石灰石的破碎在水泥厂的物料破碎中占有比较重要的地位。

（2）预均化

预均化就是在原料的存、取过程中，运用科学的堆料、取料技术，实现原料的初步均化，使原料堆场同时具备储存与均化的功能。

1.4.2　生料制备

水泥生产过程中，每生产 1t 硅酸盐水泥至少要粉磨 3t 物料（包括各种原料、燃料、熟料、混合材、石膏等）。据统计，新型干法水泥生产线粉磨作业需要消耗的动力占全厂动力的 60％以上，其中生料粉磨占 30％以上，煤磨约占 3％，水泥粉磨约占 40％。因此，合理选择粉磨设备和工艺流程，优化工艺参数，正确操作和控制作业制度，对保证产品质量、降低能耗具有重大意义。

1.4.3　生料均化

新型干法水泥生产过程中，稳定入窑生料的成分是稳定熟料烧成热工制度的前提，生料均化系统起着稳定入窑生料成分的最后一道关口作用。

1.4.4　预热分解

把生料的预热和部分分解由预热器来完成，代替回转窑的部分功能，这样能缩短回转窑长度。同时，使窑内以堆积状态进行气料换热的过程移到预热器内在悬浮状态下进行，生料能够同窑内排出的炽热气体充分混合，这样就增大了气料接触面积，传热速度快，热交换效率高，能达到提高窑系统生产效率、降低熟料烧成热耗的目的。

（1）物料分散

80％的换热过程是在预热器入口管道内进行的。喂入预热器管道中的生料在高速上升气流的冲击下，物料折转向上随气流运动的同时被分散。

（2）气固分离

当气流携带料粉进入旋风筒后，被迫在旋风筒筒体与内筒（排气管）之间的环状空间内做旋转流动，且一边旋转一边向下运动，由筒体到锥体，一直可以延伸到锥体的端部，然后转而向上旋转上升，由排气管排出。

（3）预分解

预分解技术的出现是水泥煅烧工艺的一次技术飞跃。它是在预热器和回转窑之间增设分解炉，利用窑尾上升烟道，设燃料喷入装置，使燃料燃烧的放热过程与生料中碳酸盐的分解吸热过程在分解炉内以悬浮态或流化态迅速进行，入窑生料的分解率可提高到 90％以上。该方法具有如下特点：将原来在回转窑内进行的碳酸盐分解任务移到分解炉内进行；燃料大部分从分解炉内加入，少部分由窑头加入,减轻了窑内烧成带的热负荷,延长了衬料寿命,有利于生产规模大型化;由于燃料与生料混合均匀,燃料燃烧热及时传递给物料,使燃烧、换热及碳酸盐分解过程得到优化。因此,该方法具有优质、高效、低耗等一系列优点。

1.4.5　熟料烧成

生料在旋风预热器和分解炉中完成预热和预分解后,下一道工序就是进入回转窑中进行熟料的烧成。回转窑中首先会发生一系列的固相反应,生成水泥熟料中的 C_2S、C_3A、C_4AF 等矿物。随着物料温度升高到近 1300 ℃,C_3A、C_4AF 等矿物会变成液相,溶解于液相中的 C_2S 和 CaO 进行反应生成大量 C_3S,熟料烧成后,温度开始降低。最后水泥熟料冷却机将回转窑卸出的高温熟料冷却到下游输送带、储存库和水泥磨所能承受的温度,同时回收高温熟料的散热,提高系统的热效率和熟料质量。

1.4.6　水泥粉磨

水泥粉磨是水泥制造的最后一道工序,也是耗电最多的工序。其主要功能是将水泥熟料及胶凝剂、性能调节材料等粉磨至适宜的粒度(以细度、比表面积等表示),形成一定的颗粒级配,以加速水化速度,满足水泥浆体凝结、硬化的要求。

1.4.7　水泥包装

水泥出厂有袋装和散装两种发运方式。

1.5　控制流程图

1.5.1　常用字母代号及仪表位号

(1)常用字母代号

常用的表示被测参数和仪表功能的字母代号及含义如表7.2所列。

表 7.2　常用字母代号及含义

字母	第一位字母		后续字母	字母	第一位字母		后续字母
	被测变量或初始变量	修饰词	功能		被测变量或初始变量	修饰词	功能
A	分析		报警	N	供选用		供选用
B	喷嘴火焰		供选用	O	供选用		节流孔
C	电导率		控制	P	压力或真空		试验点(接头)
D	密度	差		Q	数量或件数	积分、积算	积分、积算
E	电压(电动势)		检测元件	R	放射性		记录、打印
F	流量	比(分数)		S	速度或频率	安全	开关或联锁
G	尺度(尺寸)		玻璃	T	温度		传送
H	手动(人工触发)			U	多变量		多功能
I	电流		指示	V	黏度		阀、挡板、百叶窗
J	功率	扫描		W	重量或力		套管
K	时间或时间程序		自动、手动操作	X	未分类		未分类
L	物位		指示灯	Y	供选用		继电器或计数器
M	水分含量或湿度			Z	位置		驱动、执行或未分配的执行器

(2)仪表位号

在检测与控制系统中每个仪表(或元件)都有自己的仪表位号。仪表位号由字母和阿拉伯数字组

成。第一位字母表示被测变量或初始变量,后续字母表示仪表的功能,数字编号表示工序和位置。例如:

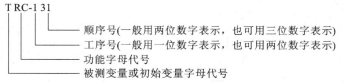

1.5.2　生产过程控制流程图

新型干法水泥生产过程控制主要包括生料制备、煤粉制备、熟料煅烧和水泥制成的控制。生料制备控制流程如图 7.17 和图 7.18 所示。

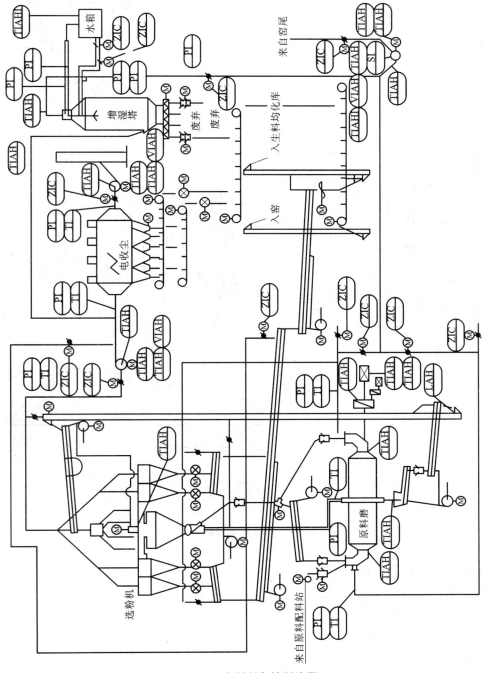

图 7.17　生料制备控制流程

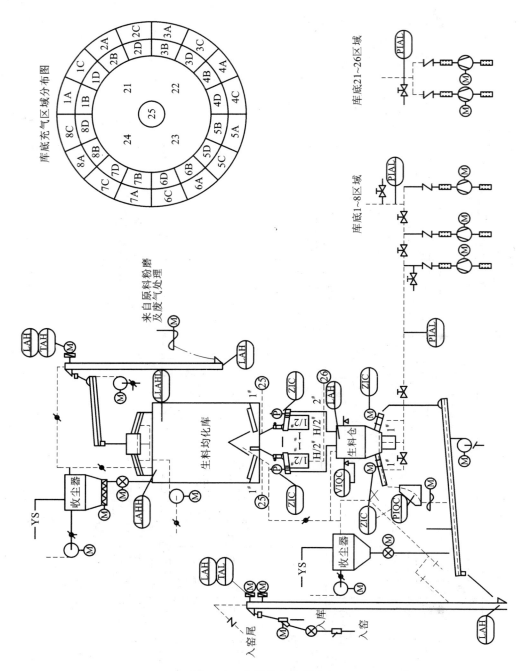

图7.18　生料均化控制流程

◇ 知识测试题

1. 试简述生料制备操作员的岗位职责。
2. 中控室在水泥厂的定位是什么？简述中控室工作纪律。
3. 水泥生产过程控制中常用的测量仪表有哪几类？
4. 水泥生产过程控制中常用的温度测量仪表有哪几种？
5. 水泥生产过程控制中常用的流量测量仪表有哪几种？
6. 水泥生产过程控制中常用的压力测量仪表有哪几种？

7. 水泥生产过程控制中常用的物位测量仪表有哪几种？

8. 试简述水泥生产过程中自动控制系统的作用。

9. 水泥生产过程中设备的开车和停车原则是什么？

10. DCS 集散控制系统有哪些特点？

11. 试简述水泥生产工艺过程。

12. 试简述原料粉磨及废气处理控制流程。

13. 试简述生料均化库及生料入窑控制流程。

◇ 能力训练题

1. 用测量仪表测试相关参数，并记录下来。

2. 绘制 5000 t/d 规模水泥生产线的 DCS 系统简图。

3. 绘制 5000 t/d 规模水泥生产线的生料制备工艺流程图。

任务 2　生料中卸磨系统的操作

任务描述　中卸磨系统的开车、停车操作；生料中卸磨系统的正常操作控制。

能力目标　能够利用仿真系统进行生料中卸磨系统的开车、停车操作及正常操作控制。

知识目标　掌握生料中卸磨系统的开车、停车操作及正常操作控制等方面的理论知识。

2.1　中卸磨系统开车、停车操作

2.1.1　中卸磨系统开车前的准备

（1）掌握入磨物料的物理性质。了解生料和产品的各项指标要求，以保证生产的产品满足要求。

（2）观察磨头仓的备料情况，石灰石、砂岩等物料必须有一定的储存量，一般应满足 4 h 及以上的生产需要，其他辅助物料也应根据配料和生产情况适量准备，避免磨机运转过程中发生断料现象。

（3）检查磨内各仓研磨体的装载量是否符合要求，检查磨内衬板是否破损，检查隔仓板和出口算板是否堵塞，检查磨内喷水装置是否完好。

（4）检查喂料装置是否正常。

（5）检查磨机各传动部分的螺栓有无松动。

（6）检查选粉机、收尘器、提升机和其他输送设备是否正常，并完成主机的单机试机，以确保正常运行。

（7）检查入磨水管的水压是否正常，冷水管及下水道是否畅通。如遇到小修和短时停磨，不宜关闭冷却水，以便在夏天时增加降温效果，在冬天时防止结冰造成水管冻裂。

（8）检查磨机及其他辅助机械传动部分的润滑油是否适量，油质是否符合要求。

（9）检查磨机及其他辅助机械的安全信号装置是否良好，开车时应避免附近有人。

（10）做好其他开车前的准备工作，保证磨机顺利启动。

2.1.2　中卸磨系统开车操作

采用中央控制室集中控制，备有 PLC 程序控制系统，开、停车操作均由中控操作员进行。中卸磨系统的开、停采用组控制形式，开车组控制分为：库顶收尘器组，气力提升泵、油泵组，排风机系统组，生料输送组，选粉机组，提升机组，磨机组及喂料组等。除油泵组单独与磨机组联锁外，其他各组均进入系统联锁。

正常的开车顺序是与工艺流程相反的,即从生料均化库的最后的提升机输送设备起,按顺序向前开,直至开动磨机后再开喂料机。具体流程是:启动前准备→磨润滑系统启动→生料入库组(若窑灰入均化库,该组在启动窑灰处理前启动)→生料输送组→排风机系统组→烘磨→选粉机组→出磨输出组→设定喂料量→进入自动调节回路。应该注意的是,必须等前一台设备运转正常后,再开动下一台设备;开车前的准备工作完成并确保正常无误后,磨机启动时应先启动减速机和主轴承的润滑油泵及其他润滑系统。

采用静压轴承的磨机,待主轴承油泵压力由零增加到最大值,又回到稳定压力(一般为 1.5～2.0 MPa)时表明静压润滑的最小油膜已形成,可启动磨机主电机(若设有辅助传动装置,应先开动辅助传动装置,10 s 后方可开主传动装置)。研磨体采用淋水冷却的磨机,需要人工开启供水装置,注意控制水量由小到大逐步增加至正常水平。

所有设备运转正常后便可进行喂料操作。如果磨机采用自动控制喂料,则启动后,计算机按一定数学模型运算处理,检测出磨机的负荷值,向喂料调节器送出喂料量的目标值,使之逐步增加喂料量直至目标值,磨机进入正常负荷状态。

2.1.3　中卸磨系统停车操作

中卸磨系统的停车分为正常停车和紧急停车两种形式。

(1)正常停车

正常停车的顺序与开车的顺序相反。每组设备之间应间隔一段时间,以便使系统各设备排空物料,其具体流程是:喂料系统→球磨机→出磨提升设备→选粉机系统→成品输送系统→收尘系统→润滑冷却系统。应该注意的是,当磨机停车后,磨机后面的输送设备还要继续运转一段时间,直至把其中的物料输送完为止。若是因为更换衬板、隔仓板、研磨体等故障停磨,应先停喂料机,使磨机继续运转大约 15 min,待磨内物料基本排空后才停磨。

(2)紧急停车

只有发生危及人身和设备安全时才允许紧急停车。其操作方法是紧急停磨的同时磨机喂料输送系统设备自动停止,磨机支承装置及润滑装置的高压泵立即启动。如果故障在短时间内可以排除,可以不停系统的其他设备,待排除故障后再启动磨机主电机和喂料系统;如果故障在短时间无法排除,那么系统的其他设备应按顺序停车。设备超负荷或出现严重的设备缺陷,以致造成磨机不能继续运转的情况通常有以下几种:

①磨机的电动机运转负荷超过额定电流值;选粉机和提升机等辅助设备的电动机运转负荷超过额定电流值。

②磨机和主减速机轴承温度超过停车设定温度;各电动机的温度超过规定值。

③润滑装置出现故障,不能正常供油;冷却水因故陡然下降而不通。

④磨机衬板、挡环、隔仓板等的螺栓因折断而脱落。

⑤磨音异常。

⑥主电动机、主减速机出现异常振动及噪声,地脚螺栓松动;轴承盖螺栓严重松动。磨机大、小齿轮啮合声音不正常,特别是出现较大振动。

⑦各喂料仓的原料出现一种或一种以上断料而不能及时供应;磨机出磨物料输送设备及后面的系统设备出现故障,不能正常生产。

(3)停车操作注意事项

①关闭主轴承内的水冷却系统。

②静压轴承停车后,高压油泵还应运行 4 h,使主轴承在磨体冷却过程中处于良好的"悬浮"状态,以防擦伤轴承表面。

③设有辅助传动装置的磨机,在停车初期,每隔一定时间应启动辅助电机一次,使磨机在较低的转速下运转一定时间,以防筒体变形。

④若因检修磨机内部而需要停车,应启动辅助传动装置,慢速转动研磨体,当辅助电机的电流基本达最低值,即球载中心基本处于最低位置时,立即把磨机的磨门停在要求的位置,以免频繁启动磨机。

⑤对于有计划的长期停车,停车后应按启动前的检查项目检查设备各部分是否完好。冬季停磨时间较长时,待磨机筒体完全冷却至环境温度时,可停掉冷却水,用压缩空气将所有通过冷却水的机件内的剩余水吹净。循环水可以不停,但需注意防冻,对于长期停磨,必须将磨内的研磨体倒出,防止磨机筒体变形,并定期用辅助传动装置"翻磨"。

2.1.4　中卸磨系统试运转与正式生产

（1）磨机试运转

新安装或大修后的磨机必须进行空车试运转(磨内无研磨体或物料),运转时间不得少于 12 h。如在运转中发现传动部分产生较大的振动、有杂音或运转不稳定,转轴的润滑系统供油不良,轴承温度超过 80 ℃,衬板螺栓和设备地脚紧固螺栓松动等情况,必须及时修理。经空载试车良好并无其他异常现象,即可向磨内加入规定数量的30%的研磨体,运转 16 h 后再加入30%的研磨体,继续运转48 h后,将余下40%的研磨体全部加入,直至试运转正常为止。每次加入研磨体,都应加入相应数量的物料。在试运转时,必须注意磨机电流是否超过规定值,设备是否运行正常,若发现异常状况应及时处理。

（2）磨机正式生产

磨机成功完成试运转后,生产工艺及设备符合下列条件后即可正式投入生产:磨机的零部件完好;研磨体装载量达到规定值;所有紧固螺栓均完好;选粉机和收尘器等辅助设备完好;电动机和减速机设备完好;设备轴承、大小齿轮和各部件的润滑油符合要求;整个粉磨系统的安全设备、密封设备、照明系统及各岗位间的联系信号完好。

2.2　生料中卸磨系统的正常操作

2.2.1　生料中卸磨系统的操作特点

（1）如何利用热风是中卸磨操作的关键,它将直接影响磨机的产量、产品质量及能源消耗指标。根据生产实践经验,中卸磨的用风原则是"小风养料,大风拉粉"。即磨尾排风机的排风阀门的开度应小些,进行磨内养料;循环风阀门的开度应大些,使风带走选粉机内的粉料,有利于提高选粉机的选粉效率。当喂料量一定时,磨尾排风机的排风阀门的开度小一点,磨系统总抽风量小,物料在磨内的流速减慢。物料在磨内停留时间长,会增加物料的研磨机会,更容易获得合格细度的成品。相反,磨尾排风阀门的开度大,系统总抽风量大,物料在磨内的流速变快,停留时间短,大颗粒物料未被充分研磨就被带出磨机,进入空气斜槽,长时间后磨仓内细粉被拉空,斜槽内无细粉的冲刷与抖动,只剩下小颗粒物料,则物料的流动性降低,可能会堵塞斜槽造成停磨事故。中卸磨粗磨仓的热风量分配比例大约是 70%～80%,细磨仓的热风量分配比例大约是 20%～30%,因为粗磨仓物料粒度较大,物料流动性差,需用大风带出磨外,而细磨仓物料颗粒较小,物料流动性好,用风量可小些。当喂料量增大时,操作上应该主要增加循环风的风量。在操作过程中,通过观察磨尾负压、主电机电流、提升机电流、磨音等的变化,防止由于喂料量、物料性质、用风量以及选粉效率的变化而发生"饱磨"现象。

（2）根据入磨物料粒度的变化合理调整分料阀的位置,以平衡粗磨仓与细磨仓的能力。对于破碎粒径范围较宽的物料,经过料仓时就会有严重的离析现象,导致仓满至仓空的过程会伴有小粒径向大粒径转变的过程,此时如不及时调整分料阀,让回磨粗粉进入细磨仓的比例变大,就会加重粗磨仓的负荷,直到粗磨仓涨磨,使提升机电流下降,甚至接近空载电流。反之,当喂料变细时,分料阀就应反向调整,否则出磨提升机电流就会升高,最后可能出现细磨仓涨磨,磨机卸料处产生大量漏料现象。

(3)北方冬季开(停)车时,都应提前一小时(关)通热风,使系统温度有一个渐进的过程,对设备中空轴和筒体都有好处。

(4)慎重使用高铬球,因为温度的急剧变化会使高铬球炸裂,尤其是直径偏大的高铬球。

2.2.2　生料中卸磨系统的操作原则

(1)风量与喂料量应匹配

风量的调整直接影响物料的烘干及磨内物料的流速,因此风量和喂料量两者必须相匹配。增加磨机喂料量时,磨机的通风量必须充足,在风机性能允许和成品细度合格的情况下,可以采取增大循环风量、提高选粉机转速的操作方法。

(2)尽可能提高循环负荷率

循环负荷率与成品细度、选粉效率、喂料量密切相关。正常情况下,循环负荷率的大小取决于喂料量的多少,增加喂料量,磨机循环负荷率会相应增加。控制较高的循环负荷率是提高产量的必要条件。生料的易磨性好时,可适当放宽细度指标;生料的易磨性好、研磨体的级配合理时,可以增加喂料量;或者稳定喂料量,降低循环负荷率。循环负荷率稳定可以提高选粉料率。循环负荷率提高的前提条件是出磨提升机和选粉机的额定功率要足够。根据生产实践经验,中卸磨的循环负荷率控制在400%~500%之间比较合适。较大粗磨仓回料量是体现中卸磨能力的重要标志,也是细磨仓粉磨效率高的前提。

(3)寻找选粉机回粉量的最佳分配比例

回粉量的最佳分配比例,可根据具体生产情况进行摸索,没有统一的比例,中卸磨粗磨仓与细磨仓设计的分料比为3:7,但在使用粉煤灰配料时,如果粉煤灰的掺量达到8%及以上,会有明显的"助磨"作用,这时可将回粉量全部打入细磨仓,能够获得更好的生产效果。

(4)循环风量与磨尾排风量应匹配

中卸磨产量低的主要原因往往是通风量不足,致使粗磨仓出料困难。生产上虽然有时增加磨尾排风量,但会因为循环风阀门开得过大(比如30%)而抵消了增加的通风量;如果循环风阀门最大只开至10%,同时加强系统锁风堵漏,确保粗磨仓的压差,磨尾排风机风阀开至100%,就能够更大地发挥中卸磨的潜力。

由于中卸磨刚开始时喂料量较小,如果控制粗磨仓的压差过大,则会造成出粗磨仓的物料粒度过大,可能导致回料斜槽堵塞。因此刚开机时磨尾排风机的排风阀门的开度应限制在20%左右,随着喂料量的增加再逐渐增大其开度。

2.2.3　生料中卸磨系统的主要控制参数

中卸磨的控制参数很多,包括检测参数和调节参数,其中检测参数反映磨机的运行状态,调节参数则是用于控制及调整磨机的运行状态。以$\phi 4.6\,m\times(9.5+3.5)m$生料中卸磨为例,其主要控制参数如表7.3所列,其中第1~12项为检测参数,第13~22项为调节参数。

表7.3　中卸磨的主要控制参数

序号	参数	最小值	最大值	正常值
1	磨机电耳(%)	0	100	65~70
2	出磨提升机电流(A)	0	210	170~180
3	进磨头热风温度(℃)	0	300	240~260
4	进磨头热风负压(Pa)	0	800	350~500
5	进磨尾热风温度(℃)	0	300	200~210

序号	参数	最小值	最大值	正常值
6	进磨尾热风负压(Pa)	0	2000	1000～1300
7	出磨气体温度(℃)	0	100	75～80
8	出磨气体负压(Pa)	0	3500	2000～2300
9	出选粉机气体温度(℃)	0	100	70～80
10	出选粉机气体压力(Pa)	0	7000	4500～5000
11	选粉机功率(kW)	0	100	50～65
12	0.08 mm 筛筛余(%)	0	100	12～16
13	生料喂料量(t/h)	0	210	180～200
14	粗粉分料阀门开度(%)	0	100	15～20
15	进磨头热风阀门开度(%)	0	100	70～80
16	进磨头冷风阀门开度(%)	0	100	30～40
17	进磨尾热风阀门开度(%)	0	100	20～30
18	进磨尾冷风阀门开度(%)	0	100	40～60
19	选粉机转速(r/min)	0	210	170～210
20	循环风阀门开度(%)	0	100	30～45
21	主排风机进口阀门开度(%)	0	100	80～100
22	系统排风阀门开度(%)	0	100	50

2.2.4 生料中卸磨的操作控制要点

(1)喂料量的控制

电耳测得的磨音强弱反映了磨内存料量的多少和磨机粉磨能力的大小。磨机正常运转时,磨音强度为 60%～70%;磨音强度小,说明磨内料多,反之则说明磨内料少;磨音强度达到最大值 100% 时则报警,说明磨内无料或存料很少。

出磨提升机电流的大小反映通过磨内物料量的大小。提升机电流大,说明通过磨内的物料量大,反之则说明通过磨内的物料量小。磨内物料通过量由喂料量和粗粉回料量两部分组成,所以常以提升机电流的大小作为调节磨机喂料量的重要调节变量。

(2)风量的控制

中卸磨系统中热风阀门、冷风阀门以及排风机的阀门用于调节系统各控制点处的温度及压力,如磨头、磨尾两端所设的热风阀用于调节入磨热风的温度及使两端的负压相等。当负压增大时,将热风阀门开大;反之,负压降低,则需将热风阀门关小。当磨机出口压差减小时,需将排风机阀门开大,或将选粉机的循环阀门关小。

通过调节分料阀的开度,控制选粉机内物料回粗磨仓的量占 30%,去往细磨仓的量占 70%,正常情况下这一比例调好后一般不做变动。

系统的总风量直接关系到粉磨系统的产品质量。风量的调节,除了根据磨机进出口压差外,还应视选粉机的出口压力来调节。

循环风阀门主要用于调节选粉机的工作风量。当出磨风温下降,负压增大时,可将循环风阀门开大些,以提高出磨上升管道中气体的速度。

出磨生料成品的水分含量一般控制在不大于 0.5%,主要是通过调节入磨热风量及热风温度来实现。

（3）生料细度的控制

生料成品的细度主要是通过调节选粉机的转速来控制的。一般情况下,选粉机的转速加快,生料成品的细度就变细。但生料成品的细度太细,会降低磨机产量,增加生料粉磨电耗;反之生料成品的细度太粗,虽然可以提高磨机的产量,但会影响熟料的煅烧质量。

2.2.5 生料中卸磨的安全操作

为保证系统安全运行,操作员要对系统下列情况密切监视,必要时停磨,以保证设备安全:

（1）前后轴瓦温度超过规定值,磨机主电流超过额定值,无法调节恢复应停机;

（2）当磨机出口负压出现异常时,应迅速查找原因予以排除,否则应停磨处理;

（3）磨音异常而无法采取措施改善时,应果断停磨,甚至打开磨门进行检查;

（4）长时间断料或来料不稳时,应停磨,并在确定来料有保证后再开磨。

◈ 知识测试题

一、填空题

1. 按照_____流程进行中卸磨的开机,按照_____流程进行中卸磨的停机。

2. 中卸磨启动时,润滑系统的工作过程为_____。

3. 中卸磨的回磨粗粉经_____回磨。

4. 入磨物料的水分含量过大时,磨内_____会黏附在表面,同时还会_____隔仓板,阻碍物料通过,使粉磨效率_____,磨机产量_____,产品变_____。

5. 中卸磨内研磨体的填充率一般为_____,过高将导致电耗增大。

二、选择题

1. 粉磨系统在停磨时,最后应停（　　）。

A. 磨机的润滑和冷却系统　　　　B. 磨机主电机

C. 喂料设备　　　　　　　　　　D. 出磨物料输送设备

2. 对于寒冷地区,磨机油站设备启动前必须开（　　）保温。

A. 风机　　　　　　　B. 高压泵　　　　　　　C. 加热器

3. 下列说法中不对的是（　　）。

A. 出磨生料的水分含量高,对生料库的储存不利

B. 出磨生料的水分含量高,生料的流动性变差

C. 出磨生料的水分含量高,对窑的煅烧不利

D. 出磨生料的水分含量越小越好

4. 粉磨系统的循环负荷率是指（　　）。

A. 产品量与喂料量的比值　　　　B. 回料量与产品量的比值

C. 回料量与喂料量的比值　　　　D. 产品量与喂料量、回料量之和的比值

三、判断题

1. 在生料磨中加干煤粉,可以减轻磨内水分含量过高带来的影响。（　　）

2. 增大前仓钢球的直径可以使产品细度减小。（　　）

3. 若磨机主电机、选粉机电机、提升机电机的电流超过额定值,应当立即停车。（　　）

4. 中卸烘干磨的粗磨仓和细磨仓所用热气体的通风量相同。（　　）

5. 补充研磨体时,一般添补中间规格的研磨体。（　　）

四、简答题

1. 中卸磨系统开车前应做哪些准备工作？
2. 试简述中卸磨系统开车操作顺序。
3. 试简述中卸磨系统停车操作顺序。
4. 试简述中卸磨系统的正常操作控制要点。
5. 试简述中卸磨系统的操作控制原则。

◇ 能 力 训 练 题

1. 绘制中卸磨系统的工艺流程图，并能解读。
2. 在仿真系统中对中卸磨系统进行开车、停车操作。
3. 在仿真系统中对正常运行的中卸磨系统进行操作。

任务 3　生料中卸磨系统的常见故障及其处理方法

任务描述　处理生料中卸磨系统的常见故障。

能力目标　能判断生料中卸磨系统常见故障产生的原因并进行处理。

知识目标　掌握生料中卸磨系统的常见故障原因及其处理方法。

3.1　中卸磨的常见故障及其处理方法

3.1.1　饱磨

（1）饱磨现象

入磨物料量大于出磨物料量较长时间时，磨机内的物料会越来越多，当磨头喂料端不能再加料而出现吐料时就称为满磨，也称饱磨。中卸磨的粗磨仓及细磨仓都可能发生饱磨现象。磨机发现饱磨时会伴随很多症状及现象，比如磨机压差变大、磨机主电流变小、出料提升机电流变小、出磨物料的细度变粗。粗磨仓饱磨时磨音相当沉闷；细磨仓正常时能听见小钢球研磨的沙沙声，而饱磨时听不到声音。

（2）饱磨产生的原因

① 钢球磨损后没有及时补足，造成磨机的研磨能力不足。

② 磨机内各仓的研磨能力不均衡，例如粗磨仓的研磨能力过高，细磨仓就容易发生饱磨现象；粗磨仓与细磨仓内物料流速不匹配，或粗粉回料入粗磨仓与细磨仓的比例不当。

③ 中卸磨系统设备故障，会导致发生饱磨。比如，选粉机回粉下料管上的双层重锤翻板阀控制失灵，阀片与阀杆连接螺栓脱落，使阀片处于常开状态，造成风道短路，细粉成品在主排风机强大的负压作用下，不可能被带走而返回磨内，实际降低了选粉效率，细粉逐渐积累而堵塞了隔仓板，磨内难以通风，最后导致发生饱磨现象；选粉机旋风筒下分格轮堵死，引发旋风筒内积满细粉成品，造成粗粉、细粉全部返回磨内形成饱磨；又如隔仓板堵塞，造成仓内物料越积越多而形成饱磨。

④ 入磨物料粒度大、易磨性差、水分含量高，降低了磨机的研磨能力；磨机的通风量不足，磨内细粉不容易被带到磨外；循环风量不足，造成选粉机的选粉效率下降，回粉量增多。

（3）饱磨故障的处理

① 在保证成品细度合格的前提下，最大限度地降低选粉机的转速。

② 增大循环风门的开度,增加选粉机的选粉效率。但循环风量不能过分增大,因为系统总抽风量一定,循环风量过大则磨内通风量减小,会造成磨内物料的流速降低。

③ 粗磨仓发生饱磨时,粗粉回料 90% 及以上进入细磨仓;细磨仓发生饱磨时,粗粉回料 70% 及以上进入粗磨仓。

④ 粗磨仓发生饱磨时,为增加粗磨仓的通风量,粗磨仓的冷风阀门及热风阀门的开度都有增大,细磨仓的风门开度不变;同理,细磨仓发生饱磨时,细磨仓的冷风阀门及热风阀门的开度都有增大,粗磨仓的风门开度不变。

⑤ 处理饱磨故障最简单有效的办法是减料,但减多少要根据具体情况而定,轻微饱磨时少减,一次减大约 10 t/h,严重时要多减,一次减 30～50 t/h,更严重时,采取止料的办法。需要注意的是,减料时要根据出磨物料的流量及物料粒度而决定是否减小磨内通风量。当出磨提升机电流比较大时,则不需要减小磨内通风量,即使出磨斜槽内有小石子也无妨。经过一段时间后,出磨斗式提升机电流变小,出磨物料流量减小,出磨斜槽内有 25%～30% 蚕豆般大小的粗颗粒,说明磨内通风量大了,应减小磨内通风量进行养料。根据成品细度调整选粉机的转速,如细度合格就不需要降低选粉机的转速。

3.1.2　糊球及包球

(1)糊球及包球现象

当入磨物料水分含量较高,热风的温度又较低时,磨机容易发生糊球现象。当磨内成品不能及时出磨时,这些成品在磨内容易过粉磨,过细的产品产生静电效应,吸附在研磨体表面,产生包球现象。磨机发生糊球及包球时会伴随很多症状及现象,比如磨机电流变小,磨音变小、发闷,出磨物料量大幅下降,磨机出口废气温度过高,出磨物料细度变细等。

(2)糊球及包球故障的处理

① 加大磨机排风量,增加磨内通风量,及时抽走磨内的合格成品生料粉。

② 在入磨物料里适当掺加煤矸石、煤粉,以消除细粉产生的静电效应。

③ 使用助磨剂,不仅能够消除细粉产生的静电效应,而且可以增加磨内物料的流动性。

3.1.3　磨头吐料

(1)磨头吐料的原因

①入磨的石灰石、砂岩、矿渣等物料的水分含量过大,尤其是矿渣含水率达到 5% 及以上时,容易造成隔仓板、算板缝隙堵塞,磨内的细粉从隔仓板算缝中穿过受阻,在粗磨仓内越积越多,发生饱磨现象,物料只好从磨头吐出。

②收尘布袋表面挂灰严重,收尘系统阻力增大,影响磨内通风;粉料输送管壁黏结较厚物料,增加磨机通风阻力,这时如果长时间保持高限喂料量,则容易产生磨头吐料现象。

③磨机喂料量异常增大,无法完成全部粉磨任务,部分物料从磨头排出。

④入磨物料粒度较大、易磨性差。

⑤研磨体磨损后没有及时补足,或级配严重不合理。

(2)磨头吐料故障的处理

①控制入磨的石灰石、砂岩、矿渣等物料的水分含量符合标准要求。

②利用停磨机会及时清理收尘布袋表面的挂灰和粉料输送管内壁黏结的积料,减小系统的通风阻力。

③合理控制磨机的台时产量,不能盲目追求喂料量。

④定期清仓计算,按研磨体的最佳级配方案补足磨损的钢球,以适应入磨物料粒度、易磨性的频繁波动。

3.1.4　磨音异常

(1) 现象:磨音发闷,磨尾下料少,磨头可能出现返料现象,出现饱磨现象。

原因分析:磨机进出料不平衡,磨内存料过多,喂料过多或入磨物料的粒度及硬度过大,未能及时调整喂料量;入磨物料水分含量高,磨内通风不良,造成隔仓板堵塞,物料流速降低;研磨体级配不合理,粗磨仓和细磨仓的研磨能力不平衡;选粉机的选粉效率低,回料粗粉过多,磨机循环负荷率增加。

处理方法:一般应先减少喂料量,如果效果不明显,则需停止喂料,待磨机正常后,再逐渐加料至正常。

(2)现象:磨音小、低沉,出磨气体的含水率增大,出磨物料潮湿,磨机粉磨效率降低,研磨体表面可能黏附一层细粉,发生包球现象。

原因分析:入磨物料水分含量高,磨机内通风不良。

处理方法:增加入磨的热风量和热风温度,以加强物料的烘干作用;增加磨内通风量;及时、快速地排出磨内的水蒸气;增设磨外淋水装置,提高磨内研磨效率。

(3)现象:粗磨仓的磨音降低,出磨提升机功率下降,磨机出口负压上升,细磨仓磨音增大。

原因分析:粗磨仓发生堵塞。

处理方法:停止粗磨仓的回粉喂料,增大粗磨仓的通风量。如处理效果不好,则停止喂料。

(4)现象:磨音低,出磨提升机功率下降,磨机出口负压上升,细磨仓磨音低沉甚至听不到声音。

原因分析:细磨仓发生堵塞。

处理方法:停止细磨仓的回粉喂料,增大细磨仓的通风量。如处理效果不好,则停止喂料。

(5)现象:磨音低,出磨提升机功率大。

原因分析:磨头喂料量大,磨内存料多,研磨体少。

处理方法:减少喂料总量,增加磨内通风量,按研磨体的级配适当增加钢球量。

(6)现象:磨音高,出磨提升机功率小。

原因分析:磨头喂料量小,磨内存料少,研磨体多。

处理方法:增加喂料总量,减少磨内通风量,按研磨体的级配适当减少钢球量。

3.1.5　研磨体窜仓

(1)研磨体窜仓的现象

磨机电流逐渐变小,产量越来越低,出磨物料细度越来越粗,现场可以听到异常的磨音,磨音既不闷也不脆。有时钢球由粗磨仓窜进烘干仓,筒体被钢球砸得咔咔作响,扬料板可能被砸变形。

(2)研磨体窜仓原因

① 隔仓板固定不良。

② 隔仓箅板脱落或箅孔过大。

③ 研磨体严重磨损。

(3)研磨体窜仓故障的处理

发生研磨体窜仓故障时,应立即停磨进行检查,如果隔仓板脱落、固定不良,需要重新补焊固定;如果是隔仓箅板的箅孔过大,需要更换隔仓板或临时补焊,以维持到检修时间;如果是研磨体直径太小,需要停磨清理直径过小的研磨体。

3.1.6　磨机跳停

(1)现象:磨机跳停。

原因分析:磨机上方设备跳停。

处理方法:检查磨机上方设备跳停的原因,同时减小入磨冷风量和热风量,减小循环风量,减小磨尾排风量。

(2)现象:磨机跳停。

原因分析:磨机下方设备跳停。

处理方法:磨机下方设备跳停后,因联锁关系,磨机很快会跳停。这时必须立即止料,启动磨头、磨尾稀油站高压泵,以减小停磨时对减速机的磨损,待磨机停下来后,关闭磨机进口热风阀门,冷风阀门全开,循环风门关闭,磨尾排风机风门适当打开。

3.1.7 磨机压力异常

(1)现象:磨机入口压力增大。

原因分析:磨机进风量减少。

处理方法:减少磨机喂料量;增加主排风机的风量;减小循环风量。

(2)现象:磨机进出口压差大。

原因分析:循环风量减少。

处理方法:增加循环风阀门开度,即增加循环风量。

3.1.8 磨机温度异常

(1)现象:入磨气体温度正常,出磨气体温度很低。

原因分析:磨机密封部分损坏,漏气严重;入磨物料水分含量高。

处理方法:检查磨机密封部位,加强密封堵漏工作;降低入磨物料水分含量。

(2)现象:入磨气体温度正常,出磨气体的温度过高。

原因分析:入磨风温过高;入磨物料过少;入磨物料水分含量过低。

处理方法:适当开大入磨冷风阀门;适当增加入磨物料量;减小入磨热风量;降低入磨热风的温度。

3.2 选粉机的常见故障及其处理方法

(1)现象:生料细度过细。

原因分析:选粉机转速过高。

处理方法:降低选粉机转速。

(2)现象:生料细度过粗。

原因分析:选粉机转速过低。

处理方法:提高选粉机转速。

(3)现象:选粉机电流突然增大。

原因分析:选粉机传动轴承磨损严重,轴承铜套间隙过小;出磨物料中混入杂物,撒料盘下部出口处发生堵塞;立轴下端的紧固螺栓松动,撒料盘壳下降等。

处理方法:停机更换传动轴承;调整铜套间隙至合适间隙后再装配;清除杂物;拧紧立轴下端的紧固螺栓。

(4)现象:选粉机齿轮箱发热、冒烟。

原因分析:润滑油不足;润滑油变质;超负荷运行。

处理方法:补加润滑油;更换润滑油;控制磨机的产量。

(5)现象:选粉机风叶损坏、脱落。

原因分析:材质不良;叶片紧固螺栓松动;安装不正,产生偏斜误差。

处理方法:称重并对称安装叶片;调整安装位置,紧固松动螺栓;防止铁质杂质混入出磨物料中。

(6)现象:选粉机产生异常振动。

原因分析:叶片破损或掉落;主轴变形或轴承磨损过大或损坏;地脚紧固螺栓松动。

处理方法:更换或调整破损的叶片;更换主轴或轴承;拧紧地脚紧固螺栓。

(7)现象:入选粉机斜槽堵塞。

原因分析:物料中的粗颗粒多,流动性降低;斜槽帆布层有磨损漏洞;斜槽风机的风量不够。

处理方法:停止磨机喂料,磨机继续运转;关闭粗磨仓及细磨仓的冷、热风阀门;选粉机转速降至最低;增大循环风机的风量,风门开到 90%;增大磨内通风量,磨尾排风机的风门开到 90% 及以上。

3.3　提升机的常见故障及其处理方法

(1)现象:出磨提升机电流逐渐升高,磨机喂料量一定时,磨机主电动机电流缓慢降低,而出磨和进磨负压都无明显变化。

原因分析:磨机的循环负荷率增大。

处理方法:减小循环负荷率。根据磨机上一个小时出磨生料成品的细度来决定操作方法,若细度较细,则可以增加磨尾排风量,降低选粉机的转速,加大循环风机的风门开度;若细度较粗,则最有效的方法是降低磨机喂料量。

(2)现象:出磨提升机电流突然增高。

原因分析:出磨输送斜槽内透气帆布层出现磨损漏洞,引起斜槽内堵料。

处理方法:迅速止料,急停磨机,停出磨斜槽,关小磨尾排风机风门开度,关闭磨机粗磨仓及细磨仓的热风阀门,冷风阀门全开,循环风机风门适当打开,等斗式提升机内没有生料时再停斗式提升机、停选粉机,现场检查并更换斜槽帆布层。

(3)现象:入均化库的提升机电流突然上升。

原因分析:输送斜槽发生堵塞(其原因是斜槽透气帆布层出现磨损漏洞);增湿塔湿底,引起物料结球。

处理方法:如果是增湿塔湿底,则不需停磨,只需让现场岗位人员处理即可;如果是帆布层出现磨损漏洞,则必须急停磨机更换帆布层,将增湿塔回灰入窑处理。

3.4　中控和现场显示不一致的故障及其处理方法

(1)现象:中控显示饱磨,现场反馈正常。

原因分析:仪表故障或现场反馈滞后。

处理方法:现场只能定性反映磨况而不能量化参数,中控应检查风机的风门开度是否与喂料量相匹配,检查粗磨仓及细磨仓的进出口负压是否异常,检查主电动机电流变化的趋势,若磨机运行状态平稳,则说明磨机没有发生饱磨现象,不必进行操作参数的调整。

(2)现象:现场反馈饱磨,中控显示正常。

原因分析:除仪表故障的因素外,还与窑系统的运行状况有关,比如窑尾排风机的风门开度过大、窑的喂料量减少等。

处理方法:此种情况下,生料磨系统的负荷偏大,首先要减小窑尾排风机的风门开度,再按饱磨故障处理。

◇ 知识测试题

一、填空题

1. 中卸磨的常见故障有＿＿＿＿、＿＿＿＿、＿＿＿＿、＿＿＿＿、＿＿＿＿、＿＿＿＿等。

2. 选粉机的常见故障有＿＿＿＿、＿＿＿＿、＿＿＿＿、＿＿＿＿等。

3. 提升机的常见故障有＿＿＿＿、＿＿＿＿、＿＿＿＿等。

二、选择题

1. 中卸磨的常见故障有哪些,产生的原因分别是什么,如何处理?

2.选粉机的常见故障有哪些,产生的原因分别是什么,如何处理?

3.提升机的常见故障有哪些,产生的原因分别是什么,如何处理?

◇ 能力训练题

1.在中控仿真系统中处理中卸磨的常见故障。

2.在中控仿真系统中处理选粉机的常见故障。

3.在中控仿真系统中处理提升机的常见故障。

任务4　生料中卸磨系统的生产实践

任务描述　在真实或仿真生料中卸磨系统中实现开、停、运转和故障排除等操作。

能力目标　能在真实或仿真生料中卸磨系统中实现开、停、运转和故障排除等操作,实现生料制备系统中控操作理论与实践的有机结合。

知识目标　掌握生料中卸磨系统的操作技能。

现以 $\phi 4.6\ m \times (10.0\ m + 3.5\ m)$ 生料中卸磨为例,详细说明生料中卸磨的中控操作技能。

4.1　质量控制指标

(1)入磨石灰石粒度≤25 mm,合格率≥85%;水分含量≤1.0%,合格率≥80%。

(2)入磨黏土水分含量≤5.0%,合格率≥80%。

(3)出磨成品生料 KH =目标值±0.02,合格率≥75%。

(4)出磨成品生料 SM =目标值±0.10,合格率≥75%。

(5)出磨成品生料细度 S ≤16%,合格率≥85%。

4.2　生料磨操作员岗位职责

(1)遵守公司的厂规厂纪,工作积极主动,听从领导的指挥,保质保量完成生料制备任务。

(2)认真交接班,把本班运转和操作情况以及存在的问题以文字形式全部交给下班,做到交班详细、接班明确。

(3)及时、准确地填写运转和操作记录,按时填写工艺参数记录表,对开、停时间和原因要填写清楚。

(4)坚持合理操作,注意设备运转中各参数的变化并及时调整,在保证安全运转的前提下,力争优质高产。

(5)严格执行操作规程及作业指导书,保证和现场人员的联系畅通。

(6)负责记录表、记录纸、质量通知单的保管。

4.3　生料中卸磨的中控操作

4.3.1　开车前的准备工作

(1)确认岗位巡检工已经完成对设备各润滑点的检查,确保润滑油量、牌号、油压、油温等符合要求。

（2）确认岗位巡检工已经完成对设备冷却水的检查,确保冷却水畅通、流量合适、无渗漏现象。

（3）确认岗位巡检工已经确保设备内部清洁无杂物,已经关好检查孔、清扫孔,做好了各人孔门及外保温的密封。

（4）确认岗位巡检工已经完成对所有阀门及开关的检查,确保其位置及方向与中控室显示完全一致。

（5）确认现场仪表指示值正确,与中控室显示一致。

（6）确认岗位巡检工已经完成对磨机的衬板螺栓、磨门螺栓、电机地脚螺栓、传动连杆等易松动部位的检查。

（7）已经与窑操作员取得联系,确认窑的运行状况正常。

（8）确认巡检工已经调节选粉机导板开度和防风阀开度到适当角度。

（9）确认粉料阀开度已经调节到合适位置。

（10）确认岗位巡检工将系统全部设备的机旁按钮盒选择开关置于"集中"位置并锁定。

4.3.2　开车操作

（1）确认生料磨运行前的准备工作已经完成。

（2）确认窑煅烧系统正常运行。

（3）确认原料调配站已经进料。

（4）启动磨机稀油站组（冬季时通知巡检工提前 2h 加热稀油站,提前 30 min 开启稀油站）。

（5）启动调配站库顶收尘组。

（6）启动均化库库顶组。

（7）启动生料输送及入库组。

（8）启动循环风机组。

（9）进行暖磨操作。逐步提高进入磨机热风量的同时,相应提高出磨气体温度、磨尾入口的气体温度。各阀门的操作步骤如下:逐步加大磨机排风机进口阀门的开度,逐步加大热风管总阀的开度,逐步加大磨尾热风阀门的开度;将磨头、磨尾冷风阀门关到适当位置,使出磨气体温度不高于 100 ℃。磨头热风温度不高于 250 ℃,磨尾热风温度不高于 250 ℃,磨头负压为 200～400 Pa;磨尾负压为 1000～1200 Pa;当磨头热风温度达 100 ℃时减慢磨机转速;当磨机粗磨仓筒体温度达到 40 ℃及以上时,暖磨结束。

（10）启动磨机回料组。

（11）启动选粉机组。

（12）启动磨机组。

（13）启动入磨输送组。

4.3.3　主要操作控制参数

当磨机达到额定产量时,其主要操作控制参数是:

（1）磨尾热风温度:200～300 ℃;

（2）磨头热风温度:250～350 ℃;

（3）出磨气体温度:70～80 ℃;

（4）磨头负压:−700～−300 Pa;

（5）磨尾负压:−2000～−900 Pa;

（6）出磨负压:−2500～−1600 Pa;

（7）窑尾排风机出口负压:−1500～−1000 Pa;

（8）磨机台时产量:180～220 t/h。

4.3.4　正常生产时的操作要点

（1）喂料量过多

① 现象：磨头负压降低，磨中负压上升，选粉机出口负压上升，电耳信号降低，磨机电流降低，出磨提升机功率先升后降，现场磨音低沉发闷。

② 调整方法：先降低喂料量，逐步消除磨内积料，待磨头、磨尾压差恢复正常后，再逐步调整喂料量至正常水平。

（2）喂料量不足

① 现象：磨头负压上升，磨中负压下降，选粉机出口负压下降，电耳信号增大，磨机电流增大，出磨斗式提升机功率下降，现场磨音脆响。

② 调整方法：逐步增加喂料量，待参数恢复正常为止。

（3）烘干仓堵塞

① 现象：出磨斗式提升机功率下降，磨头负压下降，磨中负压上升，选粉机出口负压上升，电耳信号增大，现场磨音脆响。

② 调整方法：降低喂料量，增大磨机通风量，适当提高磨头风温，如果效果不明显则停止喂料，如果还没有明显改善，只有停磨进行检查和处理。

（4）细磨仓堵塞

① 现象：电耳信号降低，出磨斗式提升机功率下降，磨尾负压下降。

② 调整方法：调节分料阀，增加粗粉仓的回料粗粉分配比例，适当提高磨尾风温。

（5）生料水分含量偏高

① 现象：出磨生料成品细度变粗，水分含量高。

② 调整方法：减少喂料量，或提高入磨气体的温度。

（6）成品细度

如果出磨生料成品的细度不合格，则按下述方法进行调整：

① 调节选粉机的转速，正常生产条件下，转速加大，成品变细；转速减小，成品变粗。

② 调节选粉机转速仍达不到要求时，再考虑调节选粉机导板开度。减小导板开度，成品变细，反之则成品变粗。

③ 调节循环风机入口的阀门开度，正常生产条件下，加大循环风机入口阀门开度，成品变粗，反之则成品变细。

④ 调整喂料量。

⑤ 调整磨内钢球的级配。

（7）磨机轴瓦温度过高

检查供油系统是否堵塞，供油压力是否过小，润滑油中是否含水或其他杂质，入磨风温是否过高等，再根据检查结果采取相应的技术措施。

（8）磨机减速机油温过高

检查供油系统是否堵塞，供油压力是否过小，润滑油中是否含水或其他杂质，冷却水是否堵塞等，再根据检查结果采取相应的技术措施。

4.3.5　停车操作

（1）将喂料量设定为 0；在降低喂料量的同时逐步降低入磨气体温度及风量。各阀门的操作步骤如下：逐步加大磨头冷风阀门开度，逐步加大磨尾冷风阀开度，逐步减小磨头热风阀门开度，逐步减小磨尾热风阀阀门开度，逐步减小磨系统排风机进口阀门开度。

（2）确认磨机处于低负荷运转状态，比如出磨提升机功率下降、磨音信号增大、选粉机电流下降等。

（3）入磨输送组停车。

（4）原料调配站停止选料，通知化验室。

（5）调配站库顶组停车。

（6）停磨主电机，现场间隔慢转磨机。

（7）降低磨机循环风机进口阀门的开度，打开磨头、磨尾冷风阀门，关闭磨头热风阀门。

（8）入选粉机输送组停车。

（9）选粉机组停车。

（10）回料组停车。

（11）循环风机组停车。

（12）生料输送及入库组停车。

（13）均化库库顶组停车。

（14）磨机筒体温度接近环境温度时慢转停止，如短时间停磨，则不停磨机润滑系统，如长时间停磨，停润滑系统；磨机滑履轴承稀油站停车，磨机主轴承稀油站停车，磨机减速机稀油站停车，磨机主电机稀油站停车。

4.3.6　设备紧急停车操作

设备因负荷过大、温度过高、压力过大等原因均可能跳停，这是设备自我保护的一种方法。发生设备跳停前，操作屏幕上有报警显示，指示发生故障的设备，磨机操作员可根据生产实际状况，迅速判断发生故障的原因，采取正确的处理措施，以避免发生设备跳停事故。但是如果设备不停车，则很可能发展成更大的设备事故，造成更大的经济损失，这时磨机操作员就要采取紧急停车操作，使所有设备立即同时停车。

（1）生料输送及入库设备跳闸或现场停车，生料磨系统除磨排风机组、库顶收尘器组和稀油站组外都联锁停车。

处理方法：关闭进磨的热风阀门，打开磨头、磨尾的冷风阀门，将磨排风机进口阀门关小、循环风阀门开大、增湿塔出口阀门开大、喂料量设定为 0，对废气处理系统进行调整，选粉机转速设定为 0，减慢磨机转速，通知电气、仪表等相关人员进行检查处理。

（2）磨机或减速机的润滑油压过高或过低，造成润滑油泵跳闸或现场停车，磨机、入磨输送组联锁停车。

处理方法：关闭进磨的热风阀门，打开磨头、磨尾冷风阀门，关小磨排风机进口阀门，开大循环风阀门，开大增湿塔出口阀门，将喂料量设定为 0，对废气处理系统进行调整，对油泵和管路进行检查处理。

（3）磨机排风机因为润滑油的油压过高或过低跳闸或现场停车，磨机、入磨输送组联锁停车。

处理方法：关闭进磨的热风阀门，打开磨头、磨尾的冷风阀门，将磨排风机进口阀门关小、循环风管阀门开大、增湿塔出口阀门开大、喂料量设定为 0，对废气处理系统进行调整，关闭磨排风机进口阀门，减慢磨机转速，通知电气及仪表等相关人员进行检查处理。

（4）选粉机输送组任一台设备跳闸或现场停车。

处理方法：打开磨机、磨尾的冷风阀门，将磨排风机进口阀门关小、循环风管阀门开大、增湿塔出口阀门开大、喂料量设定为 0，对废气处理系统进行调整，通知电气及仪表等相关人员进行检查处理。

（5）选粉机因为速度失控跳闸或现场停车，磨排风机、入选粉机输送组、磨机及入磨输送组联锁停车。

处理方法：关闭进磨的热风阀门，打开磨头、磨尾的冷风阀门，将磨排风机进口阀门关小、循环风管阀门开大、增湿塔出口阀门开大，对废气处理系统进行调整，通知电气及仪表等相关人员进行检查处理。

(6)压力螺栓输送机跳闸或现场停车,磨排风机、选粉机及出磨输送组、磨机、入磨输送组联锁停车。

处理方法:关闭进磨的热风阀门,打开磨头、磨尾的冷风阀门,将磨排风机进口阀门关小、循环风管阀门开大、增湿塔出口阀门开大、喂料量设定为0,对废气处理系统进行调整,将选粉机转速设定为0,关闭磨排风机进口阀门、减慢磨机转速,通知电气及仪表等相关人员进行检查处理。

(7)入磨输送组中的入磨胶带机跳闸或现场停车。

处理方法:将喂料量设定为0,关闭磨头、磨尾的热风阀门,打开磨头、磨尾的冷风阀门,将磨排风机进口阀门关小、增湿塔出口阀门开大、循环风管阀门开大,对废气处理系统进行调整,通知电气及仪表等相关人员进行检查处理,必须在 10 min 内恢复入磨胶带机的运转,否则应停止磨机。

4.3.7　生产注意事项

(1)磨机不允许长时间空转,以免钢球损坏和砸坏衬板。一般在非饱和状况下应在 10 min 内喂入原料。

(2)当磨机主电机停车后,为避免磨机筒体冷却收缩,液圈与托瓦之间相对滑动而擦伤轴承合金面,应继续运行磨机轴承润滑装置和高压泵直至磨机筒体完全冷却,并通知磨机岗位巡检工慢转翻磨,防止磨机筒体变形,翻磨间隔一般是 20～30 min,每次转半圈。长时间停磨时,还需取出钢球。

(3)冬季停磨时,使用水冷却的设备在停止冷却水后,需要排空其腔体内的滞留水,必要时使用压缩空气吹干滞留水,以防冻裂管道。

(4)生料中卸磨在运转过程中,要保持原料供应的连续,定时观察原料调配站各储库的料位变化,及时补足进料,防止发生断料现象。

(5)烘干中卸磨原料的热风来自窑尾预热器的高温废气,若废气温度过高,设备受高温作用易变形、损坏,生产上可通过调节磨头冷风阀门、磨尾冷风阀门的开度来控制其温度不超过规定值,以保证设备安全运转。

❖ 知 识 测 试 题

1.生料中卸磨操作员的岗位职责是什么?

2.中卸磨开车前的准备工作有哪些?

3.中卸磨操作中的主要控制参数有哪些?

4.在中卸磨的操作过程中,遇到哪些情况需要紧急停车?

5.中卸磨操作中需要注意哪些事项?

❖ 能 力 训 练 题

1.编写生料中卸磨的作业指导书。

2.在仿真系统中操作生料中卸磨,使之能正常运行。

任务 5　生料立式磨系统的操作

任务描述　操作立式磨系统开车、停车;操作生料立式磨系统正常运行。

能力目标　能够利用仿真系统进行生料立式磨系统的开车、停车操作及正常运行操作。

知识目标　掌握生料中卸磨系统的开车、停车及正常运行操作等方面的理论知识。

5.1　立式磨系统开车、停车操作

5.1.1　立式磨系统开车前的准备

（1）检查系统联锁情况。

（2）开车前 1 h 通知巡检人员做好开车前的检查工作。

（3）通知变电站和化验室等相关人员准备开磨，并向化验室索取质量通知单。

（4）检查配料站各仓内的物料面位置，根据质量通知单确定物料的配合比。

（5）检查系统测量仪表是否显示正常。

（6）检查各风机的风门、阀门是否处于集中控制位置。

（7）将所有控制仪表由输出值调整到初始位置。

5.1.2　立式磨系统开车操作

（1）立式磨通风前必须先启动密封风机组，然后再开启废气处理及生料输出部分。

（2）在不影响窑操作的前提下，启动立式磨循环风机。启动前，先关闭进入磨机的热风风门、出口风门，全开旁路风门。

（3）启动生料均化库顶的袋式收尘器；启动生料入库设备。

（4）启动预热器后的收尘设备的粉尘输送设备；启动增湿塔的粉尘控制设备。

（5）窑运行时，电收尘器后的排风机风门开度适当大些，以保持窑用风的稳定。根据增湿塔的出口废气温度，适时调节增湿用水量，并通知巡检人员检查增湿设施有无"湿底"迹象。

（6）如果利用窑废气开磨，应打开热风风门、磨机出口风门，进行升温操作以完成生料烘干。此时可调节冷风风门、循环风风门、旁路风门以及热风风门等，达到控制磨机出口废气温度的目的。如果利用热风炉开磨，应确认高温风机出口风门关闭、磨机出口风门全开，通知巡检人员做好热风炉点火准备；调节热风炉燃料（煤粉）量、循环风风门及冷风风门控制磨机出口废气温度。

（7）启动立式磨润滑系统、选粉分级设备。

（8）在主电机所有联锁条件满足时，确认无其他主机设备启动情况下，启动立式磨主电机。

（9）磨机充分预热后，启动磨机喂料设备。

（10）为稳定操作，可适时开启立式磨机喷水泵。根据石灰石配料库的料位，适时启动收尘及石灰石输送系统，稳定原料的供应。

5.1.3　立式磨系统停车操作

（1）计划停车操作

立式磨系统的停车顺序与正常开车顺序相反。

（2）故障停车操作

故障停车就是在系统运行过程中因设备突然发生故障，比如电机过载跳闸、设备保护跳闸、误操作现场停车按钮等因素引发的部分或全部设备的联锁停车。这时的停车操作顺序如下：

① 停止喂料设备。

② 如停车时间较长，应通知现场人员停止向配料站及各仓进料。

③ 停止向磨内喷水的水泵。

④ 停止立式磨的主电机组。

⑤ 如利用窑尾废气开磨，应打开旁路风门及冷风风门，逐渐减小热风风量；如需进入磨机内检查，则应关闭热风风门及磨机出口风门；如利用热风炉作为烘干热源，则应停止热风炉。

5.1.4　立式磨开车、停车操作要点

（1）不同类型立式磨的开车

立式磨的启动方式主要分为两大类:一类配有防止磨辊与磨盘直接接触的限位装置,比如 HRM 型立式磨;另一类无此装置,要求开车准备工作较多,比如 MPS 型立式磨。

① MPS 型立式磨开车操作要点

MPS 型立式磨开车前需要进行布料、烘磨、抬辊等工作。

布料是指在磨盘上铺一定厚度料层的过程。应现场检查布料的厚度与均匀程度,应防止有过多细粉,如果发现料层过薄或有断料,需要重新布料。布料后系统温度较低时,可以同时烘磨、抬辊。

烘磨时热风阀不能开得过大,要防止升温过快、过热而造成磨机轴承和软连接损坏、润滑油变质等,必要时用冷风阀控制升温速度。

启动液压站后,采用中控操作抬辊时,如果发现三个反馈压力始终比设定值小,或者反馈电磁阀一直处于轮番动作,则表明中控操作抬辊条件不具备,需要现场操作抬辊。

在确认抬辊到位后,迅速检查各个设备的"备妥"状态、各组设备的联锁、进相机"退相"、辅传(辅助传动装置)脱开、三通阀打至入磨等细节。

待磨辊压力油站在油缸调整平衡,保持系统正常,并将其他条件全部准备完毕,待发出"允许启动"的信号后,方可进行启动操作。

如果因物料过干、过细,不易形成料层,主减速机启动后易跳停,此时应采用辅助电机启动,并用喷水的方法将料层压死,再启动主传(主传动装置)。

② HRM 型立式磨开车操作要点

HRM 型立式磨属于无压力框架结构的立式磨,拥有磨辊限位装置,可使开车操作简单化,只要启动润滑站,抬起磨辊,就可启动主电机,投料 30～60 s 后就可落辊。其中关键在于掌握落辊时机,落辊过早,物料少,不足以形成料层;落辊过迟,会使磨机内物料外排太多,损坏刮料板,或大块料堵塞喷嘴及下料溜子。

立式磨的启动时间应该越短越好,一旦主电机启动,就应该投入满负荷产量。为此,需要做好如下准备工作:辅机组启动时间应该控制在 60 s 以内,该组设备较多,包括相关的生料均化库的生料入库设备、生料输送设备、立式磨自身设备等。开启磨机辅助传动系统,与此同时,启动喷嘴泵喷入足够水量,将事先存在于磨内的物料碾成料垫,时间不能过长,此时调整风门,将进、出循环风机的风门开度打到 95%,关闭窑尾短路风门,让窑尾废气全部通过立式磨。一般在风门调整任务完成后,料层已经形成,大约需要 90 s。此时启动主电机,同时按理想产量,开启从配料站至立式磨的所有喂料设备。两项合计时间为 150 s。该启动方法不仅可靠,而且节电。

如果磨内下料锥斗的溜子出口离磨盘距离过大,会造成返回磨盘的粗料与上升的细粉物料碰撞,不利于磨机高产及节能;但如果出口距离磨盘过近,返料或喂料不易散入辊磨下方,也容易造成停磨。

(2)止料及停磨操作要点

在处理各种异常磨机状况时,都会遇到要求及时止料及停磨的情况,为了避免不应有的损失,磨机操作员应熟练掌握如下操作要点:

① 对于磨辊无限位装置的立式磨,当自配料站开始的喂料设备没有停止给料前,不能停下立式磨。在逐渐减料后,电流明显下降时,才可以停机。为了节省现场人员的操作工作量,中控磨机操作员可将喂料量调至最低点,此时配料站的调速给料机基本处于只有运行信号而不下料的状态。否则,要求现场人员关闭配料库下的棒条闸阀,待开车时再人工打开棒条闸阀。

② 有循环提升机外排翻板设计的立式磨在停磨前会有数吨待处理的外排物料。为了再启动时的方便与安全,应当减少外排物料量。为此,停磨前几分钟减少喂料量 5%～8%,并降低研磨压力,将外排翻板设置在"返回"位置,取消外排料,当入磨皮带上只剩吐料渣时,选择恰当时机提辊,并尽量在磨停前多磨一段时间,以磨空物料,少排吐渣。

③ 磨辊可以抬起的立式磨,当逐渐减料时要掌握抬辊时机,不可过晚,否则会引起振动。

④ 对于长时间停机或检修前的停机,首先要关闭热风阀,打开冷风阀,然后关停循环风机,并对磨机液压站进行卸压。

⑤ 因故障停磨时,如果窑尾废气未被用于发电,就要考虑窑废气对窑尾收尘器的安全性的影响及粉尘排放超标的可能,应尽早调整增湿条件。如果有余热发电,立式磨停机时掺入的窑灰温度会直接威胁生料入库胶带提升机的胶带的寿命,因此应设置窑灰仓储存,使窑灰既可用作水泥混合材,又可在立式磨开车时与生料同时均匀入库。

(3)立式磨开车、停车的联锁设计

在设计开车、停车程序时,要注意修正一般电气自动化原则,即开机顺序与停车顺序并非完全可逆,联锁关系要根据需要进行调整。如 HRM 型磨的开车顺序为:减速机润滑站、液压站抬辊、磨内选粉机、风机、喂料阀、三通阀、金属探测器、除铁器、入磨喂料皮带、外循环提升机、立式磨主电机、配料皮带秤、液压站落辊。而正常的停车顺序为:配料皮带秤、立式磨主电机、磨内选粉机、液压站抬辊、减速机润滑站。紧急停车顺序为:立式磨主电机、配料皮带秤、液压站抬辊、磨内选粉机、减速机润滑站。

5.2　立式磨的正常操作

5.2.1　立式磨系统正常运行时的操作要点

(1)稳定的料层

立式磨稳定运转的一个重要因素是料层稳定。料层稳定,风量、风压和喂料量才能稳定,否则就要通过调节风量和喂料量来维持一定的料层厚度。若调节不及时就会引起磨机振动加剧,电机负荷上升或系统跳停等问题。理论上讲,料层厚度应为磨辊直径的 20%±2%,实际生产中经磨辊压实后的料层厚度为 40～50 mm。最佳料层厚度主要取决于入磨物料的性质,比如含水率、粒度、粒径分布和易磨性等。可通过调试挡料圈的高度,找到最佳的料层厚度。而在挡料圈高度一定的条件下,稳定料层的重要条件之一是喂料粒度及粒度级配。平均粒径太小或细粉太多,料层将变薄;平均粒径太大或大块物料太多时料层将变厚,磨机负荷率上升。可通过调整喷水量、研磨压力、循环风量和选粉机转数等参数来稳定料层。喷水是形成坚实料层的前提,适当的研磨压力是保持料层稳定的条件,磨内通风是保证生料细度和水分含量合格的手段,比如辊压力加大,产生的细粉多,料层变薄;辊压力减小,产生的细粉少,相应返回的粗料多,料层变厚。

(2)适宜的辊压力

立式磨是借助于对料层进行高压粉碎来粉磨的,辊压力增加则产量增加,但达到某一临界值后,再增加辊压力,产量的变化不大。辊压力要与产量、能耗相适应,辊压力的大小取决于物料性质以及喂料量,正常生产时,辊压力一般是最大限压的 70%～90%。

(3)合理的风速

立式磨系统主要靠气流带动物料循环,合理的风速可以形成较好的内部循环,使盘上料层适当、稳定,有利于提高粉磨效率。在生产过程中,当风环面积确定时,风速由风量决定,合理的风量应和喂料量相匹配,比如喂料量增加,则风量应该增加;相反,喂料量减少,则风量也应该减少。立式磨系统风环处的风速一般控制在 60～90 m/s;磨内风量可在 70%～100% 范围内调整,但窑磨串联系统应不影响窑系统的操作。

(4)适宜的出磨气体温度

立式磨是烘干兼粉磨设备,出磨气体温度是衡量烘干是否正常的综合指标。出磨气体温度是可以变化的,主要看出磨产品的水分含量能否保证不大于 0.5%。出磨温度由入口温度和喷水量控制。喷水量过多,会形成料饼,导致磨内工况恶化;喷水量过少,料层不稳定,振动加剧;当喂料量和风量一定时,喷水量可稳定在最低值。正常生产时,出磨气体温度一般控制在 80～90 ℃。

(5)合理的振动值

　　振动是立式磨运转中普遍存在的问题,合理的振动是允许的,若振动过大,则会造成磨盘和磨辊的机械损伤,以及附属设备和测量仪器毁坏。料层厚薄不均、不稳定是产生振动的主要原因,其他还有磨内有大块金属物体、研磨压力太大、耐磨件损坏、储能器充气压力不足、磨通风量不足等原因。正常生产时,立式磨的振动值控制在 $2\sim4$ mm/s 比较合适。

　　(6)适宜的磨机压差

　　磨机的压差主要由磨机的喂料量、通风量、出口温度等因素决定,在压差变化时,应先看喂料量是否稳定,再看磨机入口气体温度的变化情况。

　　若入磨负压过低,则磨内通风阻力大,通风量小,磨内存料多;若入磨负压过大,则磨内通风阻力小,通风量较大,磨内存料少。调节入磨负压时,如果入磨物料量、各检测点压力、选粉机转速正常,入磨负压在正常范围内变化,则通常调节磨内存料量,或根据磨内存料量调节系统排风机入口阀门开度,使入磨负压控制在正常范围内。若压差过大,说明磨内阻力大,内循环量大,此时应采取减料措施,加大通风量,加大喷水量,稳定料层,也可暂时减小选粉机转速,使积于磨内的细粉排出磨外,待压差恢复正常后,再适当恢复各参数。若压差过小,说明磨内物料太少,研磨层会很快削薄,引起振动增大,因此应马上加料,增加喷水量,使之形成稳定料层。

5.2.2　立式磨的操作原则

　　(1)在各专业人员及现场巡检人员的密切配合下,根据入磨物料的粒度及水分含量、磨机压差、磨机出口及入口气体温度、系统排风量等参数的变化情况及时调整磨机的喂料量和相关风机的风门开度,努力提高粉磨效率,使立式磨平稳运行。

　　(2)树立"安全、优质、高产、低耗"的生产观念,充分利用计量检测仪表、计算机等先进科技手段,实现最优化操作。

5.2.3　立式磨的主要控制参数

　　以产量为 400 t/h 的 MPS 型生料立式磨为例,其主要的控制参数如表 7.4 所列,其中 1~7 为调节参数,8~15 为检测参数。

表 7.4　生料立式磨的主要控制参数

序号	参数性质	操作参数	正常生产控制值	备注
1	调节参数	喂料量	$410\sim450$ t/h	控制料层厚度
2	调节参数	磨辊压力	$10\sim15$ MPa	控制粉磨效率
3	调节参数	冷风阀	10%~50%	调节入磨风温、风量
4	调节参数	选粉机风叶转速	$800\sim1400$ r/min	控制细度
5	调节参数	热风阀	50%~90%	调节入磨风温、风量
6	调节参数	循环风阀	50%~90%	调节入磨风温、风量
7	调节参数	喷水阀门	30%~70%	控制喷水量
8	检测参数	出磨风温	$80\sim95$ ℃	反映通风量、物料水分含量
9	检测参数	细度	$R_{80}\leqslant15\%$	
10	检测参数	水分含量	$\leqslant0.5\%\sim1.0\%$	
11	检测参数	入磨风温	$180\sim210$ ℃	
12	检测参数	振动值	$\leqslant1\sim3$ min/s	反映料层情况
13	检测参数	磨内压差	$5500\sim6500$ Pa	反映磨内通风阻力
14	检测参数	料层厚度	$D\times2\%\pm20$ mm（D 为辊径）	控制料层厚度的理论依据
15	检测参数	喷水量	$10\sim15$ t/h	控制料层厚度、出磨风温

　　检测参数反映生料立式磨的运行状态，调节参数控制立式磨的运行状态，它们之间的变化关系如表 7.5 所列。

表 7.5　立式磨调节参数和检测参数对应变化表

检测参数	调节参数						
	喂料量（个）	入磨气体流量（个）	入磨气体温度（个）	选粉机转速（个）	喷水阀门（个）	磨辊压力（个）	挡料环高度（个）
气体流量（m³/h）	↓	↑	↓	→	→	→	→
磨机台时能力（t/h）	↑	↑	→	↓	↑	↑	↑
磨机压差（MPa）	↑	↑	↓	↑	↑	↑	↑
成品细度（%）	↓	↓	→	↑	→	↑	↓
循环负荷率（%）	↑	↑	→	↑	↑	↑	↑
排渣量（t/h）	↑	↑	↓	↑	↓	↓	↓
选粉机电流（A）	↑	↑	↓	↑	↓	↓	↑
出口温度（℃）	↓	↓	↑	→	↓	→	→
进口压力（MPa）	↓	↑	↓	↓	↑	↑	↑
出口压力（MPa）	↑	↑	↑	↑	↑	↓	↑
磨机电流（A）	↑	↑	↓	↑	↑	↑	↑
磨风机电流（A）	↑	↑	↓	→	↑	↑	↑

　　注：↑表示增加；↓表示下降；→表示不变。

5.2.4　立式磨正常操作控制

　　（1）根据原料水分含量及易磨性正确调整喂料量及热风风门，控制喂料量与系统用风量的平衡。加大喂料量的幅度可根据磨机振动、出口温度、磨机压差及吐渣量等因素决定，在增加喂料量的同时，调节各风门开度，保证磨机出口温度。

　　（2）减小磨机振动，力求运行平衡。在进行生产操作控制时，应注意喂料平衡，每次加减幅度要小，防止磨机断料或来料不均匀，如已发生断料，应立即按故障停车；注意用风平稳，每次风机风门调整幅度要小。

　　（3）严格控制磨机出口及入口温度。磨机出口温度一般控制在 80～90℃ 之间，可通过调整喂料量、热风风门和冷风风门控制；升温要求平稳，冷态升温烘烤大约 60 min，热态烘烤大约 30 min。

　　（4）控制磨机压差。磨机的压差主要由磨机的喂料量、通风量、磨机的出口温度等因素决定的，在压差变化时，先看喂料量是否稳定，再看磨机入口气体温度的变化。

　　入磨负压过低，磨内通风阻力大，通风量小，磨内存料多；入磨负压过大，磨内通风阻力小，通风量较大，磨内存料少。调节负压时，入磨物料量、各检测点压力、选粉机转速正常时，入磨负压在正常范围内变化，通常调节磨内存料量，或根据磨内存料量调节系统排风机入口阀门开度，使入磨负压控制在正常范围。若压差过大，说明磨内阻力大，内循环量大，此时应采取减料措施，加大通风量，加大喷水，稳定料层，也可暂时减小选粉机转速，使积于磨内的细粉排出磨外，待压差恢复正常，再适当恢复各参数。若压差过小，说明磨内物料太少，研磨层会很快削薄，引起振动增大，因此应马上加料，增加喷水量，使之形成稳定料层。

　　（5）质量控制指标。化学成分由 X 荧光分析仪完成检测，如和目标值有偏差，DCS 系统将自动调整相应组分的皮带秤，调节其化学组分值。通过调节热风风门、冷风风门及喷水量，控制入磨物料的水分含量。通过调节选粉机的转速和磨机通风量,控制生料成品的细度。提高选粉机的转速,生料成品的细度变细;增加磨机通风量,生料成品的细度变粗。

注意观察系统漏风状况,在系统总风量一定的情况下,系统漏风使喷嘴风环处的风速降低,导致吐渣量增大。

5.2.5 立式磨的安全操作

立式磨的各项操作方法中涉及的设备安全环节主要如下:

(1)减速机各轴承测点温度应在规定范围内。

(2)配有密封风机的立磨,风机电流应保持正常,风压不得低于规定值。磨辊回油管真空度、油温均为正常合理范围,定期检查回油管油质中是否含有金属粉末。

(3)支架中心会由于振动和磨损发生偏移,同时扭力杆和拉力杆发生错位,此时对拉力杆产生扭矩,磨机振动加剧,严重损害液压缸及底盘基础,拉力杆及拉力杆螺栓易断。此时应尽快停磨,测量辊磨两侧空气密封的间隙是否相同,并找正。

(4)发现氮气囊破损或压力不足时,应即刻检查原因,停机更换或补气。

(5)当高压油泵频繁动作、液压油温升高时,应检查液压缸是否漏油或蓄能器单向阀的阀柄是否断裂,并停磨修复。若发现液压缸有内漏现象,应及时更换密封或修复相关部位。

(6)当立磨主电机电流、排风机与选粉机电流、磨辊压力、外排提升机电流等负荷超过额定值时,均应检查原因,如果采取措施后不能改变,则应迅速停机。

(7)防止并清除金属异物入磨,尤其粉磨矿渣等细小粒径原料时,需数道关口严防死守。

5.3 立式磨系统的优化操作

(1)调整喂料量

① 调整入磨物料的水分含量。生产实践证明,当物料平均水分含量超过磨机的烘干能力时,物料会黏结在辊道上结皮,形成牢固的缓冲层,从而降低粉磨效率。入磨物料水分含量应严格控制在12%以内。

② 控制入磨物料的粒度。如果入磨物料粒度过大,为了生产细度合格的生料,必然会加大其循环负荷率,从而降低磨机产量。只有粒度适中的物料,才能提高磨机的产量。

③ 根据磨机负荷率,调整喂料量。为充分发挥磨机的生产能力,可根据磨机的功率或电流的变化,及时调整磨机的喂料量,使磨机达到较高的产量。如果磨机功率过大,说明磨内物料过多,此时在磨辊和磨道之间会形成缓冲垫层,从而减弱碾磨能力,或者是物料粒度过大、物料水分含量过大而未及时调整喂料量,所以磨机操作员可根据磨机的功率或电流的变化情况,适当增加或减少喂料量,使磨机处于最佳工作状态。

(2)调整循环量

磨机生产稳定后,一般不宜随意改动循环量,以免影响系统的稳定,只有重新配料或物料粒度发生变化时,才调整循环量。

由于回料与喂料同时入磨粉磨,因此要保证磨机运行稳定,必须稳定循环量。生产中一般用循环提升机电流的大小来判断回料量的大小。当提升机电流升高或下降时,应分析其变化的原因,相应对循环量作调整,使提升机电流稳定在适当的范围内。

根据生料碳酸钙滴定值(KH)的变化情况调整喂料量,生料中 KH 的高低主要取决于混合原料中的石灰石的数量和质量。生料中石灰石的数量越多,其 KH 值也越高,反之则越低。

通过观察磨头的闭路监控电视,随时注意来料的水分含量、粒度等的骤然变化,及时调整喂料量,保持喂料的均匀性。

为了防止喂料时发生堵塞现象,要定时、定期检查并清理各储仓的喂料口,启动各储仓锥部装有的空气炮,随时振打黏附的物料。

（3）调整热风的平衡

立式磨是风扫磨中的一种,只有在烘干能力与粉磨能力达到动态平衡时,才能实现系统的稳定,故必须根据生产实际状况,正确、及时调整热风量,以满足粉磨对烘干的要求。

调整热风的平衡包括两个方面,一是热风温度,二是热风量。入磨热风的温度越高,风量越大,烘干越快。但温度过高,会使磨辊的轴承及其他设备的温度上升过高,从而使其部件变形或损坏,同时风速过快会加速设备的磨损。故调整热风的原则是:在保证设备安全的前提下,应达到较快的烘干速度,使磨机的粉磨能力与烘干能力相平衡,努力降低热耗。

保持磨机良好的密封是提高烘干能力的重要因素。由于整个粉磨系统处于较高的负压状态,如果密封较差,就会漏入大量冷空气,从而降低系统风速并相应增加电耗,所以要经常检查喂料和排渣溜管的锁风装置是否正常。

做好通风管道的保温工作,可以有效防止收尘设备"结露",防止因粉料黏附在管道内壁而使系统阻力增加。

（4）调整研磨压力

立式磨是靠磨辊对物料的碾压作用,将物料粉磨成细粉。研磨压力的大小,直接影响磨机的产量和设备性能。若研磨压力太小,则不能碾碎物料、粉磨效率低、产量小、吐渣量也大。研磨压力大则产量高,主电机功率消耗也增大。因此确定研磨压力的大小,既要考虑物料的性能,又要考虑单位产品电耗、磨耗等诸多因素。

当磨机电流增加、循环量增加、压差过大、料层过厚时,可适当增加研磨压力,反之亦然。立式磨的液压系统允许大范围地调整压力,以适应实际生产条件下所需的粉磨能力。

（5）控制产品细度

生料细度越细,越有利于熟料的煅烧,但同时会使生料磨机的产量降低,增加生料电耗和成本。故生料细度一般控制在 16%（0.080 mm 方孔筛筛余）左右。控制好生料细度,要从碾磨压力、选粉机、喂料量和入磨热风 4 个方面考虑。

立式磨粉磨需要适当的研磨压力。当研磨压力过大时,会引起磨机的振动;当研磨压力过小时,又会造成料层过厚,从而降低粉磨效率,成品变粗。生产上可以根据成品细度的大小适当调整研磨压力。

在粉磨条件不变的情况下,成品细度的大小主要取决于选粉机转子的转速,转子的转速高,成品就细;转子的转速低,成品就粗。如果通过对转子转速的调节,仍不能达到细度指标的要求,就要调整热风量。减少入磨热风量,降低物料的流速,成品就变细,反之则变粗。

（6）调整挡料环高度

通过调整挡料环的高度可以控制料层厚度,在相同的通风量及研磨压力条件下,挡料环的高度越大,料层越厚。当磨盘衬板严重磨损后,就要及时调低挡料环高度,以维持原来要求的料层厚度。

（7）调整喷口环的通风面积

喷口环通风面积是指沿气流正交方向的有效通风截面面积。喷口环通风面积与物料吐渣量、风速、通风设备的功耗有直接关系,喷口环通风面积越小,则吐渣量越少、风速越大、风机功耗越大。ATOX 立式磨喷口环气体风速通常控制在 35～50 m/s;MLS 立式磨喷口环气体风速通常控制在 50～80 m/s。正常生产条件下,喷口环气体风速越高,落入喷口环的物料越少,循环量降低。

（8）调整选粉机导向叶片的倾角

导向叶片的倾角越大,风速越大,气流进入选粉机内产生的旋流越强烈,越有利于物料粗细颗粒的有效分离,产品细度越细,通风阻力也越大。因此,调整选粉机导向叶片的倾角是调整细度的辅助措施。MLS 和 MPS 型立式磨需要在停机检修时,由设备维修人员配合工艺人员入磨进行调整;ATOX 和 RM 立式磨则可在立式磨运转时,由工艺人员、巡检人员从立式磨顶部完成调整。调整时要特别注意叶片倾斜方向应顺着进入选粉机的气流流向。

（9）调整喂料溜槽磨内段节的斜度

RM立式磨喂料溜槽在磨内有一悬臂段节，该段节的斜度可调。当入磨物料的物料粒度、湿度、自然堆积角等发生变化时，可在停磨检修时进入磨内调整段节斜度。段节斜度越大，物料流入越顺畅，有利于喂料的连续性，但斜度过大，溜槽易磨损。调整时要特别注意段节斜度以略大于物料自然堆积角为宜。

（10）稳定的压差

在喂料量、研磨压力及系统风量不变的前提下，磨内压差增大时，主电机负荷增大，内循环量增大，外循环量减小，提升机负荷率减小，导致系统风量极不稳定，塌料振停的可能性增大。此时应适当降低喂料量，在生料成品细度合格的前提下降低选粉机转速，并加大系统风机的抽力；磨内压差降低时，说明磨机料层变薄，容易产生振动，此时应检查系统风量及配料站下料是否有故障，如果有故障需要迅速排除。

磨机压差的大小不只取决于排风能力，还取决于喷口环的开度及气流方向。喷口环的开度大，喷口风速小，立磨外循环量增加，此时磨内的压差明显下降，磨机主电机的负荷变小。同时，喷口环的气流方向直接影响粉碎后的成品在立磨上方选粉区的数量，因此必须调整喷口环的方向以求该区细粉的最大化。

除此之外，还要防止系统漏风，喂料锁风阀及外旋风筒锁风阀的密封是提高产量不可缺少的条件。特别是回转锁风阀容易卡料、堵料，或由于摩擦联轴器的打滑使磨机频繁跳停。于是有些水泥企业干脆将锁风阀取消，或增设了旁路溜子，其结果是磨机总排风能力大大减弱，如果不减产，就要增大风机风门的开度，增加粉磨电耗。

（11）合理的料层厚度

① 适宜的料层厚度是实现高产的必要前提。而影响料层厚度的因素有很多，比如辊压、排风风压、挡料环的高度等。料层过薄时，磨机会产生振动；但料层过厚时，磨盘上存有一层硬料饼，磨辊与磨盘的碾压面也不光亮，磨机的主电机电流增大，研磨效率明显降低。

正常生产时，对于不同性质的物料，应该有不同的料层厚度。干而细、流动性好的物料不易形成稳定料层，影响粉磨效率。所以要找到合理的料层厚度，其操作原则如下：喂料量不能过于偏离额定产量，尤其开始喂料时不要偏低；喂料中过粉碎的细粉不要太多，排风量与选粉效率能满足产量与细度要求，使回到磨盘上的粗粉中很少有细粉；严格控制漏风量；磨辊压力适中，保持立磨溢出料量不要过大，要注意液压系统的刚性大小，当储能器不起作用时，要适当降低蓄能器的充气压力；挡料环的高度不宜过低，一般为磨盘直径的3%，生产中还要不断摸索与磨辊磨损量适宜的合理高度；物料过干或过湿都会破坏稳定的料层，所以，要控制好喷水量及进入磨机的热风温度。

② 适宜的料层厚度是保证立磨稳定运行的前提条件。磨盘上的料层稳定与喂料角度及位置有关，因为随着喂料量的提高和物料的配比、水分含量等因素的变化，物料在磨盘上的落点就不一定会在磨盘中心。为此，要求调整好入磨的下料溜子角度。确保物料落在磨盘中心位置，使物料在离心力作用下能均匀进入辊道下粉碎；并调整磨盘上方两侧的刮板，使其起到刮平料层的作用，磨盘上的料层稳定还受喷水量及喷水方式的影响，磨内喷水一定要有电动阀门控制，甚至在每个支管上也要装有电动阀门，保证喷水位置合适、流量均匀，并且是雾化水。

（12）合理的吐渣量

对于正常运行的立式磨，吐渣量可以反映其运行参数的平衡状态。在磨辊与磨盘间隙、磨盘与通风环间隙合理的条件下，如果吐渣量过大，说明磨机已有不正常的险患因素存在，或系统排风量不足，或磨辊压力不足，或喂料量过多，或喂料粒度过大，或原料含杂质过多，或辊盘磨损严重等。如果吐渣量越来越大，则说明吐渣本身已经严重影响磨机的通风量，造成进风口水平处的风速过低，积料过多，导致立式磨通风更加不畅,进一步加剧了吐渣量。如果吐渣量过小,说明喂料量不足,或喂料粒度偏细,此时设备提产还有潜力可挖。

为了控制立式磨的吐渣量,应该采取以下技术措施:

① 为了保证吐渣量不能过大,开磨前应该检查并调整磨辊与磨盘、磨盘与通风环的间隙。磨辊与磨盘的间隙保持在 5～10 mm,大于该尺寸的石块和金属从磨盘打落到强制鼓入的热风系统中,并被回转刮板通过能锁住漏风的溜子刮出。如果吐渣量大于磨机喂料量的 2%,可能是由于磨辊与磨盘的间隙已大于 15 mm。磨盘与通风环的间隙不应超过 10 mm,否则穿过通风环所需要的气流速度就要大于 25 m/s。

② 正确控制磨机总排风量与功率、磨辊压力及磨盘挡料环高度。如果排风量大、挡料环高度较高,磨盘上的料层偏薄,其中大部分受负压作用在磨机内循环,不会成为溢出料,使溢出的物料量变小。此时,可降低磨盘挡料环高度,或暂时减少排风量,或对磨辊压力进行调整。反之,如果排风量小,挡料环高度较低,磨机内循环负荷会很低,此时如喂料量不变,吐渣量将加大,导致磨机粉磨效率大幅度降低。如果磨损或挤坏了部分挡料环,溢出料会周期性变大,此时只有利用停车机会抓紧修理或更换。

③ 正确掌握磨辊与磨盘的磨耗规律,一般情况下,磨辊磨损比磨盘快,两者的磨损量之比约为 3∶2;对于磨损后的旧辊,其产量比新磨辊要减少约 10%。

④ 磨内喷水能够改善较干、较细物料的料层厚度,减少吐渣量。

⑤ 使用自动化专家控制系统,不仅能优化磨机操作,避免误操作,而且能稳定料层厚度,减小磨机振动,提高产量。没有使用专家控制系统时,磨机加料时会引起剧烈的振动,难以继续运行;使用专家控制系统后,开始是减少喂料,以降低磨盘上的料层厚度,增加粉磨压力,使振动降低,然后产量便很快提高上去,并保持稳定。

◈ 知识测试题

一、填空题

1. _____是衡量烘干作业是否正常的综合性指标。

2. _____反映了磨盘上料层的厚度。

3. 物料的硬度大、粒度大,研磨压力_____;相反_____,则_____。

4. 在正常生产中,靠_____调节控制粉磨细度。

5. 对于立式磨来说,常通过调节_____阀门的开度、磨内_____,控制出磨气体温度在_____。

二、选择题

1. 向生料立式磨内喷水的目的是(   )。

A. 稳定料床   B. 降低风温   C. 稳定喂料量

2. 立式磨操作中要求(   )之间平衡。

A. 喂料量、负压、温度   B. 通风量、压差、料层厚度

C. 压差、温度、研磨压力   D. 通风量、喂料量、研磨压力

3. 立式磨出磨物料细度过粗的调整方法(   )。

A. 提高选粉机转速,减少通风量,减小研磨压力

B. 降低选粉机转速,减少通风量,减小研磨压力

C. 提高选粉机转速,增大通风量,减小研磨压力

D. 提高选粉机转速,减少通风量,增大研磨压力

4. 磨内压差过大,喂料量应酌情( )。

A. 减少　　　　　　B. 增加　　　　　　C. 维持

5. 选粉机转速加快,立式磨产品( )。

A. 变粗　　　　　　　B. 变细

三、判断题

1. 立式磨操作关键是稳定料床。( )

2. 立式磨开车和停车时,磨盘上应无料。( )

3. 立式磨的吐渣量越小越好。( )

4. 磨机出入口压差大反映磨机内物料过多。( )

5. 料层厚,磨机振动就会小。( )

6. 立式磨不需要采用助磨剂。( )

四、简答题

1. 在磨机正常运转条件下,为确保辊式磨连续、稳定运行,需要控制哪些工艺参数?

2. 若磨内压差偏小,对粉磨过程有何影响?

3. 出磨气体温度过高会导致什么后果?

4. 试分析通风量的变化对粉磨过程的影响。

5. 磨机辊压增大,产品粒度变小、产量增加,但事实证明辊压不能无限增大,请说明原因。

◈ **能力训练题**

1. 绘制立式磨系统工艺流程图。

2. 在仿真系统中对立式磨系统进行开车、停车操作。

3. 在仿真系统中操作立式磨系统并正常运行。

任务6　生料立式磨系统的常见故障及其处理方法

任务描述　处理生料立式磨系统的常见故障。

能力目标　能分析、判断生料立式磨系统常见故障产生的原因并能进行处理。

知识目标　掌握生料立式磨系统常见故障的原因及处理方法。

6.1　磨机的常见故障及其处理方法

6.1.1　磨机异常振动

(1)测振仪失灵

测振仪紧固螺栓经常发生松动现象,这时中控操作画面显示的参数均无异常,现场也没有振感。处理时只需要重新拧紧紧固螺栓即可,预防发生此类故障要求平时巡检时多注意紧固螺栓,并保持测振仪清洁。

(2)辊皮松动及衬板松动

辊皮松动时的振动一般很有规律,因磨辊直径比磨盘直径小,所以表现为磨盘转动不到一周,振动便出现一次,再加上现场的声音辨认,便可判断是哪一辊出现辊皮松动。衬板松动时的振动一般表现为振动连续不断,现场可感觉到磨盘每转动一周便出现三次振动。当发现辊皮和衬板松动时,必须立即停磨,进磨详细检查并处理,否则当其脱落时,将造成严重的事故。

(3)液压站 N_2 囊的预加压力不平衡

当 N_2 囊的预加压力不平衡时,各拉杆的缓冲力不同,使磨机产生振动。预加压力过高、过低均会使缓冲能力减弱,也易使磨机振动偏大。所以每个 N_2 囊的预加压力要严格按设定值给定并定期检查,防止因为漏油、漏气而造成压力不平衡。

(4)磨机喂料量不稳定

磨机喂料量过多,会造成磨内物料过多,磨机工况恶化,很容易瞬间发生振动跳停。若磨机喂料量过少,则磨内物料过少,形成的料层薄,磨盘与磨辊之间物料的缓冲能力不足,易产生振动。处理方法是均匀喂料,保持喂料量稳定。

(5)系统风量不足或不稳

使用窑尾废气作为烘干热源的立式磨,要求窑、磨操作一体化,磨机操作会影响窑,同时窑操作也会影响磨。有时窑热工制度不稳定,高温风机过来的风量波动很大,同时也伴随着风温变化,使磨机工况不稳定,容易产生振动。这时可通过调整冷风和循环风阀门的开度,保持磨机入口负压稳定,并尽力保持磨机出口废气温度稳定,以避免磨机产生振动,使磨机正常运转。

(6)研磨压力过大或过小

当喂料量一定时,研磨压力过大,会使研磨能力大于实际生产能力,形成磨空,产生振动;相反研磨压力过小会造成磨内物料过多,产生大的振动。处理方法是根据生产实践经验,保持适当的研磨压力,使研磨压力处于最佳的控制范围,避免产生异常振动。

(7)选粉机转速过高

选粉机转速过高,粗粉回料增多,磨内细粉增多,容易产生过粉磨现象,过多的细粉不能形成结实的料层,磨辊"吃"料较深,易产生振动。处理方法是降低选粉机转速,增大入磨物料的粒度。

(8)入磨气体温度过高或过低

如果入磨气体温度骤然发生变化,会使磨机工况发生变化。入磨气体温度过高会使磨盘上料层不易形成;过低则不能烘干物料,易造成喷口环堵塞等,且料层变厚,磨机易产生异常振动。处理方法是通过调整磨内喷水量、增湿塔喷水量,或掺冷风、循环风,稳定磨机入口及出口的废气温度。

(9)出磨气体温度骤然变化

立式磨一般都是露天安装的,环境对其影响非常大,当下暴雨时,磨机本体和管道的温度骤然下降,磨机出口废气温度瞬间降低,这时极易造成磨机跳停。处理方法是减少喂料量,减小冷风风门的开度,提高出磨气体的温度。

如果出磨废气温度过高,易出现空磨,物料在磨盘上形成不了结实的料层,也容易产生异常振动。处理方法是降低入磨热风温度、增大冷风风门的开度、增加磨内喷水量、增加喂料量等。

(10)喷口环严重堵塞

入磨物料十分潮湿并且掺有大量的大块物料;磨机系统风量不足、喂料量过多、风速不稳定等因素都会出现喷口环堵塞现象。堵塞严重时,磨盘四周风速、风量不均匀,磨盘上不能形成稳定的料层,容易产生较大的振动。这时需要停磨清理堵塞的物料,再次开磨时要注意减少大块物料入磨,操作时可适当增加系统风量、减少喂料量,同时保持磨机工况稳定,防止再次发生喷口环堵塞。

(11)入磨锁风阀环堵及漏风

当入磨锁风阀发生环堵时,无物料入磨,则形成空磨,因而会产生较大的振动,处理方法是清理锁风阀环堵的物料。当入磨锁风阀漏风时,磨盘上形成的料层非常不平整,因而会产生较大的振动。处理方法是修理漏风的锁风阀,平时注意保养锁风阀,保证其锁风效果良好。

(12)异物或大块的影响

平时要注意磨内各螺栓是否松动,各螺栓处是否脱掉,包括锁风阀。实际生产中曾出现三道锁风阀壁板脱落而引起磨机振动。当发现大铁块在磨内时,应及时停磨去除,即使它不引起振动跳停,也会对磨机造成伤害,例如对挡板的损坏,池州 1# 磨曾出现过此现象,因为磨机产能大,一般铁块不容易发现,最后破坏了挡板才知道。大块料入磨,除了可能堵喷口环外,还有可能打到磨辊,产生振动,所以要杜绝大块料入磨。

6.1.2　磨机堵料

当发现磨机主电流逐渐升高或明显变化、吐渣量明显增加、振动加剧时,应警惕发生"饱磨"现象,为确定导致"饱磨"的原因,可以从以下几个方面逐项排查。

(1)观察外循环量的变化情况

① 当外循环提升机的电流突然上升时,有可能是挡料环局部脱落,磨盘上挤出一部分料;或者喷口环上的某些盖板脱落,通风横断面积突然增大,风速降低;或者选粉机叶片脱落、联轴器发生故障,降低了选粉效率,并使磨机振动加剧;或者液压系统使磨辊加压困难或难以保持。这些突然发生的机械故障都可以导致外循环量突然增加。

② 如果外循环量是呈数日、数周逐渐增加,这时就要考虑磨内的喂料溜子在逐渐磨漏,使越来越多的入磨物料直接落入喷口环内,增加外循环量。这时外循环物料的粒径分布较广。

③ 当外循环提升机出料溜子堵塞时,提升机电流会增加,而循环量却减少。

(2)观察磨机振动的特性

如果磨机振动幅度比正常时略高 1～2 mm/s,但仍在持续运转,同时伴有磨内压差降低、选粉机负荷率降低、磨机出口气体温度高,此时可能是喂料溜子下料不畅所致。如果物料较黏或含水率偏大时,物料容易黏在入磨管道前后;如果锁风阀的叶片与壳体磨损,其间隙变大时,则可能是大颗粒物料卡住阀板。

(3)观察主电动机功率(电流)的变化情况

当磨盘电动机功率升高较多时,说明磨盘上料层的厚度增加,很可能是磨机的排渣溜子堵塞,或是刮板下腔内存在积料。如果物料较湿,喷口环也有可能堵料。

发现有"饱磨"迹象后,在检查原因的同时,磨机操作员可以采取立即加大磨内通风量、减少喂料量的方法,如果不见症状缓解,一定要尽快停磨查明原因并进行处理。

6.1.3　磨机压力异常

(1)现象:磨机压差急剧上升;选粉机转速过高;磨机出口气体温度突然急剧上升。

原因分析:振动高报;密封风机跳闸或压力低报;液压站的油温高报或低报;主排风机跳停,选粉机跳闸,液压泵、润滑泵或主电机润滑油泵跳闸;磨机出口气体温度高报;磨主电机绕组温度高报;减速机轴承温度高报;主电机轴承温度高报;研磨压力低报或高报,粗渣料外循环跳闸;磨机润滑油温高报等。

处理方法:现场检查密封风机及管道,并清洗过滤网;加大冷却水量,更换加热器,调节热风风门、循环风机风门的开度及磨机喷水量;检查主电机绕组及稀油站运行情况,更换密封件,消除漏油;清理堵塞物;减少喂料量;加强润滑油的冷却等。

(2)现象:立式磨进出口压差偏高,现场有过量排渣溢出。

原因分析:喂料量过多、磨辊压力过低、选粉机转速过高、物料水分含量偏高等。

处理方法:减少喂料量、增大磨辊压力、降低选粉机转速、控制入磨物料水分含量。

(3)现象:立式磨进出口压差偏低。

原因分析:喂料量过小;磨辊压力过大;选粉机转速过低;物料水分含量低等。

处理方法:增加喂料量;减小磨辊压力;提高选粉机转速;适当降低出磨气体温度等。

6.1.4　磨机粉磨异常

(1)现象:立式磨出现跑料现象。

原因分析:料干、料细、物料流速快、盘上留不住物料等。

处理方法:增大磨内喷水量以增加物料黏性,降低其流动性。一般喷水量控制在 2%～3%。

(2)现象:立式磨出现抛料现象。

原因分析:料干、料粗、磨辊研磨压力低等。

处理方法:适当增加磨辊压力。

(3)现象:立式磨出现掉料现象。

原因分析:磨内风速小、风量小。

处理方法:加大磨机通风量。

(4)现象:立式磨内粗渣料偏多。

原因分析:喂料量过多;系统通风不足;磨辊研磨压力过小;入磨物料易磨性差且粒度大;选粉机转速过高;喷口环磨损大;挡料环磨损;辊套、衬板磨损严重。

处理方法:设定合适的喂料量;加强系统通风;重新设定磨辊研磨压力;降低入磨物料的粒度;调整选粉机转速;更换磨损的喷口环;调整挡料环高度;更换或调整辊套、衬板。

6.1.5　磨辊张紧压力下降

原因分析:管路渗漏;压力安全溢流阀失灵;油泵工作中断;压力开关失常。

处理方法:修复渗漏管路;检查压力安全溢流阀及压力开关并修复其故障;重新启动油泵,恢复磨辊张紧压力。

6.1.6　磨辊密封风压下降

原因分析:管道漏风;密封风机发生故障;阀门开度调节不当。

处理方法:修复漏风管道;检查密封风机,适当增加其阀门开度。若风压略有降低后仍能恒定,可不停机,但如果其恒定值已超过最低要求,磨机将自动联锁停机。

6.1.7　磨辊轴承漏油和损坏

磨辊轴承一般多采用稀油循环润滑。立式磨磨辊轴承的脆弱性,主要表现在漏油和损坏。

(1)判断磨辊轴承损坏的有效方法

① 现场观察磨辊回油油质,或监测油样中的金属颗粒含量。如果油样中的金属颗粒含量较多,则表明轴承损伤严重。

② 观察磨辊回油温度。如某磨辊回油温度升高,而其他磨辊正常,则说明该磨辊轴承损坏。

(2)磨辊轴承损坏的原因

① 对以风压密封轴承的多数立式磨而言,密封风机的风压低、滤网的滤布堵塞或磨内密封管道上关节轴承及法兰连接点漏风,都会使磨腔内的密封风量及风压降低;投料或停机的操作不合理,会使磨辊腔内产生负压而吸入粉尘。

② 磨辊回油管路真空度的调整直接关系到磨辊轴承的润滑。油压过高,磨辊内油位上升,易造成磨辊漏油,甚至损坏油封;油压过低,磨辊内油量欠缺,润滑不足而易损伤磨辊轴承。

(3)保护磨辊轴承的有效方法

① 保证密封风机正常运行,风压不得低于规定值。要定期检查密封风管、磨腔内密封风管与磨管连接的关节轴承法兰是否漏风。同时为保证风源清洁,在风机入口处要加装滤网和滤布。

② 慎重调整管路的真空度和风机的压力。

③ 定期检查磨辊润滑系统。正常生产中油温应在 50～55 ℃,磨辊与油箱之间接头和软管间连接的平衡管无堵塞,真空开关常开,油管接头和软管无破损漏气,回油泵正常。当发现油箱油位异常波动时,要仔细分析原因并及时处理。

④ 定期向磨辊两侧密封圈添加润滑脂。

⑤ 定期检查油质及金属颗粒含量。根据油质情况及滤油器的更换周期及时更换润滑油。

⑥ 重视磨机的升温和降温操作。合理的升温速度可以使辊套、衬板、轴承均匀受热,从而延长其使用寿命。

⑦ 在磨内进行焊接施工时,必须防止伤害轴承或交接点。

6.1.7　磨辊轴承漏油和损坏

磨辊轴承一般多采用稀油循环润滑。立式磨磨辊轴承的脆弱性,主要表现在磨辊漏油和轴承损坏。

（1）判断磨辊轴承损坏的有效方法

① 现场观察磨辊回油油质,或监测油样中的金属颗粒含量。如果油样中的金属颗粒含量较多,则表明轴承损伤严重。

② 观察磨辊回油温度。如某磨辊回油温度升高,而其他磨辊正常,则说明该磨辊轴承损坏。

（2）磨辊轴承损坏的原因

① 对以风压密封轴承的多数立式磨而言,密封风机的风压低、滤网的滤布堵塞或磨内密封管道上关节轴承及法兰连接点漏风,都会使磨腔内的密封风量及风压降低;投料或停机的操作不合理,会使磨辊腔内产生负压而吸入粉尘。

② 磨辊回油管路真空度的调整直接关系到磨辊轴承的润滑。油压过高,磨辊内油位上升,易造成磨辊漏油,甚至损坏油封;油压过低,磨辊内油量欠缺,润滑不足而易损伤磨辊轴承。

（3）保护磨辊轴承的有效方法

① 保证密封风机正常运行,风压不得低于规定值。要定期检查密封风管、磨腔内密封风管与磨管连接的关节轴承法兰是否漏风。同时为保证风源清洁,在风机入口处要加装滤网和滤布。

② 慎重调整管路的真空度和风机的压力。

③ 定期检查磨辊润滑系统。正常生产中油温应在 $50\sim55$ ℃,磨辊与油箱之间接头和软管间连接的平衡管无堵塞,真空开关常开,油管接头和软管无破损漏气,回油泵正常。当发现油箱油位异常波动时,要仔细分析原因并及时处理。

④ 定期向磨辊两侧密封圈添加润滑脂。

⑤ 定期检查油质及金属颗粒含量。根据油质情况及滤油器的更换周期及时更换润滑油。

⑥ 重视磨机的升温和降温操作。合理的升温速度可以使辊套、衬板、轴承均匀受热,从而延长其使用寿命。

⑦ 在磨内进行焊接施工时,必须防止伤害轴承或交接点。

6.1.8　液压张紧系统的故障

液压张紧系统的故障主要有蓄能器 N_2 囊破损、液压站高压油泵频繁启动、液压缸缸体损伤或漏油三大类故障。

（1）储能器 N_2 囊破损

当磨辊压力不平衡时,各拉杆的缓冲能力不同,而压力过大、过小时,均会导致 N_2 囊缓冲能力减弱,引起磨机振动。及时发现 N_2 囊破损的方法有:

① 用手感知蓄能器壳体温度。如接近油温,说明储能器工作正常;如果明显偏高或者偏低,表明储能器损坏,需要更换 N_2 囊或单向阀。

② 当立式磨停机时,液压站卸压后,在储能器阀嘴上装压力表进行检测。如果压力接近 N_2 囊的正常压力,表明储能器 N_2 囊完好,否则,表明储能器 N_2 囊损坏。

③ 现场观察磨辊抬起或加压时间。如果明显延长,表明储能器 N_2 囊有破损现象,否则表明储能器 N_2 囊是完好的。

④ 如果拉伸杆及拉伸杆螺栓频繁断裂,表明储能器 N_2 囊破损。

解决储能器 N_2 囊破损的有效方法如下:

① 根本的措施在于稳定磨机的运行工况,避免磨机剧烈振动。

② 每个 N_2 囊的预加压力要严格按设定值给定,并定时检查,及时补充 N_2。掌握正确的充氮方法,防止漏油、漏气所造成的压力异常。

③ 当发现 N_2 囊破损时,储能器已无法起到缓冲减振的作用,会对液压系统产生冲击,导致持续不断的冲击性振动,同时也加速了液压缸密封件和高压胶管的损坏,此时要尽快更换 N_2 囊。

(2)液压站高压油泵频繁启动

立式磨运行中,当液压系统压力无法保持、高压油泵频繁启动、液压油温升高时,磨机的研磨效率会降低。其原因是液压油缸的拉杆密封损坏,油缸内漏;或是油阀内漏或损坏。检查液压缸是否内漏,可在停磨后将液压站油泵断电,观察液压站油压,如果是逐渐下降,说明液压缸有内漏,应及时更换密封。

为防止发生这类现象,应合理设定液压站压力范围。若压力范围过窄,不仅会减弱 N_2 囊的缓冲能力,而且会导致高压油泵短时间内频繁启停,严重时会烧毁高压电机;同时,要定期检查和清洗压阀,防止杂物挡在阀口造成泄压。

(3)液压缸缸体损伤或漏油

当液压油中存在杂质,细颗粒夹在液压缸与活塞杆之间时,或储能器单向阀阀柄断裂,螺栓和垫圈进入液压缸内,这些原因均会拉伤缸体、活塞环,损坏密封,从而导致外漏油。当液压缸密封圈老化,或由于研磨压力设定偏高,液压缸油压持续偏高,使密封长期承受较高压力而损坏时,都会产生漏油。

为此,液压油必须保持高清洁度。在检查缸体、更换 N_2 囊和液压油时,周围环境一定要高度清洁,应每半年监测一次液压油的油质,发现油液变质时应及时更换。合理设定研磨压力,实际操作压力一般应为最大限压的 $70\% \sim 90\%$,在拉杆与液压缸连接部位外部,做一个软连接护套以防止细颗粒物料落入。

6.2　立式磨系统运行时常见的故障及其处理方法

6.2.1　磨机排渣量过多

原因分析:喂料量过多、磨机过载;磨机通风量偏小;选粉机转速过快,生料成品细度过细;喷口环面积过大或磨损严重。

处理方法:减少喂料量;增加磨机通风量;适当降低选粉机转速。如果采取以上技术措施后效果仍不理想,应停机检修,修复磨损严重的喷口环。

6.2.2　生料细度跑粗

(1)选粉机转速调整不当

选粉机转子的转速是控制生料细度最简单的方法。加快转子的转速,生料细度变细;降低转子的转速,生料细度变粗。

(2)系统通风量过大

正常生产时,选粉机转子的转速设定为 $70\% \sim 80\%$,生料细度基本可以达到要求的指标。但随着窑投料量的不断增加,有时增加到满负荷及以上,这时窑尾产生的废气量也大幅度增加,甚至出现 EP 风机开到 100%,磨机入口还会出现正压的现象。这时生料细度很容易变粗,即使选粉机转子的转速增加至最大值也不能使生料细度合格,其原因就是系统通风量过大。处理的最佳方法是减少系统的通风量,即减少窑尾废气入生料立式磨的热风量。

（3）研磨压力过小

立式磨的研磨压力可由中控磨机操作员设定。一般情况下，开磨时研磨压力设定为最小值，随着喂料量的增加必须逐渐增加研磨压力，否则会因破碎和研磨能力不足而使生料成品细度变粗。

（4）磨机出口废气温度过高或升温速率过快

磨机出口废气温度较高或升温速率很快，容易使生料成品细度变粗。因为磨机出口废气温度上升的过程中改变了磨内流体的速度和磨内物料的内能，增加细料做布朗运动的概率，颗粒偏大的料粉被拉出磨外。这可能是窑尾风温、风量发生变化或入磨物料水分含量发生变化而造成的。处理的方法是调整磨内喷水量。如果磨机与增湿塔采用串联的生产工艺线，也可调整增湿塔的喷水量、多掺循环风或冷风。

（5）喂料不稳

磨机喂料不稳易使磨内工况紊乱，磨内通风量及风速产生波动，造成生料成品的细度间断"跑粗"。解决的方法是稳定入磨喂料量，保证适量的研磨压力，适当降低喂料量。

（6）物料易磨性差

物料的易磨性差，难以破碎和粉磨，最终表现为磨内残存物料量过多。解决的方法是改善入磨物料的易磨性，降低物料的粒径，适量增加研磨压力，适当降低产量。

（7）设备磨损严重

磨机长时间运转后，选粉机的叶片、磨辊辊皮、磨盘衬板、喷口环等部位都会受到不同程度的磨损，造成磨机的破碎和研磨能力下降，出磨成品细度变粗。最好的处理方法是更换辊皮或衬板，改善入磨物料的易磨性。预防措施是平时加强对选粉机叶片、喷口环等部件的巡检工作，当其损坏严重时要及时修补、更换。

（8）选粉机的故障

选粉机的轴承严重磨损，运转振动值偏大，转子不能高速运转，旋转叶片严重磨损，内部密封硅膏严重脱落，漏风严重。这些严重故障会使生料成品细度变粗（0.08 mm 方孔筛筛余达 25% 左右），且从操作上根本没法降低生料成品的细度。最好的处理方法是修复这些故障，如更换选粉机的轴承、更换旋转叶片、在漏风处重新涂刷密封硅膏。应特别注意，旋转叶片的安装方向和固定角度必须符合技术要求，否则会影响生料成品的细度。

6.2.3　锁风阀堵塞

不管是三道锁风阀还是回转阀堵塞，其清理都非常危险且十分费力。堵塞的原因和处理方法主要有下列几项：

（1）物料潮湿、黏度大、易积料

制备生料的原料一般有三种及以上，每种物料的成分不同、含水率不同，表现出来的黏性也不同，比如黏土的含水率大时，其黏性很大；铁粉和粉煤灰的含水率大时，其黏性也比较大，容易产生积料现象。早期开采的石灰石矿山地表面层，非石灰石物质的含量偏高，颗粒粒径小、黏性大、水分含量大时容易造成积料。这些附着性很强的物料会在锁风阀翻板上（或回转下料器的旋转叶片上）和溜槽壁上逐渐积结，越结越多，最终造成堵塞事故。这种现象在雨季更容易发生，严重时磨机运转 3～4 h 锁风阀便发生堵塞现象，其清理难度很大，所需要的时间长达 8～10 h，对生产造成不利的影响。针对这些情况，可采取如下解决方法：

① 从源头抓起，控制入厂原料的含水率。

② 优化石灰石矿山的开采方式。初采时期，注意将含黏土较多的低品位石灰石"转场"或"排废"，尽量采用高品位的石灰石。

③ 防止入磨物料受潮。对各堆场加盖简易大棚，对入仓和入磨皮带加设防雨罩。

④ 在质量允许的情况下改用不易堵塞的原料，比如雨季尽量采用干燥的砂岩代替黏土；采用铁

尾砂和煤矸石代替铁粉、粉煤灰,防堵效果均很好。

（2）锁风阀自身结构存在弊端

回转锁风阀需要入磨物料在回转腔内滞留片刻,回转叶片上容易黏结物料,下部出料的翻槽壁处容易堆积物料,造成溜壁上黏结物料。而翻板式锁风阀主要利用杠杆原理,依靠物料形成一定的高度实现锁风目的,物料在翻板上会停留很长一段时间,发生黏结堵塞的概率比回转锁风阀要大。针对锁风阀自身结构存在的弊端,可采取如下解决方法:

① 改变翻板式锁风阀的整体安装倾斜角,使其变得更陡,让入磨物料能更流畅地下滑。

② 在最容易发生黏结堵塞的部位安装空气炮

③ 向回转锁风阀的回转腔内通入热风,使叶轮在接触物料之前和接触物料过程中,被通入回转腔内的热风预热、烘干,使湿物料不容易黏结积料。

④ 改造锁风阀自身结构的宗旨是在不影响锁风阀功能的前提下,尽量减少物料滞留时间,使物料更加流畅地入磨。同时要保持入磨斜槽下部热空气室的畅通,使其具有良好的预热效果。

（3）被石块卡死

翻板式锁风阀长时间运转后,翻板被物料严重冲刷磨损,溜壁上方的溜板也被磨平,这时输送的物料尽管并不潮湿,不发生黏结堵塞,但容易在凸起部位卡石子,造成翻板式锁风阀被卡死。回转式锁风阀的内腔有时也容易被大石块卡死,造成阀体不动作,而因滑动联轴节的特殊功能,电机并不立即跳停,造成入磨皮带继续输送物料而堵塞。针对锁风阀被石块卡死的状况,可采取如下解决方法:

① 减少入磨物料中的大块石子。

② 平时加强对锁风阀的巡检和维护工作,更换被严重冲刷磨损的翻板和溜板。

6.2.4　选粉机塌料

当磨机喂料量较大导致其研磨能力明显不足,或者入磨物料细粉过多、磨内压差过大、系统漏风严重时,都会导致选粉机塌料,表现为磨机压差突然升高。

排风管道走向不当也可引起塌料,甚至使磨机严重振动而跳停,在立式磨的出口去旋风筒的管道布置中,为使管道支承方便,经常出现不合理走向,设计中没有考虑此排风管道中的大量成品会在管道弯头处随着气流变向出现少量沉降,积少成多后顺着管壁流回立式磨,轻者降低磨机产量,严重者会使磨机发生振动跳停事故。

✿ 知识测试题

一、填空题

1. 风速_____,风量_____,_____带不起料,易引起吐渣。

2. 在立式磨操作过程中,一般应当严格将振动值控制在_____ mm/s 以下。

3. 当入磨的混合料多为块状时,易造成磨辊的压差_____,产生_____。

4. 如果减速机泵站不能正常工作,可能是冷却水管道_____,也可能是_____损坏,这时应清理管道或更换过滤器、加热器或加热泵。

5. 日常运行中要经常检查_____泵站,如果油位明显降低,要及时补充_____。如果油过滤器的指示器显示过滤器堵塞,要及时_____。

二、选择题

1. 向立式磨内喷水时,喷水量为喂料量的（　　　　）。

　A.2%～3%　　　　　　　　B.5%～6%　　　　　　　　C.7%～8%

2. 料（　　　）、料（　　　）、物料流速（　　　）,盘上留不住料,易引起大量吐渣。

A. 干、细、快　　　　　　B. 湿、粗、快

3. 如果喂料量过大、研磨能力不够、挡料圈高度太低、内部循环负荷率高,会导致磨机的压差（　　　）。

A. 增大　　　　　　　　　B. 减小

三、简答题

1. 试分析立式磨大量吐渣的原因,并指出相应的处理方法。

2. 试分析立式磨异常振动的原因,并指出相应的处理方法。

3. 立式磨生产能力过低的原因有哪些,如何提高产量？

4. 立式磨磨辊漏油的原因有哪些,如何处理？

◇ 能力训练题

1. 在中控仿真系统中处理立式磨的常见故障。

2. 在中控仿真系统中处理立式磨粉磨系统的常见故障。

任务7　生料立式磨粉磨系统的生产实践

任务描述　在真实或仿真生料立式磨系统中实现设备的开车、停车、正常运转和故障排除等操作。

能力目标　能在真实或仿真生料立式磨系统中实现设备的开车、停车、正常运转和故障排除等操作,实现生料制备系统中控操作理论与生产实践的有机结合。

知识目标　掌握生料立式磨系统的操作技能。

现以 5000 t/d 水泥熟料生产线相配套的生料 MPS 型立式磨为例,详细说明生料立式磨的中控操作技能。

7.1　操作原则

（1）在各专业人员及现场巡检人员的密切配合下,根据入磨物料的粒度及水分含量、磨机压差、磨机出口及入口气体温度、系统排风量等参数的变化情况及时调整磨机的喂料量和相关风机的风门开度,努力提高粉磨效率,使立式磨平稳运行。

（2）树立"安全、优质、高产、低耗"的生产观念,充分利用各种计量与检测仪表、计算机等先进科技手段,实现最优化操作。

7.2　开车前的准备工作

（1）通知 PLC 人员投入运行 DCS 系统。

（2）通知总降工作人员做好开磨上负荷准备。

（3）通知电气人员给备妥设备送电。

（4）通知质量控制人员及生产调度人员准备开磨。

（5）通知现场巡检人员做好开机前的检查及准备工作,并与其保持密切联系。

（6）进行联锁检查,对不符合运转条件的设备,联系电气、仪表等相关技术人员处理。

（7）检查各风机的风门、闸阀等的动作是否灵活可靠、是否在中控位置,中控显示与现场显示数值

是否一致,否则要联系电气、仪表等相关技术人员对其进行校正。

(8)查看启停组有无报警或不符合启动条件,逐一找出原因并进行处理直到启停组备妥。

7.3　使用热风炉开磨操作

(1)烘磨

联系现场人员确认柴油罐内有足量的油,如果是新磨首次开机,烘磨时间一般控制在 2 h 左右,且升温速度要慢和平稳,磨机出口气体温度控制在 80～90 ℃。升温前先启动窑尾 EP 风机,将旁路风闸门关闭,调节 EP 风机的风门开度、磨机出口和入口的风门开度,点火后可稍加大磨内抽风。现场人员确认热风炉点着后,通过调节给油量、冷风挡板的开度来控制合适的风量和风温。鉴于生料粉是通过窑尾电收尘器进行收集,热风炉点火时,窑尾电收尘器不能荷电,火点着后一定要保证油能充分燃烧,不产生 CO,这时窑尾电收尘器才可荷电。

(2)布料

使用热风炉首次开磨时,应在磨盘上进行人工均匀布料。具体的布料操作方式如下:

① 可以从入磨皮带上的三道翻板锁风阀向磨内进料,然后进入磨内将物料铺平。

② 直接由人工从磨门向磨内均匀铺料。铺完料后,用辅助传动电机带动磨盘慢转,再进行铺料,如此反复 3～5 次,确保料床上的物料被压实、料层平稳,最终料层厚度控制在 80～100 mm。同时也要对入磨皮带进行布料,即先选择"取消与磨主电机的联锁"选项,然后启动磨机喂料,考虑到利用热风炉开磨时的风量少、热量低,可将布料量控制在 120～140 t/h,入磨皮带以 25% 的速度运行,待整条皮带上布满物料后停机。

(3)开磨操作

当磨机充分预热后,可准备开磨。启动磨机及喂料前,应确认粉尘输送及磨机辅助设备已正常运行,辅传离合器已合上,给磨主电机、喂料和吐渣料组发出启动命令后,辅助电机会先带动磨盘运转一圈,时间是 2 min,在这期间加大窑尾 EP 风机阀门挡板至 60%～70%,保证磨出口负压控制在 5500～6500 Pa,磨机出口阀门全开,入口第一道热风阀门挡板全关,逐渐开大热风挡板和冷风阀门。如果系统有循环风阀门应全开,待磨主电机启动后入磨皮带已运转,这时可设定 65%～75% 的皮带速度,考虑到热风炉的热风量较少,磨机喂料量可控制在 250～300 t/h,开磨后热风炉的供油量及供风量也同步加大,通过热风炉一、二次风的调节,使热风炉火焰燃烧稳定、充分。

由于入磨皮带的速度从零到正常运转需要将近 10 s,导致磨内短时间物料很少,具体表现在磨主电机电流下降至很低、料层厚度下降、振动大,如果处理不及时将会导致磨机振动跳停。这时可采取以下几种措施解决:

① 磨机电机启动前 10～20 s,启动磨机喂料系统,但入磨皮带的速度应较低。

② 可先提高入磨皮带的速度至 85% 左右,待磨机稳定后再将入磨皮带的速度逐渐降下来。

③ 开磨初期减少磨机通风量,待磨机料层厚度稳定后再将磨机通风量逐渐加大。

(4)系统正常运行控制

磨机运转后,要特别注意磨主电机电流、料层厚度、磨机压差、磨机出口气体温度、振动值、磨机入口负压等参数。磨主电机电流为 270～320 A,料层厚度为 80～100 mm,磨机压差为 5000～6000 Pa,磨出口气体温度为 60～80 ℃,振动值为 5.5～7.5 mm/s,张紧站压力为 8.0～9.5 MPa。

(5)停磨操作

① 停止配料站各仓的进料程序。如果是长时间停磨,要提前做好准备,以便将配料站各仓物料用完。

② 停止磨主电机、喂料组。

③ 关小热风炉供油量及供风量。如果是长时间停磨,应将热风炉火焰熄灭,减小窑尾 EP 风机冷风阀门及磨机进口阀门的开度,保证磨内有一定的通风量即可。

7.4 使用窑尾废气开磨操作

使用窑尾废气开磨操作,应控制窑的喂料量不少于 200 t/h。

(1)烘磨

利用窑尾废气烘磨时,控制旁路风阀门,保证磨内通过一定的热风量。烘磨时间控制在 30～60 min,磨出口废气温度控制在 80～90 ℃,如磨机属于故障停磨,停磨时间较短,可直接开磨。

(2)开磨操作

开磨前需掌握磨机的工况:磨内是否有合适的料层厚度,入磨皮带是否有充足的物料,如果料少,可提前布料。启动磨主电机、喂料和吐渣料循环组,组启动命令发出后,加大窑尾 EP 风机入口阀门开度至 85％～95％,保证磨出口负压控制在 6500～7500 Pa;逐渐关小两旁阀门至关闭,逐渐打开磨机出口阀门和热风阀门直至全部打开,冷风阀可调至 29％左右的开度以补充风量。在磨主电机启动前,上述几个阀门应完成动作,但不宜动作太早,否则会导致磨机出口气体温度过高。

立式磨主电机、喂料和吐渣循环组启动后,即可给入磨皮带输入 65％～75％的速度,喂料量控制在 340～380 t/h,并可根据刚开磨时磨内的物料量调节入磨皮带速度、喂料量、选粉机转速、磨机出口挡板高度等控制参数,使磨机工况逐渐接近正常值。根据磨机进、出口气体温度来决定是否需要开启磨机喷水系统。增湿塔工艺布置不同,启动磨机时控制磨机出口气体温度的方法也有所不同,如果增湿塔位置在窑尾高温风机之前,由于进磨热风已经过增湿塔喷水的冷却,故进磨气体温度较低,一般在 250 ℃左右,相应磨机的进、出口气体温度也低。如果增湿塔位置在高温风机之后,由于进磨热气没有经过冷却,温度在 310～340 ℃,这时需启动磨机喷水系统来控制磨机出口气体温度。

(3)立式磨系统的正常运行控制

磨机正常生产时,其主要参数的控制范围是:磨机电机电流为 300～380 A,料层厚度为 100～120 mm,磨机压差为 6500～7500 Pa,磨机出口气体温度为 80～95 ℃,磨机喂料量为 380～450 t/h,张紧站压力为 8.0～9.5 MPa,振动值为 5.5～7.5 mm/s。关于磨机的正常运行操作,主要从以下几个方面进行:

① 磨机喂料量

立式磨在正常运行过程中,在保证出磨生料质量的前提下,应尽可能提高磨机的产量,喂料量的调整幅度可根据磨机的振动值、出口气体温度、系统通风量、磨机压差等因素决定,在增加喂料量的同时,一定要调节磨内通风量。

② 磨机振动

振动值是磨机操作控制的重要参数,是影响磨机台时产量和运转率的主要因素,操作中应力求磨机运转平稳。磨机产生振动与诸多因素有关,从中控操作的角度来讲,要特别注意以下几点:

(a)磨机喂料要平稳,每次加、减料的幅度要小,加、减料的速度要适中。

(b)防止磨机断料或来料不均,如来料突然减少,可提高入磨皮带的速度,关小出磨挡板。

(c)如果磨内物料过多,特别是粉料过多,要及时降低入磨皮带的速度和喂料量,或降低选粉机转速。

③ 磨机压差

立式磨在运行过程中,压差的稳定对磨机的正常运转至关重要,它反映磨机的负荷。压差的变化主要取决于磨机的喂料量、通风量、磨机出口气体温度。在压差发生变化时,应先查看配料站下料是否稳定,如有波动,查出原因后通知相关人员迅速处理,并作适当调整。如果下料正常,可通过调整磨机喂料量、通风量、选粉机的转速、喷水量等参数来稳定磨机的压差。

④ 磨机出口气体温度

立式磨出口气体温度对保证生料水分含量合格和磨机稳定具有重要作用,如果出口气体温度过高(比如大于 95℃),则易造成料层不稳,磨机振动加剧,不利于设备的安全运转。磨机出口气体温度主要通过喂料量、热风阀门开度、冷风阀门开度、磨机和增湿塔喷水量等调节。

　　⑤ 出磨生料水分含量和细度

　　出磨生料水分含量控制指标一般是要求小于 0.5%。为保证出磨生料水分含量达标,可根据喂料量、磨进口和出口气体温度、入磨生料水分含量等情况,通过调节热风量和磨机喷水量等参数实现控制。对于成品生料细度,可通过调节选粉机转速、磨机通风量和喂料量等参数实现控制。若生料细度或水分含量超标,要在交接班记录本上注明原因及纠正措施。

　　(4)停机操作

　　正常停机时,可先停止磨主电机、喂料及吐渣组,同时打开旁路风阀门,调小窑尾 EP 风机入口、磨出口和进口阀门,打开全部的冷风阀门,增大增湿塔喷水量,停止配料站相关料仓供料。

7.5　因故障停窑后维持磨机运行的操作

　　鉴于大部分水泥生产企业窑的产量受生料供应的影响较大,为延长磨的运转时间,停窑后可维持磨的运行。当窑系统因故障停机时,由于热风量骤然减小,这时应及时打开冷风阀门,适当减小 EP 风机的挡板开度,停止喷水系统,关闭旁路风阀门,大幅度减少磨机喂料量至 250～300 t/h,从而保证磨机运行状况稳定。为防止进入窑尾高温风机的气流温度过高,可适当打开高温风机入口冷风阀,高温风机入口挡板可根据风机出口温度和出磨气体温度进行调节,保证高温风机入口温度在 450 ℃ 以下,出磨气体温度高于 40 ℃。当系统恢复投料时,应做好准备,及时调整操作参数,避免投料量突然增大而对磨机产生冲击。即在投料前,可稍增大磨机喂料量,控制较厚的料层厚度,当系统投料改变通风量时,迅速增大磨机喂料量和入磨皮带速度,保证磨内物料量的稳定,并且根据热风量逐渐开启喷水系统,关小冷风阀门。

7.6　操作注意事项

　　(1)当磨机运转中出现不明原因的振动跳停,应进磨检查,同时关注磨机密封压力、减速机 12 个阀块径向压力、料层和主电机电流等。如果出现异常大范围波动和报警,应立即停磨检查有关设备和磨机内部状况,确保设备安全运行。

　　(2)加强系统的密封,系统漏风不仅影响磨机的稳定运行,而且对磨机产量的影响非常大。

7.7　启磨过程中的注意事项

　　由于 MPS 型立式磨没有升辊机构,没有在线调压手段,主要靠辅传布料,借助主、辅传扭力差启动,因此在启磨过程中应特别注意如下事项:

　　(1)在启动磨机前应对磨内料层厚度做详细了解,决定在辅传启动后、主传启动前多少秒启动磨机喂料系统。也就是说在主传启动时料床要有均匀的缓冲层,以减小主传启动时产生的振动。主传启动时的料层厚度一般控制在 130～190 mm 为宜。

　　(2)在启动辅传前应对磨机进行烘烤,烘磨时应分为两个阶段升温,第一阶段出磨气体温度控制在 60 ℃ 以下,应注意升温的速度要尽量慢;第二阶段控制在 60 ℃ 以上,升温速度可以快一点,但应注意磨机出口气体温度不要超过 130 ℃。

　　(3)启动磨机辅传布料时,可提前拉风至正常操作用风量的 85%,等主传启动后随时根据主传电机功率或电流进行调整。

　　(4)调整料层厚度一般采用如下办法:应急提高或降低入磨皮带速度(比如料层厚度短时间波动);提高或降低选粉机的转速,此手段主要是调整料床上细料的比例;降低或提高磨机主排风机的风量,此手段既可调整吐渣量,又可减小风量、增加料层厚度。

　　(5)当磨机三次启动均失败后,一定要检查料层,如果料层厚度超过 230 mm,则应进行现场排料,同时补充新鲜物料填充料层,等主电机准许启动时再次开机。

(6)处理磨机异常振动引起的跳停,首先应排查机械方面的原因,操作员应入磨检查磨辊是否处于正常轨道,即磨辊是否产生上偏和下偏现象。如果磨辊不在正常轨道,则应现场进行辅传调偏。

(7)当入磨物料异常干燥时,应加大磨内喷水量并合理调整增湿塔的喷水量,以便进一步稳定料床。

(8)当磨机工况稳定后,一般先加大通风量,再观察主电机电流和料层厚度。

(9)停磨时应先降低选粉机转速至正常的60%后保持3 min,再减少通风量。

总之,MLS型立式磨操作时应注意配置合适的料气比,既不要因为料床细料太多出现"饱磨"现象,也不要因为料床太薄出现"空磨"现象;注意主电机电流变化,及时修正磨机通风量及选粉机转速。

◈ 知识测试题

1. 立式磨的操作控制原则有哪些?

2. 立式磨开车前的准备工作有哪些?

3. 使用热风炉开磨操作的顺序是什么?

4. 使用窑尾废气开磨操作的顺序是什么?

5. 开磨操作中的注意事项有哪些?

◈ 能力训练题

1. 编写生料立式磨粉磨系统的作业指导书。

2. 在仿真系统中操作立式磨正常运行。

任务8　生料辊压机终粉磨系统的操作

任务描述　操作生料辊压机终粉磨系统开车和停车;操作生料辊压机终粉磨系统正常运行。

能力目标　能够利用仿真系统进行生料辊压机终粉磨系统的开车、停车操作及正常运行操作。

知识目标　掌握生料辊压机终粉磨系统的开车、停车操作及正常运行操作等方面的理论知识。

8.1　生料辊压机终粉磨系统开车与停车操作

8.1.1　生料辊压机终粉磨系统开车前的准备

(1)确认所有设备内部和周围无人作业,人员处于安全状态。

(2)所有设备机旁转换开关置于"中控"位置。中控操作员检查各设备备妥信号是否完备,如有问题要及时通知相关人员处理。

(3)检查各润滑点是否已按规定加油。

(4)检查液压油箱油位是否在中上限,油温应大于20 ℃。

(5)检查并确认各电气设备、仪表和开关的状况是否正常。

(6)检查辊子间隙是否正常(10~15 mm),确认辊间没有任何物料和杂物。

(7)确认各安全护罩牢固、规范,所有检查门和入孔门关闭。

(8)检查各紧固螺栓是否紧固及各部件是否完好。

(9)检查各仪表、传感器是否正常,其指示值是否正常。

(10)检查储能器氮气压力是否正常(6 MPa)。

(11)确认恒重稳流仓下的棒形闸阀处于全开状态,气动闸阀处于关闭状态。

8.1.2　生料辊压机终粉磨系统开车顺序

(1)启动顺序

① 启动主机控制柜;

② 启动集中润滑系统;

③ 启动液压泵电机;

④ 启动主电动机。

某 5000 t/d 生产线的辊压机终粉磨系统开车流程如下:

生料均化库顶收尘设备→库顶斜槽风机(分储存库和搅拌库)→入库提升机→取样器→成品斜槽风机→循环风机→XR 型选粉机→管道除铁器→上料提升机→辊压机润滑站、液压站→辊压机主电机→金属探测仪→电磁除铁器→入磨皮带收尘器→入磨皮带→仓下皮带收尘器→仓下皮带→各皮带秤→气动插板。

(2)操作步骤

启动操作步骤见表 7.6。

表 7.6　辊压机系统启动操作步骤

序号	操作步骤	注意事项
1	①确认烧成系统正常运转; ②与化验室联系入库事宜; ③确认磨系统运转前的准备工作已完成	①检查出窑尾余热炉废气温度在 200 ℃左右; ②中控操作员按照化验室指令通知相关岗位人员将物料运至指定的库内; ③通知有关人员注意相互配合操作
2	原料调配站进料	①检查各配料库料位正常; ②配料仓下棒条阀门全开; ③确认原料输送系统能正常运行; ④确认除铁装置能正常运行
3	确认各阀门位置正确	①磨头热风阀门全关; ②循环风主阀门全关; ③循环风放风阀门全关; ④入库提升机出口三通阀处于正确位置; ⑤入磨皮带入 V 型选粉机气动三通阀位置正确; ⑥稳流仓下棒条阀门全开
4	袋收尘机组启动 ①生料均化库顶收尘器; ②石灰石库顶收尘器组; ③入磨皮带机尾收尘器组	
5	生料入库输送机组启动 ①均化库顶斜槽风机; ②入库提升机; ③取样器; ④成品斜槽风机	①注意提升机电机启动电流; ②与生料质量控制系统相关人员联系、协调
6	循环风机启动 ①阀门; ②风机	①注意风机的启动电流,待电流稳定后慢慢调速; ②通知废气处理系统相关人员注意调整阀门和温度
7	选粉机启动	注意选粉机电机的启动电流

续表 7.6

序号	操作步骤	注意事项
8	①循环提升机； ②管道除铁器； ③出磨提升机	注意提升机电机的启动电流
9	调整系统风温和风压 ①加大排风阀门开度； ②加大循环风阀门开度； ③减小废气总阀门开度； ④加大磨头热风阀门开度	①调整 V 型选粉机进口负压至 -500～-300 Pa； ②调整 V 型选粉机出口温度不高于 100 ℃
10	润滑系统启动 ①定辊稀油站； ②动辊稀油站； ③如油温低,稀油站油箱要加热； ④干油润滑站	①检查油泵管路阀门是否打开； ②检查油箱的温度,适时打开冷却水阀门
11	辊压机主电机启动 ①定辊主电机； ②动辊主电机	①注意启动电流； ②如果主机第一次未能启动,检查后进行第二次启动,两次启动要有一定时间间隔
12	液压系统启动	①注意监测辊缝是否在规定范围内； ②检查液压站的油位和油温
13	入磨输送组启动 ①皮带输送机； ②金属探测器； ③电磁除铁器； ④定量给料机	①如果长时间不喂料,辊压机长时间空负荷运行,会导致电耗增加； ②为了减少磨机断料时间,必须做好原料调配站进料工作
14	调整定量给料机的供料比例	根据化验室的要求设定原料配比
15	设定喂料量	根据辊压机主电机的功率、系统压力等及时调整喂料量
16	打开稳流仓下气动阀,调整辊压机进料阀门	①待稳流仓内物料在 60%～70%时打开； ②保证辊压机饱和喂料； ③防止稳流仓满冒仓

（3）开车注意事项

① 开车前与化验室联系,确认由化验室配料,给定配料比例。

② 辊压机启动前必须确认辊压机内没有物料,严禁带料启动。

③ 高压设备启动前必须与总降联系,得到开车许可后方可启动设备。

④ 在正常生产中,要保证各配料站的仓位正常。

⑤ 投料前确保金属探测仪、电磁除铁器和管道式除铁器开启并正常使用。

⑥ 投料前,检查三通旁路阀门的开关位置,确保入 V 型选粉机的回路畅通。

⑦ 气动阀开启前先补仓,确保恒重仓的仓重在 70%以上时再开启气动阀。严禁空仓运行,稳定恒重仓的仓重在 60%～70%,在一定的喂料量下通过调节循环风机的风门来稳定恒重仓的仓重。

（4）辊压机的开机运行

① 正常开机运行:系统中的其他设备运行正常,辊压机满足加载运行各项条件,即可开机运行。

② 跳停后的开机运行:跳停后的辊压机辊间可能残留有物料,辊间残留物料会导致辊压机的主电机不能正常启动,跳停后重新开机前,应手动盘减速机高速轴端,直至辊间残留物料全部排出,方可

重新开机运行。

③ 经过较长停机时间后的开机运行：经过较长时间的停机后,应对辊压机进行各项检查满足加载运行条件后方可运行。若辊压机的稳流仓中没有物料时,可直接进料后开启辊压机运行。若辊压机的稳流仓中有物料时,由于长期的存放可能会引起物料的板结导致下料不畅,因此应在开机前敲打稳流仓及下料溜子使物料松散以利于下料,若开机过程中辊压机由于下料不畅导致辊间隙变化异常,辊压机跳停后,应将仓中物料排空后重新送入物料方可开启辊压机运行。

④ 短暂停机后的开机运行：短暂停机后可按正常开机方式启机运行。

(5)运行注意事项

① 恒重仓下棒条阀门必须全开。

② 放风阀门建议 100% 全开,以加强放风效果。

③ 循环负荷率控制在 150% 左右。

④ 必须保证辊压机的饱和喂料。

⑤ 一定要保证除铁器和金属探测仪能正常使用,严禁硬质金属进入辊压机内部。

⑥ 一定要保证每星期清理一次恒重仓,其目的是清除富集在循环系统里面的铁渣、游离二氧化硅等,防止其加快对辊面的磨损。

⑦ 辊面产生剥落后,不论面积大小一定要及时补焊,否则会对基体造成损害。

⑧ 严格控制进入辊压机的物料大小,即 95% 的物料粒径不大于 45 mm,最大粒径不大于 75 mm。

⑨ 进入辊压机的物料温度应不超过 100 ℃。可参照 V 型选粉机出口温度。

8.1.3   辊压机终粉磨系统停车操作

(1)停车操作顺序

① 降低物料的喂料量,直到停止新料供应;

② 当承重仓中的物料料位降至 5t 左右时,关闭气动闸阀;

③ 停辊压机主电机;

④ 停出料输送设备;

⑤ 停油站。

某 5000t/d 水泥生产线,辊压机终粉磨系统的停车流程如下：

各皮带秤→仓下皮带→仓下皮带收尘器→入磨皮带→入磨皮带收尘器→电磁除铁器→金属探测仪→(恒重仓位降低至 5 t 时)关闭辊压机气动插板→辊压机主电机→入 V 型选粉机提升机→出 V 型选粉机提升机→管道除铁器→XR 型选粉机→循环风机→成品斜槽风机→入库提升机→库顶斜槽风机→辊压机润滑站。

(2)停车注意事项

停车时应注意待辊压机内无物料、液压油站压力回到预加压力值、辊缝回到原始辊缝时才能停主电机。主电机停下 40 min 以后再停减速机、稀油站。

8.2   生料辊压机终粉磨系统的正常操作

8.2.1   辊压机的操作控制

粉磨系统的产能能否得到有效发挥、能耗能否得到有效控制,辊压机系统的调整控制起到决定性的作用。辊压机的作用是要求物料在辊压机两辊间实现层压粉碎后形成高粉碎和内部布满微裂纹的料饼,能否形成料饼、料饼比例及质量是辊压机控制的关键,辊压机运行时可通过以下几方面的调整来达到稳定控制的目的：

（1）稳定小仓料位

稳定小仓料位能确保在辊压机两辊间形成稳定的料层，为辊压机工作过程的物料密实、层压粉碎提供连续料流，充分发挥物料间应力的传递作用以保证物料的高粉碎率。

（2）辊间隙控制

磨辊间隙是影响料饼外形、数目以及辊压机功率能否得到发挥的主要参数。辊间隙过小，物料成粉状，无法形成料饼，辊压机功率低，物料间未产生微裂纹，只是简单的预破碎，没有真正发挥辊压机的节能功效；辊间隙过大，料饼密实性差，内部微裂纹少，而且容易造成冲料，辊压机的运行效果得不到保证；各厂可根据实际情况反复摸索调整，使其功效得到充分发挥。

（3）料饼厚度的调节控制

料饼厚度反应的是物料的处理量。（调节时必须使用辊压机进料装置的调节插板，其他方式的调节都将破坏辊压机的料层粉碎机理）。辊压机具有选择性粉碎的特征，即在同一横截面积上的料饼中，强度低的物料将首先被破碎，强度高的物料则不易被破碎，这种现象随着料饼厚度的增加表现的会愈加明显，因而在追求料饼中成品含量时，料饼厚度又不易过厚。但是由于物料在被挤压成料饼的过程中，是处于两辊压之间的缓冲物体，增大料饼厚度，就增厚了缓冲层，可以减小辊压机传动系统的冲击负荷，使其运行平稳。考虑到这些相互关系，对于料饼厚度的调节原则是：在满足工艺要求的前提下，适当加大料饼厚度，特别是喂入的物料粒度较大时，不但要加大进料插板的开度，而且还要增加料饼回料或选粉粗料的回料量，以提高入辊压机的密实度，这样可以降低设备的负荷波动，有利于设备的安全运转。

（4）料饼回料量的控制

在辊压机粉磨系统中，辊压机的能量利用率高，一般来讲，当新入料颗粒分布一定时，辊压机在没有回料时的最佳运行状态所输出的物料量并非为系统所需的料量。为使系统料流平衡，同时又能使辊压机处于良好的运行状态，可以通过调整料饼回料来调整辊压机入料粒度分布，改变辊压机运行状态，达到与整个系统相适应的程度。如当入料粒度偏大，冲击负荷大，辊压机活动辊水平移动幅度大时，增加料饼回料量，同时加大料饼厚度。若主电机电流偏高，则可适当降低液压压力，使辊压机运行平稳。物料适当的循环挤压次数，有助于降低单位产量的系统电耗。但循环的次数受到未挤压物料颗粒组成、辊压机液压系统反传动系统弹性特性的限制，不可能循环过多，料饼循环必须根据不同工艺和具体情况加以控制。

（5）磨辊压力控制

辊压机液压系统向磨辊提供的高压用于挤压物料。正确的力传递过程应该是：液压缸→活动辊→料饼→固定辊→固定辊轴承座，最后液压缸的作用力在机架上得到平衡。而某些现场使用的辊压机其液压缸的压力仅仅是由活动辊轴承座传递到固定辊轴承座，并未完全通过物料，此时虽然两磨辊在转动，液压系统压力也不低，但物料未受到充分挤压，整个粉磨系统未产生增产节能的效果。因此辊压机的运行状态不仅取决于液压系统的压力，更重要的是作用于物料上的压力大小。操作时可从以下两方面观察确认：

① 辊压机活动辊脱离中间架挡块作规则的水平往复移动，这标志液压压力完全通过物料传递。

② 两台主电动机电流大于空载电流，在额定电流范围内作小幅度的摆动，这标志辊压机对物料输入了粉碎所需的能量。

8.2.2　辊压机运行中的调整

为使挤压粉磨系统安全、稳定地运行，必须经常观察各测量、指示、纪录值的变化情况，及时判断辊压机、磨机的运行情况，同时采取适当的措施进行操作调整。在辊压机投入正常生产后，主要检查调整项目如下：

（1）辊缝过大

操作与调整:适当减小辊压机进料装置开度,从而使辊缝减小至设定值。

(2)辊缝过小

操作与调整:适当加大辊压机进料装置开度,若辊缝无变化,停机时进行以下两项检查:

① 检查侧挡板是否磨损,若已磨损,则更换侧挡板;

② 检查辊面磨损情况。

(3)辊缝变化频繁

操作与调整:

① 检查辊面是否局部出现损伤,若已损伤应修复。同时检查除铁器及金属探测器是否工作正常。

② 观察辊压机进料是否出现时断时续,若进料不顺畅,检查进料溜子及稳流仓是否下料不畅。

(4)辊缝偏斜

操作与调整:

① 观察辊压机进料是否偏斜,进料沿辊面是否粗细不均,及时对进料溜子进行整改。

② 检查侧挡板是否磨损,若已磨损则更换侧挡板。

③ 观察左右侧压力是否补压频繁,检查液压阀件。

(5)轴承温度高

操作与调整:

① 倾听轴承运转是否正常,若声响较大,检查轴承是否加入足够干油保证轴承润滑。

② 检查冷却水系统,看管路阀是否打开。

③ 若不是 4 个轴承温度都高,应检查润滑管路是否堵塞。

(6)蓄能器气压显著下降

操作与调整:停机,对蓄能器进行检查和补充氮气。

(7)主电机电流过小

操作与调整:

① 检查辊压机工作压力是否较小,若压力偏低,可适当提高工作压力。

② 检查侧挡板是否磨损,若已磨损,则更换侧挡板。

(8)主电机电流过大

① 检查辊压机工作压力是否较高,若压力偏高,应降低工作压力。

② 检查辊面是否出现损伤,若已局部损伤,则应检查金属探测器是否工作不正常导致金属铁件进入辊间导致辊面损坏;若辊面无损伤,检查辊压机喂料粒度是否过大。

8.2.3　粉磨系统操作

(1)稀油站操作要点

先开活动辊稀油站,再开固定辊稀油站,最后开液压油站。应每隔 5 s 开启一个稀油站,不可同时开启。液压油站的油温不低于 20 ℃。

(2)辊压机操作要点

① 辊压机入料温度不可超过 100 ℃(以 V 型选粉机出口风温来判断物料温度),超过 120 ℃时要停止喂料。

② 通过调节进料装置上的电动插板来控制辊压机的进料量,严禁通过棒条闸板调节喂料量,生产时必须保证棒条阀门全开。

③ 辊压机的工作辊缝由辊压机处理量来确定,料饼厚度过厚或过薄对挤压效果和设备本身都会产生不良的影响。

④ 重点检查以下部位并做好记录:液压系统压力是否在规定范围内、冷却水是否畅通、润滑泵贮

油筒内的油位是否正常、除铁器及金属探测仪是否正常工作、润滑油站是否正常工作。

（3）恒重仓操作要点

① 恒重仓必须保证仓重 70％时，方可打开气动阀投料；若仓重不够，需先补仓。

② 恒重仓位是个很重要的参数，结合循环提升机电流、辊缝大小、选粉机进口和出口压力等参数，可以明确地判断出辊压机系统存在的问题和运行的状态。

③ 恒重仓必须定期进行清理，保证每周不少于一次。

（4）XR 型选粉机操作要点

一般通过调整 XR 型选粉机转子的转速以及调节三个补风口的补风量来调节产品的细度和产量。选粉机轴承温度不能高于 85 ℃，选粉机下部锁风阀应密封良好。

（5）V 型选粉机操作要点

① V 型选粉机是依靠重力打散、风力分选的静态选粉机，用于分离无黏性、低水分含量的物料。

② 运行 V 型选粉机时要求被分选物料的最高温度不超过 200 ℃，通入的热风最高温度不超过 200 ℃，出口风温绝大部分时间应控制在 80 ℃以下。

③ 运行 V 型选粉机时要求进入选粉机的物料的最大粒度不超过 35 mm。

④ V 型选粉机分选的颗粒粒径一般小于 0.2 mm，通过调整风量和叶片角度来调整物料细度。

⑤ 运行 V 型选粉机时要严格控制循环系统的风力，减少进料口和回料口漏风，并保证喂料装置均匀进料。

（6）皮带机操作要点

皮带跑偏时必须及时调整；皮带机上的物料必须全部卸尽后才能停车；及时清理黏结在后托辊和辊筒表面上的物料（必须停车时处理）；及时清理皮带机走廊上的散落物；观察皮带表面的磨损情况并及时修补；无特殊情况严禁开空车；紧急情况下可使用拉绳开关停车，排除故障后必须将拉绳开关复位才能重新开车。

（7）收尘器操作要点

经常巡检储气包压力表，确保压力在 0.4～0.6 MPa 范围内；每班必须打开一次储气包的排污阀，排尽污水；经常巡检收尘器提升阀是否工作正常；经常巡检收尘器排风机出口烟气的含尘浓度，判断收尘袋是否破损。

（8）阀门和循环风机操作要点

生料磨系统管道上的阀门共有 5 个，根据选粉机进、出口气体温度和系统风量的需要，对各个阀门进行联动开关，操作员要有整体意识，在调节循环风机和各个阀门时，要密切注意高温风机出口和增湿塔入口的负压，及时调整废气风机。在满足系统用风需要的前提下，尽可能多用循环风，少引入环境风，以达到经济效益最大化。

① 阀门命名：热风主阀门、冷风阀门、循环风主阀门、循环风放风阀门。

② 阀门操作原则：

循环风机开启之前，将循环风主阀门、循环风放风阀门全部打开。循环风机转数调到合适值后，根据选粉机进、出口气体温度和选粉机进口负压来调节冷风阀门和热风阀门的开度。随着投料量的增加和循环风机做功的加大，系统需要的热风量逐渐增多，当冷风阀门全部关闭，热风主阀门全部打开也不能满足温度要求时，要逐渐关小循环风主阀门，以加强放风效果。

8.2.4　生料辊压机终粉磨系统正常生产时的系统参数

生料辊压机终粉磨系统正常生产时的系统参数见表 7.7。

表 7.7　生料辊压机粉磨系统正常生产时的系统参数

序号	部位	控制范围	备注
1	辊压机进料温度	≤100 ℃	根据 V 型选粉机出口气体温度判断进入辊压机物料的温度
2	物料湿度	≤5%	
3	入辊压机的物料粒度	95% 的物料粒径不大于 45 mm;最大粒径不大于 75 mm	
4	辊压机通过能力	553～844 t/h	
5	液压系统预压压力	7.3 MPa	
6	液压系统工作压力	8.5～11 MPa	
7	辊缝工作间隙	25～50 mm	
8	初始辊缝	25 mm	
9	V 型选粉机进口气体温度	200 ℃左右	根据出口气体温度适当调整
10	恒重仓仓重	60%～70%	
11	循环风机进口负压	−6000 Pa 左右	
12	动态选粉机进口负压	−2000 Pa 左右	
13	循环风阀门开度	80%左右	根据生产情况适当调整

8.2.5　辊压机的安全操作

(1)除铁器及金属探测仪失灵。当发现除铁器及金属探测仪失灵时,应立即止料停机。有的系统有多道除铁设备,如果有一道失灵,都应及时修复。

(2)当磨辊压力值、磨辊电流值、磨辊宽度的绝对值过高或过低,或波动过大时,均表明辊压机出现异常状态,应及时查找原因并予以排除,否则要停车。

(3)当进料启动阀、斜插板推杆打不开或不能关闭时、侧挡板松动或磨损时、物料中有较大颗粒或较多细粉时、稳流料仓面偏低时,会表现出辊压机频繁纠偏,或剧烈振动,应及时采取措施补救,否则,需停机检查。

(4)液压系统的阀件泄漏。当中控屏幕显示某侧压力值低于预加压力值,而加压阀不断加压,如果检查油管,油管回油管中有少量油回流,表明液压系统中有某阀件泄漏,需要查找泄漏阀件。如果回油管中并无回油,此时的加压是为磨辊纠偏,应在停机时更换磨损的衬板,或重新调整复位。

发现以下情况应立刻停机修理、更换或补气:液压管路系统堵塞或泄漏;液压油泵、压力保护阀件损坏;辊压机蓄能器气压显著下降,辊压机压力变化剧烈等。

(5)辊压机磨辊轴承及减速机轴承温度高过允许极限值时,必须立即停车查找原因。

(6)发现紧固套联轴器螺栓松动及扭矩支撑铰链螺栓松动时,应停车紧固。

◆ 知识测试题

一、填空题

1.恒重仓的主要作用是_____,要求仓中必须留料位。

2.当减速机油温高于_____℃时,发出报警信号;高于_____℃时,系统停机。

3. 为了保护辊压机的辊面_____,需在进料皮带上设置_____和_____。

4. 辊压机物料循环可改善辊压机的_____,让回料充填原始物料的_____,使之密实,物料入辊压机的压力_____,从而满足辊压机的工作要求,改善挤压效果。

二、选择题

1. 辊压机最适应的物料是( )。

A. 硬质料　　　　　　B. 韧性物料　　　　　　C. 脆性物料

2. 当入料粒度偏大,冲击负荷大,辊压机活动辊水平移动幅度大时,会( )料饼回料量,同时( )料饼厚度。

A. 增加,加大　　　　　B. 减少,减小　　　　　C. 增加,减小

3. 辊压机在运转过程中必须保证( )喂料。

A. 均匀　　　　　　　B. 饱和　　　　　　　C. 连续

4. 辊压机正常运转过程中,压力由( )保持。

A. 蓄能器　　　　　　B. 液压缸

三、判断题

1. 对称重仓的容量设计没有要求。( )

2. 调节插板向上提起过多,进入两辊之间的料床较厚,辊缝较大,易使辊压机产生振动,损坏扭矩支承地脚螺栓。( )

3. 如果辊压机的辊压力较小,则形成的料饼表面粗糙、质地松散、密度小,辊压粉磨效果差,达不到预粉磨的作用,所以辊压力越大越好。( )

4. 正确的液压力传递过程:液压缸→活动辊→料饼→固定辊→固定辊轴承座,最后液压缸的作用力在机架上得到平衡。( )

5. 辊压机必须为空载启动,即保证两辊间无任何物料及杂物。( )

四、简答题

1. 恒重仓料位不足对辊压机的工作过程有什么影响?

2. 调节辊压机料饼厚度时,要遵循什么原则?

3. 试简述辊压机终粉磨系统的开车顺序。

4. 试简述辊压机运行时的巡检内容。

5. 辊压机终粉磨系统停车时,主电机应当在什么时候停?

◇ **能力训练题**

1. 绘制辊压机终粉磨系统工艺流程图。

2. 在仿真系统中操作辊压机终粉磨系统开车、停车。

3. 在仿真系统中进行辊压机终粉磨系统正常运行操作。

任务9　生料辊压机终粉磨系统的常见故障及其处理方法

任务描述　分析并处理生料辊压机终粉磨系统的常见故障。

能力目标　能分析判断生料辊压机终粉磨系统常见故障产生的原因并进行处理。

知识目标　掌握生料辊压机终粉磨系统常见故障的处理方法。

9.1　辊压机的常见故障及其处理方法

9.1.1　辊压机辊缝异常

（1）辊压机辊缝过大

现象：仪表显示辊缝过大；在喂料量不变的情况下，恒重仓料位逐渐下降；循环提升机电流增大；料饼中的细粉量减少。

处理方法：适当减小辊压机的辊缝，调整辊压机的辊缝在 20～30 mm；减小辊压机恒重仓的下料闸门开度，减少下料量。

（2）辊压机辊缝过小

现象：仪表显示辊缝过小；在喂料量不变的情况下，恒重仓料位逐渐升高；循环提升机电流减小；料饼中的细粉量增多。

处理方法：检查侧挡板是否磨损，若磨损严重，则更换挡板；检查辊面的磨损情况，若磨损严重，则进行修补；适当增加辊压机的辊缝，调整辊缝在 20～30 mm。

（3）辊压机辊缝变化频繁

现象：位移传感器显示辊压机辊缝变化频繁。

处理方法：检查辊面是否局部出现损伤，若已损伤应及时修复。检查除铁器及金属探测器是否正常工作；观察辊压机进料是否时断时续，若进料不顺畅，应检查进料溜子及恒重仓是否下料不畅。

（4）辊压机辊缝偏斜

现象：位移传感器显示辊压机辊缝偏斜；辊压机频繁纠偏。

处理方法：观察辊压机进料是否出现偏斜，进料沿辊面是否粗细不均，并及时对进料溜子进行调整；检查侧挡板是否磨损，若已严重磨损，则更换侧挡板；若左、右侧压力频繁补压，则检查液压阀件，更换液压控制元件。

9.1.2　辊压机轴承温度异常

现象：辊压机轴承温度显示报警。

处理方法：检查轴承运转是否正常，若声响较大，则检查轴承是否加入了足够的润滑油，以保证轴承的润滑质量；检查冷却水系统的冷却水量是否充足、水管阀门的开度是否合适，并作相应调整。

9.1.3　辊压机电流异常

（1）辊压机电流过高

现象：辊压机传动主电机电流过高；供油压力偏高；

处理方法：降低供油压力；减少喂料量。

（2）辊压机电流过低

现象：辊压机传动主电机电流偏低；供油压力偏低。

处理方法：增加供油压力；增加喂料量。

9.1.4　辊压机进出料异常

（1）辊压机通过量偏高

现象：在喂料量不变的情况下，喂料计量仓料位逐渐下降；辊压机辊缝偏大。

处理方法：减小辊压机喂料调节板的开度，以减少喂料量；适当减小辊缝。

（2）辊压机通过量偏低

现象：在喂料量不变的情况下，喂料计量仓位逐渐升高；辊压机辊缝偏小。

处理方法：增大辊压机喂料调节板的开度，以增加喂料量；适当加大辊缝。

（3）料饼循环量偏大

现象:水泥磨喂料量相对减少;循环提升机电流增大。

处理方法:调节分料阀的开度,适当减少边料循环量。

(4)料饼循环量偏小

现象:水泥磨喂料量相对增加;循环提升机电流减小。

处理方法:调节分料阀的开度,适当增加边料循环量。

9.1.5　辊压机振动偏大

(1)辊压机振动偏大

现象:辊压机振动值偏大;现场确认振动偏大。

处理方法:检查喂入辊压机的物料是否有大块,如果确实有大块,要把大块挑出,避免其进入辊压机;检查辊压机的挤压力,如果挤压力偏高,就要适当降低挤压力。

(2)辊压机振动瞬间偏大

现象:辊压机振动值瞬间偏大,之后又恢复正常。

处理方法:如果振动值瞬间变大,应检查是否有金属硬块通过,同时检查除铁器和金属探测器是否正常工作。

9.1.6　辊压机跳停

现象:主电机电流超高,高限急停;主电机电流差超高,高限急停。

处理方法:检查辊压机料仓的下料闸板的开度是否过大,如果其开度过大就要适当减小;打开辊压机辊罩检修门,检查是否有物料堵塞情况,如果有堵塞情况要疏通干净;检查侧挡板进料调节板是否与电流高的辊轴有擦碰现象;检查辊面花纹是否已严重磨损,测量动辊和定辊直径,如果已经严重磨损,则进行辊面堆焊修复。

9.1.7　辊压机及磨机的润滑系统故障

现象:油泵跳闸或现场停车;油压过高或过低;辊压机系统、磨机系统联锁停车。

处理方法:将喂料量设定为“0”;减小磨机排风机进口阀的开度;对油泵和油管路系统进行检查,清理润滑油中的过多粉尘杂质。

9.1.8　辊压机挤压效果差

现象:被挤压物料中的细粉过多、辊压机运行辊缝小、工作压力小。

原因分析:经过辊压机双辊高压挤压后的物料,其内部结构产生大量的晶格裂纹及微观缺陷、小于 2.0 mm 颗粒与小于 80 μm 细粉含量增多,分级后的入磨物料粉磨功指数下降 15~25,易磨性明显改善,从而大幅度提高磨机的产量,降低了粉磨系统的电耗。但辊压机对物料粒度及均匀性非常敏感,粒状料挤压效果好,粉状料挤压效果差,即有“挤粗不挤细”的料床粉磨特性。当物料中细粉料较多时,会造成辊压机实际运行辊缝小,工作压力小,若不及时调整,则挤压效果会变差、系统电耗增加。

处理方法:①控制粒度小于 0.03D(D 是指辊压机的辊子直径)的物料比例占总量的 95% 及以上。生产实践证明,粒度在 25~30 mm 且均齐性较好的物料的挤压效果最好。②做好不同粒度物料的搭配,避免过多较细物料进入辊压机而影响其正常做功;同时,可根据物料特性对工作辊缝及插板开度及时进行调整,其调节原则如表 7.8 所列。

表 7.8　辊压机工作辊缝及入料控制斜插板设置原则

项目	工作辊缝设置	入料控制斜插板设置
入机物料水分含量高,颗粒粗	放宽	上调
入机物料水分含量低,颗粒细	放窄	下调

项目	工作辊缝设置	入料控制斜插板设置
辊压机振动大	放宽	上调
辊压机主电机电流过高	放宽	下调
生产低等级水泥	放宽	微调
生产高等级水泥	放窄	微调

9.1.9　辊压机侧挡板磨损严重

现象:工作间隙值变大,边缘漏料。

原因分析:辊压机辊子中间部位物料的挤压效果好,细粉量多,而边缘挤压效果差,细粉量少甚至漏料,这就是辊压机的"边缘效应"。当两端侧挡板磨损严重,工作间隙值变大时,边缘漏料更加严重,显著减少挤压后物料的细粉含量。同时,部分粗颗粒物料还将进入后续动态或静态分级设备,对分级设备内部造成较大磨损。

处理方法:①辊压机侧挡板与辊子两端正常的工作间隙值一般为 $2\sim3$ mm,实际生产中可以控制在 $1.8\sim2.0$ mm。②采用耐磨钢板或耐磨合金铸件制作侧挡板,生产上要备用 $1\sim2$ 套侧挡板以应对临时性更换。在采用耐磨合金铸件之前,应将其表面毛刺打磨干净,以便于安装和使用。③实施设备故障预防机制,正常生产时一般每隔 $7\sim10$ d 利用停机时间检查侧挡板与辊子的间隙,若超出允许范围,就要及时调整修复,并做好专项备查记录。

9.1.10　辊压机动辊及静辊的辊面磨损严重

现象:动辊及静辊的辊面光滑或出现凹槽,对物料的挤压效果变差。

原因分析:辊压机辊面磨损或剥落严重而出现凹槽以后(主要是辊面中间部分),导致运行时辊缝发生变化;辊面花纹磨损至呈光滑状态以后,对物料的牵制、咬合能力明显削弱,使挤压粉碎效果大打折扣。严重磨损或剥落后的辊面对物料施加的挤压力不均匀、局部漏料、出机料饼中粗颗粒增多,甚至有未经挤压的物料,会影响球磨机的粉磨效果,也会加剧分级设备的磨损。

处理方法:①应急性维修。辊面磨损不严重时,请专业维修技术人员实施在线堆焊处理,恢复辊子原始尺寸及表面花纹。对于磨损较严重的辊面,若企业有备用辊,应及时更换,并将辊面磨损严重的辊子送至专业堆焊厂家维修处理。②物料进入辊压机稳流恒重仓之前,应设置多道电磁除铁装置及金属探测报警器,防止铁块等其他金属异物进入辊压机而损坏辊面。③利用停机时间检查辊面磨损情况,检查频次是每周一次至三次,并做好专项检查记录。

9.1.11　辊压机工作压力值低,运行电流低

现象:中控模拟画面显示辊压机工作压力值低,运行电流低。

原因分析:辊压机在不同运行工作压力下,被挤压的物料所产生的小于 $80\ \mu m$ 的细粉量是不同的,这个参数直接影响磨机的产量、水泥质量及粉磨电耗指标。在设计允许范围内,合理提高辊压机的工作压力,可增加物料中粒径小于 $80\ \mu m$ 的细粉含量的比例。

造成辊压机工作压力低、运行电流低的主要原因有:

①稳流恒重仓底部下料锥斗与水平面夹角较小,影响下料速度。

②稳流恒重仓容积小、运行仓位低、存料量过少、下料不连续。

③稳流恒重仓或下料管壁挂料,料流呈断续状。

④稳流恒重仓至辊压机之间的垂直距离偏短,下料管内料流小、料压偏低。

⑤稳流恒重仓至辊压机之间的下料管直径过大,下料管内料压低。

⑥辊压机料流控制斜插板开度较小。

处理方法：

①改造稳流恒重仓下料锥斗部位,将其与水平面夹角调整至70°左右为宜。

②稳流恒重仓内有效存料量一般不低于30 t,否则就要进行适当增容改造,因为仓容增大,储料量多,对稳定入辊压机的料流有利。

③稳流恒重仓未增容前,应保证操作料位不低于70%。

④稳流恒重仓至辊压机之间垂直下料管高度一般应不低于3.0 m。

⑤设计辊压机下料管的直径时,应该使下料管内充满物料实现过饱和喂料,这样能够提高料压,稳定辊压机工作压力及挤压做功状态。

⑥辊压机正常做功时,动辊液压件呈平稳的规律性水平往复移动;两个主电机运行电流达到其额定电流值的60%~80%,运行辊缝控制在0.02D(D是指辊压机的辊子直径),入料插板开度在50%~80%。

⑦控制入辊压机物料的水分含量小于0.5%;对稳流恒重仓内壁、锥斗及下料管等部位,采用聚乙烯抗磨塑料板、高强度耐磨钢板等进行抗磨、防粘处理,以保持物料顺畅。

9.2　选粉机的常见故障及其处理方法

(1)现象

入磨机物料的粗颗粒增多

(2)故障原因

① 入 V 型选粉机的物料呈料柱状且过于集中,不能形成松散、均匀料幕。

② 打散隔板严重磨损,影响物料打散效果。

③ 系统风量过大,导流板间风速高,分选的物料中粗颗粒过多。

④ 旋风筒入口处严重积灰,系统通风阻力增大,影响细粉的收集。

⑤ 漏风管道破裂,造成系统漏风。

⑥ 循环风机的叶轮磨损严重。

(3)解决方法

① 在 V 型选粉机内部,使用高硬度耐磨材料或普通 50 mm×50 mm 的角钢,增设 2~3 排交错布置的打散棒,以增强对料饼的打散及分级效果,使其内部形成均匀、分散的料幕。

② 根据打散隔板的磨损程度,修复或更换打散隔板。

③ V 型选粉机出风部位阻力越大,旋风筒风道越易积灰,气体流场越不均匀,对细粉收集的影响越大,所以可将出风部位的弧度放缓,减少系统通风阻力,消除旋风筒风道的积灰,提高细粉的收集效果。

④ 在每周停机时间对 V 型选粉机内部及系统通风管道、循环风机叶轮等进行详细检查,对通风管道漏风部位实施密封,消除漏风对系统的影响。叶轮可用高强度耐磨钢板制作,或敷贴耐磨陶瓷进行防磨处理。

⑤ V 型选粉机导流板间的风速越高,分选的入磨物料粒度越粗,比表面积越小。正常生产时,导流板间的风速一般控制在 5.5~6.0 m/s 比较合适,这时入磨物料的比表面积可以达到 180 m²/kg 及以上。

9.3　生料辊压机终粉磨系统的常见故障及其处理方法

生料辊压机终粉磨系统的常见故障及处理方法见表7.9。

表 7.9　生料辊压机终粉磨系统的常见故障及处理方法

序号	故障现象	检测判断方法	处理方法
1	磨机喂料量过大	①稳流仓仓位上升; ②提升机电流上升; ③V型选粉机进口负压下降; ④V型选粉机出口负压上升; ⑤选粉机出口负压上升	①降低喂料量,并在低喂料量的状态下运转一段时间; ②调整循环风放风阀门的开度; ③在各参数显示基本正常时,慢慢地增加喂料量; ④注意观察,当各参数正常后稳定喂料量
2	磨机喂料量不足	①稳流仓仓位下降; ②提升机电流下降; ③V型选粉机进口负压上升; ④V型选粉机出口负压下降; ⑤选粉机出口负压下降	①调整循环风放风阀门的开度; ②慢慢地增加磨机的喂料量,直到各参数正常为止
3	辊压机辊缝过小	位移检测装置显示值过小	①检查进料装置开度是否过小,物料通过量是否过小,应调整到适当位置; ②检查侧挡板是否磨损,磨损严重时还能造成辊压机跳停,应时常查看并及时修复或更换; ③检查辊面是否磨损,辊面磨损将严重影响辊压机两辊间物料料饼的成型,严重时还会引起减速机和扭力盘的振动,应尽快修复
4	辊压机辊子轴承温度过高	温度指示或现场检查温度上升	①检查所用油脂的牌号、基本参数、性能和使用范围,检查是否能够适用于辊压机的工况,如不适应则更换适用的油脂; ②检查加入轴承的油脂量,油脂过少则润滑不足,会造成干摩擦,引起轴承损伤和高温;油脂过多,则轴承不能散热,热量富集造成轴承温度高,引起轴承损伤,应按照说明书中用量加注; ③检查轴承是否已经磨损,应观察运行状况,从声音、振动情况,电流和液压的波动情况以及打开端盖仔细检查等查处实际情况,并及时妥善处理; ④检查冷却水系统是否正常,可通过进水和回水温度、流量等检查是否供水足够
5	辊压机振动大、扭力盘振动大	现场观察有明显的振动情况	①检查喂料粒度是否过大; ②检查辊面是否有凹坑,若辊面受损形成凹坑将引起辊压机的振动,还会引起减速机、电机的损坏,产量也将受到影响,应及时补焊; ③检查辊压机主轴承是否损坏; ④检查减速机轴承、齿面是否损坏
6	辊压机运行中左、右侧压力波动较大	压力指示值波动大	①检查循环负荷率是否过大,物料中细粉含量是否过多,并及时对工艺进行调整; ②停机检查储能器内压力是否正常,是否有液压阀件泄漏

续表 7.9

序号	故障现象	检测判断方法	处理方法
7	辊压机跳停	①辊缝间隙极限开关动作急停; ②左、右侧辊缝超高,高限急停; ③左、右侧压力差超高,高限急停; ④压力超高,高限急停; ⑤辊缝差超高,高限急停	①检查物料中是否有大块或耐火砖,物料粒度是否超过辊压机的允许进料粒度; ②检查金属探测仪是否漂移导致入辊压机物料中含有金属铁件而使辊面损伤; ③检查辊压机进口溜子处所装的气动阀门是否开关灵活
		①主电机电流超高,高限急停; ②主电机电流差超高,高限急停	①检查进料装置是否开度过大; ②若进料装置开度合适,可适当减小进料溜子上棒条阀门的开度; ③打开辊压机辊罩检修门检查是否有物料堵塞情况; ④检查侧挡板是否与电流高的辊轴有擦碰现象; ⑤检查进料调节板是否与电流高的辊轴有擦碰现象; ⑥检查辊面花纹是否磨损,测量动定辊直径,若已磨损,应进行辊面堆焊
8	减速机温度过高	温度指示值上升	①检查油站的供油量是否符合要求; ②检查过滤器是否有杂质; ③检查供、回油的温差和冷却器的冷却效果; ④检查冷却水的压力和水管管径,保证冷却水用量; ⑤检查减速机高速轴承是否损坏
9	减速机振动大、声音异常		①检查进辊压机的物料粒度是否偏大; ②检查扭力支承的关节轴承是否损坏; ③检查辊面是否有凹坑; ④检查减速机油站回油过滤器中是否有片状金属物
10	减速机油站系统出现故障	①减速机冬季运行声音增大,油黏度高; ②运行声音大,过滤器堵塞,流量指示器无指示; ③冷却换热器漏水造成油水混合; ④管接头出现漏油	①定期清洗过滤器; ②检查换热器密封
11	选粉机异常振动	①电机电流上升,且波动剧烈; ②现场振感,刮擦噪声	停机检查选粉机内部,现场观察转子运转是否跑偏,并做相应处理
12	选粉机堵塞	①V型选粉机进出口负压下降; ②旋转给料机、斜槽无料或料少; ③选粉机出口负压上升	①检查粗粉出口帘式锁风阀是否不灵或卡死; ②开机检查选粉机粗粉出料通道是否不畅,有无异物或堵料; ③检查是否衬板脱落或紧固件卡死

序号	故障现象	检测判断方法	处理方法
13	斗式提升机故障	①跳闸或现场停车； ②辊压机及配料输送设备联锁停车	①关闭热风阀门； ②降低循环风机转速； ③加大循环风阀门开度； ④喂料量设定为0； ⑤通知废气处理系统相关人员调整排风机阀门开度及风温； ⑥选粉机转速设定为0
14	减速机的润滑装置故障	①油泵跳闸或现场停车； ②油压过高或过低； ③辊压机、入磨输送设备联锁停车	①关闭热风阀门； ②加大循环风阀门开度； ③将循环风机及转速降低； ④喂料量设定为0； ⑤通知废气处理系统相关人员调整排风机阀门开度及风温； ⑥对油泵和管路进行检查和处理
15	循环风机故障	①跳闸或现场停车； ②温度过高； ③磨机、入磨输送组联锁停车	①关闭进磨热风阀门； ②喂料量设定为0； ③通知废气处理系统相关人员调整排风机阀门开度及风温； ④关闭循环风机出口阀门
16	选粉机故障	①油泵跳闸或现场停车； ②速度失控； ③提升机、辊压机、入磨输送组联锁停车	①关闭进磨热风阀门； ②加大循环风阀门开度； ③降低循环风机转速； ④喂料量设定为0； ⑤通知废气处理系统相关人员调整排风机阀门开度及风温
17	入磨输送组中入磨皮带或喂料皮带秤故障	跳闸或现场停车	①喂料量设定为0； ②关闭进磨热风阀门； ③加大循环风阀门开度； ④降低循环风机转速； ⑤必须在恒重仓料位高于底限时恢复喂料； ⑥如长时间不能正常运行，要避免辊压机长时间空负荷运转
18	液压系统故障	液压系统不能加压	①检查各阀件是否通电，能否正常工作； ②检查油站油位是否正常； ③检查集成块上加压节流阀是否打开； ④检查液压油站齿轮泵是否完好； ⑤检查油站电机是否工作正常； ⑥检查组合控制阀块是否发生故障

续表7.9

序号	故障现象	检测判断方法	处理方法
18	液压系统故障	液压系统不能保压或压力不稳	①检查减压阀、快泄阀是否带电,是否按照设定要求动作; ②检查溢流阀是否漏油; ③检查蓄能器氮气压力是否符合要求,氮气压力是否过小; ④检查喂料是否均匀或太少,进料溜子上的棒阀是否全部打开; ⑤检查辊面是否有凹坑; ⑥检查辊侧挡板是否调节到合适距离
		液压站油温温升较快,温度高	①检查阀件是否泄漏造成液压一直频繁波动; ②检查冷却水是否畅通; ③加热器是否一直打开; ④检查油站热电阻是否损坏,电线接触是否良好,是否误显示; ⑤检查油箱内的液压油是否过少; ⑥检查油站上的电磁换向阀能否正常工作
		氮气瓶与集成块连接处漏油	①查看蓄能器连接螺丝是否松动; ②查看接触位置密封是否损坏
		液压油站出现压差报警	更换液压站过滤器,换油

❖ 知识测试题

一、填空题

1. 活动辊水平振动值达_____mm报警,达_____mm自动跳停。

2. 入辊压机物料的平均粒度超过_____时,会造成辊压机_____增大,系统跳停。解决的措施是缩小_____的平均粒度;其次,改变 N_2 囊_____,以增强辊压机适应大块物料的能力。

3. 为保证电机的安全运转和防止辊面损坏,一般在电机和减速机之间安装一种_____。

4. 应保证每星期清理一次,排出富集在循环系统里面的_____,不让其加快对辊面的磨损。

二、选择题

1. 由于进料粒度过细引起的辊压机机体振动,应(　　)回料量以增大入磨物料的平均粒径,反之(　　)回料量以填充大颗粒间的空隙。

　A. 增加,加大　　　　　　　B. 减少,增大　　　　　　　C. 增加,减小

2. 生产中在恒重仓中保持70%以上的料位较为合理,若仓位不够时,需(　　)。

　A. 先补仓　　　　　　　　　B. 减小喂料量

3. 恒重仓必须定期进行清理,(　　)。

　A. 每周保证不少于一次　　　B. 每月保证不少于一次

三、判断题

1. 活动辊水平振动,会加剧液压缸密封圈的磨损,造成液压系统压力和传动系统扭矩波动变大,对辊压机运行的可靠性带来不利的影响。(　　)

2. 动辊两边液压系统压力不平衡,则会顶偏,导致两辊缝偏差大。(　　)

3. 辊压机工作压力偏低,则主电机电流偏小。(　　)

4.设置液压系统压力的依据是喂入辊压机物料的物理性能以及辊压机后序设备的配套情况和生产能力。(　　)

四、简答题

1.试简述辊压机干油分配器报警的原因。

2.如何检测磨辊间隙？

3.液压系统压力过小的原因是什么,怎样处理？

◇ 能力训练题

1.在中控仿真系统中处理辊压机的常见故障。

2.在中控仿真系统中处理生料辊压机终粉磨系统的常见故障。

任务 10　生料辊压机终粉磨生产实践

任务描述　在真实或仿真生料辊压机终粉磨系统中实现设备的开车、停车、正常运转和故障排除等操作。

能力目标　能在真实或仿真生料辊压机终粉磨系统中实现设备的开车、停车、正常运转和故障排除等操作,实现生料制备系统中控操作理论与生产实践的有机结合。

知识目标　掌握生料制备系统的生料辊压机终粉磨系统的操作技能。

下面以某水泥企业 2500 t/d 水泥熟料生产线的生料辊压机终粉磨系统的操作为例说明。

10.1　生料质量标准

(1)生料细度控制在 0.08 mm 方孔筛筛余不大于 14%,二次细度控制在 0.2 mm 方孔筛筛余不大于 3.5%。

(2)出辊压机物料水分含量不大于 1%。

10.2　工艺参数要求

(1)入辊压机物料温度不大于 120 ℃,入辊压机物料湿度不大于 5%。

(2)入辊压机物料粒度:95%的物料的粒度≤45 mm,最大粒度≤75 mm。

(3)交接班配料站仓位在 50%以上。

(4)各种物料按荧光分析系统的指令比例均衡下料,皮带秤运行平稳,计量准确。

(5)V 型选粉机进口负压−3000～−2500 Pa,进口风温 190～230 ℃。

(6)XR3200 型选粉机进口负压−800～0 Pa,进口风温 70～120 ℃。

(7)XR3200 型选粉机转速:750～1500 r/min。

(8)循环风机进口负压−7000～−5000 Pa,进口温度 100～120 ℃。

(9)循环风机转速:600～750 r/min。

(10)稳流恒重仓料位:10～17 t。

10.3　系统开车与停车

10.3.1　开车前的准备

(1)确保整个系统正常。

① 配料站系统、收尘系统、生料均化系统备妥。

② 生料入库输送系统备妥。

③ 辊压机系统主机、辅机设备备妥。

④ 中控室各部温度、压力、流量显示齐全完好。

⑤ 计算机系统运行正常。

⑥ 润滑系统开启。

(2)原料配料站各库料位在50%以上。

(3)适当调节热风温度,使辊压机物料水分含量在规定范围之内。

(4)确认各阀门的位置,特别注意冷、热风阀门的配合。

(5)辊压机润滑系统完好,且油温达到启动温度,现场检查润滑系统运转完好。

(6)定量给料机的供料比例合适,设定喂料量。

(7)所有系数齐全、正确,设备完好。

(8)确保各部螺栓无松动,辅机无异常。

(9)空压机站供风压力正常。

(10)辊压机取样器工作正常。

(11)荧光分析控制系统正常。

(12)后排风机、辊压机主电机正常。

(13)各部正常后,现场与中控密切配合,由中控室发出开车指令,按程序开车。

10.3.2　开车顺序

开车前首先开启润滑系统和冷却水系统。

库顶斜槽风机(M4203)→入库斗式提升机(M4201)→成品输送斜槽风机(M4116c、M4116b、M4116a)→选粉机(M4113)→生料循环风机(M4115)→入恒重仓斗式提升机(M4107)→入选粉机斗式提升机(M4112)→预警铃→辊压机(M4111)→取铁器→金属探测仪(M4103)→带式输送机(M4101)→石灰石定量给料机(M3503)→砂岩皮带秤(M3505)→硫酸渣皮带秤(M3507)→粉煤灰皮带秤(M3512)→粉煤灰螺旋给料机→气动阀(M4111B)

10.3.3　停车顺序

(1)窑尾袋收尘组

开车顺序:电动推杆(M5415)→链式输送机(M5414)→袋收尘下链式输送机(M5413)→刚性叶轮给料机(M5411E2)→刚性叶轮给料机(M5411E1)→袋收尘下链式输送机(M5411D2)→袋收尘下链式输送机(M5411D1)→袋式收尘器(M5411)→链式输送机(M5410)→增湿塔振动电机(M5402B2)→增湿塔可逆绞刀(5402A)。

停车顺序:与开车顺序相反。

(2)紧急停车

对于辊压机系统,当出现紧急情况时,应首先将辊压机及喂料系统紧急停车。然后配合有关系统,调整风量,使生料粉磨和窑、磨废气处理系统处于辊压机停窑开启状态,尽量不影响烧成系统的操作。如果废气处理系统也出现紧急故障,应首先对窑系统采取措施,防止事故。待停窑后将系统的全部设备停车。(注:窑磨联动时需事先开启窑尾袋收尘和增湿塔组。)

停车顺序:喂料输送组→辊压机(延时 15min 以上)→选粉机组→其余设备逆开车顺序停车,但注意是否影响窑系统运行。每开一台设备,必须等前一台设备运行正常后,方可开启下一台设备。

10.4　系统操作要求

(1)调节冷、热风阀,控制进 V 型选粉机风温,调节循环风机阀门开度,调节循环风阀,使整个系统负压达到正常工况要求。

① 启动辊压机;

② 辊压机处于预加压状态;

③ 确认辊缝间无料,辊轴盘车灵活,处于初始辊缝;

④ 启动后确认主电机空载电流运行正常。

(2)启动喂料设备

① 稳流恒重仓料位处于 25 t 时,开启气动阀;

② 据辊缝间隙和恒重仓位,调节进料装置开度,调节总喂料量,保证恒重仓仓位。

(注:开气动阀时确认棒条阀开度为 60%,进料装置保持最小开度 20%,防止物料瞬时进入辊压机)

(3)停车顺序

停止喂料,调节冷热风阀,降低系统风温。逐渐关小进料装置,降低循环风机风门,降低系统负压,降低选粉机转速,待恒重仓在 5 t 左右时关闭气动阀。辊缝、压力处于原始状态时,方可停辊压机,其他按逆开车顺序停车。

10.5　系统运行中常见故障的判断与处理方法

10.5.1　辊压机故障的判断与处理方法

(1)机体振动较大

原因:入料粒度过粗或过细;料压不稳或连续性差;挤压压力偏高。

处理方法:

① 如果由于进料粒度过细则应减少回料量,以增大入料的平均粒度,反之则应增大回料量以填充大颗粒间的空隙;

② 为保持料压稳定,应设置稳流称重仓,利用压力传感器,变送器将压力引起的信号转化为电信号,送入控制仪表进行稳压控制,使其运行平稳减小振动;

③ 辊压机的挤压效果并不是压力越大越好。当挤压压力超过 8 MPa 时,被挤压的细粉有重新凝成团的趋势,在实际生产中则会使辊压机产生振动;合适的挤压力应以料饼中基本不含难以搓碎的完整颗粒为设定依据。

(2)辊压机液压系统工作不正常的处理

现象:密封圈破损,油缸漏油

处理方法:① 辊压机各连接部位及溢流阀、换向阀都设有密封圈,发现破损应立即更换;② 油缸漏油分内泄漏和外泄漏。内泄漏时应立即对缸壁进行补镀,再机加工处理;外泄漏时应在活塞杆外壁补镀一层后,再进行外圆磨加工;③ 油缸上表面及活塞杆的下表面部位都是易磨损处,对它们的处理均采用镀层后再加工。注意在辊压机的安装调试时,就要考虑足够的空间来适应轴承中心的下沉,使各运动部件达到同心状态。

(3)辊压机辊面磨损

现象:辊面产生裂纹,辊面凹坑,辊面硬质耐磨层脱落。

处理方法:① 在辊压机喂料胶带输送机上加设金属探测器和磁性金属分离器,除掉物料中的铁块等硬质物料;② 采用镶套式磨辊结构保护辊面;③ 辊面磨损后进行整体补焊,这样可延长使用一年到半年。

（4）辊压机轴承损坏

轴承有裂纹,爆裂时须立即更换。为尽量避免辊压机轴承损坏,操作时应做到如下几点:

① 严格控制喂料量,不让辊压机过载;

② 防止或及时处理辊压机体的振动;

③ 选择好适于辊压机轴承使用的润滑油脂,保护好轴承。

（5）辊压机主轴瓦温度高

现象:温度指示偏高。

处理方法:① 检查润滑油系统看供油压力,温度是否正常,若不正常应进行调整;② 检查润滑油中是否有水或其他杂质;③检查冷却水系统是否运转正常。

（6）辊压机主电机电流过大

现象:控制室电流显示;电流过大导致跳停。

处理方法:① 检查辊压机工作压力是否较高;② 检查辊面是否出现损伤,若局部损伤则应检查金属探测器是否工作不正常,若辊面无损伤,检查辊压机喂料粒度是否过大。

（7）辊缝过大

现象:仪表显示辊缝过大;在新喂料量不变的情况下恒重仓荷重逐渐下降,循环提升机电流增大。

处理方法:适当减小辊压机进料装置开度,使辊缝减小至 40 mm 左右。

（8）辊缝过小

判断方法:仪表显示辊缝过小;辊压机频繁纠偏;循环风机风门维持不变的情况下,仓压逐渐上涨,循环提升机电流减小。

处理方法:适当增大辊压机进料装置开度,若辊缝无变化停机时进行两项检查,一是检查侧挡板是否磨损,二是检查辊面磨损情况。

（9）辊缝偏斜

现象:位移传感器显示;辊压机频繁纠偏。

处理方法:① 观察辊压机进料是否偏斜,进料沿辊面是否粗细不均,及时对进料溜子进行整改;② 检查侧挡板是否磨损;③ 观察左右侧压力是否补压频繁,检查液压阀件。

（10）辊压机储能器气压显著下降

现象:辊压机压力变化剧烈。

处理方法:停机对储能器进行检查和补充氮气。

（11）辊压机跳停

原因:辊缝间隙极限开关动作急停;左右侧辊缝超高,高限急停;左右侧压力差超高,高限急停;辊缝差超高,高限急停。

处理方法:① 检查物料中是否含有大块物料或耐火砖,是否超过辊压机容许进料粒度;

② 检查金属探测器是否漂移导致入辊压机物料中含有金属铁件导致辊面磨损;③ 检查辊压机进料溜子处所装的气动阀是否开关灵活。

（12）减速机轴承温度高

现象:温度指示上升

处理方法:① 检查供油系统看供油压力,温度是否正常;② 检查润滑油中是否有水或其他杂质;③ 检查冷却水系统是否运转正常。

（13）辊压机风机停车

判断方法:叶轮变形,磨损,振动过大,轴承温度超限;风机润滑不良;选粉机故障。

处理方法：

① 停机检修,其操作过程参见制造公司的说明书,然后查明原因尽快处理;

② 疏通管路,修堵漏油,补加润滑油。

(14)辊压机供油压力低

现象:油箱缺油;油泵有故障;过滤网堵塞。

处理方法:① 添加新的润滑油;② 检查油泵;③ 清洗过滤网。

10.5.2　系统常见故障的判断与处理方法

(1)斗式提升机掉斗子或斗子损坏

现象:①入提升机斜槽堵料;②声音异常。

处理方法:①停料后停磨;②提升机采用慢转运行;③打开提升机下部检查门,观察斗子运行情况。

(2)空气输送斜槽的一般检修

判断方法:检查下槽体是否有灰;检查风机的阀门开度和转向;通过窥视窗观测上槽体内物料的流动情况。

处理方法:①若透气层破损,进行更换或修补;②若阀门开度不够,加大阀门开度并紧固。

(3)成品细度调整

判断方法:对选粉的成品,回磨粗粉进行分析。

处理方法:①调整转速,转速增大,细度变细;②循环风机进口阀门关小,细度变细;③调整喂料量。

(4)计量秤显示物料流量变化很大

现象:计量元件或显示仪表故障、计量皮带跑偏;料仓内堵料或塌料;料仓内储量不足,料位过低;皮带秤设定参数可能不合适;皮带料面不均。

处理方法:①密切监控磨机工作情况,加强仓底现场巡视,并视影响程度决定是否停磨;②必须马上到现场捅料清堵;③必须马上向原料仓送料;④改变给定参数。

(5)选粉机振动

判断方法:现场振感,刮擦噪声。

处理方法:停磨处理,检查选粉机内部各处间隙,立轴垂度,现场观察转子运转是否偏摆,并做相应处理。

(6)选粉机堵塞

判断方法:入库斜槽内无料或少料;循环风机电流下降;选粉机出口负压上升。

处理方法:①检查粗粉出口翻板阀是否灵活;②开机检查选粉机粗粉出料通道是否畅通,有无异物或堵料;③检查陶瓷衬板是否脱落或紧固件卡死输送设备。

(7)生料质量波动

判断方法:根据化验室分析结果。

处理方法:①调整喂料比例;②对原料取料样分析。

10.6　辊压机的检查及注意事项

10.6.1　常规检查

(1)检查辊压机主轴承的温度(40～55 ℃)。

(2)检查辊子和其他冷却点的水冷却系统是否有正常的水流,以及管道密封性。

(3)检查缸体的密闭性,排尘管的完整性,储能器和阀体及与之相连通液压站的管路的密闭性。

(4)对辊压机液压系统的液压站进行以下检查:①油箱的油位;②各阀和管路的密闭性;③手动操

作阀是否是关闭的;④压力表和压力显示器的压力读数是否一致。

(5)检查对主轴承油脂供给是否合适,在密封圈处是否有足够的油脂用来防尘。

(6)检查干油润滑系统。

(7)检查辊子驱动系统。

(8)检查所有防护装置是否已被正确保护起来。

(9)电机的维护和润滑。

10.6.2　每日例行检查

需检查的部件和维护注意事项:

(1)检查辊子,主要是对温度和表面磨损情况的检查。

(2)检查冷却水的连接管道。

(3)检查喂料装置。

(4)检查侧挡板。

(5)检查液压系统是否漏油,保护罩是否受损。

(6)检查辊子的驱动系统漏油情况,油箱中的油位,冷却系统是否完好,过滤器有无杂物。

(7)检查保护性防护装置,是否所有的防护装置已按要求安装和闭合。

(8)检查油脂润滑系统,查看油箱的油位情况,管道是否有堵塞。

10.6.3　每周例行检修

(1)对每日检修条款中所有项且进行检查。

(2)辊子表面:检查磨损情况,记录中心和横向的磨损。

(3)侧板:检查磨损情况。

(4)液压系统:检查储能器是否有正确的充气压力,如有需要调整充气压力。

(5)轴承系统:从机架中的油盒里清除废油脂,清理机架和轴承座。

10.6.4　每月例行检修

(1)对每日、每周检修条款中所有项且进行检查。

(2)辊子表面:检查磨损情况,记录中心和横向的磨损。

(3)侧板:检查磨损情况。

(4)液压系统:检查储能器是否有正确的充气压力,如需要调整充气压力。

(5)轴承系统:从机架中的油盒里清除废油脂,清理机架和轴承座。

应特别注意的是,在进行维修工作之前,确保辊压机停车,并用安全栏围起,以防意外事故发生。

◈ 知 识 测 试 题

1.生料质量标准有哪些?

2.工艺指标参数有哪些?

3.试简述生料辊压机终粉磨系统的开、停车顺序。

4.生料辊压机终粉磨系统的常见故障及其处理方法有哪些?

◈ 能 力 训 练 题

1.编写辊压机终粉磨系统的作业指导书。

2.在仿真系统下操作辊压机系统正常运行。

项目实训

实训项目 1　生料粉磨系统开车和停车操作

任务描述:本实训项目是以新型干法水泥生产仿真系统为主要载体,通过操作练习,掌握生料制备系统粉磨工艺流程,模拟按顺序操作生料粉磨系统开车和停车。

实训内容:(1)熟悉仿真系统;(2)掌握粉磨工序按顺序进行组启动的操作,设备开车时注意设备之间的启动联锁及运行联锁;(3)掌握粉磨工序按顺序进行组停车的操作,设备停车时注意设备之间的停车联锁。

实训项目 2　生料粉磨系统正常运行操作

任务描述:本实训项目是以新型干法水泥生产仿真系统为主要载体,通过操作练习,学会生料粉磨系统的正常运行操作。

实训内容:(1)控制喂料量;(2)控制风量;(3)控制产品细度。

实训项目 3　生料粉磨系统常见故障处理

任务描述:本实训项目是以新型干法水泥生产仿真系统为主要载体,通过操作练习,掌握生料粉磨系统故障产生的原因,并能对出现的故障进行处理。

实训内容:(1)分析系统故障产生的原因及处理方法;(2)处理磨机故障。

项目拓展

拓展项目 1　生料粉磨系统中控操作比赛

任务描述:小组内部、小组与小组之间、班级之间,在仿真系统中进行生料粉磨系统中控操作比赛。

拓展项目 2　生料粉磨系统模型制作比赛

任务描述:小组内部、小组与小组之间、班级之间,进行生料粉磨系统模型制作比赛。

项目评价

项目 7 生料粉磨系统的操作	评价内容	评价分值
任务 1　生产运行准备	能理解岗位职责、DCS 系统、过程控制流程	5
任务 2　生料中卸磨系统的操作	能操作生料中卸磨系统开车、停车和正常运行	5
任务 3　生料中卸磨系统的常见故障及处理	能分析生料中卸磨系统常见故障并进行处理	5
任务 4　生料中卸磨系统的生产实践	能读懂生料中卸磨系统作业指导书	5
任务 5　生料立式磨系统的操作	能操作生料立式磨系统开车、停车和正常运行	5
任务 6　生料立式磨系统的常见故障及处理	能分析生料立式磨系统常见故障并进行处理	5
任务 7　生料立式磨系统的生产实践	能读懂生料立式磨系统作业指导书	5
任务 8　生料辊压机终粉磨系统的操作	能操作辊压机终粉磨系统开车、停车和正常运行	5

续表

项目 7 生料粉磨系统的操作	评价内容	评价分值
任务 9　辊压机终粉磨系统的常见故障及其处理方法	能分析辊压机终粉磨系统常见故障并进行处理	5
任务 10　生料辊压机终粉系统生产实践	能读懂生料辊压机终粉磨系统作业指导书	5
实训 1　生料粉磨系统开车和停车操作	能操作生料粉磨系统开车和停车	10
实训 2　生料粉磨系统正常运行操作	能操作生料粉磨统正常运行	20
实训 3　生料粉磨系统常见故障处理	能分析生料粉磨系统常见故障并进行处理	20
项目拓展	师生共同评价	20（附加）

项目 8　生料均化工艺及操作

项 目 描 述

　　本项目主要任务是进行生料均化效果评价和均化系统操作与维护。通过学习与训练,掌握新型干法水泥生料均化工艺参数的确定和均化库的均化过程,能选择生料均化设备选型,会评价生料均化效果和操作均化系统相关设备,初步具有有关生料均化的知识和技能。

学 习 目 标

能力目标:能描述生料均化过程;能评价生料均化效果;能模拟操作生料均化设备。

知识目标:掌握生料均化的工艺原理和均化设备的工作过程;掌握评价均化效果的方法。

素质目标:具有生料均化岗位的责任意识,精益求精的工作态度。

项目任务书

项目名称:生料均化工艺及操作

组织单位:"水泥生料制备及操作"课程组

承担单位:××班××组

项目组负责人:×××

项目组成员 ×××

起止时间:××年 ××月××日　至　××年××月××日

　　项目目的:掌握生料均化对水泥熟料煅烧及产量和质量的影响、生料均化各种参数的选择、影响均化效果的因素、均化库均化原理及各种常用水泥生料均化库的结构和特点,掌握生料均化过程中各种故障的原因及处理方法。

　　项目任务:根据出磨生料的性能和煅烧水泥熟料对生料均匀度的要求,选择合理的均化库及均化参数,拟定水泥生料均化方案。

　　项目要求:①合理选择均化库及均化参数;②制定合理的生料均化实施方案;③项目组负责人先拟定《生料均化工艺及操作项目计划书》,经项目组成员讨论通过后实施;④项目完成后以小组为单位撰写《生料均化工艺及操作项目报告书》一份,提交"水泥生料制备及操作"课程组,并准备答辩验收。

项目考核点

本项目验收主要考核掌握相关专业理论、专业技能的情况和基本素质的养成情况。具体考核要点如下。

1. 专业理论

(1)生料均化对水泥熟料煅烧及产量和质量的影响；

(2)生料均化各种参数的定义；

(3)出磨生料的各种物理性能对均化效果的影响；

(4)常用均化库的结构和均化原理。

2. 专业技能

(1)生料均化参数的选择；

(2)生料均化过程中各种故障的处理；

(3)提高均化效果的措施。

3. 基本素质

(1)纪律观念(学习、工作的参与率)；

(2)敬业精神(学习工作是否认真)；

(3)文献检索能力(收集相关资料的质量)；

(4)组织协调能力(项目组分工合理、成员配合协调、学习工作井然有序)；

(5)应用文书写能力(项目计划、报告撰写的质量)；

(6)语言表达能力(答辩的质量)。

项目引导

为了制成成分均匀的水泥生料,首先要对原料进行必要的预均化。但即使原料预均化良好,由于在配料过程中的设备误差、人为因素及物料在粉磨过程中的某些离析现象,出磨生料的成分仍会有一定的波动,因此,必须通过均化进行调整,以满足入窑生料的控制指标。如 $CaCO_3$ 成分波动$\pm10\%$的石灰石,均化后可缩小至$\pm1\%$。

生料均化得好,不仅可以提高熟料的质量,而且对稳定窑的热工制度、提高窑的运转率、提高产量、降低能耗大有好处。

1. 生料均化程度对易烧性的影响

生料易烧性是指生料在窑内煅烧成熟料的相对难易程度。

生产实践证明,生料易烧性不仅直接影响熟料的质量和窑的运转率,而且关系到燃料的消耗量。在生产工艺、主要设备相同的条件下,影响生料易烧性的因素有生料化学组成、物理性能及均化程度。在配比恒定和物理性能稳定的情况下,生料均化程度是影响其易烧性的重要原因。

通常用生料易烧性指数(也称生料易烧性系数)表示生料的易烧程度,生料易烧性指数越大,生料越难烧。

$$易烧性指数 = \frac{w_{C_3S}}{w_{C_3A} + w_{C_4AF}}$$

从上式可以看出,较高的 C_3S 含量或较低的 C_3A、C_4AF 含量都会使生料的易烧性变差。

如果生料中某组分(特别是 $CaCO_3$)的含量波动较大,不但会使其易烧性不稳定,而且会影响窑的正常运转和熟料质量。

当易烧性指数改变 1.0 时,不会造成易烧性的重大变化;

当易烧性指数变动大于 2.0 时,易烧性发生显著的变化;

当易烧性指数变动超过 3.0 时,看火人员必须调整燃料用量,做好应对易烧性发生大变化的准备。

2. 生料均化程度对熟料产量和质量的影响

当均化好的生料在合理的热工制度下进行煅烧时,由于各化学组分间的接触机会几乎相等,故熟料质量好。反之,均化不好的生料,会影响熟料质量,减少产量,给烧成带来困难,使窑运转不稳定,并引起窑皮脱落等内部扰动,缩短窑的运转周期和增加窑衬材料的消耗。所以,生料均化程度是影响生料易烧性、熟料产量和质量的关键。在新型干法水泥厂中,生料均化是不可缺少的重要工艺环节。

3. 生料均化在生料制备过程中的重要地位

水泥生料的制备过程,包括矿山开采、原料预均化、生料粉磨和生料均化四个环节,这四个环节也是生料制备的"均化链",特别是悬浮预热和预分解技术诞生以来,"均化链"的不断完善,支撑着新型干法水泥生产技术的发展和生产规模大型化,保证了生产均衡、稳定进行。因此,在新型干法水泥生产的生料制备过程中,生料均化占有最重要的地位,如表 8.1 所列。

表 8.1　生料制备系统各环节功能和工作量

生料制备系统	平均均化周期①(h)	均化效果 S_1/S_2	完成均化工作量(%)
矿山开采	8～168		<10
原料预均化	2～8	7～10	35～40
生料粉磨	1～10	1～2	0～15
生料均化	0.5～4	7～15	≈40

注:①平均均化周期,就是各环节的生料累计平均值达到允许的目标值时所需的运转时间。

任务 1　生料均化工艺参数的确定

任务描述　确定生料均化的基本工艺参数。

能力目标　能根据生料均化的具体情况选择均化工艺参数。

知识目标　掌握工艺参数的概念和确定方法。

1.1　生料均化基本原理及发展

生料均化主要是利用空气搅拌及重力作用下产生的"漏斗效应",尽量使生料粉向下降落时切割多层料面予以混合。同时,在不同流化态空气的作用下,使沿库内平行料面发生大小不同的流化膨胀作用,有的区域卸料,有的区域流化,从而使库内料面产生径向倾斜,进行径向混合均化。

20 世纪 50 年代以前,水泥工业生料均化的方法主要依靠机械倒库,不仅动力消耗大,而且均化效果不好;20 世纪 50 年代初期,随着悬浮预热器的出现,建立在生料粉流态化技术基础上的间歇式空气搅拌库开始迅速发展；20 世纪 60 年代,出现了双层库；20 世纪 70 年代,德国缪勒(Möller)、伊堡(IBAU)、克拉得斯·彼特斯(Claudius Peters)等公司研究开发了多种连续式均化库,随后伊堡、伯利休斯、史密斯公司又研发了多料流式均化库。

生料粉气力搅拌的基本部件是设在搅拌库底的各种形式的充气装置,这些装置推进了各种均化方法的发展。

充气装置的主要部件为多孔透气陶瓷板(图 8.1),空气通过多孔透气陶瓷板进入生料粉中,使生料粉流态化。多孔透气陶瓷板是半可透性的,这是由于空气只能穿过多孔板向上流动,当停止充气时,生料粉不能通过多孔透气陶瓷板向下落。

多孔透气陶瓷板的尺寸一般为 250 mm×250 mm～250 mm×400 mm,厚 20～30 mm,气孔直径为 0.07～0.09 mm,透气率约为 0.5 m³/(m²·min)。目前,纤维材料制成的柔性透气层作为充气装置使用较多。

各种均化方法的共同特点是向装在库底的充气装置送入压缩空气,首先使生料粉松动,然后只在库底的一部分加强充气,使之形成剧烈的涡流。根据均化方法的不同,搅拌库底部的充气面积占整个库底面积的 55%～75%。

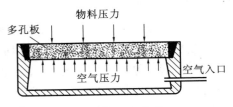

图 8.1　充气装置

1.2　均化过程的基本参数

粉状物料均化过程的基本参数包括均化度、均化效率和均化过程操作参数。

1.2.1　均化度

多种(两种以上)单质物料相互混合后的均匀程度称为这种混合物的均化度(M)。均化度是衡量物料均化质量的一个重要参数。

生产中常用极差法、标准偏差法和频谱法来表示生料均化度及其波动情况。

1.2.2　均化效率

均化效率是衡量各类型均化库性能的重要依据之一。均化前后被均化物料中某组分含量的标准偏差之比,就称为该均化库在某段时间 t 内的均化效率(H_t),即：

$$H_t = \frac{S_0}{S_t} \tag{8.1}$$

均化时间与均化效率的关系为：

$$\frac{1}{H_t} = \frac{S_t}{S_0} = \mathrm{e}^{-kt} \tag{8.2}$$

式中　H_t——均化时间为 t 时的均化效率；

t——均化时间；

S_t——均化时间为 t 时,被均化物料中某组分含量的标准偏差；

S_0——均化初始状态时,被均化物料中某组分含量的标准偏差；

k——均化常数。

生产实践证明,均化初期的均化效率很高,随均化时间的延长,均化效率的增长率逐渐降低,直至不再提高。因此,不同均化库在对比均化效率时,要求：①有相同的均化时间；②被均化物料有相似的物理化学性能(例如水分含量、细度、被均化成分的含量等);③经足够多的入库粉料试样分析,各均化库有近似的波动曲线和标准偏差。

例如,某生料均化库在均化时间为 20 min、40 min 和 60 min 时均化效率分别为 5.26、7.34 和 8.60。当均化时间由 20 min 增加到 40 min 时,时间增加一倍,而均化效率仅增加 0.4 倍;当均化时间由 20 min 增加到 60 min 时,时间增加 2 倍,而均化效率仅增加 0.63 倍(表 8.2)。

表 8.2　均化效率与均化时间的关系

参数	均化时间		
	20 min	40 min	60 min
均化效率 H_t	5.26	7.34	8.60
$1/H_t$	0.19	0.14	0.12
均化时间增长率(%)	100	200	300
均化效率增长率(%)	100	140	163

1.2.3　均化过程操作参数

均化空气消耗量、均化空气压力和均化时间是均化过程操作的三个主要参数。

(1)均化空气消耗量

均化所需的压缩空气量与库底充气面积成正比。另外,生料性质、透气性材料的性能、操作方法、库底结构和充气箱安装质量等都是影响均化空气消耗量的因素。因此,欲从理论上得到准确的计算结果较为困难,通常按以下经验公式进行计算:

$$Q = (1.2 \sim 1.5)F \tag{8.3}$$

式中　Q——单位时间的压缩空气消耗量,m^3/min;

　　　$1.2 \sim 1.5$——每分钟单位充气面积所需压缩空气的体积,$Bm^3/(m^2 \cdot min)$;

　　　F——均化库库底有效充气面积,m^2。

(2)均化空气压力

均化库正常工作时所需的最低空气压力,应能克服系统管路阻力(包括透气层阻力)和气体通过流态化料层时的阻力。

由于流态化生料具有类似液体的性质,因此料层中任一点的正压力与其深度成正比。当贯穿料层的压力等于料柱重量时,整个料层开始处于流态化状态。此时所需的最低空气压力等于单位库底面积所承受的生料重量加上管路系统阻力(包括透气层阻力),即:

$$p = \gamma H + \Delta p' \tag{8.4}$$

式中　p——均化空气压力,Pa;

　　　γ——流态化生料容积密度,kg/m^3,取 $1.1 \times 10^3 kg/m^3$;

　　　H——流态化料层的高度,m;

　　　$\Delta p'$——充气箱透气层和管路系统总阻力,Pa。

另外,也可用下列经验公式计算均化空气压力:

$$p = (1500 \sim 2000)H \tag{8.5}$$

式中　P——均化空气压力,Pa;

　　　$1500 \sim 2000$——库内单位长度流态化料柱层处于动平衡时所需克服的系统(均化库内外管道和充气箱透气层阻力以及料层压力等)总阻力,Pa/m;

　　　H——库内流态化料层的高,m。

(3)均化时间

实践证明,在正常情况下,对生料粉进行 $1 \sim 2$ h 的空气均化,生料 T_c 的最大波动值可达 ±0.5%

（甚至±0.25％）。如遇暂时性特殊情况（充气箱损坏、生料水分含量高、生料成分波动较大），可适当延长均化时间。

◇ 知识测试题

一、填空题

1. 均化效果衡量的标准有：_____、_____、_____。
2. 均化过程的基本参数是_____、_____、_____。
3. 合格生料包括_____、_____、_____。

二、判断题

1. 合格的生料要求化学成分合格、细度合格和均匀性合格。（　　　）
2. 生料的平均细度常用 0.2 mm 方孔筛筛余百分数表示。（　　　）
3. 为了安装方便，库底充气装置的充气材料可以多块搭接。（　　　）
4. 入库生料的含水率会影响均化效果，一般要求在 0.5％以下，最大不超过 1％。（　　　）

三、简答题

1. 生料细度、水分含量对煅烧工序有哪些影响？
2. 试分析影响生料均化效果的因素。

◇ 能力训练题

1. 某厂均化取样，均化前后的测定数据见下表，试分析均化前后生料 T_C 最大波动范围、标准偏差和均化效果。

某厂均化结果测定表

均化前 T_C（％）									
74.35	76.80	76.85	72.88	75.38	72.88	73.45	71.50	70.95	74.50
71.45	75.50	74.85	76.95	74.68	70.75	82.35	85.65		

均化后 T_C（％）									
74.25	75.15	74.68	75.32	74.83	75.21	74.60	75.10	75.00	75.10
74.85	74.88	75.00	75.00	75.02	75.23				

任务 2　生料均化工艺的选择

任务描述　选择生料均化库，确定生料均化工艺。

能力目标　能根据新型干法水泥生产要求选择生料均化库和均化工艺。

知识目标　掌握均化库的工作原理和工艺技术。

2.1　生料均化库

图 8.2 是一连续式空气搅拌均化库（圆柱形混合室，还有锥型混合室的均化库），均化库的库顶、

库底布满了很多附属设备,库底结构包括:充气箱、卸料器、罗茨风机、回转式空气分配阀、螺旋输送机、储气罐,还有密密麻麻的送气管道等。

(1)混合室

均化库内设置有一个小的混合室,专门给物料提供一个被充分搅拌的空间,让库内下部的生料在产生充气料层后,沿着库底斜坡流进(粉状物料是有一定的流动性的)库底中心处的混合室,在这里受到强烈的交替充气,使料层流态化,被充分搅拌而趋于均匀。混合室内装有一高位出料管,一般高出充气箱 3~4 m,经过空气搅拌均化后的生料从高位管溢出,由库底卸料器卸出。低位出料管比充气箱约高 40 mm,用于检修库底时卸空物料。

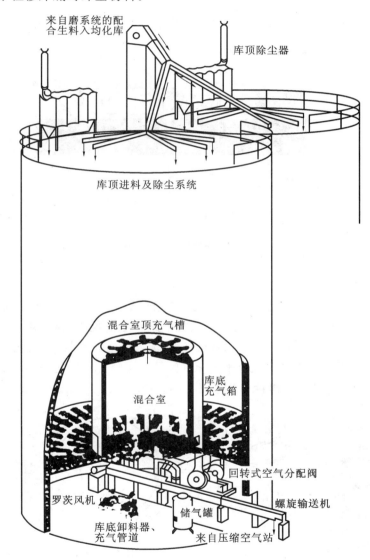

图 8.2　连续式空气搅拌均化库

(2)充气箱

充气箱由箱体和透气性材料组成,铺设在均化库的库底和混合室的底部。充气箱的形状有条形、矩形、方形、环形或阶梯形等,用得最多的是矩形充气箱,其箱体用钢板、铸铁或混凝土制成,透气层采用陶瓷多孔板、水泥多孔板或化学纤维过滤布(工业亚麻、帆布)制成,由罗茨风机产生的低压空气的一部分沿库内周边进入充气箱,透过透气层,对已进入库内的生料在库的下部充气形成充气料层,如图 8.3 所示。

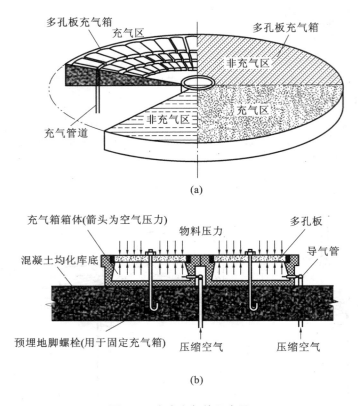

图 8.3　库底充气箱示意图

(a)俯视图；(b)剖面图

（3）回转式空气分配阀

连续式空气均化库的工作特点是局部充气、连续操作，所需空气压力一般不超过 5000 mm H_2O，空气消耗量较大，可达 45 m^3/min 以上。均化库的气源来自罗茨风机，经回转式空气分配阀分配，通过库底若干条充气管路分别送给搅拌室和环形充气箱，进入隧道区充气箱及混合室充气箱。在库底环形充气区（倾斜度为 13％）和混合室底部平面充气区是对应分区充气的，回转式空气分配阀与均化库相匹配，有四嘴和八嘴两种，由一组传动装置驱动，向库底充气区轮流供气，见图 8.4。

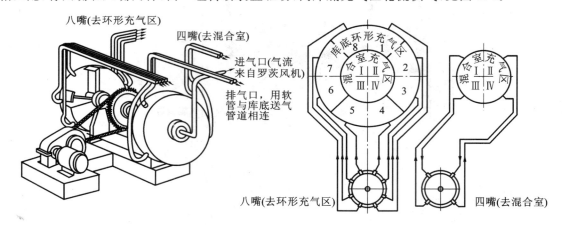

图 8.4　回转式空气分配阀

（4）罗茨风机

罗茨风机属于容积式风机，它所输送的风量取决于转子的转数，与风机的压力关系甚小，压力选择范围广，可承担各种高压力状态下的送风任务，在水泥生产中，多用于气力提升泵、气力输送、气力清灰、生料及水泥库内的均化搅拌等,见图 8.5。

① 罗茨风机构造及工作原理

罗茨风机有卧式和立式两种形式,卧式罗茨风机的两根转子在同一水平面内,见图 8.5(a),立式罗茨风机的两根转子在同一垂直面内,见图 8.5(b),两种风机都采用弹性联轴器与电机相连直接传动。两种风机的主要部件基本相同,由转子、传动系统、密封系统、润滑系统和机壳等部件组成,其中用于输送气流的主要工作部件是转子(由叶轮和轴组成),依靠主轴上的齿轮,带动从动轴上的齿轮使两平行的转子做等速相对转动,完成吸排气(空气从下部或一侧吸入)并通过回转式空气分配阀向库底充气箱充气(上部或另一侧排气)。两转子之间及转子与壳体之间均有极小的间隙(0.25～0.4 mm),保证吸排气效率。罗茨风机的部件中只有叶轮为运动部件,而叶轮与轴承为整体结构,叶轮本身在转动中的磨损极小,所以可长时间连续运转,性能稳定,安全性高。

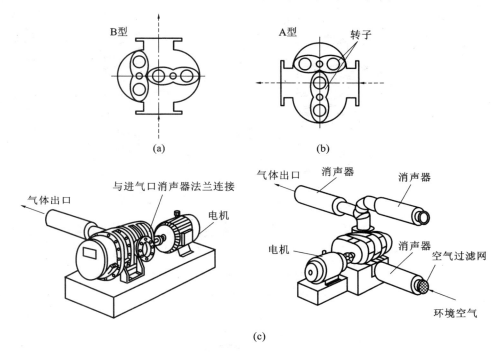

图 8.5　罗茨风机
(a)卧式罗茨风机;(b)立式罗茨风机;(c)卧式罗茨风机立体图

② 轴承及密封

罗茨风机的轴承一般采用滚动轴承(大型的罗茨风机采用滑动轴承),联轴器端轴承采用调心滚子轴承(以解决轴向定位问题),自由端轴承、齿轮端轴承选用圆柱滚子轴承(以解决热膨胀问题)。密封方式有机械密封式(效果较好,但结构复杂,成本高)、骨架油封式(密封圈容易老化,需定期更换)、填料式(效果不是太好,需经常更换,新更换的填料不宜压得过紧,运转一段时间后再逐渐压紧)、涨圈式和迷宫式(这两种属于非接触式密封,寿命长,但泄漏量较大),各厂可根据具体情况选用合适的密封装置。

③ 润滑系统

小型罗茨风机的轴承和同步齿轮采用润滑脂润滑;大型罗茨风机采用稀油润滑装置,其分为主、辅油箱,在主油箱内安装有冷却器和一定容量的润滑油,用作同步齿轮和自由端轴承润滑,同步齿轮浸入油池,通过齿轮的旋转带动甩油盘形成飞溅润滑,辅油箱通过飞溅作用为定位轴承提供润滑。

④ 型号规格

罗茨风机型号的含义如下:

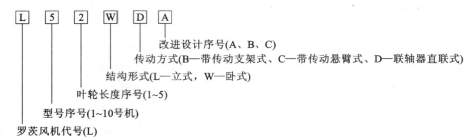

（5）卸料装置

合格的生料从库底和库侧分别卸出，卸料采用刚性叶轮卸料器[图 8.6（a）]或气动控制卸料装置（图 8.7），其出口接输送设备。

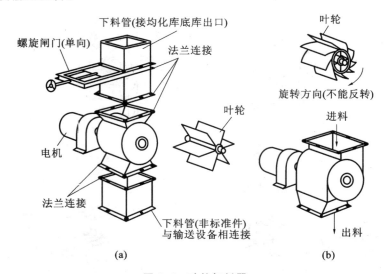

图 8.6　叶轮卸料器

（a）刚性叶轮卸料器及其安装位置；（b）弹性叶轮卸料器

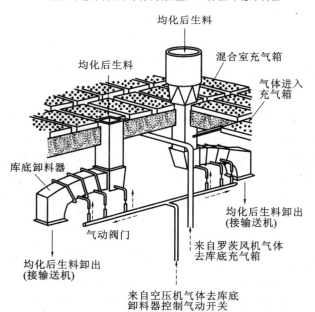

图 8.7　气动控制卸料装置

（6）库顶加料与除尘装置

物料是从库顶喂入的,由于一般均化库的高度约为 60 m,物料由库顶落到库内会从库顶孔口冒出粉尘,也就是生料的微细粉。特别是在库内存料量较少时,落差就更大,冒出的粉尘也更多,所以库顶要加除尘器,见图 8.2。

2.2　生料均化工艺

2.2.1　均化过程

生料均化库设在生料磨系统与窑煅烧系统之间,均化过程在封闭的圆库里完成。生料的均化方式有机械搅拌(多库搭配和机械倒库,多用于中小型水泥厂特别是立窑水泥厂)和空气搅拌(间歇式均化库和连续式均化库,多用于大型水泥厂)两种,现代化新型干法水泥厂一般采用连续式空气搅拌均化库,均化过程如图 8.8 所示。

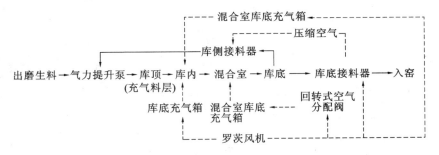

图 8.8　生料均化过程示意

2.2.2　均化系统配置

均化库的库顶、库底配有很多附属设备,它们共同构成生料均化系统。MF 库(也称伯利休斯多点流生料均化库)的工艺流程如图 8.9 所示,其主要设备如表 8.3 所列。

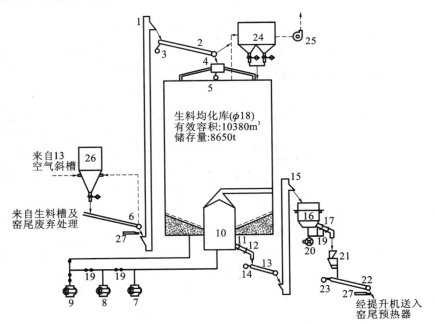

图 8.9　生料均化库(MF 库)工艺流程

1,15—提升机;2,13—空气斜槽;3,5,14,23,25—风机;4—生料分配器;6—均化库环行区充气系统;
7,8,9,20—罗茨风机;10—均化库中心室充气系统;11—充气螺旋闸门;12,18—气动开关阀;16—喂料仓;
17—充气螺旋阀;19—流量控制阀;21—冲板式流量计;24,26—袋式除尘器;27—取样器

表 8.3　生料均化库(MF 库)及其入喂料窑系统主要设备

序号		设备名称	规格及技术参数
01	01	斗式提升机	型号:N-TGD630-55.150-左　　能力:310 t/h
	01M₁	电机	型号:Y280S-4　　功率:75 kW
	01P	减速机	型号:B3DH9-50
	01M₁	辅传电机	型号:KF100-A100-L4　　功率:4 kW
02		空气输送斜槽	规格:B500×9100(mm)　能力:330m³/h　角度:8°
03		风机	型号:XQⅡ№4.7A 逆 90　风量:908 m³/h　风压:5416 Pa
		电机	功率:3 kW
04	04	生料分配器	型号:φ1600 mm　能力:330 m³/h
	04a	空气输送斜槽	规格:B200×5360(mm)　角度:8°
	04b	空气输送斜槽	规格:B200×3340(mm)　角度:8°
05	05	风机	型号:XQⅡ №5.4A 逆 0　风量:1125 m³/h　风压:6432 Pa
	05M	电机	功率:4 kW
06		均化库环行区充气系统	含:a.充气系统;b.中心室充气管路系统;c.气力搅拌电控系统
07	07	罗茨风机(备用一台)	风量:23.68 m³/min　风压:58.8 kPa　转速:1730 r/min　用水量:10 L/min
	07M	电动机	型号:Y225S-4　功率:30 kW
08	08	罗茨风机	风量:14.76 m³/min 风压:58.8 kPa　转速:1450 r/min　用水量:8～10 L/min
	08M	电动机	型号:Y200L-4　功率:30 kW
09		均化库中心室充气系统	含:a.中心室充气槽系统;b.中心室充气管路系统;c.卸料充气装置
10		充气螺旋闸门	规格:B500 mm　能力:50～320 m³/h
11		气动开关	规格:B500 mm　能力:50～320 m³/h　气缸型号:QGB-E100×160-L1
12	12	流量控制阀	规格:B500 mm　能力:50～320 m³/h　型号:DKJ-3100
	12M	电动执行器	信号电流:4～20mA　功率:0.1 kW
13		空气输送斜槽	规格:B500×8500 mm　能力:330 m³/h　角度:8°
14	14	风机	型号:XQⅡ№4.7A 顺 90　风量:1392 m³/h　风压:535 Pa
	14M	电机	功率:5.5 kW
15	15	斗式提升机	型号:N-TGD630-67.6150-左　能力:260 t/h
	15M₁	电机	型号:Y280M-4　功率:90 kW
	15P	减速机	型号:B3DH9-50
	15M₂	辅传电机	型号:KF100-A100-L4　功率:3 kW

序号		设备名称	规格及技术参数
16	16	喂料仓	规格:ϕ5000×7000(mm)　有效容积:120 m³
	16a	荷重传感器	称重范围:0～70 t
17		充气螺旋闸门	规格:B500 mm　能力:50～320 m³/h
18		气动开关	规格:B500 mm　能力:50～320 m³/h　气缸型号:QGB-E100×160-L1
19	19	流量控制阀	规格:B500 mm　能力:50～320 m³/h　型号:DKJ-3100
	19M	电动执行器	信号电流:4～20 mA　功率:0.1 kW
20	20	罗茨风机	风量:11.8 m³/min　风压:58.8 kPa　转速:980 r/min　用水量:8～10 L/min
	20M	电动机	型号:Y200L2-6　功率:22 kW
21		冲板式流量计	能力:30～280 t/h　精度:±(0.5～1.0)%
22		空气输送斜槽	规格:B500×20000(mm)　能力:320 m³/h　角度:8°
23		风机	型号:9-19No57A逆90　风量:1986 m³/h　风压:5980 Pa
		电机	功率:7.5 kW
24	24	袋式除尘器	型号:PPCS64-4　处理风量:11160 m³/h　压损:1470～1770 Pa　过滤风速:1.0 m/min　净过滤面积:186 m²　耗气量(标准状态):1.2 m³/min　气压:(5～7)×10⁵ MPa　入口含尘浓度(标准状态):小于 60 g/m³　出口含尘浓度(标准状态):小于 100 mg/m³
		脉冲阀	规格:ϕ65 mm
		提升阀	阀板直径规格:ϕ595 mm
	24M	回转锁风阀	气缸直径规格:ϕ100 mm
		电机	功率:1.1 kW
25	25	风机	型号:9-19No11.2D　风量:115973 m³/h　风压:2800 Pa　转速:960 r/min
	25M	电机	型号:Y225M-6　功率:30 kW
26		袋式除尘器	处理风量:8500 m³/h　压损:小于 1200 Pa　过滤风速:1.4 m/min　净过滤面积:816m²　耗气量:0.35 m³/min　气压:(4～5)×10⁵ MPa　入口含尘浓度(标准状态):小于 200 g/m³　出口含尘浓度(标准状态):小于 50 mg/m³
		脉冲阀	规格:ϕ65 mm
27		风机电机	型号:Y132S2-2　功率:7.5 kW
28		压力平衡阀	规格:ϕ450×450(mm)
29		量仓孔盖	规格:ϕ250 mm
30		库顶人孔门	规格:700×800(mm)
31		库侧人孔门	规格:600×800(mm)
32		斗式提升机	根据预热气提升高度确定

注:以上所配设备数量各为一台。

2.2.3　生料均化库应用实例

以冀东发展集团有限公司某厂生料均化工艺为例:该厂一期是引进日本的 4000 t/d 水泥熟料生产线,混合室连续式生料均化库是德国彼得斯公司设计制造的,是我国从国外引进的第一套连续式生料均化库,于 1983 年底投入使用,均化库的工艺流程如图 8.10 所示。

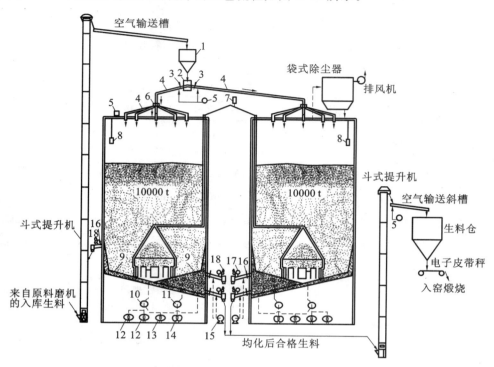

图 8.10　冀东发展集团有限公司某厂混合室均化库工艺流程示意

1—膨胀仓;2—二嘴生料分配器;3—电动闸板;4—空气输送斜槽;5—斜槽用鼓风机;
6、11—八嘴空气分配阀;7—负压安全阀;8—重锤式连续料位计;9—充气箱;10—四嘴空气分配阀;
12—罗茨鼓风机(强气,一台备用);13—罗茨鼓风机(环形区给气);14—罗茨鼓风机(弱气);
15—卸料用鼓风机;16—卸料闸板;17—电动流量控制阀;18—气动流量控制阀

生料由石灰石、砂土、煤矸石和铁粉四种原料配料而成,各种原料和熟料烧成用煤都分别设有预均化堆场(室内),入磨原料的化学成分比较稳定,磨头配料采用 X 射线荧光分析仪和电子计算机自动控制,可以使出库生料标准偏差在 $\pm 0.3\%$ 以内。出磨生料和电收尘器收集的窑灰经混合后用斗式提升机送至库顶,经生料分配器和呈放射状布置的小斜槽送入两个库中(也可以用电动闸板控制生料只进入一个库)。库底部为向中心倾斜的圆锥体,上面均匀地铺满充气箱。在库底中心处有一圆锥形混合室,其底部分为 4 个充气区。混合室外面的环形区分为 12 个小充气区。混合室和库壁之间由一隧道接通。每个库底空间装有三台空气分配阀。每个库底安装约 220 个条形充气箱,都向库中心倾斜,采用涤纶布透气层。混合室内经过搅拌后的生料进入隧道,并在隧道空间中进一步均化。在隧道末端库壁处有高、低两个出料口。低位出料口紧贴充气箱,可用于卸空混合室和隧道内的生料。高位卸料口离隧道底部约 3.5 m,一般情况下使用高位卸料口出料。在每个出料口外面按顺序装有手动闸板、电动流量控制阀和气动流量控制阀。手动闸板供检修流量控制阀时使用;电动流量控制阀用于调节生料流量;气动流量控制阀可快速打开或关闭,控制生料流出。另外,有一个库设有一个单独的库侧高位卸料口,当生料磨停车而窑继续生产时,可通过这一卸料口直接从库内卸出生料,并与电收尘器收集的窑灰混合后再用提升泵送入库中。这样可避免因只向库内送窑灰而造成出库生料的化学成分波动。该均化系统的突出优点是结构简单,基建投资较小,生料均化电耗较低,可靠性高,均化效果也较好。

❖ 知识测试题

一、填空题

1. 生料均化库的三种均化作用是＿＿＿＿、＿＿＿＿、＿＿＿＿。为降低能耗,设计中要重视＿＿＿＿。
2. 生料粉气力搅拌的基本部件是＿＿＿＿＿。
3. 衡量生料均化库的主要指标为＿＿＿＿＿、＿＿＿＿。
4. 生料气力均化系统分＿＿＿＿＿和＿＿＿＿＿两种。
5. 原料预均化的主要目的是＿＿＿＿＿,生料均化的主要目的是＿＿＿＿＿。

二、选择题

1. 连续式均化库进料、搅拌、卸料(　　　)完成。
   A. 间歇　　　　　　　　　　B. 连续
2. 连续式空气均化库的工作特点是(　　　)充气、(　　　)操作。
   A. 局部　连续　　　　　B. 总体　连续　　　　　　C. 总体　间歇
3. 目前用预分解窑生产水泥时,生料的均化采用(　　　)。
   A. 预均化堆场　　　　　B. 连续式气力均化库　　　C. 均化倒库

三、判断题

1. 充气时空气通过多孔板进入生料粉中,当停止充气时,生料粉可能通过多孔板下落。(　　　)
2. 新型干法水泥生产中料粉的均化方式通常用气力均化。(　　　)
3. 均化库正常工作时所需最低空气压力应能克服系统管路阻力(包括透气层阻力)和气体通过流态化料层时的阻力。(　　　)

四、简答题

1. 试简述生料的均化过程。
2. 生料均化库库底配置有哪些设备? 各设备的作用是什么?

❖ 能力训练题

1. 把生料均化过程方框图转化为流程图(计算机绘制)。
2. 为某 5000 t/d 新型干法水泥生产线选择生料均化工艺和主要设备,绘制均化工艺流程图,列出设备表。

任务 3　生料均化库的操作及故障处理

> **任务描述**　生料均化库的准备,开、停车操作,正常操作控制。
> **能力目标**　能够利用仿真系统进行生料均化库的开、停车操作及正常操作控制。
> **知识目标**　掌握生料均化库的开、停车操作及正常操作控制等方面的理论知识。

3.1　生料均化库的操作

3.1.1　均化库的充气制度

均化库应有稳定的充气制度来保证生料的均化质量。不同的水泥厂或不同类型的均化库,都有自身严格的充气制度。如某一交叉调配的生料均化系统,设有 4 个 $\phi 6.5$ m×15 m 均化库、4 个 $\phi 10$ m×15 m 的储存库和 1 个回灰库。耗气量为 30 m³/min;生料流态化区充气压力和弱气区充气压力为 0.1～0.12 MPa;流态化时间和强、弱气区轮换时间分别为 20 min 和 10 min,总均化时间为 60 min。供气采用强弱气流中的"二二对吹"法(手动操作或自动操作),充气区进气轮换采用继电器控制,来自压缩空气站的压缩空气经净化后分成以下几条支路:

　① 均化用气支路(压力分别为 0.12 MPa 和 0.20 MPa);
　② 卸料用气支路(压力为 0.12 MPa);
　③ 仓式输送泵用气支路(压力为 0.70 MPa);
　④ 仪表用气支路(此气源经二次干燥净化)。

　　如果均化库设有专用的压缩空气站,一般供气量或供气压力是很稳定的。但是,如果全厂多个供气点共用一个压缩空气站,往往会出现均化空气量不足或均化压力偏低的现象,这将影响均化效果。例如均化库正常工作时的用气量 30 m³/min,受其他供气点的影响,有时只有 20 m³/min 的压缩空气送过来。经过 1 h 的均化后,T_c 最大波动值为(-0.53%,+0.49%),Fe_2O_3 的最大波动值为(-0.12%,+0.15%),均超出了规定的范围。因此,对于多个供气点共用一个压缩空气站的均化库,必需全厂统一协调,按设计程序进行计划供气,并经常检查各阀门的开启是否灵活、严密,以保证供气稳定、充足。

3.1.2　开车前的准备

　　均化系统的主要设备有:螺旋输送机或输送斜槽、斗式提升机或气力提升泵、卸料机、除尘器及各种仪表。气力搅拌库还有回转鼓风机、回转式空气分配阀,开车前要做好下列准备工作:

　① 在现场检查确认所有阀门能灵活开启和关闭,中控与现场的电动阀门的开闭方向一致,开度和指示准确,对于有上下限位开关的阀门,要与中控室核对限位信号,可以返回。

　② 确认各润滑部位、轴承、联轴器的油位满足要求。

　③ 确认库顶和库侧人孔门、检修门关闭,密封良好。

　④ 对设备的传动连杆、地脚螺栓等易松动部件要严格检查并紧固。

　⑤ 罗茨风机冷却水水管连接部分不得有渗漏,能合理控制水量。

　⑥ 确认系统内压力及料位仪表的联系信号准确。

　⑦ 确认库顶、喂料仓送料斜槽的透气层完好,杂物已清除。

　⑧ 确认压缩空气系统管路畅通,气管连接部分无漏气,各用气点的压缩空气能正常供气,压力达到供气要求,管路内无铁锈或其他杂物。

3.1.3　开车与停车操作

　　(1)开车与停车顺序

　　库顶除尘器系统→生料分配器→生料斗式提升机或气力提升泵→回转式空气分配阀→回转鼓风机→库底螺旋输送机或输送斜槽→叶轮卸料器。

　　停车顺序与开车顺序相反。

　　(2)停车后的注意事项

　　系统停车后,要定期开动库底充气机组,每次运行时间以 1h 为宜,以防止生料在库内结块。

3.1.4　库底充气操作

　① 检查罗茨风机转子的转向是否与转向牌一致。

　② 操作时必须带橡胶绝缘手套,先开动油泵润滑系统,然后站在绝缘垫上合上空气开关,再启动电动机按钮使鼓风机开始工作。

　③ 罗茨风机启动时禁止将进、出风调节阀门全部关闭,启动后应逐步关闭放风阀门至规定的静

压值,不允许超负荷运转。

④ 在运行过程中,如发现不正常的撞击声或摩擦声要立即停机检查。

⑤ 罗茨风机在额定工况下运行时,各滚动轴承的温度不得超过 55 ℃,表温不得超过 95 ℃,油箱内润滑油的温度不得超过 65 ℃。

3.1.5 均化库的操作要点

(1)控制适宜的装料量

搅拌库的生料粉经充气后体积会膨胀,在装料时要注意预留一定的膨胀空间。如果装得太满,既影响均化效果,又恶化了库顶操作环境。搅拌时物料的膨胀系数为 15% 左右,所以装料高度一般为库净高的 70%~80%。

(2)控制适宜的入库生料水分含量

当环形区充气时,库内上部生料能均匀下落,积极活动区范围较大,惰性活动区(料面下降到这一区域时,该区生料才向下移动)范围较小。

当生料水分含量较高时,生料颗粒的黏附力增强,流动性变差。此时,向环形区充气时,积极活动区范围缩小,惰性活动区和死料区范围扩大,其结果是生料的重力混合作用减弱。另外,水分含量高的生料易团聚在一起,从而使搅拌室内的气力均化效果明显变差。为确保生料水分含量低于 0.5%(最大不宜超过 1%),生产中要严格控制烘干原料和出磨生料的水分含量。

(3)控制适宜的库内最低料面高度

当混合室库内料位太低时,大部分生料进库后很快出库,其结果是重力混合作用明显减弱,均化效果变差。当库内料面低于搅拌室料面时,由于部分空气经环形区短路排出,故室内气力均化作用又将受到干扰。为保证混合室库有良好的均化效果,一般要求库内最低料位不低于库有效直径的 0.7 倍,或库内最少存料量约为窑的一天需要量。

虽然较高的料面对均化效果有利,但是为了使库壁处生料有更多的活动机会,可以限定库内料面在一定高度范围内波动。

(4)稳定搅拌室内料面高度

搅拌室内料面愈高,均化效果愈好,但要求供气设备有较高的出口静压,否则风机的传动电机将因超负荷而跳闸。如搅拌室内料面太低,气力均化作用将减弱,均化效果不理想。当搅拌时的实际料面低于溢流管高度时,溢流管会停止出料。

当室内料位过高时,应减少或短时间内停止环形区供风;当室内料位太低时,应增加环形区的供风量。

(5)控制适宜的混合室下料量

均化效率与混合室下料量成反比。设计均化效率是指在给定下料量时应能达到的最低均化效率。因此,操作时应保持在不大于设计下料量的条件下,连续稳定地向窑供料,而不宜采用向窑尾小仓间歇式供料的方法,因为这种供料方式往往使卸料能力增加 1~2 倍。

对于设有两座均化库的水泥厂,如欲提高均化效率,可以采用两库同时进出料的工艺流程,并最好使两库库内的料面保持一定的高度差。

3.2 生料均化库故障的分析与处理

(1)库顶加料装置堵塞

均化库库顶设有生料分配器,如果入库生料水分含量过高或夹杂有石渣、铁器等较大颗粒的物料,或小斜槽风机进口过滤网被纸屑等杂物糊住了,致使出口风压太低,都可能导致加料装置堵塞。另外斜槽及分配器密封不严、透气层损坏、所配风机的风量或风压太小等也会导致加料装置堵塞。加料装置堵塞的症状是入库生料提升机大量回料、冒灰,电机跳闸。所以要经常检查斜槽内物料的流动情况,还要经常检查透气层及密封情况,发现问题及时解决。除此之外,更重要的是要严格控制出磨生料的水分含量(最大不超过1%)。

(2)库内物料下落不均或塌方

入库生料水分含量过高还会造成物料下落不匀或塌方。此时库顶部生料层没有按环形区充气顺序均匀地分区塌落,而是个别小区向搅拌室集中供料,并在库内环形区上部出现几个"大漏斗",入库生料通过"漏斗"很快到达库底,这样均化库只起了一个通道的作用,物料并没有真正被搅拌,因而均化效率明显下降。如果此时只出料不进料,"漏斗"会越来越大,导致库壁处大片生料塌落,最终填满漏斗。处理的办法是控制入库生料的水分含量,将这种情况告之前一道工序(烘干粉磨系统)的相关技术人员。如有可能,将库内原有生料放空,再喂入较干燥的生料。

导致物料下落不均或塌方的另一个原因是均化库停运数天后再重新使用,比如窑检修期间,均化库就得停用。要避免物料下落不均或塌方,可以让均化库自身循环倒料,见图8.11。

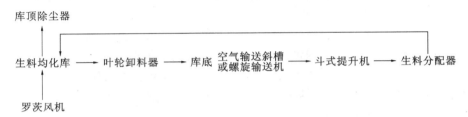

图 8.11　均化库自身循环倒料示意

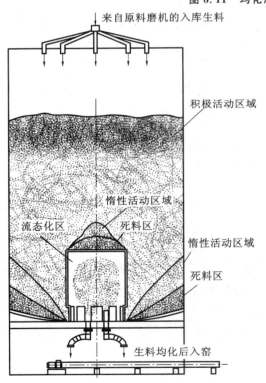

图 8.12　均化库内生料活动区域

(3)入库生料物理性能发生变化

入库生料水分含量过高时颗粒间的黏附力增强,流动性变差,此时从库底向库内充气时积极活动区变小,惰性活动区或死料区变大,使生料重力混合作用降低,见图8.12。

(4)均化库底卸料装置堵料或漏料

库底生料出料口下端装有刚性叶轮卸料器或气动控制卸料器。

刚性叶轮卸料器在运行中,如果卸料阀叶片被塞住了会导致堵料,如果卸料阀叶片损坏了则会出现卸料不均或漏料。如果气动控制卸料器的开关失灵或供气管路漏气,也会出现堵料、卸料不均或漏料。如果卸料器工作正常,但连接卸料器的螺旋输送机或空气输送斜槽堵塞了,均化后的生料也同样卸不出去。所以要做好巡检工作,一旦发现问题,及时进行处理。

(5)均化库搅拌室内生料流态化不完全

如果操作正常,但均化效果差,说明搅拌室内的生料流态化不完全,产生这种现象的原因可能是:① 搅拌室充气箱的进气量不够;② 由于物料水分含量高或停库时间长,致使搅拌时产生严重的沟流现象。③ 搅拌室充气箱透气层受损或管道严重漏气,致使空气在这些地方集中穿孔逸出。

如果经检查确认搅拌室发生故障,需等停窑检修时进行处理。

(6)回转空气分配阀振动或窜气

　　回转空气分配阀把来自罗茨风机的气体向库底充气箱轮流供气,分别送至混合室和它周边的环形充气箱中。回转空气分配阀在供气中如果出现了较严重的振动时,应把阀芯卸下,检查它的磨损情况,若磨损不大,可用煤油清洗后再装上,或涂上一层黏度较小的黄油;若磨损严重且不均匀,在阀芯和阀体之间还会窜气(即向某一环形小区充气时,其前后两个小区也会有少量的进气),这时就得更换阀芯。

　　(7)罗茨风机常见故障及其处理方法

　　罗茨风机的任务是向均化库底的环形室和中心室提供压缩空气,让生料"沸腾"起来完成气力均化。罗茨风机常见故障及其处理方法见表 8.4。

表 8.4　罗茨风机常见故障产生的原因及处理办法

设备故障	故障原因	处理方法
两转子之间局部撞击	传动齿轮键松动	更换齿轮键
	转子键松动	更换转子键
	齿轮轮毂和主轴配合不良	检查配合面是否有碰伤,键槽是否有损伤,轴端螺母销的紧固情况和放松垫圈的可靠性
	两转子之间的间隙配合不良	调整两转子之间的空隙
	滚动轴承超过使用期限	更换滚动轴承
	主轴或从动轴弯曲	调直或更换主轴或从动轴
	齿轮使用过久	更换磨损的齿轮
两转子与前后墙板发生摩擦	两转子与两端墙板的轴向间隙不当	调整转子与前后墙板的间隙,可以加纸垫进行调整

◈ 知识测试题

1. 生料均化库的充气制度是怎样的?
2. 生料均化库开车前需要做哪些准备工作?
3. 生料均化库的开车、停车顺序是怎样的?
4. 怎样处理库内物料下落不均或塌方故障?
5. 罗茨风机的转子可能会出现什么问题?原因是什么?怎样解决?

◈ 能力训练题

1. 查阅相关资料,总结不同生料均化库的特点及各类均化库的组成设备。
2. 为某 5000 t/d 生产线生料均化库编写操作指导书。

项目实训

实训项目 1　生料均化库开车与停车操作

　　任务描述:本实训项目是以新型干法水泥生产仿真系统为主要载体,通过操作练习,掌握生料均化系统工艺流程,模拟按顺序操作生料均化库开车和停车。

　　实训内容:(1)熟悉仿真系统,正常开车进入生料均化系统,所有设备处于未开车状态;(2)掌握均化工序按顺序进行组启动的操作,设备开车时注意设备之间的启动联锁及运行联锁;(3)掌握均化工序按顺序进行组停车的操作,设备停车时注意设备之间停车联锁。

实训项目 2　生料均化系统正常运行操作

　　任务描述:本实训项目是以新型干法水泥生产仿真系统为主要载体,通过操作练习,学会生料均化系统的正常运行操作。

　　实训内容:(1)控制均化库内的料面高度;(2)控制均化时间;(3)控制均化效果。

实训项目 3　生料均化系统常见故障处理

　　任务描述:本实训项目是以新型干法水泥生产仿真系统为主要载体,通过操作练习,学会生料均化系统故障的分析方法,并能对出现的故障进行处理。

　　实训内容:(1)分析生料均化系统设备故障产生的原因及处理方法;(2)处理生料均化库出现的故障。

项目拓展

拓展项目 1　生料均化库中控操作比赛

　　任务描述:各小组内、小组与小组之间、班级之间,在仿真系统中进行生料均化库中控操作比赛。

拓展项目 2　生料均化库模型制作比赛

　　任务描述:各小组内、小组与小组之间、班级之间,进行生料均化库模型制作比赛。

项目评价

项目 8　生料均化工艺及操作	评价内容	评价分值
任务 1　生料均化工艺参数的确定	能理解均化原理,确定均化工艺参数	10
任务 2　生料均化工艺的选择	能根据生产规模选择均化工艺、均化设备配置	20
任务 3　生料均化库的操作及故障处理	能理解均化过程,处理均化过程中出现的故障	20
实训 1　生料均化库开车与停车操作	能在仿真系统中开、停均化库	10
实训 2　生料均化系统正常运行操作	能在仿真系统中正常操作均化库	20
实训 3　生料均化系统常见故障处理	能在仿真系统中处理均化过程中出现的故障	20
项目拓展	师生共同评价	20(附加)

参考文献

[1] 彭宝利,孙素贞.水泥生料制备与水泥制成.北京:化学工业出版社,2012.

[2] 赵晓东,乌洪杰.水泥中控操作员.北京:中国建材工业出版社,2014.

[3] 韩长菊,张育才.生料制备与水泥制成操作.武汉:武汉理工大学出版社,2010.

[4] 左明扬.水泥生料制备.武汉:武汉理工大学出版社,2011.

[5] 杨晓杰,李强.中央控制室操作.武汉:武汉理工大学出版社,2010.

[6] 陈玉平,严峻.水泥粉磨设备操作与维护.武汉:武汉理工大学出版社,2012.

[7] 肖争鸣,李坚利.水泥工艺技术.北京:化学工业出版社,2006.

[8] 于兴敏.新型干法水泥实用技术全书.北京,中国建材工业出版社,2006.

[9] 谢克平.水泥新型干法中控室操作手册.北京:化学工业出版社,2012.

[10] 谢克平.新型干法水泥生产精细操作与管理.成都:西南交通大学出版社,2010.

[11] 李海涛.新型干法水泥生产技术与设备.北京:化学工业出版社,2008.

[12] 王君伟.新型干法水泥生产技术读本.北京:化学工业出版社,2007.